"十一五"国家重点图书出版规划项目

铅锌密闭鼓风炉冶炼

中国有色金属工业协会组织编写

张伟健 主 编
钟 勇 曾令成 副主编

图书在版编目(CIP)数据

铅锌密闭鼓风炉冶炼/张伟健主编.—长沙:中南大学出版社,2010.12

ISBN 978-7-5487-0157-6

Ⅰ.铅...　Ⅱ.张...　Ⅲ.铅锌密闭鼓风炉熔炼　Ⅳ.TF111

中国版本图书馆 CIP 数据核字(2010)第 257204 号

铅锌密闭鼓风炉冶炼

张伟健　主编

□责任编辑　史海燕
□责任印制　文桂武
□出版发行　中南大学出版社
社址:长沙市麓山南路　邮编:410083
发行科电话:0731-88876770　传真:0731-88710482
□印　　装　国防科大印刷厂

□开　　本　787×1092　1/16　□印张 18.5　□字数 454 千字
□版　　次　2010 年 12 月第 1 版　□2010 年 12 月第 1 次印刷
□书　　号　**ISBN 978-7-5487-0157-6**
□定　　价　**68.00 元**

中国有色金属丛书
CNMS 编委会

王海东	中南大学出版社
乐维宁	中铝国际沈阳铝镁设计研究院
许　健	中冶葫芦岛有色金属集团有限公司
刘同高	厦门钨业集团有限公司
刘良先	中国钨业协会
刘柏禄	赣州有色冶金研究所
刘继军	茌平华信铝业有限公司
李　宁	兰州铝业股份有限公司
李凤轶	西南铝业(集团)有限责任公司
李阳通	柳州华锡集团有限责任公司
李沛兴	白银有色金属股份有限公司
李旺兴	中铝郑州研究院
杨　超	云南铜业(集团)有限公司
杨文浩	甘肃稀土集团有限责任公司
杨安国	河南豫光金铅集团有限责任公司
杨龄益	锡矿山闪星锑业有限责任公司
吴跃武	洛阳有色金属加工设计研究院
吴锈铭	中国有色金属工业协会镁业分会
邱冠周	中南大学
冷正旭	中铝山西分公司
汪汉臣	宝钛集团有限公司
宋玉芳	江西钨业集团有限公司
张　麟	大冶有色金属有限公司
张创奇	宁夏东方有色金属集团有限公司
张洪国	中国有色金属工业协会
张洪恩	河南中孚实业股份有限公司
张培良	山东丛林集团有限公司
陆志方	中国有色工程有限公司
陈成秀	厦门厦顺铝箔有限公司
武建强	中铝广西分公司
周　江	东北轻合金有限责任公司
赵　波	中国有色金属工业协会
赵翠青	中国有色金属工业协会
胡长平	中国有色金属工业协会
钟卫佳	中铝洛阳铜业有限公司
钟晓云	江西稀有稀土金属钨业集团公司
段玉贤	洛阳栾川钼业集团有限责任公司
胥　力	遵义钛厂
黄　河	中电投宁夏青铜峡能源铝业集团有限公司
黄粮成	中铝国际贵阳铝镁设计研究院
蒋开喜	北京矿冶研究总院
傅少武	株洲冶炼集团有限责任公司
瞿向东	中铝广西分公司

中国有色金属丛书
CNMS 学术委员会

王林生	赣州有色冶金研究所
尹晓辉	西南铝业(集团)有限责任公司
邓吉牛	西部矿业股份有限公司
吕新宇	东北轻合金有限责任公司
任必军	伊川电力集团
刘江浩	江西铜业集团公司
刘劲波	洛阳有色金属加工设计研究院
刘昌俊	中铝山东分公司
刘侦德	中金岭南有色金属股份有限公司
刘保伟	中铝广西分公司
刘海石	山东南山集团有限公司
刘祥民	中铝股份有限公司
许新强	中条山有色金属集团有限公司
苏家宏	柳州华锡集团有限责任公司
李宏磊	中铝洛阳铜业有限公司
李尚勇	金川集团有限公司
李金鹏	中铝国际沈阳铝镁设计研究院
李桂生	江西稀有稀土金属钨业集团公司
吴连成	青铜峡铝业集团有限公司
沈南山	云南铜业(集团)公司
张一宪	湖南有色金属控股集团有限公司
张占明	中铝山西分公司
张晓国	河南豫光金铅集团有限责任公司
邵　武	铜陵有色金属(集团)公司
苗广礼	甘肃稀土集团有限责任公司
周基校	江西钨业集团有限公司
郑　莆	中铝国际贵阳铝镁设计研究院
赵庆云	中铝郑州研究院
战　凯	北京矿冶研究总院
钟景明	宁夏东方有色金属集团有限公司
俞德庆	云南冶金集团总公司
钱文连	厦门钨业集团有限公司
高　顺	宝钛集团有限公司
高文翔	云南锡业集团有限责任公司
郭天立	中冶葫芦岛有色金属集团有限公司
梁学民	河南中孚实业股份有限公司
廖　明	白银有色金属股份有限公司
翟保金	大冶有色金属有限公司
熊柏青	北京有色金属研究总院
颜学柏	陕西有色金属控股集团有限责任公司
戴云俊	锡矿山闪星锑业有限责任公司
黎　云	中铝贵州分公司

总序

有色金属是重要的基础原材料，广泛应用于电力、交通、建筑、机械、电子信息、航空航天和国防军工等领域，在保障国民经济建设和社会发展等方面发挥了不可或缺的作用。

改革开放以来，特别是新世纪以来，我国有色金属工业持续快速发展，已成为世界最大的有色金属生产国和消费国，产业整体实力显著增强，在国际同行业中的影响力日益提高。主要表现在：总产量和消费量持续快速增长，2008 年，十种有色金属总产量 2 520 万吨，连续七年居世界第一，其中铜产量和消费量分别占世界的 20% 和 24%；电解铝、铅、锌产量和消费量均占世界总量的 30% 以上。经济效益大幅提高，2008 年，规模以上企业实现销售收入预计 2.1 万亿以上，实现利润预计 800 亿元以上。产业结构优化升级步伐加快，2005 年已全部淘汰了落后的自焙铝电解槽；目前，铜、铅、锌先进冶炼技术产能占总产能的 85% 以上；铜、铝加工能力有较大改善。自主创新能力显著增强，自主研发的具有自主知识产权的 350 kA、400 kA 大型预焙电解槽技术处于世界铝工业先进水平，并已输出到国外；高精度内螺纹铜管、高档铝合金建筑型材及时速 350 km 高速列车用铝材不仅满足了国内需求，已大量出口到发达国家和地区。国内矿山新一轮找矿和境外矿产资源开发取得了突破性进展，现有 9 大矿区的边部和深部找矿成效显著，一批有实力的大型企业集团在海外资源开发和收购重组境外矿山企业方面迈出了实质性步伐，有效增强了矿产资源的保障能力。

2008 年 9 月份以来，我国有色金属工业受到了国际金融危机的严重冲击，产品价格暴跌，市场需求萎缩，生产增幅大幅回落，企业利润急剧下降，部分行业已出现亏损。纵观整体形势，我国有色金属工业仍处在重要机遇期，挑战和机遇并存，长期发展向好的趋势没有改变。今后一个时期，我国有色金属工业发展以控制总量、淘汰落后、技术改造、企业重组、充分利用境内外两种资源，提高资源保障能力为重点，推动产业结构调整和优化升级，促进有色金属工业可持续发展。

实现有色金属工业持续发展，必须依靠科技进步，关键在人才。为了全面提高劳动者素质，培养一大批高水平的科技创新人才和高技能的技术工人，由中国有色金属工业协会牵头，组织中南大学出版社及有关企业、科研院校数百名有经验的专家学者、工程技术人员，编写了《中国有色金属丛书》。《丛书》内容丰富，专业齐全，科学系统，实用性强，是一套好教材，也可作为企业管理人员和相关专业大学生的参考书。经过编写、编辑、出版人员的艰辛努力，《丛书》即将陆续与广大读者见面。相信它一定会为培养我国有色金属行业高素质人才，提高科技水平，实现产业振兴发挥积极作用。

2009 年 3 月

前 言

锌的冶炼方法分为火法炼锌和湿法炼锌两大类。

湿法炼锌最早于1916年投入工业生产，随着技术的发展和环保的要求，湿法炼锌已是当今炼锌的主要方法，其产量占世界锌产量的80%以上。湿法炼锌有常规湿法炼锌工艺、热酸浸出炼锌工艺和硫化锌精矿氧压浸出工艺等。前2种工艺都需要进行焙烧，使ZnS变成易被稀硫酸溶解的ZnO，焙烧产出的氧化锌焙砂送湿法炼锌系统生产电锌。硫化锌精矿氧压浸出新工艺于1981年在加拿大开始投入工业生产，因为取消了锌精矿的焙烧作业，真正实现了全湿法工艺炼锌。

火法炼锌的方法有平罐炼锌、竖罐炼锌、电炉炼锌和铅锌密闭鼓风炉炼锌4种。平罐炼锌由于环境污染严重，劳动条件差，目前已基本淘汰。竖罐炼锌经过几十年的发展，单罐受热面积由最初的40 m^2提高到100 m^2，热利用效率大大提高，但是能耗偏高，制约了其工艺的发展，也逐步被其他方法所代替。电炉炼锌是于20世纪30年代出现的炼锌技术，我国于20世纪80年代开始采用该工艺，目前已有几十个小型工厂应用该方法，但是其生产规模都较小，一般产量为500～2500 t/a。

由于自然界中铅、锌矿物共生现象较普遍，尤其是有些矿物呈细粒嵌布状，选矿分离困难且费用较高，因此，用一种工艺来同时生产铅、锌已成为人们追求的目标。铅锌密闭鼓风炉熔炼法是火法炼锌中的一大改革。很久以前有人试图用直接加热法的鼓风炉炼锌，但因鼓风炉炉气中CO_2和N_2含量高而锌蒸气低，冷凝时又被CO_2重新氧化等难点而未获成功。英国帝国公司经历了近三十年的研究，采用了高温炉顶(1000～1080℃)和铅雨冷凝器后，才于1950年实现了小规模鼓风炉炼锌的工业生产。因此，铅锌密闭鼓风炉炼锌又称帝国熔炼法(Imperial Smelting Process)，简称ISP法，其发展和推广者主要是以Derek Temple博士为代表的英国铅、锌联合会。该工艺是火法炼铅锌的重大技术发展，突破了竖罐炼锌由间接蒸馏到直接还原熔炼的技术难题，且由于铅锌密闭鼓风炉具有生产率高，投资少，综合回收好，特别适于处理含有锌、铅、铜的复杂矿石，因而引起了人们的重视。所以在20世纪60年代，ISP应用于工业生产后得到了迅速发展，单台鼓风炉粗铅锌产量由最初的5万t/a提高到10～15万t/a，锌产量曾经占当时世界锌总产量的12%左右。

1959 年，英国首先在斯温西锌厂建立了一座炉身面积为 17.2 m^2 的标准型铅锌密闭鼓风炉，年产粗铅锌 5 ~7 万 t。

1968 年，英国阿旺茅斯铅锌冶炼厂兴建了一座 27.2 m^2 的炉子，设计能力为年产粗铅锌 9 万 t。

韶关冶炼厂于 20 世纪 60 年代引进 ISP 工艺用于处理凡口铅锌矿，1975 年建成了我国第一座炉身面积为 17.2 m^2 的标准型铅锌密闭鼓风炉，设计能力为年产粗铅锌 5 万 t。1996 年韶关冶炼厂兴建了第二座炉身面积为 17.2 m^2 的标准型铅锌密闭鼓风炉，年设计能力为年产粗铅锌 8.5 万 t。全世界曾建有 14 座铅锌密闭鼓风炉，现有 10 座炉正在进行铅锌的生产。目前国内韶冶、白银三冶、陕西东岭和葫芦岛锌业公司共有五套 ISP 工艺铅锌生产系统；国外共有钱德里亚(印度)、柯普沙·米卡(罗马尼亚)、米亚斯特茨克(波兰)、八户和播磨(日本)五套 ISP 工艺生产系统。

铅锌密闭鼓风炉生产工艺(ISP 工艺)可分为以下几个阶段：

(1)铅锌硫化精矿、氧化物料和熔剂的烧结与脱硫。

(2)烧结焙烧过程产生的 SO_2 烟气经净化后送去生产硫酸。

(3)烧结块和其他含 Pb、Zn 的团块配入焦炭，加入鼓风炉中进行热风熔炼。

(4)从鼓风炉下部放出粗铅和炉渣，在电热前床中分离。

(5)从鼓风炉顶部溢出的含锌炉气经炉喉引入铅雨冷凝器中，锌蒸气被铅雨捕集、吸收，含锌铅液由铅泵抽出，经冷却分离后产出粗锌。

(6)产出的粗锌与粗铅经进一步精炼，得到符合国家标准的产品锌锭和铅锭。

ISP 工艺最大的特点是在密闭鼓风炉熔炼过程中同时产出粗铅和粗锌，对原料的适应性广泛，机械化、自动化程度相对较高，能源利用较合理，资源综合回收较好。经过几十年发展，在世界 ISP 俱乐部成员的共同努力下，世界各 ISP 厂家在生产中不断改进、强化冶炼过程，规模不断增大，密闭鼓风炉炉身面积由最初标准型 17.2 m^2 增大至目前最大的 28 m^2，并将冷凝器相应扩大，炉顶加料装置及其他附属设备进行相应改进，粗铅锌产量由最初的 5 万 t/a 提高到目前的 15 万 t/a，规模不断扩大，在产能增长的同时，单耗及成本进一步降低。同时通过新技术、新材料的应用，如打炉结机应用、富氧烧结及熔炼、烧结机和光辊破碎机的改进等，进一步提高了烧结料层厚度，延长了鼓风炉系统的清扫周期，提高了各 ISP 厂的作业时间，增加了粗铅锌产量，进一步降低了生产成本，推动了 ISP 技术进步。

在目前资源利用被足够重视，原料价格不断上涨的情况下，ISP 工艺的潜在优势越来越明显。二次物料的利用符合节约资源和清洁生产的要求，这也是 ISP 工艺优势所在，使用二次物料，有利于降低原料成本，增加产量，保护环境，提高金属回收率。该工艺对二次物料的处理，首先是解决自身工艺流程中所产出的氧化物料，如蓝粉、浮渣、次氧化锌、各收尘烟灰等，同时也可以处理含 Pb、Zn 的威尔兹氧化物、钢厂烟灰、电弧炉灰、锌中浸渣、铅银残渣、热镀锌灰等。另外阿旺茅斯、八户、杜依斯堡、柯克·克里克厂先后发展了冷、热压团技术，即将氧化物料与黏结剂压成团块直接加入鼓风炉进行还原熔炼，还有部分厂家研究了风口喷吹泵池浮渣技术，这些技术都取得了一定效果。

能源是国民经济发展的物质基础，合理利用能源、节约和降低能耗是我国一项重要国策。近年来，各 ISP 厂家在降低能耗方面做了大量工作：扩大产量降低单耗、提高鼓风炉热风温度降低焦炭单耗、冷却流槽余热发电、利用低热值煤气发电、烟化炉与锅炉一体化、烧结机烟罩余热的利用、精馏塔采用新型塔盘、提高水循环利用率、变频器的使用等，大大降低了 ISP 工艺能耗。

从 ISP 工艺应用于工业生产铅锌以来，各 ISP 冶炼厂都非常重视环境治理，将环境污染降低到最低限度，废气、废水、废渣均做到了达标排放，满足了日益严格的环境保护要求。近年来在环境保护方面所做的主要工作有：SO_2烟气制酸工艺由一转一吸改造为两转两吸、烧结机机头增加烟气脱硫装置、机尾烟气的全返回、鼓风炉及烟化炉渣水淬和鼓风炉炉顶烟气采用电收尘处理、污水采用纳滤工艺深度处理回用等，通过这些措施的落实，进一步促进了 ISP 厂的环境保护工作。

ISP 工艺优势体现在可以处理其他工艺无法处理的铅锌混合精矿和二次氧化物料等方面，降低了生产成本，提高了资源综合利用水平，促进循环经济的发展。

本书由张伟健主编，钟勇、曾令成副主编，参与编写的人员还有周长青、曾平生、戴孟良、黄大霜、江新辉、王起愈、徐克华、岳德宇、张建立、欧晓富、欧耀彬、杨林平、刘吴盛、熊建军、袁贵有、吴成春、李昭、石怀涛、韦战辉、赵兴伟。

本书适用于锌冶炼企业的工人、技术人员和管理人员，也可供大、中专院校、职业培训学校的教师和学生以及相关研究、设计人员参考。

目 录

CNMS

第1章 绪 论

1.1 铅的性质

1.1.1 铅的物理性质

铅为白色金属，外观呈蓝灰色，新的断口具有灿烂的金属光泽。其结晶属等轴晶系(八面体及六面体)。

铅的密度很大，不同学者测定的固体铅的密度为11.273～11.48 g/cm^3。液态铅的密度随温度而变，其变化关系见表1－1。

表1－1 液态铅的密度与温度的关系

温度(℃)	327.3	400	500	600	700	800	850
密度($g \cdot cm^{-3}$)	10.686	10.597	10.477	10.359	10.245	10.132	10.078

纯铅莫氏硬度为1.5，是重金属中最软的一种，其表面可用指甲划出痕迹。铅中含有少量铜、砷、锑、锌、碱金属及碱土金属时，其硬度增大而韧性减小。铅有很好的展性，可压轧成铅皮和锤制成铅箔，但不能拉成铅丝。在适当温度(230℃)下用孔模挤压，可压制成不同形状的铅件如铅管、铅棒、铅丝等。固体铅在5×10^5 Pa压力下便可变成液体铅。在低于熔点3～10℃下的铅很脆，用力摇动时可制成铅粒。

铅的熔点为327.5℃；沸点的数据则相差很大，不同学者测得的铅的沸点在1525～1870℃，认为沸点是1525℃的居多。由此可列出铅的平衡蒸气压与温度的关系(见表1－2)，或用下式算出(熔点至沸点)：

$$\lg p = 133.3 \times (-10130T^{-1} - 0.985\lg T + 11.16)$$

表1－2 铅的平衡蒸气压与温度的关系

温度(℃)	620	710	820	960	1130
蒸气压(Pa)	$10^{-3} \times 133.3$	$10^{-2} \times 133.3$	$10^{-1} \times 133.3$	1.0×133.3	10×133.3
温度(℃)	1290	1360	1415	1525	
蒸气压(Pa)	50×133.3	100×133.3	289×133.3	760×133.3	

如果已知冶金炉内铅蒸气的分压及气流的温度。设铅的蒸气压为饱和蒸气压(或实际测

定的铅的蒸气分压)，气流中的铅含量($g \cdot cm^{-3}$)可用下式算出：

$$x = \frac{1000Mp}{101325 \times 22.4(1 + \alpha t)}$$

式中 M——铅的分子量；

p——铅的蒸气压(Pa)；

t——温度(℃)；

α——气体膨胀系数，1/273 = 0.00366。

铅的其他物理性质列于表1-3。

表1-3 铅的其他物理性质

熔点 (℃)	沸点 (℃)	熔化热 (kJ/mol)	蒸发热 (J/mol)	密度(20℃) (g/cm^3)	黏度(340℃) (Pa·s)	表面张力(327.5℃) (N/cm)	电阻率 (Ω·cm)
327.5	1525	5.11	179.91	11.34	0.0189	0.00444	19×10^{-6}

1.1.2 铅的化学性质

常温下铅在干燥的空气中不起化学变化，但在潮湿的并含有CO_2的空气中则氧化生成氧化铅薄膜，覆盖在铅的表面，保护金属，防止铅继续被氧化，并且慢慢地转变成碱式碳酸铅。在湿空气中切开金属铅后，能观察到铅在较短时间内即失去金属光泽。

铅易溶于硝酸、硼氟酸、硅氟酸、醋酸及硝酸银中；难溶于稀盐酸及硫酸；缓溶于沸盐酸及发烟硫酸中。常温时HCl及H_2SO_4的作用仅限于铅的表面，因为反应生成的$PbCl_2$和$PbSO_4$几乎是不溶解的，它们附着在铅的表面，从而阻碍铅继续反应。一般铅在酸中的溶解度视所含杂质的性质和含量而定。

铅可吸收放射性线，具有抵抗放射性物质射线透过的性能。

铅及其化合物都有毒性，摄取后主要贮存在骨骼内，部分取代磷酸钙中的钙，不易排出。中毒较深时引起神经系统损害，严重时会引起铅毒性脑病，多见于四乙基铅的中毒。

1.2 锌的性质

1.2.1 锌的物理性质

金属锌，化学符号为Zn，属化学元素周期表第Ⅱ族副族元素，是六种基本金属之一。锌是一种白色略带蓝灰色金属，具有金属光泽，在自然界中多以硫化物状态存在。锌的密度为7.13 g/cm^3，熔点为419.6℃，沸点为907℃，莫氏硬度为2.5，其六面体晶体结构稳定性极强，无法改变，但可以加强。锌较软，仅比铅和锡硬，延展性比铅、铜小，比铁、锡大。细粒结晶的锌比粗粒结晶的锌容易辊轧及抽丝。其物理性能见表1-4。

表1-4 锌的物理性质

密度(20℃)(g/cm^3)	熔点(℃)	沸点(℃)	平均比热(0~100℃)[J/(kg·K)]	熔化热(kJ/mol)	气化热(kJ/mol)	热导率(0~100℃)[W/(m·K)]	电阻率(20℃)(μΩ·cm)
7.13	419.6	907	394	7.2	115.1	119.1	5.96

1.2.2 锌的化学性质

锌是活性金属，在室温下，锌在干燥的空气中不起变化，但在潮湿的空气中锌表面生成致密的碱式碳酸盐[$ZnCO_3 \cdot 3Zn(OH)_2$]薄膜，可阻止锌的继续氧化。锌加热至225℃后氧化激烈，燃烧时呈绿色火焰。在一定温度下锌与氟、氯、溴、硫作用生成相应的化合物。锌属负电性金属，易溶于盐酸、稀硫酸和碱性溶液中，也易从溶液中置换某些金属，如金、银、铜、镉等。锌的主要化合物为硫化锌(ZnS)、氧化锌(ZnO)、硫酸锌($ZnSO_4$)和氯化锌($ZnCl_2$)。锌的标准电极电位为-0.763 V，锌的电化当量为1.220 g/(A·h)。

1.3 铅、锌的主要用途

1.3.1 铅的主要用途

由于铅具有高密度、优良的抗蚀性、熔点低、柔软、易加工等特性，因此在许多工业领域中得到广泛应用，铅板和铅管用于制酸工业、蓄电池、电缆包皮及冶金工业设备的防腐衬里。铅能吸收放射性射线，可作原子能工业及X射线仪器设备的防护材料。铅能与锑、锡、铋等配制成各种合金，如熔断保险丝、印刷合金、耐磨轴承合金、焊料、榴霰弹弹丸、易熔合金及低熔点合金模具等。还可以用做建筑工业隔音和装备上的防震材料等。铅的化合物四乙基铅可做汽油抗爆添加剂和颜料。

1.3.2 锌的主要用途

金属锌主要用于镀锌即钢铁表面防止腐蚀及精密铸造。锌镀于钢板表面，牺牲自己保全了主体，所以又称为牺牲性金属。金属锌片和锌板用于制造干电池。锌能与多种有色金属组成锌合金和含锌合金，其中最主要的是锌与铜、锡、铅等组成的压铸合金，用于制造各种精密铸件。

锌的氧化物用于颜料工业和橡胶工业；硫酸锌用于制革、纺织和医药等工业，氯化锌用做木材的防腐剂。

我国锌的重要消费领域是：干电池、冶金产品镀锌、氧化锌、黄铜材、机械制造用锌合金及建筑、五金制品等。

1.4 铅、锌的主要化合物

1.4.1 铅的主要化合物

铅以金属形态使用为主，但也有很多重要的化合物。

1. 硫化铅(PbS)

硫化铅的熔点1135℃，沸点1281℃，密度7.115～7.70 g/cm^3。熔化后的硫化铅流动性极好，容易渗入炉底和炉壁的耐火材料中而不起侵蚀作用。隔绝空气加热硫化铅则挥发而不起化学变化。浓硝酸、盐酸、硫酸及三氯化铁水溶液能溶解硫化铅。高温下，空气、富氧和纯氧能使 PbS 氧化成 PbO 和 $PbSO_4$。

2. 一氧化铅(PbO)

一氧化铅又名黄丹、密陀僧。它是一种浅黄色或土黄色结晶或无定形粉末。密度(g/cm^3)为9.53(立方晶)、8.70(斜方晶)及9.2～9.5(无定形)，熔点886℃，沸点1535℃。不溶于水和乙醇，溶于硝酸、醋酸或温热的碱液。空气中能缓慢吸收二氧化碳。加热到300～500℃时变为四氧化二铅，温度再高时变成一氧化铅。

3. 碱式碳酸铅[$2PbCO_3 \cdot Pb(OH)_2$]

碱式碳酸铅又称铅白、白铅粉，为白色粉末，密度6.14 g/cm^3。溶于高级脂肪酸，不溶于水及乙醇。可溶于醋酸、硝酸、盐酸。加热至220℃，先分解出二氧化碳然后逐渐变为氧化铅和碳酸铅。与硫化氢接触会变黑。

4. 硝酸铅[$Pb(NO_3)_2$]

硝酸铅为白色晶体，密度为4.53 g/cm^3，熔点470℃(分解)；能溶于水、液氨、联氨；微溶于乙醇，不溶于硝酸，不易潮解，高温下分解为氧化铅、二氧化氮和氧气。水溶液呈微酸性。为强氧化剂，与有机物接触能促使其燃烧。

5. 四乙基铅[$Pb(C_2H_5)_4$]

四乙基铅又名 TEL。在常温下为无色透明油状液体。有特殊的芳香气味，不溶于水、稀酸和稀碱溶液，可溶解于有机溶剂，在阳光下受热分解。四乙基铅有剧毒，其工作环境允许浓度为0.01 mg/m^3(以铅计)以下。

1.4.2 锌的主要化合物

1. 氧化锌(ZnO)

氧化锌又名锌白，是一种白色粉末或六角系结晶体，无臭无味。受热变为黄色，冷却后又变为白色。密度5.606 g/cm^3，熔点1975℃，加热至1800℃时升华。溶于酸、碱、氨水，不溶于水、醇，它是两性氧化物，易从空气中吸收二氧化碳生成碳酸锌。

2. 立德粉($ZnS + BaSO_4$)

立德粉又名锌钡白，是锌的第二大化工产品(仅次于氧化锌)，为白色粉末。混合纯净的硫酸锌和硫化钡溶液，则产生硫化锌和硫酸钡的沉淀物，经洗净、干燥即得立德粉产品。它主要用于颜料、油漆；此外还用做地板覆盖剂、纤维与织物的涂敷层及橡胶填充剂等。

3. 氯化锌($ZnCl_2$)

氯化锌为白色粒状、棒状或粉状结晶体，密度2.91 g/cm^3，熔点283℃，沸点723℃。无味，易潮解，溶于水，水溶液呈强酸性，溶于甲醇、乙醇、丙酮、乙醚等含氧有机溶剂。加过量的水有氯氧化锌生成，具有腐蚀性和毒性，还具有溶解金属氧化物和纤维素的特性，熔融氯化锌具有很好的导电性能。

4. 七水硫酸锌($ZnSO_4 \cdot 7H_2O$)

七水硫酸锌又名皓矾、锌矾，是一种无色针状或粉状结晶。密度 1.957 g/cm^3，易溶于水，微溶于乙醇、甘油，干燥空气中逐渐风化，39℃时失去一个结晶水，280℃失去全部结晶水，成为无水物，加热到767℃时，分解成氧化锌和三氧化硫。它是制造锌钡白和锌盐的主要原料。

5. 一水硫酸锌($ZnSO_4 \cdot H_2O$)

一水硫酸锌为白色流动性粉末，密度 3.28 g/cm^3，在空气中极易潮解，易溶于水，微溶于醇，不溶于丙酮，是制造锌盐和锌钡粉的主要原料。

6. 硝酸锌[$Zn(NO_3)_2 \cdot 6H_2O$]

硝酸锌为白色或无色结晶，密度 2.065 g/cm^3，熔点 36.4℃，易溶于水和乙醇，水溶液呈酸性。105 ~131℃时失去 6 个结晶水，与有机物接触或加热能发生燃烧或爆炸。加热时分解放出氧化氮气体，先转变成碱式盐 $Zn(NO_3)_2 \cdot 3Zn(OH)_2$，然后形成氧化锌。

7. 碱式碳酸锌[$ZnCO_3 \cdot 2Zn(OH)_2 \cdot H_2O$]

白色细微无定形粉末，无臭无味，密度 4.42 ~4.45 g/cm^3，120℃分解。溶于稀酸和氢氧化钠，微溶于氨，不溶于水和醇。与双氧水作用，释放出二氧化碳，形成过氧化物。将含锌或氧化锌原料与硫酸反应，得粗硫酸锌溶液，经除杂净化后，与纯碱反应制得。用于轻型收敛剂和乳胶制品，皮肤保护剂，人造丝的生产和脱硫剂。

1.5 铅锌冶炼方法

1.5.1 铅冶炼方法

目前世界上铅的生产方法主要采用火法，湿法炼铅尚未实现工业化。火法炼铅可分为传统炼铅法和直接炼铅法。传统炼铅法包括烧结—鼓风炉熔炼法、密闭鼓风炉熔炼法(ISP法)、电炉熔炼法等。

传统的烧结—鼓风炉炼铅方法由于工艺简单，生产稳定，多年来被广泛采用，目前仍是世界上最主要的铅冶炼方法，所生产的粗铅占世界铅产量的70% ~80%。由于该工艺存在返料循环量大、能耗高、烧结机烟气含 SO_2浓度偏低、劳动条件差、烟气污染环境等问题，从 20 世纪 90 年代始，世界各国炼铅厂就在进行工艺和设备的改进。主要改进措施有烧结机采用刚性滑道密封和柔性传动，返烟鼓风烧结，富氧鼓风烧结，鼓风炉大型化，以及采用无炉缸鼓风炉、放铅放渣连续化等。我国的各大冶炼厂从 20 世纪 70 年代就着手进行改造，取得了一定的效果，但尚不能真正从根本上解决存在的环境问题。

近年来，我国建设的铅冶炼项目大多以直接炼铅工艺为主，一些大中型冶炼企业也多建设直接炼铅系统，对原有的传统冶炼工艺进行替代。与传统的烧结—鼓风炉熔炼法相比，直接炼铅法具有流程短，自动化水平高，设备紧凑、占地面积少，自热熔炼降低能耗，铅、锌、硫回收率高，烟气 SO_2浓度高，环保和劳动卫生水平高等优点。直接炼铅法包括氧气底吹炼铅法(QSL 法)、基夫赛特法、我国自主研发的底吹—鼓风炉炼铅工艺(SKS 法)、顶吹旋转转炉法(卡尔多法、TBRC 法)、富氧顶吹喷枪熔炼法(ISA 或 Ausmelt 法)、奥托昆普闪速熔炼法、瓦纽科夫法等。

2002 年下半年，我国自主开发的富氧底吹熔炼—鼓风炉还原熔炼工艺（SKS 法）在豫光金铅集团和池州有色金属公司应用并成功投产，铅冶炼行业取得重大技术突破，由于适合我国铅冶炼行业现状、符合我国国情，自此 SKS 法在国内得到广泛推广。

今后，我国铅冶炼行业新建项目及改扩建项目将主要向直接炼铅工艺方向发展，整个行业结构将向产能集中化、建设大型联合冶炼企业方向发展。

1.5.2 锌冶炼方法

现代炼锌方法分为火法炼锌与湿法炼锌两大类，以湿法冶炼为主。

火法炼锌包括焙烧、还原蒸馏和精炼三个主要过程，主要有平罐炼锌、竖罐炼锌、密闭鼓风炉炼锌及电热法炼锌。平罐炼锌和竖罐炼锌都是间接加热，存在能耗高、对原料的适应性差等缺点，平罐炼锌几乎被淘汰，竖罐炼锌也只有为数很少的 3 ~ 5 家工厂采用。电热法炼锌虽然直接加热但不产生燃烧气体，也存在生产能力小、能耗高、锌的直收率低的问题，因此发展前途不大，仅适于电力便宜的地方使用。密闭鼓风炉炼锌由于具有能处理铅锌复合精矿及含锌氧化物料，在同一座鼓风炉中可生产出铅、锌两种不同的金属，采用燃料直接加热，能量利用率高等优点，是目前主要的火法炼锌设备，占锌总产量的 12% 左右。

湿法炼锌包括传统的湿法炼锌和全湿法炼锌两类。湿法炼锌由于资源综合利用好、单位能耗相对较低、对环境友好程度高，是锌冶金技术发展的主流，到 20 世纪 80 年代初其产量约占世界锌总产量的 80% 。

传统的湿法炼锌实际上是火法与湿法的联合流程，是 20 世纪初出现的炼锌方法，包括焙烧、浸出、净化、电积和制酸五个主要过程。一般新建的锌冶炼厂大都采用湿法炼锌，其主要优点是有利于改善劳动条件，减少环境污染，有利于生产连续化、自动化、大型化和原料的综合利用，可提高产品质量、降低综合能耗、增加经济效益等。

全湿法炼锌是在硫化锌精矿直接加压浸出的技术基础上形成的，于 20 世纪 90 年代开始应用于工业生产。该工艺省去了传统湿法炼锌工艺中的焙烧和制酸工序，锌精矿中的硫以元素硫的形式富集在浸出渣中另行处理。

第 2 章　硫化铅锌精矿的烧结焙烧

2.1　概　述

硫化铅锌精矿的烧结焙烧以铅锌精矿（含铅矿、锌矿、铅锌混合矿）、返粉、钙质熔剂以及冶炼过程中间物料（如粗氧化锌、蓝粉、收尘烟灰等）为原料组成一定比例的混合物料经过预处理（混合与制粒）后进入烧结机，通过点火及鼓入空气，物料完成脱水、脱硫、结块等过程，产出的烧结块经过破碎筛分，筛上物（合格烧结块，粒度为 40 ~ 120 mm）送往鼓风炉，筛下物经过进一步破碎制备成返粉（粒度为 2 ~ 5 mm）送往返粉仓做配料循环使用，烧结烟气经过电收尘、净化后用于制取硫酸，它的主要特点有：

（1）对原料的适应能力强，可以处理多种铅锌的原生和次生原料，尤其适合难选的铅、锌混合矿，从而简化了选冶工艺流程，提高了选冶综合回收率。

（2）冶炼综合回收能力高，能综合回收硫、镉、锗、汞等有价金属，经济效益可观。

2.2　硫化精矿烧结焙烧的理论基础

硫化铅锌精矿中主要的金属硫化物有：PbS、ZnS、FeS_2、$CuFeS_2$、FeAsS、CdS、Hg_2S、Ag_2S、Sb_2S_3等，其烧结焙烧过程非常复杂，但基本原理是：将制备好的炉料（即混合物料）送入烧结设备（烧结机）中，点火加热到 1050 ~ 1150℃，在有氧气参与（鼓入空气或低 SO_2 浓度烟气）的情况下，物料中的金属硫化物便发生氧化反应，生成金属氧化物和二氧化硫，其反应式为：

$$2MeS + 3O_2 = 2MeO + 2SO_2 + Q$$

该反应是放热反应，产生的热量足够使焙烧过程的一切反应继续进行，不需要加任何燃料，另外各种金属氧化物也会部分相互反应，生成各种复杂盐类，例如硅酸盐、亚铁酸盐、铝酸盐、砷酸盐等，其中铅的硅酸盐和亚铁酸盐熔点较低，在烧结焙烧过程中起黏结作用，将脱硫后的氧化物料黏结成具有一定强度、硬度和孔隙度的烧结块。

2.2.1　金属硫化物的着火温度

在某一温度下，硫化物氧化放出的热量能使氧化过程自发地扩展到全部物料并使反应加速进行时，此温度就叫做着火温度，硫化物的着火温度决定着焙烧的最低温度。各种金属硫化物的着火温度常取决与该物料本身的物理性质，例如热容、导热率、粒度、致密度等，一般来说，热容量大、粒度粗、致密度大的物料着火温度高，反之则低，着火温度与粒度的关系如表 2 - 1 所示。在化学性质上，影响硫化物着火温度的原因主要是其结构以及氧化反应的热效应。此外，外界因素比如催化作用和强化作用等对其影响也很大。从表 2 - 1 可以看出，硫化铅和硫化锌的着火温度较高，因此低温下氧化速度较慢，为了彻底脱硫，在焙烧过程中需要鼓入过剩空气，控制较高温度以及较长时间。

表 2－1 某些金属硫化物的着火温度与黏度的关系

序号	粒度范围(mm)	平均粒度(mm)	着火温度(℃)				
			黄铜矿	黄铁矿	磁硫铁矿	闪锌矿	方铅矿
1	0.02～0.05	0.025	280	290	330	554	505
2	0.05～0.07	0.0625	335	345	419	605	697
3	0.075～0.10	0.0875	357	405	444	623	710
4	0.10～0.15	0.125	364	422	460	637	720
5	0.15～0.20	0.175	364	423	465	644	730
6	0.20～0.30	0.250	380	424	471	646	730
7	0.30～0.50	0.400	385	426	475	646	732
8	0.50～1.00	0.750	395	426	480	646	740
9	1.00～2.00	1.500	401	428	482	646	750

2.2.2 硫化物氧化过程机理

任何硫化物氧化过程都是气固相的多相反应过程，它可分为若干阶段，其中最缓慢的阶段决定着整个过程的速度，其反应步骤是：① 气流中的氧分子扩散至硫化物表面；② 氧分子在固相表面吸附；③ 固相表面上进行化学反应；④ 反应的气体产物从固相表面解吸；⑤ 气体产物从固相表面向气流中扩散。

以下简单叙述影响硫化物焙烧反应速度的决定因素。

(1) 混合物料的物理性质。即精矿颗粒与混合物料颗粒的大小。因为多相反应过程发生在两相接触的界面上，所以粒度小，表面积大，与空气接触良好，容易着火燃烧，有利于氧化反应的进行。精矿粒度越细，氧化越快。但精矿必须与返粉制粒才能保证透气性，制粒后粒度 3～6 mm 越多，氧化越快，焙烧效果越好。

(2) 硫化物本身性质。硫化物着火温度越高，氧化越慢，着火温度越低，氧化越快。某些硫化物在焙烧温度下离解放出硫，粒度变小，孔隙度增加，呈疏松多孔状，所以容易焙烧(如黄铁矿和黄铜矿)，反之，某些硫化物(如硫化锌)焙烧时，不离解也不崩裂，而是在表面生成一层较致密的氧化锌薄膜，故较难焙烧。

(3) 烧结过程温度。一般随着温度的升高，氧化过程速度加快，生成的硫酸盐容易分解成氧化物，为了加快硫化物氧化反应的进行，焙烧过程应维持在最大允许温度。

(4) 空气向硫化物表面运动的速度以及过剩空气量。空气向硫化物表面运动速度越大，氧化越快，反之则慢，因为气流速度大，生成的气体产物从料粒表面移走的速度也越快，氧化速度越快，此外过剩空气越多，氧化越快，这是符合化学反应规律的。

2.3　烧结焙烧时精矿中各组分行为

烧结焙烧所采用的铅锌精矿除方铅矿 PbS，闪锌矿 ZnS 外，还含有其他各种金属硫化物及硅、钙等的氧化物，在强氧化气氛和高温的烧结条件下，将发生不同的物理化学变化。

2.3.1　硫化铅的焙烧反应分析

在高温及氧化气氛下，会生成 PbO 和 $PbSO_4$，发生的反应如下：

$$2PbS + 3O_2 = 2PbO + 2SO_2$$

$$4PbS + 7O_2 = 2PbO + 2PbSO_4 + 2SO_2$$

最初形成的 $PbSO_4$ 再与 PbS 相互作用而形成 PbO：

$$3PbSO_4 + PbS = 4PbO + 4SO_2$$

如果反应物之间接触良好，温度在 550℃以上，则反应从左向右进行到底。

PbO 与 $PbSO_4$ 还会与未氧化的 PbS 发生交互反应：

$$PbS + 2PbO = 3Pb + SO_2$$

$$PbS + PbSO_4 = 2Pb + 2SO_2$$

在烧结焙烧的强氧化气氛下，金属铅会进一步氧化为 PbO，或金属铅与其他氧化物或 $PbSO_4$ 相互作用而形成 PbO。

在烧结过程中常产生少量的铅，其生成量随着烧结块含铅量的增高与 SiO_2 含量的降低而增多。

在高温条件下，$PbSO_4$ 也会分解变为 PbO。所以，在烧结焙烧条件下，PbS 氧化的结果是生成 PbO 和 $PbSO_4$，从 PbS 精矿的烧结焙烧目的来说，由于 $PbSO_4$ 在鼓风炉还原熔炼的条件下，不能还原得到金属铅，而是还原成 PbS 进入铜锍，所以，必须在焙烧过程中全部变成 PbO，尽量减少 $PbSO_4$ 的生成。

在焙烧过程中，$PbSO_4$ 与 PbO 比例视焙烧条件而定。$PbSO_4$ 生成的条件及数量取决于焙烧的气氛、焙烧的温度以及物料的组成。

$PbSO_4$ 在气相中存在 SO_3 时才能生成，其反应按下式进行：

$$2SO_2 + O_2 = 2SO_3$$

$$PbO + SO_3 = PbSO_4$$

由以上两反应可见，只要保证 SO_2 能够转变为 SO_3，并与氧化铅接触，就有利于 $PbSO_4$ 的生成。

$PbSO_4$ 生成的数量主要取决于焙烧的温度，提高焙烧温度能够促使 $PbSO_4$ 分解。焙烧时，在低温下（<700℃）主要生成硫酸盐，在高温下（705 ~ 1000℃）主要形成氧化物。

精矿中的脉石或加入其中的熔剂 SiO_2、Fe_2O_3 和 CaO 都能促进 $PbSO_4$ 的分解，其化学反应为：

$$2PbSO_4 + SiO_2 = 2PbO \cdot SiO_2 + 2SO_2 + O_2$$

$$PbSO_4 + Fe_2O_3 = PbO \cdot Fe_2O_3 + SO_2 + 1/2O_2$$

$$PbSO_4 + CaO = PbO + CaSO_4$$

综上所述，在烧结焙烧过程中，由于采用的温度在 1000 ~ 1200℃，同时炉料中存在有大量的脉石与熔剂，加之焙烧过程的强化，PbS 会达到完全氧化的目的，所以，烧结焙烧得到的烧结块中的铅主要是以游离的氧化铅和结合状的氧化铅锌(如硅酸盐等)的形式存在，其次是金属铅、硫酸铅及少量未氧化的硫化铅。

2.3.2 ZnS 焙烧反应分析

硫化锌是很难着火的硫化物，其着火点很高，焙烧时，ZnS 不因受热而离解，仍然保持紧密的状态使气体难于透入，焙烧时产生的 ZnO，其密度较 ZnS 小，因而新占体积较大，结果 ZnO 稠密地覆盖在 ZnS 的核心上，使之难于焙烧，往往在焙烧结束后仍保留着 ZnS 的残核，这就是硫化锌最难焙烧的主要原因。

ZnS 的结构很致密，它是一种比较难氧化的物质，加之氧化后生成的硫酸盐和氧化物是一种很致密的膜层，它能紧紧地包裹在未氧化的硫化锌颗粒表面，阻碍氧的渗入。所以在烧结焙烧时，需要较长时间、过量的空气和较高的焙烧温度，才能使硫化锌转为氧化锌。其反应为：

$$2ZnS + 3O_2 = 2ZnO + 2SO_2 \tag{2-1}$$

$$ZnS + 2O_2 = ZnSO_4 \tag{2-2}$$

$$3ZnSO_4 + ZnS \rightleftharpoons 4ZnO + 4SO_2 \tag{2-3}$$

$$2SO_2 + O_2 = 2SO_3 \tag{2-4}$$

$$ZnO + SO_3 = ZnSO_4 \tag{2-5}$$

ZnS 的着火温度在 600 ~ 650℃，焙烧开始时，发生反应(2-1)、反应(2-2)，产生的 SO_2，又与烟气中氧化合成 SO_3。反应(2-5)表明，存在 SO_3时 ZnO 可形成 $ZnSO_4$。反应(2-3)是可逆反应，低温(<500℃)由左向右进行；较高温(>600℃)反应由右向左进行。600℃以上时，$ZnSO_4$分解，850℃时激烈分解为氧化锌。

综上所述，ZnS 焙烧后是生成 ZnO 还是 $ZnSO_4$，主要取决于焙烧条件，即焙烧温度及气相成分。在铅锌混合精矿烧结焙烧的高温及强氧化气氛的条件下，ZnS 主要氧化成 ZnO 留在烧结块中。

上述的氧化反应是放热反应，它们保证了焙烧过程不需要在另加燃料的情况下进行。

铅锌混合精矿在焙烧时，控制焙烧温度和气相成分，对硫酸盐的生成或分解有很大的影响，烧结块中不希望存在 $ZnSO_4$，因为在鼓风熔炼时会还原成 ZnS，使作业发生困难。

焙烧得到的 $ZnSO_4$在高温下分解，分解压力随着温度的升高而增大，其分解压与温度的关系如表 2-2 所示。

表 2-2 $ZnSO_4$的分解压与温度的关系

温度(℃)	675	700	720	750	775	800
压力(Pa)	$5 \times 1.33 \times 10^2$	$6 \times 1.33 \times 10^2$	$24 \times 1.33 \times 10^2$	$61 \times 1.33 \times 10^2$	$112 \times 1.33 \times 10^2$	$189 \times 1.33 \times 10^2$

$ZnSO_4$分解完全与否，不仅取决于温度，而且还取决于加热时间和分解生成气体的排出速度(与鼓风强度有关)。

$ZnSO_4$分解时先生成中间产物——碱式硫酸盐 $3ZnO \cdot 2SO_3$，再分解为氧化锌：

$$3ZnSO_4 = 3ZnO \cdot 2SO_3 + SO_2 + 1/2O_2$$

$$3ZnO \cdot 2SO_3 = 3ZnO + 2SO_2 + O_2$$

烧结焙烧是在高温下（>850℃）进行，则所得烧结块含硫酸锌很少。

金属硫酸盐的分解温度与分解产物见表2-3。

表2-3 金属硫酸盐的分解温度与分解产物

硫酸盐	开始分解温度(℃)	强化分解温度(℃)	分解产物
$FeSO_4$	167	480	$Fe_2O_3 \cdot 2SO_3$
$Fe_2O_3 \cdot 2SO_3$	492	560(708)	Fe_2O_3
$Al_2(SO_4)_3$	590	637	Al_2O_3
$ZnSO_4$	702	720	$3ZnO \cdot 2SO_3$
$3ZnO \cdot 2SO_3$	755	767(845)	ZnO
$CuSO_4$	653	670(740)	$2CuO \cdot SO_3$
$2CuO \cdot SO_3$	702	736	CuO
$PbSO_4$	637	705	$6PbO \cdot 5SO_3$
$6PbO \cdot 5SO_3$	952	962	$2PbO \cdot SO_3$
$CaSO_4$	827	—	$5CaO \cdot SO_3$
$5CaO \cdot SO_3$	1200	—	CaO

烧结焙烧炉气中SO_3的浓度取决于过剩空气量，过剩空气的多少，则取决于烧结机的鼓风强度。空气量少时，焙烧过程慢，而硫酸盐的生成亦多。因此，在烧结过程中，在不影响制酸SO_2浓度以及环保要求允许的前提下，可适当增加鼓风强度。

当温度在650℃以上时，ZnO与炉料中的Fe_2O_3结合而形成铁酸锌（$ZnO \cdot Fe_2O_3$），ZnO也能与SiO_2结合而成硅酸锌（$ZnO \cdot SiO_2$）。

总之，烧结焙烧得到的烧结块中的锌主要是以氧化锌形态存在，其次是硅酸锌、铁酸锌，还有极少量的未被氧化的硫化锌。

2.3.3 其他 MeS 的焙烧反应

（1）铁的硫化物

常以黄铁矿（FeS_2）、磁黄铁矿（Fe_nS_{n+1}）的形态存在于锌精矿中，是硫化铅锌精矿的天然伴生物，当加热到300℃以上时发生离解：

$$FeS_2 = FeS + 1/2S_2$$

$$Fe_nS_{n+1} = nFeS + 1/2S_2$$

在焙烧过程中，有时由于空气不足和焙烧温度过低，常发现有升华硫被带到制酸系统发生堵塞的现象。温度升到700～850℃时，硫化铁被氧化：

$$2FeS + 3O_2 = 2FeO + 2SO_2$$

$$2FeS + 7/2O_2 = Fe_2O_3 + 2SO_2$$

$$3FeS + 5O_2 = Fe_3O_4 + 3SO_2$$

得到氧化亚铁、三氧化二铁和四氧化三铁的含量多少决定于焙烧温度与气氛。

在烧结焙烧中，烧结块硬度与加入铁化合物形态有关，若加入的是硫化铁，硬度降低较少，若加入焙烧铁砂(氧化铁)，则硬度会急剧下降。

(2)硫化铜

在精矿中以黄铜矿($CuFeS_2$)、铜蓝(CuS)和辉铜矿(Cu_2S)等存在。它们在焙烧温度下会氧化成氧化亚铜和氧化铜：

$$6CuFeS_2 + 35/2O_2 = 3Cu_2O + 2Fe_3O_4 + 12SO_2$$

$$Cu_2S + 2O_2 = 2CuO + SO_2$$

$$CuS + 5/2O_2 = Cu_2O + 2SO_2$$

$$2Cu_2O + O_2 = 4CuO$$

高温焙烧时，铜主要是以游离的或结合成铁酸盐或硅酸盐状态的氧化铜和氧化亚铜的形态存在。

(3)砷化物

在精矿中以硫砷铁矿即毒砂(FeAsS)及硫化砷矿即雌黄(As_2S_3)的形态存在。毒砂在焙烧时，首先受热离解，然后氧化生产极易挥发的三氧化二砷，其反应为

$$FeAsS = As + FeS$$

$$2As + 3/2O_2 = As_2O_3$$

毒砂和雌黄在氧化气氛中，发生如下反应：

$$2FeAsS + 5O_2 = Fe_2O_3 + As_2O_3 + 2SO_2$$

$$2As_2S_3 + 9O_2 = 2As_2O_3 + 6SO_2$$

$$As_2O_3 + O_2 = As_2O_5$$

As_2O_3是容易挥发的氧化物，沸点是490℃，因而在焙烧条件下，会有一部分砷以As_2O_3挥发掉，但在过剩空气存在的条件下，As_2O_3可以进一步氧化为难挥发的As_2O_5，它可以与其他金属氧化物(如PbO、FeO、CuO等)形成砷酸盐，例如：

$$3FeO + As_2O_5 = 3FeO \cdot As_2O_5$$

因此，焙烧结果，有一部分砷以高价砷酸盐形态存在于烧结块中。

(4)辉锑矿(Sb_2S_3)

辉锑矿在焙烧时会按下式被氧化成易挥发的Sb_2O_3：

$$2Sb_2S_3 + 9O_2 = 2Sb_2O_3 + 6SO_2$$

在有过剩空气的条件下，Sb_2O_3可以进一步氧化为挥发性小的高价氧化物Sb_2O_5：

$$Sb_2O_3 + O_2 = Sb_2O_5$$

Sb_2O_5在500℃以上的温度下是不稳定的化合物，分解为低价的氧化物，只有当它形成锑酸盐$MeO \cdot Sb_2O_5$时，才趋于稳定：

$$3PbO + Sb_2O_5 = 3PbO \cdot Sb_2O_5$$

所以烧结块中锑主要是以锑酸盐的形态存在。

(5)辉镉矿(CdS)

CdS在焙烧时按下式氧化：

$$2CdS + 3O_2 = 2CdO + 2SO_2$$

还有一部分被氧化成硫酸镉：

$$CdS + 2O_2 = CdSO_4$$

烧结焙烧过程中镉的挥发，主要由于发生如下反应：

$$2CdO + CdS = 3Cd + SO_2$$

$$3CdS_{(固)} + 2ZnO_{(固)} = 2ZnS_{(固)} + 3Cd_{(气)} + SO_{2(气)}$$

生成的金属镉沸点较低(767℃)，因而迅速挥发，另外有 70% 以上的镉挥发富集在烟尘中。在适当的温度下，物料可获得最大的脱镉效果。没有挥发的镉，以 CdO 形式存在于烧结块中。

(6)辰砂(HgS)

汞的硫化物在焙烧时主要反应为：

$$HgS + O_2 = Hg + SO_2$$

反应在 285℃就开始发生，到 360 ~ 370℃时反应活跃，当温度进一步升高时，反应以很大的速度自左向右进行。因此，在烧结焙烧高温下，90% ~ 98% 以上的汞挥发，并进入烟尘和烟气之中，可进一步回收。

(7)辉银矿(Ag_2S)

Ag_2S 氧化焙烧时，部分变为金属银和硫酸银(Ag_2SO_4)：

$$Ag_2S + O_2 = 2Ag + SO_2$$

$$Ag_2S + 2O_2 = Ag_2SO_4$$

硫酸银是较稳定的化合物，在 850℃时才开始离解。因此，银是以金属银和硫酸银的形态存在于烧结块中。

现将精矿中各种成分在烧结焙烧过程前后的对比情况列于表 2 - 4 中。

表 2 - 4　精矿中各种成分在烧结过程前后的对比成分

矿物	烧结前(混合物料)成分		烧结后(烧结块)成分	
	主　要	次　要	主　要	次　　要
方铅矿	PbS	$PbCO_3$	PbO、$2PbO \cdot SiO_2$	Pb、PbO、Fe_2O_3、PbS、$PbSO_4$
黄铜矿	$CuFeS_2$	Cu_2S、CuS	Cu_2O、Cu_2S	CuO、$nCu_2O \cdot mSiO_2$、$xCu_2O \cdot yFe_2O_3$
闪锌矿	ZnS		ZnO	$ZnSO_4$、ZnS
黄铁矿	FeS_2	Fe_nS_{n+1}	Fe_2O_3、$xPbO \cdot yFe_2O_3$	Fe_3O_4、$2FeO \cdot SiO_2$
毒砷	$FeAsS$	As_2S_3	As_2O_3	$Pb_3(AsSO_4)_2$、$Fe_3(AsSO_4)_2$
辉锑矿	Sb_2S_3	As_2S_3	Sb_2O_3	$Pb_3(SbO_4)_2$
辉镉矿	CdS	$PbS \cdot 2Sb_2S_3$	CdO	$CdSO_4$
辉银矿	Ag_2S		Ag	Ag_2SO_4
金	Au		Au	
石灰石	$CaCO_3$		CaO	$CaO \cdot Fe_2O_3$、$CaO \cdot SiO_2$、$CaSO_4$
二氧化硅	SiO_2		$PbO \cdot SiO_2$、$2PbO \cdot SiO_2$	$CaO \cdot SiO_2$、$FeO \cdot SiO_2$

2.4 烧结焙烧的工艺流程

2.4.1 烧结焙烧的目的

烧结焙烧的主要目的有4个，它们分别是：

(1)氧化脱硫。高温下使铅锌硫化物与空气中的氧发生化学反应脱硫变成氧化物料。

(2)物料结块。利用烧结原料中的黏结相(主要是Fe、Si的复杂氧化物)使脱硫后的氧化物料结成一定强度和孔隙度的烧结块以适合密闭鼓风炉熔炼。

(3)烟气制酸。脱硫后的烟气(SO_2浓度介于5% ~6%)经过电收尘、净化后制取硫酸。

(4)综合回收。原料中的镉、汞、锗等有价金属在烧结焙烧过程中富集回收。

2.4.2 烧结焙烧工艺流程简介

烧结焙烧工艺流程如图2-1所示。

各种精矿经过堆式配料后，经过干燥窑干燥脱水和鼠笼破碎送入干精矿仓，根据烧结工艺要求，干精矿与返粉、收尘烟灰、石灰石按一定比例由电子皮带秤计量配成烧结原料(混合物料)。混合物料经过1#圆筒完成均匀混合和部分制粒过程后进入2#圆筒完成全部制粒过程。通过布料机完成布料(点火层与主料层)进入烧结机，完成烧结焙烧过程后，通过单轴(一破)、齿辊(二破)破碎后进行筛分，筛上物为合格烧结块，送往鼓风炉熔炼，筛下物通过波纹辊破碎机(三破)和光面辊破碎机(四破)后制成合格的返粉返回返粉仓供配料使用。

2.4.3 烧结焙烧的原料

烧结焙烧的各种原料主要化学成分如表2-5所示。

表2-5 烧结焙烧的各种原料主要化学成分(%)

原料	Pb	Zn	S	SiO_2	CaO	Fe	Cd	As
铅矿	48~60		16~32	<5.0		<13		<0.6
锌矿		48~55	23~34	<6.0		<14	<0.6	<0.5
混合矿	15~20	26~36	23~33	<6.0		<14	<0.7	<0.6
返粉	20~22	38~42	<1.0	<4.0				
石灰石				<2.0	50~55	1.0~2.0		
收尘烟灰	30~40	25~30						
蓝粉	25~40	30~45						
次氧化锌	5.0~15	50~65						
电尘	20~70	<30						

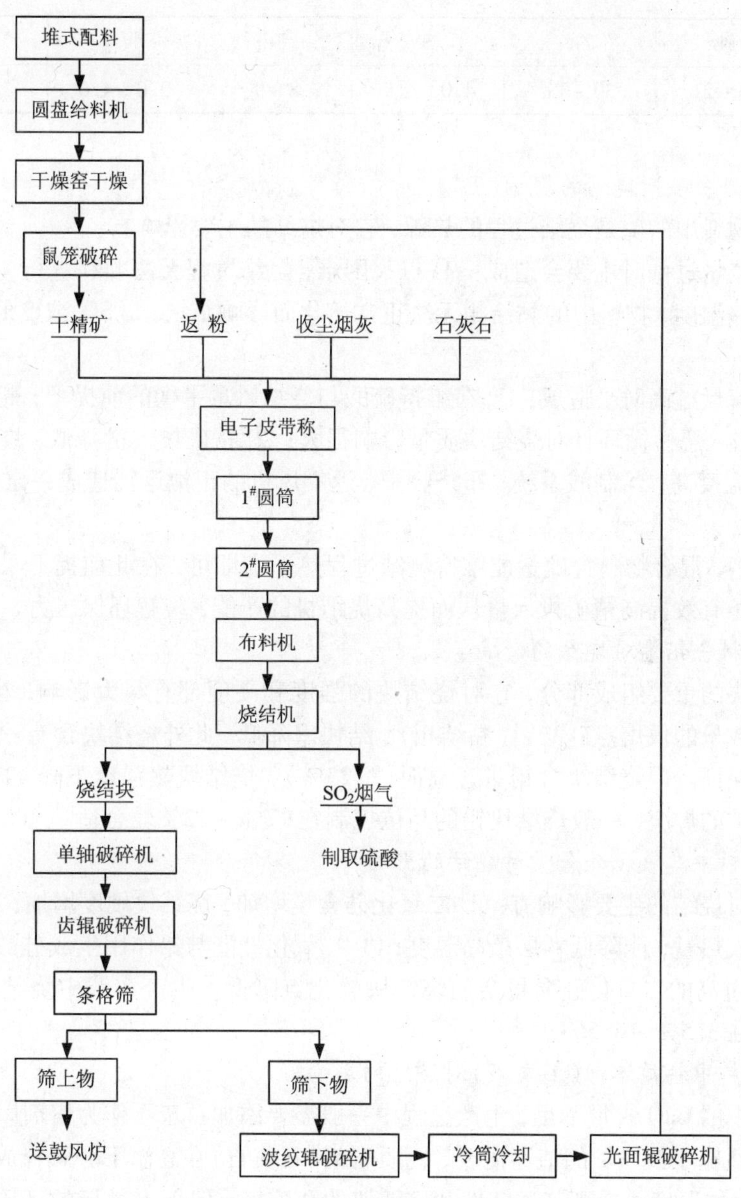

图 2－1　烧结焙烧工艺流程图

2.5　烧结焙烧前物料的准备工作

2.5.1　烧结焙烧对物料化学成分的要求

烧结焙烧前的物料，主要考虑 Pb、S 以及鼓风炉造渣组分，根据生产实践，入机前混合物料的化学成分如表 2－6 所示。

表 2-6 烧结混合物料的化学成分

成分	Pb	Zn	S	Fe	SiO_2	w_{CaO}/w_{SiO_2}
含量(%)	16~21	30~35	4.0~4.5	8~9	3.0~4.0	1.2~1.8

1. 混合物料含硫对烧结的影响

烧结混合物料中的硫是烧结过程的热源，它对烧结的主要影响有：

当物料含硫量过低时主要会造成：① 点火困难，烧结过程无法顺利进行；②烧结焙烧过程无法达到足够温度，物料中的黏结相无法正常熔化而影响结块；③SO_2浓度低，制酸系统无法正常运行。

当物料含硫量过高时会造成：① 在维持硫酸与烧结风量平衡的前提下，脱硫过程无法彻底进行，工艺陷入恶性循环且对烧结块质量影响很大；② 精矿投入量降低，烧结机产量水平下降；③ 烟气温度高，给制酸系统、布袋收尘、返烟风机的正常运转造成一定影响；④ 环保压力大。

生产实践中，混合物料含硫量能维持烧结过程热平衡即可，在此前提下采取必要措施合理降低其含量能有效提高精矿投入量从而提高烧结机的产能，缓解环保压力。

2. 混合物料含铅量对烧结的影响

铅是烧结块的重要组成部分，它对烧结块的强度和硬度都有很大影响，当铅含量低时，无法生成一定数量的低熔点硅酸铅(黏结相)，结块率降低。此外烧结块含有一定量的铅也是其强度的有力保证。但烧结块含铅量过高时(>23%)，烧结块热强度下降，即软化点降低，直接影响鼓风炉的炉况，一般烧结块铅的品位控制在17%~22%较合适。

3. 混合物料中二氧化硅含量对烧结的影响

二氧化硅对烧结的主要影响有：① 二氧化硅含量增加，烧结块硬度增加；② 二氧化硅在烧结过程中吸收热量，能降低料层最高温度；③ 二氧化硅能与铅作用生成硅酸铅，减少铅的挥发损失；④ 过高的二氧化硅含量会使烧结块软化点降低。生产实践中烧结块的二氧化硅含量一般控制在3.5%~4.5%。

4. 混合物料中钙质熔剂(石灰石)对烧结的影响

由于精矿中的CaO含量不足，生产过程中一般需要添加石灰石作为熔剂以满足烧结块的w_{CaO}/w_{SiO_2}使之适应于鼓风炉的渣型需要，钙质熔剂(石灰石)在高温下分解释放出CO_2并吸收热量，能调节料层温度并提高其透气性和烧结块的孔隙度，但加入过量的钙质熔剂，烧结过程料层温度会大幅度降低，硫酸盐生成量增加，烧结块残硫量升高，生产实践中一般满足烧结块$w_{CaO}/w_{SiO_2}=1.2\sim1.8$即可。

5. 混合料中铁质熔剂对烧结的影响

烧结焙烧过程中的铁主要来源于精矿，当精矿中的铁含量不足引起烧结块铁品位下降而影响鼓风炉造渣时，需要从原料中另外配铁(一般以硫铁矿的形式配入)。

2.5.2 烧结焙烧对物料物理性能的要求

烧结工艺对物料物理性能的要求主要是要具有良好的透气性。所谓物料透气性，是指在烧结机鼓风风箱上，每平方米炉篦面积每秒钟通过的气体体积(m^3)。在生产实践中通常用一定量空气通过烧结机炉篦上料层的阻力来衡量。阻力越小，透气性越好。在硫化物氧化过程中，物料的透气性好可以保证空气与硫化物充分接触，燃烧速度加快，脱硫速度和程度提高。提高物料的透气性对强化焙烧过程和改善烧结块质量具有重要意义。物料的透气性与含水量、粒度分布、含铅量、混合与制粒、烧结机的布料均匀程度、料层厚度以及点火温度等相关，其中物料的含水量和粒度分布情况是影响透气性的主要因素。

物料的透气性通常用Voice公式来表示，具体公式为：

$$Pe = \frac{F}{A} \times (\frac{H}{p})^n$$

式中　Pe——透气性指数；

F——通过气体量(m^3/min)；

A——烧结机炉篦面积(m^2)；

H——料层厚度(mm)；

p——风箱压力；

n——气体特征常数。根据经验，通常取0.6。

Voice公式是一个经验性很强的公式，其计算简便，基本上反映了烧结过程中主要工艺参数的相互关系和透气性状况。

1. 水分对透气性的影响

每一种物料适当润湿到一定程度时，具有最小的堆密度，即这种湿度使物料具有最大的容积，也就是具有最好的透气性。

物料的水分有如下作用：① 烧结过程中水分能吸收热量，调节温度防止过早烧结；② 水分是物料制粒的必备条件，良好的制粒效果才能提高其透气性，物料过干或者过湿对烧结都是不利的，当物料过于干燥时，物料会在配料和运输过程中飞扬，造成有价金属损失和劳动条件恶化，在烧结焙烧过程中，由于水分少会使料层阻力增加，料层出现穿孔，灰尘量增大容易堵塞管路，物料过湿时难以混合均匀，点火困难，透气性变差，烧结焙烧过程不均匀，导致工艺恶化。

生产实践中，为了防止物料外湿内干，表面水多而吸附水少造成物料在运输过程中堵塞以及点火加热后水分迅速蒸发而起不到热的调节作用，一般在返粉制备、混合制粒等过程中，采取分段加水的措施来保证有充分的时间使水分渗透到物料内部。

2. 粒度对透气性的影响

物料的粒度对保证物料在烧结时的透气性至关重要，生产实践证明，物料的透气性是随着2~6 mm粒级数的增加和0~2 mm粒级数的减少而提高。粒度过大时，其核心无法焙烧，烧结块残硫增高，此外还会出现破坏点火层的现象，同时会使料层的透气性不均匀，出现局部串风、偏烧等，粒度过小时，料层阻力增大，透气性变差而导致烧结焙烧过程无法顺利进行。

2.5.3　精矿干燥

由于精矿均含有一定量的水分，尤其是混合矿和小矿山矿的水分经常超过10%，不能满足工艺要求，因此必须事先进行脱水干燥，生产实践中此过程一般用干燥窑来实现。

干燥窑一般主要由燃烧室、筒体、尾部收尘罩、托轮以及传动机构组成，以发生炉煤气为燃料，控制窑头温度650～800℃，湿精矿由下料溜子进入筒体，由于筒体有一定的倾斜度(2.5°～3°)，筒体在转动过程中物料在里面做螺旋运动，利用窑尾收尘风机抽力控制窑尾负压使热气流与精矿沿同一方向移动(顺流干燥)，筒体内设有扬料板，使物料在筒体内向前移动的过程中剧烈翻动而与热气流充分接触进行脱水。

常见干燥窑的简单示意图如图2－2所示。

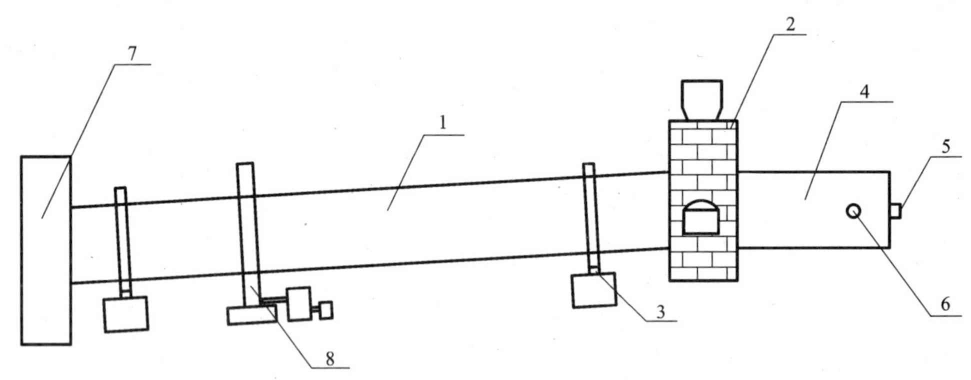

图2－2 常见干燥窑简单示意图

1—筒体；2—第二燃烧室；3—托轮；4—第一燃烧室；5—烧嘴；6—烧嘴；7—尾部收尘罩；8—传动装置

影响精矿脱水的主要因素有物料本身湿度、干燥窑转速、供料的均匀程度、气流速度以及温度等。

精矿在干燥过程中会结块成团，干燥后的精矿要进行破碎以达到合格的粒度，生产实践中一般采用鼠笼破碎机破碎，破碎后的精矿粒度<3 mm，当然精矿粒度越细，越有利于制粒作业而提高烧结机的产能。

2.5.4 混合与制粒

经过电子皮带秤配料后的烧结混合物料需要进行精细混合并最终黏结成粒，这是保证物料粒度均匀、提高其透气性的有效措施。

混合物料的制粒成球，一般在圆盘制粒机或圆筒制粒机中进行，由于圆筒制粒机具有操作简单、处理量大的优点，工业上大多使用其制粒。

生产实践中第一个圆筒主要目的是润湿均匀，使混合物料中的水分、粒度以及混合物料中各组分分布均匀，第二个圆筒的主要目的是造球并使混合物料最终润湿。

制粒过程必须在适当的湿度条件下才能黏结成球，通过润湿过程使已经形成的小球长大并更加坚固，这种球粒是由核心返粉和覆盖层配料精矿等细物料组成，制粒作用就是使覆盖层物料均匀铺盖在核心的表面。

决定圆筒制粒生产能力的因素主要是转速、填充率以及停留时间，填充率一般为15%～25%，转速越大，物料翻动越剧烈，制粒效果越好，但转速太大会造成物料随筒体做圆周运动，失去制粒功能，物料在筒体内的停留时间则可根据筒体长度、直径、倾角以及转速来计算。

制粒效果与烧结混合物料各组分的物理性能、圆筒内部结构、圆筒转速、圆筒倾角、造球时间、给料量以及加水量等因素相关。

制粒效果一般以烧结混合物料制粒后的粒度组成来衡量，生产实践中良好的制粒效果以混合物料 3 ~6 mm 粒级数越多越好。

2.5.5 返粉制备

返粉制备是物料准备的主要组成部分。

返粉对烧结生产的重要作用如下：

(1)它是物料制粒的核心，是影响物料透气性的重要因素之一。

(2)调节混合物料的含硫量，精矿含硫量为 25% ~30%，入烧结机的混合物料含硫量为 5% ~7%。

返粉的制备主要要控制好粒度和水分。

1. 返粉粒度

返粉粒度是影响烧结块率和烧结块质量的重要因素，生产实践证明，如果粒度粗的返粉(>6 mm)所占比例较多，则在混合物料制粒过程中返粉与精矿接触面积减少，并且物料各成分很难混合均匀，甚至造成精矿自行成球，这种物料在烧结焙烧过程中容易过早烧结而脱硫不彻底，倘若返粉粒度太细(<1 mm)，则会减弱烧结料层的透气性，从而出现床层阻力增大，恶化工艺，影响烧结块质量与产量。

根据生产实践经验，一般要求返粉粒度在 2 ~5 mm 的比例越多越好。

返粉的粒度是影响烧结过程好坏的重要因素，因此返粉的破碎便至关重要。生产中一般采用四段破碎，一段破碎采用单轴破碎机，二段采用齿辊破碎机，三段采用波纹辊破碎机，四段采用光面辊破碎机。

返粉破碎过程中，一般把单轴破碎和齿辊破碎称为粗碎，波纹辊破碎称为中碎，光面辊破碎称为细碎，细碎产出合格返粉供配料使用。

光面辊破碎机是返粉制备的关键设备，它有一套车削辊皮的附件，在辊皮磨损后不用拆辊，可自行切削修整，比较方便。返粉的粒度要根据烧结工艺状况随时调整，当粒度太粗或太细时，要及时调整辊子间隙使粒度恢复到正常范围，给料时要保证向破碎机沿辊子长度方向均匀布料，从而最大限度地减少由于给料分布不均匀而给辊皮带来不均匀的磨损。

2. 返粉水分

在物料准备各段加水过程中，常以返粉加水润湿最为重要，只有具备适量水分的返粉才符合烧结制粒要求，否则将影响制粒效果与烧结焙烧过程。生产实践表明，使返粉湿透是保证烧结效果的基本条件，另外，返粉加水可防止返粉过热烧坏皮带，减少运输过程中扬尘，但加水过多会导致流程堵料。

返粉加水润湿一共有两个点：冷却圆筒和运输皮带。每个加水点上都装有喷水管，冷却圆筒的加水一般为生产过程中湿法收尘的含尘泥浆，出料口有水分检测仪表。运输皮带的加水由自动加水装置控制。

2.5.6 烧结配料

生产实践中一般有堆式配料和皮带秤配料两种。

1. 堆式配料

烧结原料中的各矿种由于物理化学性质不同，在生产实践中需要依据其化学成分以及入机炉料的要求通过计算初步确定各矿种比例，再依据比例将各矿种抓至专门的配料仓均匀成堆，最后再由吊车抓斗将配好的成堆物料抓至圆盘给料机至干燥工序。

2. 电子皮带秤配料

此法是将各种配料物料装入相应的配料仓内，每个配料仓下都装有电子皮带秤，各种物料定量地卸至总配料运输皮带上再送去混合制粒，皮带配料的作用是按照烧结机混合物料的要求，正确配入干精矿、返粉、钙质熔剂以及收尘烟灰。

2.6 烧结焙烧设备

烧结焙烧设备主要运带式烧结机。一般的带式烧结机有两种形式，一种是鲁奇型，其特点是利用尾部摆架吸收台车的热膨胀以避免台车的冲击和减少漏风，台车的密封采用弹性滑道密封或者刚性滑道密封。另一种为考波斯型，其特点是尾部采用一种固定弯道用以吸收台车的热膨胀，返回车道具有一定的斜度，台车密封大部分采用 T 形落棒式密封。我国基本上采用鲁奇型烧结机，它是由许多紧密连接的小车组成，机架的两端都装有相同直径的星轮，首端星轮由电机通过减速装置而带动，星轮的齿间距离与小车前后辊轮间的距离吻合，故当大星轮转动时，其齿扣住沿下轨道而来的小车将它提升到上轨道，同时将前面的所有小车推动并使之紧紧连接在一起。从点火炉到机尾的小车炉篦下设有风箱，小车顺次经过每个风箱最后到达卸料端，借尾部星轮而依次往下翻落，然后沿下轨道重返头部大星轮处，如此周而复始地做循环运动。

鼓风烧结机的构造如图 2－3 所示，它是由传动装置、头部星轮装置、尾部摆架、台车、点火炉、加料斗、风箱、密封烟罩、尾部密封罩、骨架、轨道、头部弯道、灰箱、溜板、炉篦振打器、篦条压辊、润滑装置等组成，现将烧结机主要组成部分介绍如下。

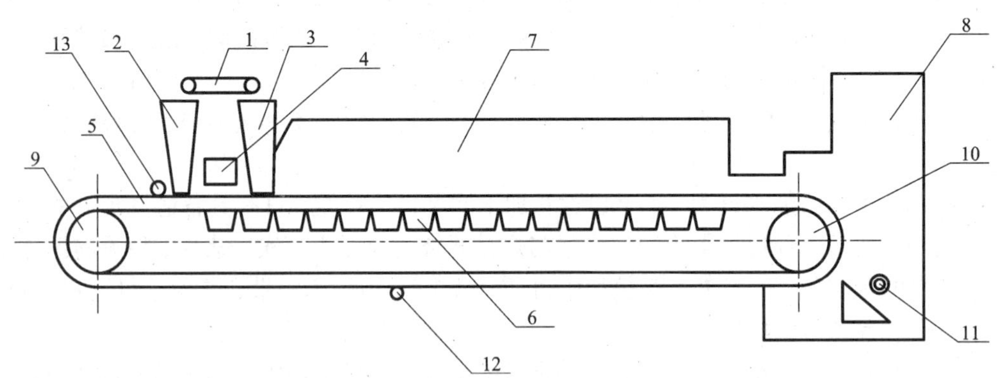

图 2－3 鼓风烧结机结构示意图

1—梭式布料机；2—点火料仓；3—主料仓；4—点火炉；5—台车；6—风箱；7—烟罩；8—尾部烟罩；9—头部星轮；10—尾部星轮；11—单轴破碎机；12—篦条振打器；13—篦条压辊

1. 台车

台车是烧结机的重要组成部分，台车材料的选择主要取决于台车的结构、大小、使用条件以及绝热材料等，通常采用铸铁或者球墨铸铁制成。

将炉篦条有规律地排列在烧结机台车上构成了烧结炉床。篦条的使用寿命对烧结生产影响很大，选择材质要能经受激烈的温度变化，能抗高温氧化并且具有足够的机械强度，一般采用铸铁、球墨铸铁、铸钢。其结构形式有两种：活动式和固定式。固定式应用较广，因为它结构比较简单，便于维护和修理。

台车的构造如图 2－4 所示。

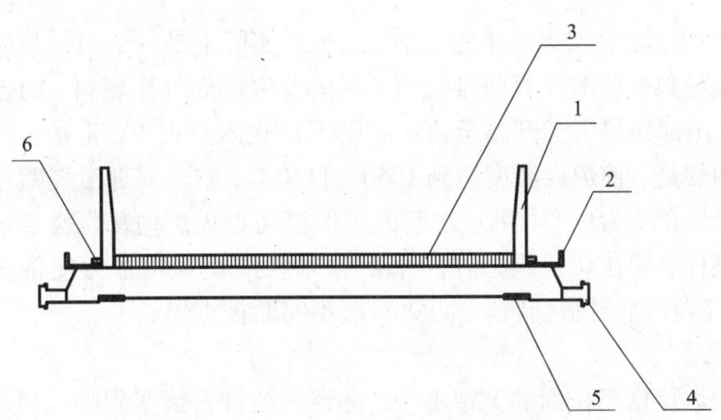

图 2－4　烧结机台车结构示意图

1—拦板；2—密封板；3—篦条；4—辊轮；5—滑块；6—插销

2. 风箱

为了使鼓入烧结机的空气分布均匀，烧结机下方设有若干个彼此分开的风箱，风箱上部边缘固定在滑轨上，点火炉下部的风箱是吸风箱，其余为鼓风箱，每个风箱都设有风管，与风机连接。

风箱由钢板制成，由于点火风箱漏料比较严重，为了便于清走风箱中的积料，该风箱采用螺旋排灰装置，在烧结焙烧过程中，不可避免地会有物料通过炉篦条而落到鼓风箱中，因此每个风箱放灰斗下面都设有排灰管。

3. 密封装置

密封的好坏对烧结生产具有很重要的意义，通常漏风主要发生在风箱与台车以及管路系统，烧结机台车沿轨道运动到风箱时，台车底部两侧的滑块与风箱边缘的滑板紧密接触，利用台车自身重量而构成密封(刚性密封)，依靠烧结机油泵供油润滑而保证台车的自由移动。

烟罩全部用钢板制成，每节用法兰、螺栓联成整体，为了保证二氧化硫烟气进入高温电收尘时温度不低于露点，保护钢制烟罩与管路不被腐蚀，在烟罩以及 SO_2 总管内部衬有保温层。由于烟气温度平均为 600～800℃，烟罩之间设有膨胀节，烟罩两侧与烧结机骨架之间采用石棉板密封，烟罩头部利用料层密封，尾部设有矮烟罩密封。

为了防止风箱之间压差太大而相互串风，在吸风箱与鼓风箱、不同风机供风的鼓风箱与鼓风箱之间均设有密封装置，风箱之间的密封一般采用钢平台隔开，钢平台上固定有焊铅的密封板，当烧结机运转时，密封板与台车底部横条紧密接触而构成密封。

上述密封仅能减少烟罩内外的串风量，要保证烟气不溢出，有效的办法是控制烟罩内微负压。

台车在烧结机尾部倾倒烧结块时会产生大量的烟尘，一般设有尾部密封烟罩，烟罩内的烟气经过旋风、大布袋两级收尘再进入烧结机，实现返烟烧结。

4. 布料装置

生产实践中采用布料机布料，布料装置相当于一条能往返运动的环形皮带，当设置好正反转的时间之后，皮带便能按规定方向和时间运转，当皮带正转时往主料仓布主料层，反转时往点火仓布点火层。

5. 点火装置

烧结点火层的点火是靠点火炉来完成的，点火炉实际上是一个由钢板制成的除去底部的四方体，内衬保温材料，顶部设有两排烧嘴，利用发生炉煤气作燃料，助燃空气由点火风机鼓入，通过烧结机尾部换热夹套升温至200～300℃后送入点火炉，正常生产时煤气通过助燃热空气在点火炉内燃烧，使炉内温度达到1050～1150℃，炉子底部沿烧嘴排列方向是两个不锈钢冷却水套，冷却介质为生产用水，水套内衬保温与点火炉内部保温连成一体，整个炉子和水套组成一个整体，架在0#风机上方，当煤气燃烧时，0#风机抽力便将火苗吸到点火料层上点燃点火料层，随着烧结机运转整个点火料层不间断被点燃。

6. 炉篦清理装置

装在台车上的炉篦由于松紧和宽窄不一，常容易被物料堵塞影响风量的正常鼓入，因此必须及时清理。烧结机头部回程轨道下方设有炉篦清理装置(振打器)，其结构是沿圆周等距离装有若干小轴。轴上套有一定数量的钢块振打片，利用电机通过减速机带动主轴旋转而使钢块振打片不断敲击炉篦达到清理物料的目的，振打装置采用变频调速，可根据篦条堵塞情况调节转速。

7. 篦条压辊装置

为了保证烧结点火料层厚度均匀稳定，在烧结机头部点火料仓前装有篦条压辊装置来平整台车篦条。

8. 头、尾部星轮与尾部摆架

头部星轮又叫主动星轮，由电机通过减速机带动，尾部星轮又叫从动星轮，台车借此星轮依次往下翻落，尾部摆架的作用是吸收台车的热膨胀。

9. 传动系统与润滑系统

烧结机主传动系统采用变频调速电机与多柔传动装置，烧结机的润滑系统包括单轴破碎机的润滑点，采用自动加油系统，能够定时定量向各润滑点供油。

烧结机的润滑点主要有：头部、尾部星轮、传动系统、0#风箱螺旋、烧结机滑道、尾部摆架、单轴等。

2.7 烧结机供风与返烟系统

烧结焙烧过程需要氧气的参与，因此烧结机的供风十分关键。烧结机供风主要考虑焙烧过程能否均匀顺利进行以及环保因素等。目前烧结机供风形式有两种，一种是直接鼓入新鲜空气，另外一种是返烟。所谓返烟，是将烧结机部分低浓度 SO_2 烟气通过收尘后鼓入烧结机参与焙烧，生产实践中烧结机供风一般同时采用两种形式。

图2-5是烧结机供风与返烟系统示意图。

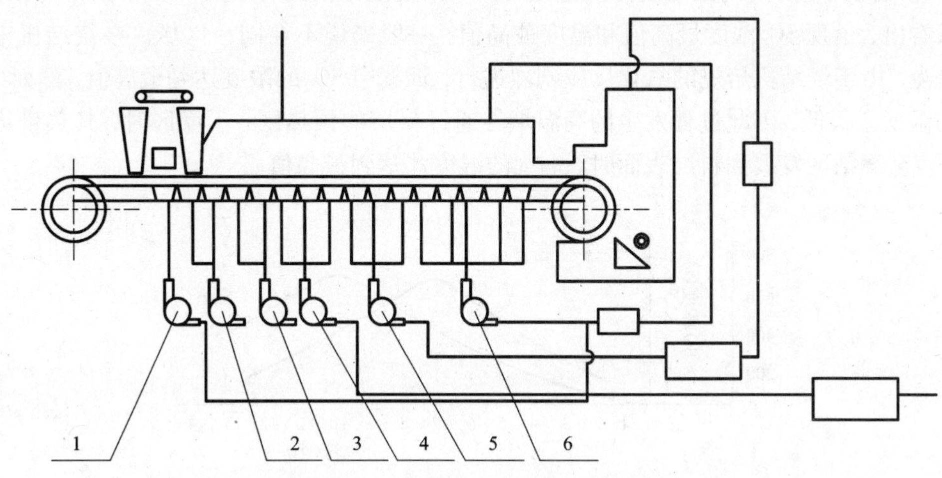

图 2－5　烧结机供风与返烟系统示意图

1—0#风机；2—1#风机；3—2#风机；4—3#风机；5—4#风机；6—5#风机

2.8　烧结焙烧生产实践

2.8.1　烧结焙烧作业

鼓风烧结作业主要包括铺点火层，点火，铺主料层，风量与风压的控制，烧结块的破碎与筛分等操作。

鼓风烧结是采用两次铺料，即点火层和主料层。点火料层的厚度可以通过点火仓的刮料板来调节，料层铺好后进入点火炉，燃烧的火焰在烧结机吸风箱的负压作用下，快速而均匀地点着炉料，使其燃烧。当小车移动到主料仓下时，再铺上一层规定厚度的主料层，然后开始进入鼓风烧结阶段，通过下面已经点燃的点火层点着主料层，空气由风机鼓入，自下而上地使烧结主料层燃烧脱硫以及黏结成块。整个过程分为脱水、干燥、预热、烧结及冷却这几个阶段，具体见图 2－6。

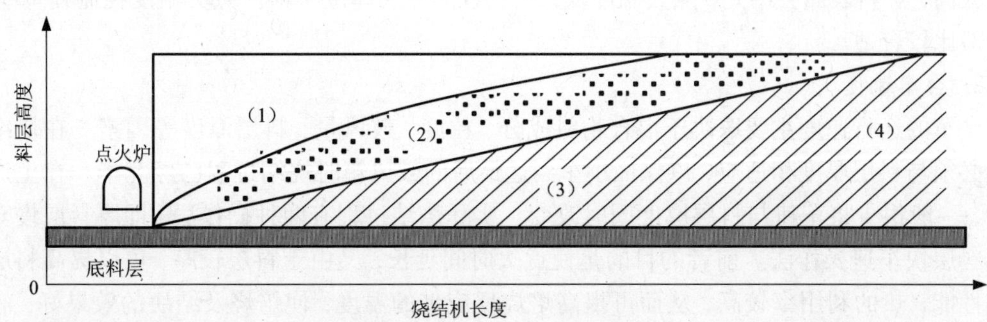

图 2－6　烧结料层的反应变化

(1)—干燥升温带与过湿带；(2)—烧结初期反应带；(3)—烧结进行反应带；(4)—烧结进行和冷却带

沿烧结机长度的不同区域的烟气温度和 SO_2 浓度是不同的，如图 2－7 所示。从图 2－7 中可以看出，出现 SO_2 浓度最高值和温度最高值，一般来说不在同一区域。在烧结机中部或稍前一点，由于烧结机焙烧的氧化反应剧烈进行，烟气中 SO_2 的浓度达到最高值，然而，此时烟气的温度还很低，因此过程发生的高温烟气通过料层的预热区、干燥区时，其热量被炉料吸收，直至烧结区发展到料层表面时，烟气的温度才达到最高值。

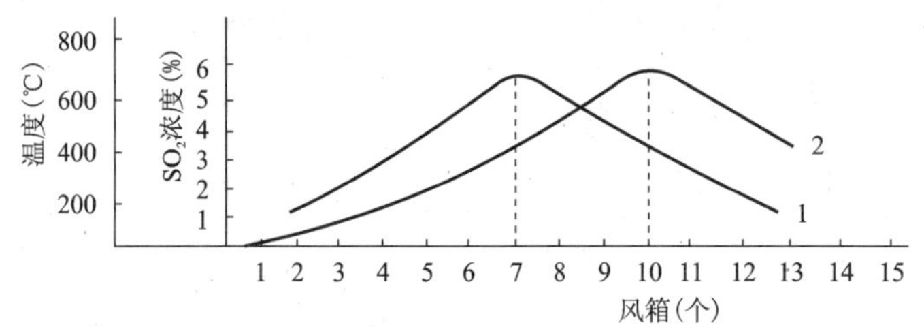

图 2－7 某厂烧结机 SO_2 浓度与温度的相对位置

1—SO_2 浓度；2—烟气温度

烧结的炽热带从料层的下部逐渐上移达到料层表面，最后在料层表面烧穿，因此，炉料被烧穿点又称烧穿点或烧结点或烧透点，烧穿点的温度是烧结过程中烟气温度最高点，烧穿点的位置可以视为烧结过程的一个标准，生产时要把烧穿点控制在适宜的区间，烧穿点要稳定。

密闭鼓风炉要求供给的是热的烧结块（500～700℃），以便熔炼时利用其中的热量，热的烧结块通过单轴和齿辊破碎及条格筛筛分后，筛上物就是合格的烧结块（40～120 mm），经链板运输机运至保温仓，供鼓风炉使用。筛下物经过波纹辊破碎后冷却，然后由光面辊破碎成返粉，返回烧结流程。

2.8.2 影响烧结焙烧的因素

1. 点火操作

点火操作是烧结焙烧的关键操作之一，点火主要要控制好点火温度和 $0^{\#}$ 风箱负压，点火温度太高，炉料表面会结壳；点火温度低，则点着部分的厚度不够。点火温度控制在 1050～1150℃比较合适。

2. 台车速度

台车的运行速度主要取决于混合物料成分、粒度、鼓风量、料层厚度等因素。在烧结时车速必须与料层厚度相适应，以保证小车到达最后的鼓风箱时烧结过程已经完毕。在生产过程中，一般很少将车速与料层厚度同时改变。实际烧结过程有两种操作法，即厚料层慢车速和薄料层快车速操作法。前者的目的是使点火时间延长，又由于料层较厚，可以提高料层的储热性能，热的利用率较高，从而可提高焙烧反应带的温度，使焙烧及结块的效果好，有利于提高烟气 SO_2 浓度；后者是为了减少料层的阻力，使空气容易鼓入，有利于防止炉料过早结块，从而提高烧结过程的脱硫率和改善烧结块的质量。

在生产实践中，为了提高烧结机的利用率，车速应与垂直烧结速度相适应，避免烧结过程中过烧和欠烧。最简单的调节方法是根据烧穿点来调节台车的速度。在给定的料层厚度情况下，若要保持烧结机上的烧穿点不变，即在保证脱硫效果的前提下，垂直烧结速度越快，车速也要越快。一般台车速度控制在 1.2 ~ 1.5 m/min。

一些铅锌烧结厂家通过提高点火效果，提高烧结鼓风强度来提高垂直烧结速度，使烧结机在较厚料层下，台车速度达到 1.4 ~ 1.7 m/min，实现了"厚料层、快车速"的新模式，较大程度地提高了烧结块的产量。

3. 垂直烧结速度

垂直烧结速度是指料层厚度与烧结焙烧时间之商($v_1 = h/t$)。而烧结时间又是点火到烧穿点的有效长度与小车运行速度之商($t = L/v$)，故垂直烧结速度可以由下式求出：

$$v_1 = (h \times v)/(L \times 1000)$$

式中　v_1——垂直烧结速度(mm/min)；

v——小车运行速度(m/min)；

h——主料层厚度(mm)；

L——从点火到烧穿点的有效长度(m)。

生产实践中，通常是根据混合物料的透气性和风机能力来选择料层厚度，再根据垂直烧结速度的大小来确定小车的速度。

垂直烧结速度与混合物料的物理性质、化学成分、点火效果、进风量以及气体成分等因素有关，其波动范围比较大。点火效果好、炉料透气性好、进风量增大，都可以提高垂直烧结速度。反映料层垂直烧透了的位置即为烧穿点(也叫烧透点)，它与床层最高烧结温度相对应(一般烧穿点温度在 600 ~ 800℃，仅测得料面上空温度，并非实际的料层烧穿点温度)，烧穿点位置的确定，就以烧结床层温度最高点为依据。

生产实践中，垂直烧结速度一般为 10 ~ 30 mm/min。

4. 鼓风制度

烧结过程是强氧化过程，需要大量的空气或返回烟气参与反应。生产实践中，实际空气的消耗大于理论量，要有一定过量的空气才能使料烧透。目前，标准的铅锌烧结单位鼓风量约为 425 m^3/t(料)。

最适宜的鼓风强度取决于采用哪种烧结混合料，并且要保证炉料充分脱硫，提高烟气 SO_2 浓度和满足制酸烟气量要求。鼓风强度小时，透过料层的空气少，烧结速度减慢，同时由于料层的温度不能达到烧结温度，而温度低脱硫率也低。鼓风强度的提高受到额定的风压限制，风量大则风压增加，风压过大容易造成料层穿孔而跑空风，使烧结过程变坏；另外，风压过大，小车与风箱滑动轨之间漏风增大，降低了空气利用率；同时，风量过大，势必造成烟气量增加，从而降低了烟气 SO_2 浓度，不利于制酸，也给环境保护带来很大压力。料层厚度为 440 ~ 460 mm 时，一般控制中间风箱的风压为 5.0 ~ 6.0 kPa。部分 ISP 厂家供风状况见表 2 - 7，烧结热风量、压力分布见表 2 - 8。

表 2-7 部分 ISP 厂家供风状况

厂家		播磨		八户		杜伊斯堡		诺耶列斯·高道尔特	
		风量(m^3/min)	温度(℃)	风量(m^3/min)	温度(℃)	风量(m^3/min)	温度(℃)	风量(m^3/min)	温度(℃)
新鲜空气风机	NO.1	55	180	65~80	70	351	58	300	20
	NO.2	110	180	210~230	120	351	58	183~200	110
	NO.3	125	180	470~520	120	72	80	500~617	110
	NO.4	200	180	—	—	372	141	—	—
返烟风机		300	280	480~540	300	—	—	150~267	110

表 2-8 烧结机风量、压力分布表

风机	1#风机	2#风机	3#风机	4#风机	5#风机
供风支管	1	2	3	4	5
供风量(m^3/h)	5000	11000	20000	25000	返烟
压力(Pa)	2200	3500	50000	5200	2600

5. *床层温度*

床层温度是指烧结机料层中的实际温度(也称料层温度)。床层温度在烧结机的不同位置及料层的不同高度均不相同，在烧结过程中，铅和铁的硫化物容易氧化，但硫化锌的氧化则较困难，因而烧结过程中要有较高的温度才能使硫脱除。有关研究表明，温度较低时 ZnO 的晶格化过程也不能发生，因此，控制较高的床层温度对烧结过程的脱硫和提高烧结块强度是很必要的。

床层温度通常是难测定的，一般通过床层阻力和烟气温度来判断，床层温度高，熔融液相层厚，床层阻力相应增加。床层温度分布见表 2-9。

表 2-9 床层温度分布表

位置	1#风箱	3#风箱	5#风箱	7#风箱	9#风箱	11#风箱	13#风箱	15#风箱
温度(℃)	220	290	310	408	727	759	802	693

注：温度是指每个风箱所对应的料层烟气温度。

6. *料层厚度*

烧结料层厚度是指在烧结过程中主料层和点火层的高度和，在烧结过程中它受风机能力和炉料透气性限制。风机能力大、炉料透气性好，料层阻力小时可以适当提高料层厚度；反之，炉料透气性不好，料层阻力大时应适当降低料层厚度。

在烧结风机能力许可和硫酸烟气可以平衡的情况下，适当提高料层厚度可以增加料层的储热性能，提高烧结过程脱硫的速度和垂直烧结速度；同时，还增加料层内部温度，提高了烧结过程的结块率。目前，已经有厂家利用厚料层技术解决了低硫混、杂矿烧结难以处理的这一技术难题。

ISP工艺烧结料层厚度一般在360～390 mm，但已有部分厂家料层厚度已达460 mm，见表2－10。

表2－10　ISP厂家点火层、料层厚度比较

厂　家	阿旺茅斯	柯克·柯里克	杜伊斯堡	播磨	八户	米亚斯特茨克	波多威斯米	威列斯	韶冶
点火层厚度(mm)	38.00	37.50	35.00	30.00	30.00	40.00	30.00	30.00	48.00
料床总厚度(mm)	380.00	350.00	350.00	360.00	335.00	400.00	380.00	350.00	460.00

2.8.3　工艺故障判断与处理

1. 烧结过程好坏的判断

影响烧结过程的因素是多方面的，在生产实践中可以根据测量仪表指示、分析化验结果和观察烧结机尾卸料端的现象来判断烧结过程的好坏。当烧结块成块率高、粉料少或从尾部观察到烧结块垂直断面只有1/3的红层，表明小车到达最后一个风箱时，烧结过程恰好结束，进程控制良好。如看到烧结块红层多，烟尘大或烧结块冷却过快，没什么红层，就是未烧透和过烧的表现，当倒出的烧结块块度小，粉料多，都说明作业不正常。烧穿点也是判断烧结过程正常与否的一个标志，从安装在烟罩内的热电偶测到的温度观察，烧穿点稳定或波动不大，并且烧穿点温度较高，在500～600℃以上，分布在10#到12#风箱，则表明烧结状况良好，如果烧穿点温度过高或过低，烧穿点前移或后移严重，则说明烧结情况不正常。风箱内的风压也是判断作业是否正常、炉料制粒好坏、炉床布料是否均匀的依据。若风压高，可能是烧结混合料的细粒太多或混合料含水分过高或过低，也可能是配料的原因。在生产中，每隔一定时间，要对干精矿、烧结块、返粉进行取样分析，并且根据烧结过程结块与脱硫情况调整配料。

2. 烧结过程工艺故障的处理

烧结焙烧作业不正常往往影响烧结块的质量(如烧结块残硫高、强度低)、烟气SO_2浓度和烧结过程结块率，因此要根据生产的实际情况和化验数据及时调整。针对烧结过程工艺故障的处理方法归纳如下几种情况。

(1)情况一：烧结过程结块好但是焙烧不好，表现为风箱压力大，烧结块块度大且较红，从尾部倒出后，链板上烟气大，烧结块残硫高(>1.0%)。原因是炉料含SiO_2和铅等黏结相高，干精矿含S过高(>27.0%)。在烧结过程中由于干精矿发热高，SiO_2和铅等黏结相过早熔融，从而使床前阻力增大，风量难通过料层，烧结过程脱硫不好。解决方法是配料过程适当降低干精矿S、SiO_2和铅的含量，操作上可以适当放大返粉粒度。

(2)情况二：焙烧好、结块差，表现为风箱压力小，烟罩内部温度高，烧穿点前移，烧结块小且强度差，烧结块残硫较低(<0.6%)。原因是炉料中SiO_2和铅含量少，精矿的粒度也比较细，在烧结过程中由于黏结相少，精矿粒度细，风可以快速通过料层，炉料也可以快速

脱硫，并且放出的热量过早随烟气到烟罩里面，从而使烟罩温度高，烧穿点前移。解决方法是配料过程适当提高 SiO_2 和铅的含量，减少粒度较细矿的配入比例，操作上可以适当调小返粉粒度、提高烧结机的速度、减少鼓风强度。

(3)情况三：结块和焙烧都不好，表现为烧结块不仅块度小、强度差，且块的残 S 高(>1.0%)，烟罩内部温度较低，烟气 SO_2 浓度低(<5.0%)。原因是精矿含硫低且精矿粒度可能较粗，从而使烧结过程中发热量不够，料层的储热性能差，黏结相不能熔融，结块不好，由于温度低，精矿粒度粗使烧结过程中脱硫速度慢，烧结过程脱硫不完全。解决方法：调整配料，提高干精矿含硫量、减少粗粒度矿占干精矿的比例；操作上适当减小鼓入风量，降低烧结机速度，从而增加料层的储热性能，也增加了脱硫时间。

(4)情况四：烧结生产率低。原因是风机运转不正常，风压太低，管道堵塞严重，炉篦条黏结严重。风量不足也是影响烧结焙烧速度的重要原因，会使烧结机速度和料层厚度与焙烧速度不相适应。

(5)情况五：烟气 SO_2 浓度低。干精矿含硫低，炉料过干或过湿，或细粒物料太多，床层阻力升高，料层布料不到位造成跑空，点火不好，风机风量太大，漏风严重都会使烧结烟气 SO_2 浓度低。

(6)情况六：恶性烧结现象，表现为烟气 SO_2 浓度低，烧穿点温度低，烧结率低并夹有生料，块残硫和返粉残硫高。造成原因是配料事故，如主成分严重偏离控制值，点火效果不好，炉料水分过干或过湿，炉篦条大面积堵塞，烧结机内部漏风严重等。

2.9 烧结块质量及主要技术经济指标

2.9.1 烧结块质量指标

密闭鼓风炉熔炼对烧结块质量要求较高，其质量指标主要有烧结块的化学成分、强度、孔隙度和残硫量等。

(1) 烧结块要具有均匀的化学成分，典型的烧结块成分如表 2-11 所示。

表 2-11 烧结块的化学成分(%)

Pb	Zn	S	Cd	Sb	As	SiO_2	w_{CaO}/w_{SiO_2}
17 ~ 22	38 ~ 44	<1	<0.2	0.2 ~ 0.3	<0.40	<4.5	1.2 ~ 1.8

(2) 烧结块含硫量要低，一般要求含硫量 <1% 。

(3) 烧结块强度(也叫硬度)要大，烧结块的强度用转鼓实验测定，方法是称取 25 kg 烧结块齿破后取样，通过 51 mm 筛网并大于 12.7 mm，即原始粒度为 -51 ~ 12.7 mm，然后置于直径(内径)为 406 mm，长 406 mm，转速为 54 r/s 的转鼓器内，转动 93 s，即相当于转鼓 84 r，卸出后用 12.7 mm 筛网过筛，并以其筛上和筛下两种产品的质量而确定烧结块的强度。+12.7 mm 的物料占原投入量的质量分数即为转鼓率。密闭鼓风炉要求烧结块转鼓率达到 80% 以上，质量好的烧结块可达 90% 。

(4) 烧结块的块度要求：40 ~ 100 mm。

(5) 烧结块要求具有一定的孔隙度。烧结块的孔隙度可用下式确定：

$$A = (d_1 - d_2)/d_1 \times 100\%$$

式中 A——烧结块孔隙度(%)；

d_1——烧结块真密度(kg/m^3)；

d_2——烧结块假密度(kg/m^3)。

烧结块的真假密度可由实验测定，烧结块的孔隙度要求大于50%。

2.9.2 烧结机主要技术指标及计算公式

1. 烧结机脱硫能力

脱硫能力，$t/(m^2 \cdot d)$，是一项重要的技术经济指标，它是指每平方米烧结机的有效面积每昼夜的脱硫量。

$$脱硫能力 = \frac{脱除硫量}{有效床面积 \times 作业天数}$$

在生产实践中，烧结机脱硫能力波动范围较大，一般为1.3 ~ 2.7 $t/(m^2 \cdot d)$，它与烧结混合物料含硫量、化学成分、物料的准备、通过料层的空气量和分布均匀程度、料层厚度、台车速度、点火温度、返烟方法、设备结构、密封性能和操作水平有关。

2. 有效块率

有效块率是反映烧结机结块好坏的指标，是指合格烧结块量占炉料总量的质量分数。

$$有效块率 = \frac{合格烧结块量}{总处理物料量} \times 100\%$$

其中：烧结机总处理物料量 $= 60 \times b \times v \times h \times \rho \times t$

式中 b——烧结机台车宽度(m)；

v——台车速度(m/min)；

h——主料层厚度(m)；

ρ——炉料假密度(t/m^3)；

t——作业时间(h)。

3. 脱硫率

脱硫率是指装入炉料含硫量在烧结焙烧过程中的脱除程度，其计算公式如下：

$$脱硫率 = \frac{脱除硫量}{装入物料含硫量} \times 100\%$$

其中：脱除硫量(t) = 装入炉料含硫量 − 烧结块含硫量 − 返粉含硫量

4. 烧结机利用系数

烧结机利用系数，$t/(m^2 \cdot d)$，是指烧结机每平方米炉床面积平均每昼夜产出合格烧结块数量，又称烧结机的单位生产率，它综合反映了烧结机利用情况和生产技术水平，其计算公式如下：

$$烧结机利用系数 = \frac{烧结块产量}{有效床面积 \times 作业天数}$$

5. 烧结机床能力

烧结机床能力，$t/(m^2 \cdot d)$，是指烧结机每平方米床面积平均每昼夜处理物料的数量，其计算公式如下：

$$烧结机床能力=\frac{总处理物料量}{有效床面积\times 作业天数}$$

6. 作业率

$$烧结作业率=\frac{烧结机开机时间}{日历作业时间}\times 100\%$$

2.10 烧结过程物料衡算

铅锌烧结焙烧的物料平衡列于表 2－12。

表 2－12 铅锌烧结的物料平衡

投入量			产出量		
物料	质量(kg)	比例(%)	物料	质量(kg)	比例(%)
硫化铅精矿	9.17	3.80	烧结块	33.33	13.80
硫化锌精矿	13.53	5.61	返粉	145.00	60.04
铅锌混合精矿	19.88	8.23	烧结烟灰	3.50	1.45
二次物料	2.42	1.00	电尘	2.08	0.86
烧结烟灰	3.50	1.45	烟气	49.63	20.55
返粉	145	60.04	损失	7.96	3.30
空气	48.00	19.88	合计	241.50	100
合计	241.50	100			

2.11 烧结过程热平衡

铅锌烧结焙烧的热平衡如表 2－13 所示。

表 2－13 铅锌烧结的热平衡

项 目	收入		项 目	支出	
	热量(kJ)	比例(%)		热量(kJ)	比例(%)
点火料的发热	37068	3.50	烟气带走热	624853	59.00
炉料的显热	21180	2.00	烧结块及返粉带走热	285950	27.00
水分的显热	5295	0.50	热损失	148270	14.00
空气和氧带入热	148270	14.00	合计	1059073	100
放热反应热	847260	80.00			
合计	1059073	100			

2.12　烧结焙烧的技术发展方向

1. 提高烧结料层厚度

实施厚料层烧结，在炉料含硫比例不变的情况下，可以提高料层蓄热能力，减少炉料表层挥发，提高烧结料层的蓄热能力，增加高熔点物质的生成比例，从而实现烧结块产量、质量水平的提高。厚料层烧结有利于炉料放热反应的进一步深化，促使烧结矿中硫酸盐的分解，降低烧结块残硫，特别是有利于氧化锌和蜂窝状铁酸锌的含量的增加，提高烧结块的软融性能，进而提高烧结块的软化点，从而达到消除因物料含 SiO_2高引起的炉料软化性能低的现象。

2. 富氧烧结

富氧烧结主要是指在鼓风烧结过程中加入一定量氧气，使空气含氧量增至23%～25%，可以有效提高烧结焙烧的速度，提高烧结烟气二氧化硫浓度。同时可以提高烧结过程脱硫率，增加烧结块产量，提高烧结机硫化精矿处理能力。

第3章　铅锌密闭鼓风炉还原熔炼

3.1　概　述

铅锌密闭鼓风炉是火法炼锌中的一大改革。很久以前有人试图用直接加热法的鼓风炉炼锌，但因鼓风炉炉气中 CO_2 和 N_2 含量高，而锌蒸气含量低，冷凝时又被 CO_2 重新氧化等难点而未获得成功。英国帝国公司经历了近三十年的研究，采用了高温炉顶(1000～1080℃)和铅雨冷凝器后，才于1950年实现了小规模鼓风炉炼锌的工业生产。因此，密闭鼓风炉炼锌法又称帝国熔炼法(Imperial Smelting Processes)，简称 ISP 法。

1975 年，韶关冶炼厂建成了我国第一座炉身面积为 17.2 m^2 的标准型铅锌密闭鼓风炉。年设计能力为产粗铅锌 5 万 t。1996 年韶关冶炼厂兴建了第二座炉身面积为 17.2 m^2 的标准型铅锌密闭鼓风炉，年设计能力为产粗铅锌 8.5 万 t。

全世界曾建有 14 座铅锌密闭鼓风炉，现有 10 座该种鼓风炉正在进行铅锌的生产(见表 3－1)。

表 3－1　世界正在生产的铅锌密闭鼓风炉

生产厂	炉身面积(m^2)	投产年份	最大锌产量(kt/a)	最大铅产量(kt/a)
钱德里亚厂(印度)	21.5	1991	61.4	31.3
科普莎·米卡厂(罗)	17.2	1966	34.1	17.1
八户厂(日)	27.3	1969	114.4	52.1
播磨厂(日)	19.4	1966	88.9	28.6
韶关冶炼厂(1)	22.9	1975	98.5	43.8
韶关冶炼厂(2)	28.0	1996	110.0	50.0
米亚斯特茨克厂(波兰)	21.3	1979	82.3	31.0

3.2　铅锌密闭鼓风炉还原熔炼的理论基础

3.2.1　ZnO 还原反应的热力学

ZnO 被固体碳还原时，在产生固体锌或液体锌的低温条件下，还原反应为：

$$ZnO + C \longrightarrow Zn_{(固,液)} + CO$$

这一反应的自由能变化为正值，反应是难以进行的。当在锌沸点以上的温度条件下，还原后产生的锌便会变为气体锌，这一变化的熵值增加很大，促使标准自由能变化曲线上升更快，斜率变大。在 950℃左右，反应：$ZnO + C \longrightarrow Zn_{(气)} + CO$ 的吉布斯自由焓变化等于零。在这个温度下变化一个相当小的温度数值，锌蒸气的压力就会发生一个很大的变化。当产生 $Zn_{(气)}$ 的反应进行时，假定分压 $p_{Zn} = p_{CO}$，$a_{ZnO} = 1$，$a_C = 1$，则反应的平衡常数计算公式简化为：

$$K = \frac{p_{Zn} \cdot p_{CO}}{a_{ZnO} \cdot a_C}$$

由此可求出 700 ~ 1100℃锌蒸气分压为：

温度(℃)	700	800	900	1000	1100
p_{Zn}(kPa)	1	7	37	148	495

从 p_{Zn} 数据看出，当温度从 900℃升至 1100℃时，ZnO 还原产生的锌蒸气压力增加很大，当反应系统的温度降低时，锌蒸气便会冷凝为液体。

在生产实践中，用碳质还原剂还原 ZnO 时，起还原作用的主要还原剂是 CO，则主要还原反应为：

$$ZnO_{(固)} + CO_{(气)} \xlongequal{\quad} Zn_{(气)} + CO_2 \qquad (3-1)$$

$$\Delta G_1^{\ominus} = 178020 - 111.67T \text{ (J)}$$

这一反应的 $p_{CO_2} = p_{Zn}$，而总压 $p_{总} = p_{CO} + p_{CO_2} + p_{Zn}$，则平衡常数计算式为：

$$-\lg K_1 = \lg \frac{p_{总} - 2p_{Zn}}{p_{Zn}^2}$$

当 $p_{总} = 10^5$ Pa 时，便可以求出不同温度下的 p_{Zn}、p_{CO} 和 p_{CO_2}。不同温度下锌的饱和蒸气压强 $p_{Zn}^{\ominus}$(MPa)可按下式计算：

$$\lg p_{Zn}^{\ominus} = -\frac{685}{T} - 0.1255\lg T + 0.945$$

将上述计算的结果列于表 3-2 中。

表 3-2　反应式(3-1)在不同温度下的各平衡分压值(MPa)

项　目	973K	1173K	1373K	1573K
$p_{CO_2} = p_{Zn}$	0.00166	0.01145	0.0327	0.0460
p_{CO}	0.09668	0.0771	0.0344	0.0077
$p_{Zn}^{\ominus}$	0.0047	0.059	0.341	1.2361

表 3-2 中的数据说明，固体 ZnO 用 CO 还原时，在反应器中得到的仍然是气体锌，必须降温至 $p_{Zn} = p_{Zn}^{\ominus}$ 时，才能使锌蒸气冷凝得到液体锌。

表 3-2 的数据还说明，平衡气相中的 p_{CO_2}/p_{CO} 随温度升高而增大。在一般还原温度

(1000～1100℃)下，ZnO 被 CO 还原体系的平衡气相中，p_{CO_2}/p_{CO}接近 1；但温度降低 100℃时，这个比值将显著降低。所以在高温下产生的锌蒸气，在降温冷凝过程中会被气相中的 CO_2氧化。所以在生产中必须加入过量的碳，以保证下述反应的充分进行：

$$CO_2 + C_{(固)} = 2CO_{(气)} \tag{3-2}$$

$$\Delta G_2^{\ominus} = 170460 - 174.42T\ (J)$$

当上述 ZnO 被碳质还原剂还原时，为了使固体碳不断还原 ZnO，必须满足平衡反应式(3－1)与(3－2)的要求。

分析反应式(3－1)可知，ZnO 被还原时，在被还原的 ZnO 中，Zn 与 O 的原子个数是相等的，如果用 N 来表示气相中各成分的分子数，它们之间的化学计量关系如下：

$$N_{ZnO} = N_{Zn} = N_O = N_{CO} + 2N_{CO_2}$$

改用分压表示时即：

$$p_{Zn} = p_{CO} + 2p_{CO_2} \tag{3-3}$$

由反应式(3－1)得：

$$\lg K_1 = \lg\frac{p_{CO_2}\cdot p_{Zn}}{p_{CO}} = -\frac{17315}{T} - 3.51\lg T + 22.93 \tag{3-4}$$

由反应式(3－2)得：

$$\lg K_2 = \lg\frac{p_{CO}^2}{p_{CO_2}} = -\frac{8920}{T} + 9.12 \tag{3-5}$$

联解式(3－3)、(3－4)、(3－5)三方程得到：

$$2p_{CO}^3 + K_2 p_{CO}^2 - K_2^2\cdot K_1 = 0$$

当温度为 1200K、1300K、1400K 时，平衡的饱和锌蒸气压 $p_{Zn}^{\ominus}$及反应的平衡常数 K_1、K_2列于表 3－3。由此计算出的 p_{CO}、p_{CO_2}及 p_{Zn}亦列于表 3－3 中。p_{Zn}、$p_{Zn}^{\ominus}$及 $p_{总}$与温度的关系曲线见图 3－1。从图 3－1 看出，平衡计算出的 p_{Zn}与 ZnO 和 C 平衡，从 1280K 开始，$p_{Zn} > p_{Zn}^{\ominus}$，这在物理学上是不可能的，锌蒸气应冷凝为液体锌，直到 $p_{Zn} = p_{Zn}^{\ominus}$，故表中 1300K 和 1400K 温度下的计算值应以 $p_{Zn}^{\ominus}$代 p_{Zn}校准。于是 1300K 和 1400K 下的：

$$p_{总} = p_{Zn}^{\ominus} + p_{CO(校)} + p_{CO_2(校)}$$

表 3－3 各温度下 ZnO 还原的平衡数据(MPa)

压力	1200K	1300K	1400K
$p_{Zn}^{\ominus}$	0.0772	0.192	0.415
K_2	4.84	18	55.6
K_1	4.96×10^{-4}	4.8×10^{-3}	0.0331
p_{CO}	0.049	0.29	1.293
p_{CO_2}	5.0×10^{-4}	0.0048	0.0328
p_{Zn}	0.04925	0.2954	1.3664
$p_{CO(校)}$	—	0.453	4.44
$p_{CO_2(校)}$	—	0.0114	0.355
$p_{总}$	0.0928	0.656	5.21

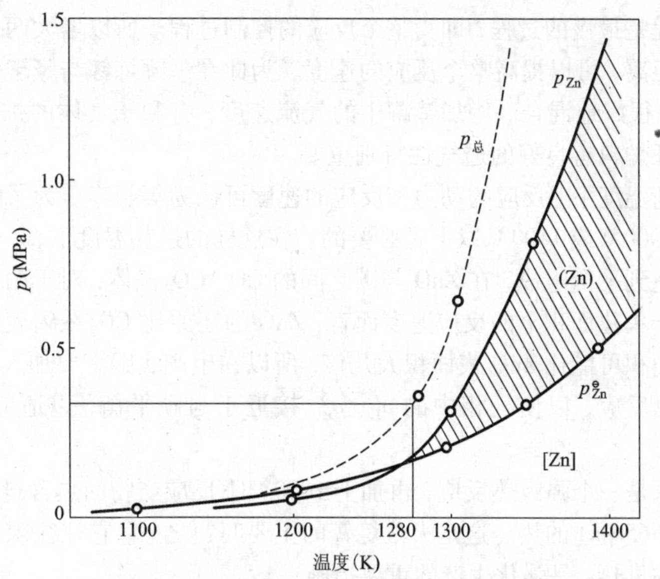

图3-1　ZnO用C还原得液体锌的温度与压力

从表3-3的数据可以看出，常压(10^5Pa)下使ZnO还原的平衡温度约为1200K，即ZnO被开始还原温度。当体系的$p_总$降低时(即小于10^5Pa)，这个开始还原温度便可降低。当前火法炼锌的炉内总压通常维持10^5Pa左右，所以要使ZnO碳还原反应不断进行，必须保持900℃以上的高温，并且要大大超过这一温度，如1000℃以上，才能保证反应在工业生产要求的速度下进行。如果要求在低温如500℃下进行，必须使$p_总$在小于10^2Pa下进行，要在大工业火法冶金设备中维持这样的负压条件，是很难实现的。

图3-1及表3-3的数据说明，当ZnO在920℃左右进行还原时，反应产生的平衡混合气体中，锌的分压$p_{Zn}\approx 0.4295\times 10^5$Pa，比纯液体锌的饱和蒸气压$p^{\ominus}_{Zn}(0.772\times 10^5 \text{Pa})$小很多，即还原产生的锌蒸气为未饱和的，因此就不能得到液体锌。但是当温度升高且压力增大时，还原反应产生的锌蒸气压力p_{Zn}比纯液体锌的饱和蒸气压力$p^{\ominus}_{Zn}$的增加更为迅速；到1280K时两曲线相交(见图3-1)，相交点的$p_{Zn}\approx p^{\ominus}_{Zn}\approx 2\times 10^5$Pa，$p_总\approx 3.5\times 10^5$Pa。这个相交点的高温与高压条件，便可以使ZnO直接被碳还原得到液体锌。但是要在生产实践中满足这种高温高压的条件是有困难的，即使能够满足，要使锌蒸气完全转化为液体锌是不可能的，仍然还需要有一个更为有利的过程来收集这些锌气体。

假如ZnO用碳还原时，有另一种不挥发的金属(如铜)同时被还原，它又能溶解锌，这样便能形成Cu-Zn液体合金，这样合金中锌的活度小于1，那么ZnO开始还原的温度也可以降低。这一热力学性质，是Cu-Zn矿直接还原产生黄铜的基础。

3.2.2　ZnO还原反应的动力学

ZnO用碳还原反应由下列过程组成：①吸附在ZnO表面的CO还原ZnO；②在碳表面产生的CO_2被碳还原；③ZnO和碳两固相表面之间气体的扩散。这些过程是互相联系并同时发生的，其最慢的过程便是整个反应的控制过程。

整个反应速度测量表明，在固体碳与ZnO表面上发生的化学反应速度较快，而两固体表面的气体扩散过程是最慢的过程，即为整个反应的控制过程。所以增大两固体的表面积和缩短两表面之间的距离，可以提高整个反应的速度。为此在平罐炼锌与竖罐炼锌中必须将原料与还原剂细磨，并很好地混合。增加蒸罐中的气流速度，有利于气体的扩散，从而加速过程的进行。所以保证炉料有良好的透气性特别重要。

在还原的平衡温度下，反应的动力和反应的速度可认为等于零。为了得到满意的反应速度，炉料过热到1000℃或1100℃以上是必要的。在这样的过热温度下，ZnO与碳两固相表面上的气体组成都达到平衡组成，在ZnO与碳之间的CO、CO_2气体，对于两者都具有最大的反应速度。但是对于单位面积上的反应速度而言，ZnO的还原比CO_2在碳表面上还原反应速度大。由于碳的表面积可能比ZnO表面积大几倍，所以在生产实践上要加入过剩碳才能保证进行足够的CO_2还原反应，以使气相中的p_{CO}/p_{CO_2}接近于与碳平衡，以适应ZnO还原反应的需要。

ZnO用碳还原是一个强吸热反应，再加上1000℃下反应产物的热含量及锌的蒸发热，每生产1 kg锌约需5650 kJ的热。这是火法炼锌的主要问题之一，它往往限制了反应速度。所以改善火法炼锌的供热，是强化生产的重要措施。

根据坦努托夫用热重法进行的研究，得到ZnO－C系反应的失重(ΔW)曲线和lnK与温度的关系(见图3－2)。

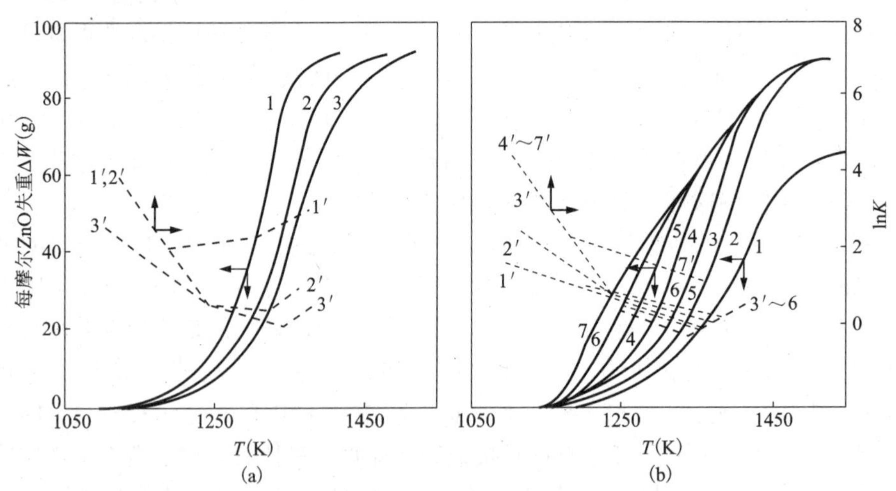

图3－2　ZnO－C系失重曲线(1～7)；lnK与温度的关系(1'～7')

(a)$n_c^0=1$，$q=5.05(1,1')$，$7.73(2,2')$，$10.05(3,3')$；(b)$q=10$ K/min，$n_c^0=0.50(1,1')$，$0.75(2,2')$，$1.00(3,3')$，$1.50(4,4')$，$2.00(5,5')$，$3.00(6,6')$，$5.00(7,7')$

图中数字表示C与ZnO分子比(n_c^0)和升温速度q(K/min)的变化。

处理这些曲线表明，相互反应开始的温度(T_0)随n_c^0(C与ZnO的分子比)的变化可用下式表示：$T_0=980+6.5q+50.8(n_c^0)^{-1}$

当$q\to 0$及$n_c^0\to 1$时的T_0和用热力学数据计算的相互反应温度(约960K)相符合。

当温度升至1150～1190K，反应总速度很小，随后则依温度上升强烈增大，而1300～

1400K 时反应速度就减慢。只要物料中碳锌比 $n_c^0>0.75$，在一定的升温速率 q 下，n_c^0 的比值再提高也不影响还原过程完成所需的温度(T_K)，在反应减慢之前 n_c^0 的增大只是增加反应进行的强度。降低升温速度时，升温曲线和 T_K 则向低温方向移动。当 $n_c^0\geqslant0.75$ 时，所有样品中的 ZnO 还原程度为 99.98% ~99.99%。若 n_c^0 降至 0.5 时，ZnO 的还原程度只达到 72.9%。

设反应带的气相 $p_{CO}/p_{CO_2}=K$，处理实验数据得：

$$\ln K=AT^{-1}+B$$

温度坐标的 $\ln K-T^{-1}$ 曲线的各段位置与三段失重曲线的变化相对应。当 ZnO 的转化程度 a_{ZnO} 接近一定值时，失重曲线第一段与第三段的表观活化能 E_1 和 E_3 亦为定值，分别为 152.5 kJ/mol 和 88.3 kJ/mol。第二段失重曲线即 a_C 为定值时，其表观活化能 E_2 为 192.1 kJ/mol。这些数据表明，在失重曲线的第一段与第三段温度区间反应受 ZnO 的表面积控制，第二段则受碳的表面积控制。

3.3　铅锌密闭鼓风炉还原熔炼时炉料中各组分的行为

3.3.1　锌的化合物

铅锌密闭鼓风炉炉料中的锌绝大部分以氧化锌(ZnO)、硅酸锌和铁酸锌的形态存在，硫酸锌与硫化锌的含量甚微。

1. 氧化锌的还原

炉料中的氧化锌一般按下式还原：

$$ZnO+CO=Zn_{(气)}+CO_2 \tag{3-6}$$

$$CO_2+C=2CO \tag{3-7}$$

为了使反应顺利进行，就需要控制一定的技术条件。由图 3-3 可知，ZnO 还原反应过程是需要在高温和还原气氛条件下进行，p_{CO}/p_{CO_2} 比值适宜，但极限是不让 FeO 还原。这一点是铅锌密闭鼓风炉熔炼特定条件规定的。在高温条件下，要求 ZnO 还原成金属，而 Fe_2O_3、Fe_3O_4 只能还原成 FeO 进入炉渣，而不能成为金属铁，以免炉缸积铁。但只有控制适宜的还原气氛，才能抑制 FeO 的还原。

FeO 的还原反应如下：

$$FeO+CO=Fe+CO_2 \tag{3-8}$$

从图 3-3 可知，低温时 ZnO 比 FeO 难还原。在 900℃以上时，前者变得比后者容易还原，且随着温度的继续升高而更容易。铅锌密闭鼓风炉熔炼正是利用炉内的高温条件，控制还原气氛，使 ZnO 还原而抑制金属铁的产生。图 3-3 中阴影区即 ZnO 比 FeO 优先还原。生产中一般控制 p_{CO}/p_{CO_2} 比值为 1.6~2.2，熔炼温度 1250~1350℃。

ZnO 的还原须在高温下进行，还有一个重要原因是因为铅锌密闭鼓风炉炉内的氧化锌在还原过程中有下列两种形式：

$$ZnO_{(固)}+CO=Zn_{(气)}+CO_2 \tag{3-9}$$

$$ZnO_{(液)}+CO=Zn_{(气)}+CO_2 \tag{3-10}$$

根据热力学计算，锌量约 40% 按式(3-9)反应，60% 按式(3-10)反应，即大部分氧化

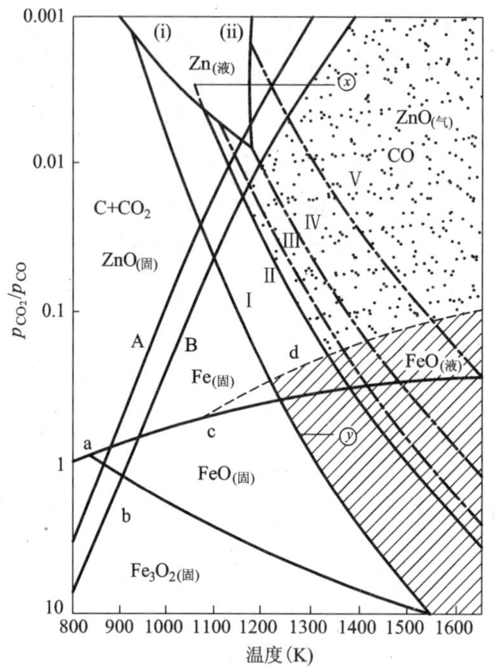

图 3-3　ZnO 碳还原反应图

锌在渣中呈液态被还原。由于渣中氧化锌的活度不同，从渣中还原液态氧化锌比从固体物料中还原要困难。因此，在铅锌密闭鼓风炉作业中，要尽量使炉料中的氧化锌在进入炉渣前被还原。这就要求烧结块软化点高，即要采用较高熔点的渣。生产实践中，增加碱性氧化物如氧化钙含量，炉渣熔点较高，在风口区可获得更高温度。氧化钙高还提高了渣中 ZnO 的活度，有利于 ZnO 更好地还原，降低渣含锌。但实践证明，渣含锌降低到2%以下时，FeO 将很容易还原为金属铁，因此渣含锌一般控制在 5% ~8%。

2. 其他锌化合物的还原

铁酸锌的还原反应为：

$$ZnO \cdot Fe_2O_3 + CO = ZnO + 2FeO + CO_2$$

$$ZnO + CO = Zn_{(气)} + CO_2$$

铁酸锌在还原熔炼过程中，其还原速度很快。

硅酸锌的还原温度较高，需要有强碱性氧化物(氧化钙)存在，才能将氧化锌从中置换出来，还原成金属锌，其反应如下：

$$2ZnO \cdot SiO_2 + CaO + 2CO = CaO \cdot SiO_2 + 2Zn_{(气)} + 2CO_2$$

由于氧化钙的引入，硅酸锌的还原温度大大地降低。

硫酸锌在熔炼过程中，部分分解成氧化锌，其反应如下：

$$2ZnSO_4 = 2ZnO + 2SO_2 + O_2$$

部分被一氧化碳还原成硫化锌：

$$ZnSO_4 + 4CO = ZnS + 4CO_2$$

硫化锌的一部分最后熔解在炉渣和铜锍中。

3.3.2　铅的化合物

烧结块中的铅大部分以氧化铅、硅酸铅和铁酸铅的形态存在，少量以硫酸铅、硫化铅和金属铅的形态存在。

在铅锌密闭鼓风炉强还原气氛的条件下，氧化铅是较易还原的。在炉子上部，氧化铅被 CO 还原，反应式为：

$$PbO + CO = Pb + CO_2 + 6688\ kJ$$

铁酸铅、硅酸铅比氧化铅难还原，它们的还原反应为

$$PbO \cdot Fe_2O_3 + 2CO = Pb + 2FeO + 2CO_2$$

$$PbO \cdot SiO_2 + CO = Pb + SiO_2 + CO_2$$

而炉料中，强碱性氧化物（如 CaO、FeO）的存在，有利于硅酸铅的还原：

$$2PbO \cdot SiO_2 + CaO + 2CO = CaO \cdot SiO_2 + 2Pb + 2CO_2$$

$$2PbO \cdot SiO_2 + 2FeO + 2CO = 2FeO \cdot SiO_2 + 2Pb + 2CO_2$$

$$2PbO \cdot SiO_2 + CaO + FeO + 2CO = CaO \cdot FeO \cdot SiO_2 + 2Pb + 2CO_2$$

当温度在 550℃ 以上时，硫酸铅在还原气氛中变为硫化铅：

$$PbSO_4 + 4CO = PbS + 4CO_2$$

少量硫酸铅按下式离解：

$$PbSO_4 = Pb + SO_2 + O_2$$

熔炼过程中，由于 PbO 的还原反应是放热的，因此不需要额外补加焦炭便可得到金属铅。在炉子上部还原出来的金属铅往下流动时，能很好地吸收炉料中的金、银、铜、锑等有价元素，同时，铅也可以与挥发的硫化合成 PbS，溶解易挥发的砷，从而减少进入冷凝器的砷量，以利于锌的冷凝吸收。

3.3.3　原料中其他组分的化学反应

1. 铁化合物

烧结块中的铁主要以 Fe_2O_3、Fe_3O_4 及 $2FeO \cdot SiO_2$ 的形态存在；一部分铁的氧化物与铅、锌氧化物相结合，以铁酸盐形态存在；以 FeS 形态存在的数量很少。在高温还原气氛中，铁的氧化物按下列顺序还原：

$$Fe_2O_3 \longrightarrow Fe_3O_4 \longrightarrow FeO \longrightarrow Fe$$

在铅锌密闭鼓风炉熔炼过程中，不希望把大量铁的化合物还原为铁，因为铁既熔于铅，且熔点高的金属铁易造成炉缸内积铁。若生成的金属铁的量较少，则可熔于黄渣中，随渣排出，而不会形成积铁现象，且可以提高渣温，有利于渣中 ZnO 的还原。另外，在高温下，少量的金属铁可直接参加还原渣中锌氧化物的还原。

$$ZnO + Fe = FeO + Zn_{(气)}$$

硅酸铁在熔炼中不起变化，直接进入渣中。铁的氧化物绝大部分进入炉渣，成为炉渣的主要成分之一。

铁的氧化物的还原产物，可以通过控制炉内温度和气氛来实现。

2. 砷化合物

加入铅锌密闭鼓风炉的砷有两个来源：烧结块和熔剂浮渣（炉料中砷的平均含量见

表3－4）。前者的砷，占入炉砷总量的80%～85%。砷以砷酸盐的形态存在于烧结块中，熔炼时，一部分被还原成砷及挥发性的三氧化二砷，被炉气带入冷凝器内，使浮渣量增加并恶化冷凝分离过程，少量砷进入锌中；一部分被还原成砷化物，溶于铅中，或生成独立的砷铜锍，即黄渣，它是铁、铜和其他金属与砷的化合物。黄渣溶解金、银和铅，所以，不利于粗铅对稀贵金属的溶解富集。

表3－4　炉料中砷的平均含量

ISP厂家	阿旺茅斯（英）		威列斯（马其顿）		柯克·柯里克（澳）	
	平均含量（%）	分配（%）	平均含量（%）	分配（%）	平均含量（%）	分配（%）
烧结块	0.3	82	0.15	87	0.15	77
熔剂浮渣	6.5	18	1.5	13	4.2	23

挥发的砷在冷凝器中与锌反应生成高熔点砷化锌，在分离系统中，砷化锌从铅液中分离出来，与熔剂槽内的氯化铵起反应后，大部分砷进入黏性浮渣。砷化锌与水接触后，会发生水解作用：

$$Zn_3As_2 + 6H_2O \xlongequal{} 3Zn(OH)_2 + 2H_3As_{(气)}$$

生成的砷化氢有剧毒，因此，熔剂浮渣不能与水接触，应及时返回鼓风炉中。

在冷却溜槽中分离出来的砷化锌，一部分沉积在冷却管组壁上，使冷却效果变差。

随着炉渣排出的黄渣，不利于电热前床的操作。由于其熔点在1100℃以上，且随着黄渣中金属铁的增加，其熔点有明显的增加，使电热前床内铅与渣的分离过程恶化，甚至可能导致电热前床内温度稍低就会发生结壳现象。

浮渣和蓝粉中的砷均呈氧化物状态，被送回烧结配料。

砷对于铅锌密闭鼓风炉熔炼过程来说，是十分有害的元素，严格控制烧结块含砷量对改善操作条件相当有利。

3. 硫化合物

硫主要来自烧结块（炉料中烧结块、焦炭硫的典型分布见表3－5），它占炉料中总硫量的80%～85%，其余是由焦炭带入的。烧结块中的硫主要呈硫酸盐和硫化物等形态，焦炭中的硫呈有机硫、硫化物和硫酸盐等形态。

表3－5　炉料中烧结块、焦炭硫的典型分布（%）

ISP厂家	阿旺茅斯（英）	威列斯（马其顿）	柯克·柯里克（澳）	诺耶列斯·高道尔特（法）	柯普沙·米卡（罗）
烧结块	75	67	87	80	77
焦炭	25	33	13	20	23
炉料总硫（以碳计）	4.8	3.8	4.6	3.8	7.5

硫的化合物在炉内发生还原或分解反应：

$$CaSO_4 + 4CO = CaS + 4CO_2$$

$$2CaSO_4 + C = 2CaO + 2SO_2 + CO_2$$

$$CaSO_4 = CaO + SO_2 + 1/2O_2$$

焦炭中的有机硫在1100℃时，全部挥发进入炉气。在高温状态下，SO_2被还原成低价化合物(SO)或硫蒸气。硫蒸气与铜、铅、锌、铁等金属发生硫化反应，生成一些易挥发的金属硫化物(PbS、ZnS等)随炉气上升。

CaS与PbO接触时，发生硫化反应，生成硫化铅。没有起反应的CaS几乎全部进入炉渣中。

硫化铅的熔点低，且易挥发，所以大量地进入炉气中。当硫化铅与锌蒸气接触时，发生置换反应：

$$PbS + Zn = Pb + ZnS_{(气)}$$

生成的ZnS随着炉气上升到达炉内温度较低的区域时，便冷凝和沉积在炉料上，与炉料一起下行，下行的ZnS除少量被置换或分解外，大部分进入炉渣和铜锍中。ZnS有很高的熔点和较大的密度，进入炉渣则使渣的熔点升高或密度增大；进入铜锍则提高铜锍的熔点，降低其密度，因此使铜锍和炉渣不能很好地分离。

不能溶解进入炉渣和铜锍中的剩余ZnS则形成锌铜锍相，小部分ZnS在炉身下部炉墙上沉积而形成硫化物结瘤。

穿过料层后，炉气中的硫主要以SO_2、H_2S和有机硫的形态存在，少量以PbS和ZnS等形态存在。铅和锌的硫化物进入冷凝器，导致浮渣和蓝粉量增加，且在冷凝器内形成结瘤。

炉料中的硫，约80%分配在渣铅中，其余的进入炉气。硫对于整个熔炼过程来说是有害的元素。在熔炼条件允许的范围内，要求烧结块的残硫量小于1%是很有必要的。

4. 铜的化合物

铜主要以Cu_2O和$Cu_2O \cdot SiO_2$的形态存在，Cu_2S仅占少量。

硫化亚铜在熔炼过程中不发生化学变化，直接进入铜锍中。氧化亚铜和硅酸铜在炉内可还原成金属铜，其中一部分进入粗铅，一部分与硫化物发生反应生成Cu_2S进入铜锍中。一部分铜可与砷结合成砷化铜(Cu_3As)，分别溶解在粗铅和砷铜锍中。没有被还原的硅酸铜则进入炉渣。

5. 铋、镉、锗、锑化合物

铋主要以Bi_2O_3的形态存在于烧结块中，在炉内大部分被还原成金属铋，进入粗铅。

镉主要以CdO形态存在，熔炼时被还原成金属镉随炉气进入冷凝器内，与锌蒸气一起被冷凝下来，有30%～40%进入粗锌，40%～50%进入蓝粉和浮渣。

锗在烧结块中主要以GeO_2的形态存在，在炉内分两阶段还原成GeO和Ge。金属锗和少量GeO一同随炉气进入冷凝器，部分进入粗锌，部分进入蓝粉；部分GeO和没有被还原的GeO_2进入炉渣。

锑主要富集在粗铅中，粗铅中的锑和黄渣中的锑比例约为3:1，少量的锑挥发进入冷凝器。

6. 金和银

金和银在烧结块中以Au、Ag和Ag_2SO_4的形态存在。因为金和银在铅液内的溶解度很大，故熔炼时，绝大部分金银进入粗铅中，少量进入炉渣和粗锌中。

7. 其他成分

CaO、SiO_2、MgO、Al_2O_3等各造渣成分在熔炼过程中不被还原，而与 FeO 形成单独的熔炼产物——炉渣。

3.4 铅锌密闭鼓风炉还原熔炼

铅锌密闭鼓风炉熔炼是用冶金焦炭作还原剂的还原过程，它和铅鼓风炉熔炼相似，又与炼铁高炉熔炼相似，是将氧化锌、氧化铅还原成金属。由于锌的沸点低(907℃)，在高温下，锌以蒸气状态挥发出来，而金属铅和炉渣则以液态从炉缸中排出。为了使炉料中的锌尽量被还原，又防止炉料中的铁被还原成金属铁，造成炉缸积铁和放渣困难，整个熔炼过程中控制的还原气氛比炼铅鼓风炉强，比炼铁高炉弱，即炉料中的铁最终只能被还原成氧化亚铁(FeO)进入炉渣。铅锌密闭鼓风炉工艺流程如图 3－4 所示。

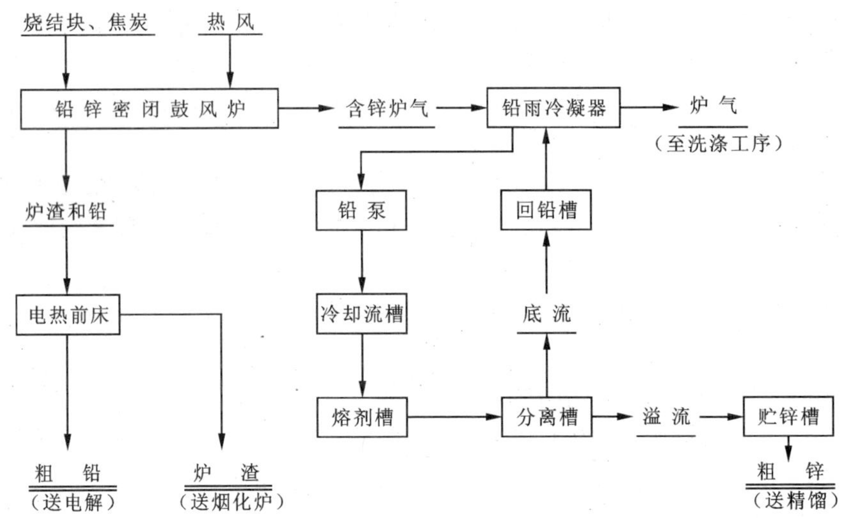

图 3－4 铅锌密闭鼓风炉工艺流程图

3.4.1 铅锌密闭鼓风炉炼铅锌的技术特点

铅锌密闭鼓风炉炼铅锌技术有以下几个特点：

(1) 炉缸要保持很高的温度，以提高氧化锌的还原程度，降低渣含锌，为此需鼓入热风。采用熔点较高的渣型，尽量使炉料中氧化锌在进入熔渣前被还原。但必须控制适当的还原气氛，避免金属铁的生成，防止炉缸积铁。

(2) 要保持炉顶高温和一定的还原气氛，防止锌的再氧化。因此需要从炉顶鼓入一定热风，使炉气中部分 CO 燃烧产生的热量将炉气温度提高到锌蒸气的再氧化温度以上。

(3) 采用铅雨冷凝器冷凝锌蒸气。由于铅锌密闭鼓风炉产生的炉气含锌浓度低(Zn 含量 5%～7%)，CO_2浓度高，要从这种混合气体中冷凝得到液体锌，必须采取不同于蒸馏法的特别措施，利用锌在铅中的有限溶解度及其溶解度随温度的升高而升高的特点，使炉气中的锌蒸气在铅雨中急骤冷凝并溶在铅液中，含锌的铅液泵出冷凝器，在一系列降温冷却设备中进行冷却。由于锌铅的密度不同，锌从铅中析出并分离，从而得到液体锌。

3.4.2　铅锌密闭鼓风炉对物料的要求

铅锌密闭鼓风炉的入炉物料有烧结块、焦炭、团块和杂料等。

1. 烧结块

烧结块是铅锌密闭鼓风炉炉料的主要组成部分。其质量的好坏直接影响到炉子的生产率及铅、锌直收率。对烧结块有下列严格的要求：

(1)烧结块要具有相当大的热强度和机械强度，以免在输送及入炉过程中压碎，保证固体炉料与炉气之间有充分的接触时间，一般烧结块强度(转鼓率)要求>80%，见表3-6。

表3-6　入炉烧结块物理特性

物理特性	粒度(mm)	转鼓率(M_{40})(%)	高温负重软化点(℃)		孔隙度(%)
数据	40~100	>80	$T_3>980$	$T_{25}>1250$	>20

(2)烧结块要具有良好的孔隙度，以保证炉内有良好的透气性。烧结块孔隙度要求大于20%。

(3)烧结块要具有均匀的化学成分，铅含量不大于22%，硫含量小于1%，烧结块中造渣成分符合选定的熔炼渣型，典型的化学成分见表3-7。

表3-7　烧结块化学成分(%)

成分	Pb	Zn	S	Cd	Sb	SiO_2	Fe	As	w_{CaO}/w_{SiO_2}
指标	17~22	38~44	<1	<0.2	0.2~0.3	<4.5	8~12	<0.3	1.2~1.8

(4)热烧结块应采取良好的保温措施，尽量保持烧结块的物理显热；在冷烧结块的保存、转运过程中应尽可能避免淋湿、受潮，以减少焦炭消耗，提高炉顶温度，减少入炉水分以保证强化熔炼过程。

(5)烧结块要具有较高的软化点，避免在到达风口区前过早软化，有利于炉料中锌的还原。

从动力学上分析，在不影响料层透气性的前提下，应尽可能减小烧结块的粒度。在铅锌密闭鼓风炉工厂实际生产中，烧结块粒度一般规定为40~100 mm，不能超过120 mm。烧结块碎料过多，在熔炼过程中容易熔结成团，附着在炉壁上而形成炉结。此外，碎料会增高料柱层阻力，使炉气不易通过，同时也增加了炉气带走的粉尘量，一部分碎料未与炉气相接触，没发生反应就挥发至冷凝器内，不仅增加铅、锌的损失，而且影响冷凝器正常运转。实践证明，由于烧结块的碎料太多而产生上述现象，致使炉况不正常而生产率下降。因此，在进料前要对炉料进行充分筛分，除去40 mm以下的碎料，才能使正常操作顺利进行。但烧结块粒度不能过大，如果在150 mm以上，则可能在料钟处卡住，并且由于块间间隙过大，会造成“跑空风”现象，使料层的热交换及化学过程都不能充分地进行。

为了确保炉料块度均匀一致和杜绝碎料入炉，对烧结机产出的烧结块进行一道破碎和二次筛分。在入炉配料前再进行一次筛分，可获得较好的熔炼效果。

2. 焦炭

焦炭在熔炼过程中起三种作用：热源、还原剂和构成料柱。铅锌密闭鼓风炉熔炼时所用的冶金焦炭应具有如下性质：

(1)发热值高，足以保证熔炼过程中化学反应的进行，熔炼产物的熔化及足够的过热程度；

(2)焦炭具有较低反应性，不至于在料层上部大部分燃烧，造成炉缸缺焦、炉渣含锌难于控制；

(3)要具有足够的强度，一般抗碎强度 $M_{40} > 78\%$，抗磨强度 $M_{10} < 10\%$，以减少在输送过程中的碎裂，避免碎焦被炉气气流带入冷凝器和炉顶部位燃烧，另外碎焦对炉内的透气性也有不良的作用；

(4)入炉焦炭的块度要求为 40 ~ 100 mm；

(5)焦炭中残硫量 < 1%，若残硫高于标准，则会加快炉结生成和增加炉内悬料的可能性；

(6)具有适当的孔隙度；

(7)入炉焦炭应脱除水分，并预热至 500 ~ 750℃。

铅锌密闭鼓风炉所用的焦炭块度对过程的影响，现还没有足够的研究。一般认为粒度在 20 mm 以下的碎焦对炉况是有害的，因为会大大降低料层透气性及助长炉结的形成，而且混入熔渣时其流动性大大破坏。但是块度过大，燃烧速度低会拉长炉子的焦点高度，使焦点处温度下降。工厂实践表明焦炭的粒度应在 40 ~ 100 mm 较为适宜。

焦炭反应性也是焦炭的一个重要特性，是铅锌密闭鼓风炉熔炼原理所决定的。某厂曾做过一次试验，反应性低的冶金焦加入炉子的一侧，另外一侧则加入普通焦炭。这就意味着同座炉子内分两个小炉。结果表明一半熔炼顺利，一半熔炼很差，造成风口鼓风情况恶劣，热焦锌比很高，进入冷凝器的烟尘量很大，热风压力增大。后改加同种反应性高的普通焦，收效不大，因焦炭反应性较高，炉子仍然结瘤，热焦/锌很高。

烧结块熔炼时焦炭的消耗虽然可以从鼓风炉的热平衡算出，但一般是根据工厂的实际经验来确定的。同时也应从熔炼过程的技术条件方面来考虑。焦炭消耗量为烧结块量的32% ~ 42%(热焦炭)，范围的波动如此之大，与许多因素有关：如焦炭的质量、烧结块的性能以及炉内结瘤状况等。此外，预热鼓风温度的高低与焦炭的消耗也有重大关系。若焦炭、烧结块质量好，炉内结瘤少，炉气气流分布均匀时焦率消耗都较小。

焦炭不足或过量都是不利的。焦炭不足导致的现象是炉内还原能力降低，渣含锌高。同时，由于焦炭逐渐减少，致使风口黑暗，熔炼产物的过热程度降低而造成冷渣，并且放渣口易被堵塞。如果焦炭过多，则会导致炉内还原气氛大大增强，铁的氧化物还原成金属铁而形成积铁，造成熔炼困难。

要减少焦炭的消耗，降低碳锌比，必须增大炉料的熔化速度，即增大熔化层的热交换强度。因此应保证：

(1)提高预热鼓风温度，增大焦炭的燃烧速度；

(2)提高烧结块软化点，降低焦炭的反应性，以提高料层的透气性和焦炭的利用率；

(3)改善炉料的粒度分布，改善炉内气流分布。

3. 团块

团块是用铅泵池浮渣压制而成，其典型的化学成分为：Pb：40% ～ 60%；Zn：15% ～30%。

3.4.3　铅锌密闭鼓风炉内主要物理化学变化

在铅锌密闭鼓风炉中发生的主要化学反应有：

$$C + O_2 = CO_2 + 408\ kJ \quad (3-11)$$

$$2C + O_2 = 2CO + 246\ kJ \quad (3-12)$$

$$ZnO + CO = Zn_{(气)} + CO_2 - 188\ kJ \quad (3-13)$$

$$CO_2 + C = 2CO - 162\ kJ \quad (3-14)$$

$$PbO + CO = Pb_{(液)} + CO_2 - 67\ kJ \quad (3-15)$$

为了方便，按炉子高度划分为四个带来叙述。炉内各带的温度变化情况如图3－5所示。

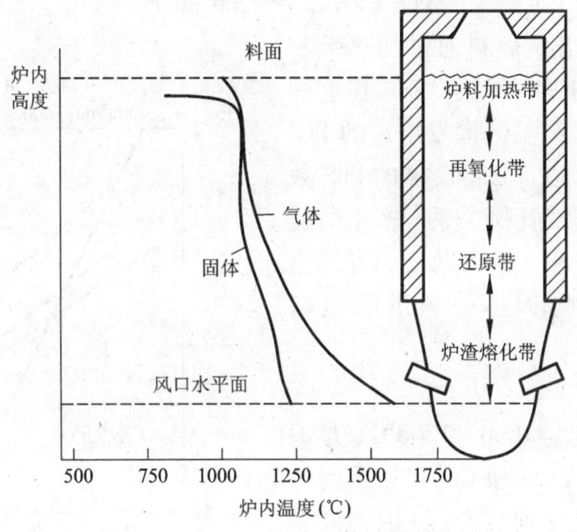

图3－5　炉内各带的温度变化图

1. 炉料加热带

加入炉内的烧结块温度为400℃左右，在此带内烧结块从炉气中吸收热量，而被迅速加热到1000℃，从料面逸出的炉气温度则被降低到800～900℃。在这种温度变化范围内，炉气中的锌有部分重新被氧化，即发生上述反应式(3－13)的逆反应，这个氧化反应放出热量给予炉气。所以在此带加热炉料所需的热是来自炉气的显热和锌蒸气重新被氧化时放出的热。

为了保证进入冷凝器的含锌炉气具有足够高的温度，即超过反应式(3－13)平衡时的温度20℃左右，必须使被炉料降低了的炉气温度再升高，需要将空气从炉顶鼓入料面上的空间，使从料面逸出炉气中的CO有一部分被燃烧，放出热量来补偿加热炉料所消耗的热量。所以炉料在此带被炉气加热，并不影响炉内主要反应的平衡。实践证明，炉料加热到1000℃所需的大部分热量是炉顶吸入空气燃烧炉气中的CO放出的热量，只有少量是来自锌蒸气的再氧化放热。氧化反应产生的ZnO，随固体炉料下降至高温区时，又需要消耗焦炭的燃烧来还原挥发。所以这部分锌的还原与氧化，只起着热量的传递作用。

炉料加热带的温度较低，除了上述反应外，只有烧结块中的 PbO 开始被还原，即发生反应式(3－15)。因为该反应为放热反应，不需要外加热量；反应式(3－14)的进行只占次要地位。

2. 再氧化带

在此带，炉内炉料与炉气的温度相等。主要发生的化学反应为：炉料从炉气中吸收热量后进行的反应，式(3－14)，炉气中部分锌蒸气按反应式(3－13)逆向进行而被氧化，放出热量给炉气。因此，在这一带炉气与炉料的温度几乎保持不变，维持在 1000℃左右。

在再氧化带内，炉料中的 PbO 大量被还原，$PbSO_4$与 $CaSO_4$按下式还原为 PbS 和 CaO：

$$PbSO_4 + 4CO = PbS + 4CO_2$$

$$CaSO_4 + 3Zn_{(气)} + Pb = CaO + PbS + 3ZnO$$

PbS 与 PbO 也将被锌蒸气按下式被还原：

$$PbO + Zn_{(气)} = Pb + ZnO$$

$$PbS + Zn_{(气)} = Pb + ZnS$$

从图 3－6 可以看出，炉料通过加热带和再氧化带后，被加热到 1000℃时，ZnS 在这种温度下是最稳定的。在高温区挥发出来的 PbS 都将被锌蒸气还原。所以进入冷凝器的 PbS 数量并不与料中硫的含量成比例关系。产生的硫化锌固体部分沉积在炉壁上，可助长炉身结瘤的形成，另一部分将随固体炉料下降至高温带。

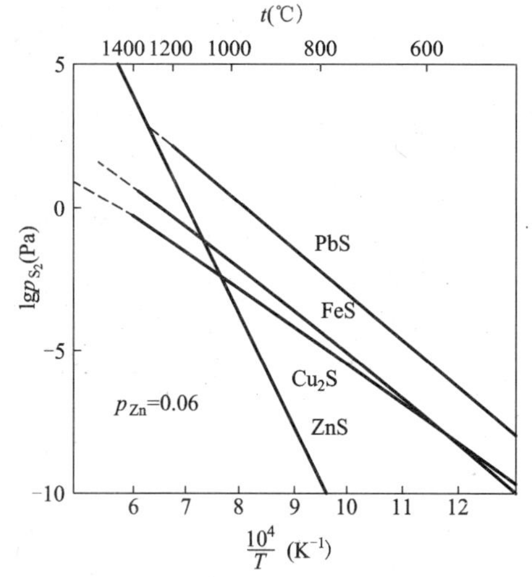

图 3－6 硫化物的分解压

3. 还原带

这一带的温度范围为 1000～1300℃，是炉料中的 ZnO 与炉气中的 CO 和 CO_2保持平衡的区域。炉气中锌的浓度达到最大值，因为许多 ZnO 在此带按反应式(3－13)被还原。上升炉气中的 CO_2少部分被固体碳按反应式(3－14)被还原。此带发生的这两个主要反应均为吸热反应，主要靠炉气的显热来供给。因此炉气通过此带后，温度降低 300℃左右。希望 ZnO 在此带以固体形态还原愈多愈好，因为通过此带后的炉料将熔化造渣，ZnO 会溶于渣中。

由于渣中 ZnO 的活度数值变小，还原变得更加困难(见图 3－7)，致使渣含锌增加。ZnO 在此带能否以固体形态尽量被还原，主要取决于炉渣的熔点。易熔炉渣通过高温带时将会很快熔化，因此会使 ZnO 不能完全从渣中还原出来，所以铅锌密闭鼓风炉熔炼选择高熔点渣型。

通过这一带的炉气中 Pb、PbS 和 As 的含量达到最大值，当到达上部较低温区时，有部分冷凝在较冷的固体炉料上，随炉料下降至此带高温区时又挥发。所以这些易挥发的物质有一部分在这带循环。大量被还原的铅在此带溶解其他被还原的金属，如 Cu、As、Sb、Bi 等，同时还捕集了 Au 和 Ag，最后从炉底放出粗铅。

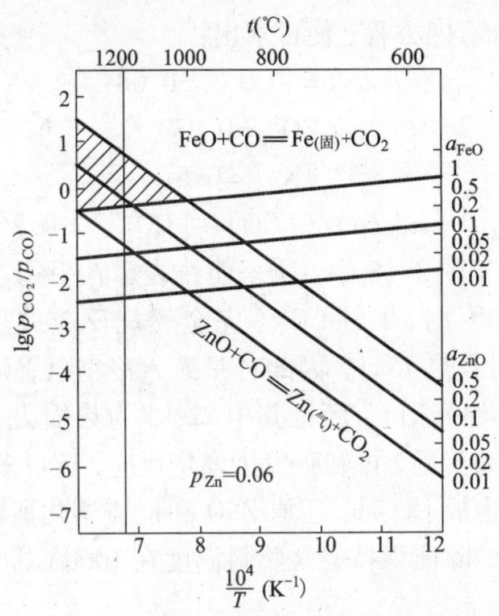

图 3-7 ZnO 在不同活度下的还原平衡曲线

4. 炉渣熔化带

此带温度在 1200℃以上。炉渣在此带完全熔化，熔于炉渣中的 ZnO 在此带还原，焦炭则按反应式(3-11)和反应式(3-12)在这一带燃烧。

有人推算，约有 60% 的 ZnO 是在这一带从液态炉渣中被还原的，因而要消耗大量的热；同时炉渣完全熔化也要消耗大量的热。所以炉料通过这一带消耗的热最多。这些热量主要靠焦炭燃烧放出的热量来供给，并在此带造成 1400℃的高温来保证炉渣熔化与过热。

比较反应式(3-11)和(3-12)的热效应可以看出，铅锌密闭鼓风炉熔炼应尽可能从反应式(3-11)获得热量，以降低焦炭的消耗。但是炉渣中的 ZnO 还原又需要炉气中有较高的 CO 浓度(见图 3-7)，这就希望提高炉料中的碳锌比。这样不仅要消耗更多的焦炭，也是防止 FeO 还原所不允许的。这一矛盾的解决有赖于在生产实践中不断总结，确定适当的碳锌比与鼓风量。预热鼓风是解决铅锌密闭鼓风炉这一矛盾的重要措施。

根据资料分析，假定铅锌密闭鼓风炉底部的炭在干空气中完全燃烧，即：

$$C + 0.5O_2 + 1.88N_2 \longequal CO + 1.88N_2$$

而且产生的 CO 有一部分被反应消耗掉，即：

$$ZnO + CO \longequal Zn + CO_2$$

那么根据物料平衡可以列出各气体浓度之间的关系式：

$$[Zn] \longequal [CO_2] \tag{3-16}$$

$$[N_2] \longequal 1.88([CO] + [CO_2]) \tag{3-17}$$

当温度为 1000℃时，反应 $ZnO + CO \longequal Zn + CO_2$ 的平衡常数 K 为：

$$K = \frac{p_{CO_2} \cdot p_{Zn}}{p_{CO}} \tag{3-18}$$

炉内气体的压力一般接近于 0.1 MPa，如果忽略其他气体，则各组分气体分压之和应等于 1 个大气压，即：

$$p_{N_2}+p_{CO_2}+p_{Zn}+p_{CO}=1 \tag{3-19}$$

联解式(3-16)~(3-19)四方程，便可求出：

$$[Zn]=[CO_2]=0.084$$

$$[CO]=0.234$$

$$[N_2]=0.6$$

故

$$n_{Zn}/n_C=[Zn]/([CO]+[CO_2])=0.264$$

n_{Zn}/n_C 与温度的关系绘于图 3-8 中，所得曲线表示在平衡点锌蒸气的摩尔数与气化的碳摩尔数之比。温度在 1000℃时，1 mol 碳不完全燃烧反应放热 114 kJ。将 0.5 mol O_2 和 1.88 mol N_2 加热到 1000℃时吸热 75kJ。因此若是鼓入冷空气，则碳燃烧放出的热可能利用于生产过程的只有 114-75=39(kJ)，而且其中 22 kJ 为热损失，实际供给反应的热只剩下 16 kJ。如果将空气预热到 800℃后，再和碳发生燃烧反应，还可多得 59 kJ 的热。从这组简单的数字可见，若将碳只燃烧生成 CO 时，还原 ZnO 和造渣熔化所需要的热，主要是由预热空气来提供。若是鼓入冷空气，除能保持燃烧物料温度在 1000℃左右外，几乎不起其他作用。

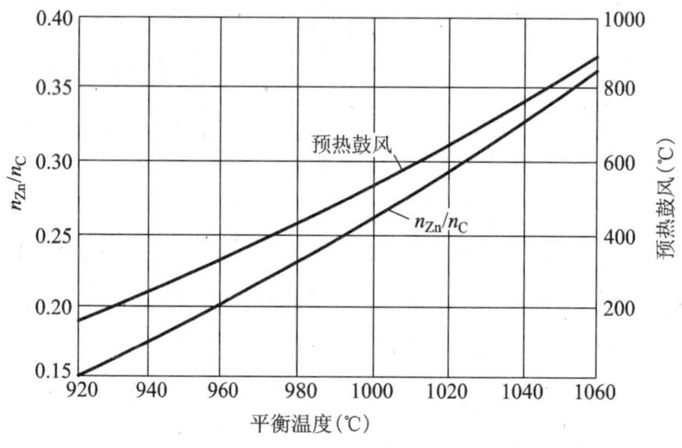

图 3-8 各种温度与 n_{Zn}/n_C 或预热鼓风的关系

在生产实践中，根据具体的生产条件，正确地选定碳锌比、鼓风量以及热风温度是提高产量的一个有效方法。

ZnS 的分解压随温度的升高而急剧增大，在 1200℃时仅次于 PbS(见图 3-6)。所以在炉料加热带和再氧化带被硫化的锌蒸气，随炉料下降到还原和炉渣熔化带时，由于温度升高可能被分解，分解后的锌又挥发至上部，再被硫化返回风口区。如果有已还原的 Cu 和 Fe 存在，ZnS 可能被它们还原，因为在高温下 Cu_2S 和 FeS 是很稳定的。最后铜铁硫化物形成铜锍产品，而锌以 ZnS 的形态进入铜锍的数量是不多的。这就是铅锌密闭鼓风炉可以处理含铜较高的原料的根据。

综合上述四个反应带的分析可知，铅锌密闭鼓风炉炉内发生的变化是复杂的，上面人为地分为四带，也只是为了叙述的方便。所以对鼓风炉炉内反应的研究应完全从实际出发，才能得出正确的结论。

在铅锌密闭鼓风炉中，约 40% 的 ZnO 是从固态烧结块中还原的，其余部分是从熔化后的炉渣中还原的。应该对两部分的还原进一步做热力学分析，以便更好地掌握生产条件。

从上述各带反应分析得知，在炉内发生的化学反应主要是气固两相间的还原反应：

$$ZnO_{(固)} + CO_{(气)} = Zn_{(气)} + CO_{2(气)} \quad (3-20)$$

$$\Delta G^{\ominus} = 178020 - 111.67T(J) \quad K = (p_{Zn} \cdot p_{CO_2})/(a_{ZnO} \cdot p_{CO})$$

$$C_{(固)} + CO_{2(气)} = 2CO_{(气)} \quad (3-21)$$

$$\Delta G^{\ominus} = 170460 - 174.43T(J) \quad K = p_{CO}^2/(a_C \cdot p_{CO_2})$$

式(3－20)、(3－21)两反应相加得 ZnO 被还原的总式：

$$ZnO_{(固)} + C_{(固)} = Zn_{(气)} + CO_{(气)} \quad (3-22)$$

$$\Delta G^{\ominus} = 348480 - 286.10T(J)$$

从式(3－22)的 $\Delta G^{\ominus}$ 推知，ZnO 用固体碳还原是一个强吸热反应，在冶炼过程中必须供给大量的热，这是火法炼锌的重要特点之一。

另一类气－固两相还原反应是铁氧化物的还原，即：

$$Fe_3O_{4(\alpha)} + 4CO_{(气)} = 3Fe_{(\gamma)} + 4CO_{2(气)} \quad (3-23)$$

$$\Delta G^{\ominus} = -35020 + 44.06T(J) \quad K = (p_{CO_2}/p_{CO})^4$$

$$Fe_3O_{4(\alpha)} + CO_{(气)} = 3FeO_{(固)} + CO_{2(气)} \quad (3-24)$$

$$\Delta G^{\ominus} = 45110 - 55.0T(J) \quad K = (a_{FeO}^3 \cdot p_{CO_2})/p_{CO}$$

$$FeO_{(固)} + CO_{(气)} = Fe_{(\gamma)} + CO_{2(气)} \quad (3-25)$$

$$\Delta G^{\ominus} = -17990 + 21.92T(J) \quad K = p_{CO_2}/p_{CO}$$

ZnO 被还原后得到的气体将冷凝为液体锌，其平衡反应为：

$$Zn_{(液)} = Zn_{(气)} \quad (3-26)$$

$$\Delta G^{\ominus} = 107284 - 91.15T(J) \quad K = p_{Zn}$$

ZnO 直接还原得到液体锌的反应为：

$$ZnO_{(固)} + CO_{(气)} = Zn_{(液)} + CO_{2(气)} \quad (3-27)$$

$$\Delta G^{\ominus} = 30331 - 7.31T(J) \quad K = (a_{Zn} \cdot p_{CO_2})/p_{CO}$$

上述各反应的 p_{CO_2}/p_{CO} 与温度的平衡关系示于图 3－3。图 3－3 中有关反应的平衡条件如下。

反应式(3－20)：　$ZnO_{(固)} + CO_{(气)} = Zn_{(气)} + CO_{2(气)}$

曲线	Ⅰ	Ⅱ	Ⅲ	Ⅳ	Ⅴ
a_{ZnO}	1.0	1.0	0.1	0.05	0.01
p_{Zn}	0.06	0.45	0.06	0.06	0.06

反应式(3－21)：　$C_{(固)} + CO_{2(气)} = 2CO_{(气)}$

曲线	A	B
$p_{CO} + p_{CO_2}$	0.02	0.55

铁氧化物的还原平衡为：

曲线 a　　$Fe_3O_{4(\alpha)} + 4CO_{(气)} = 3Fe_{(\gamma)} + 4CO_{2(气)}$

曲线 b $Fe_3O_{2(\alpha)}+CO_{(气)}$ ══ $3FeO_{(固)}+CO_{2(气)}$

曲线 c $FeO_{(固)}+CO_{(气)}$ ══ $Fe_{(r)}+CO_{2(气)}$

曲线 d $FeO_{(液)(a_{FeO}=0.4)}+CO_{(气)}$ ══ $Fe_{(\gamma)}+CO_2$

$Zn_{(液)}$的稳定区：

曲线(i) $ZnO_{(固)}+CO_{(气)}$ ══ $Zn_{(液)}+CO_{2(气)}$

曲线(ii) $Zn_{(液)}$ ══ $Zn_{(气)(p_{Zn}=1)}$

根据生产实践，铅锌密闭鼓风炉炉气中，锌的浓度为5%～7%，那么平衡炉气成分应该是在图3－3曲线Ⅰ与曲线c所包括的范围内(即图中划阴影线的部分)。这样就可使烧结块中的ZnO还原，而FeO不被还原。蒸馏法炼锌则不然，炉气中的锌含量比铅锌密闭鼓风炉炼锌高得多，$p_{Zn}=45$ kPa，加之气流速度很小，反应式趋于平衡，气相中p_{CO_2}/p_{CO}是在图3－3的划点的区域内。所以除了ZnO被还原外，FeO也被还原为金属铁，这在铅锌密闭鼓风炉熔炼中是不希望发生的。

因此，在铅锌密闭鼓风炉中须控制风口区(即炉渣熔化带)以上的炉气成分，使p_{CO_2}/p_{CO}为0.6～0.7。这种还原气氛比蒸馏法炼锌和高炉炼铁的还原气氛要弱，而比鼓风炉炼铅的还原气氛要强。

从炉渣中还原的ZnO约占加入料中ZnO总量的60%，故保证这部分ZnO的还原对铅锌密闭鼓风炉具有很大的意义。

在风口区，炉渣全部熔化，ZnO溶解在液态炉渣中，从这种液态炉渣中还原ZnO是比较困难的，因此要求更强的还原气氛和较高的温度，如图3－3的曲线Ⅲ、Ⅳ、Ⅴ所示。在维持气相中的$p_{Zn}=6000$ Pa下，ZnO的活度分别为0.1、0.05及0.01时，得到的图3－3中的Ⅲ、Ⅳ及Ⅴ曲线，与曲线Ⅰ比较，它们都向图的右上方移动。这就说明，要使液态炉渣中的ZnO完全还原，势必要引起FeO还原为金属铁。所以在讨论炉渣中ZnO的还原时，务必要了解渣中FeO的还原情况。

渣中FeO的还原反应为：

$$FeO_{(液)}+CO_{(气)} = Fe_{(\alpha)}+CO_{2(气)} \tag{3-28}$$

$$\Delta G^{\ominus}=-10430+9.11T$$

$$K=a_{Fe}\cdot p_{CO_2}/(a_{FeO}\cdot p_{CO})$$

在铅锌密闭鼓风炉熔炼的条件下，a_{Fe}设为1。当a_{FeO}小于1时，反应式(3－28)的平衡气相成分中$K=p_{CO_2}/p_{CO}$与温度的关系如图3－3中的曲线c，会向上移动。也就是说，当炉渣中的a_{FeO}活度降低时，FeO也就较难还原。与炉渣中a_{ZnO}变小的曲线Ⅲ、Ⅳ、Ⅴ比较，在一定的p_{CO_2}/p_{CO}条件下，渣中的ZnO可以还原，而FeO不被还原。例如在1150℃下，当渣中$a_{FeO}=0.4$时，渣中的ZnO一直可以被还原到$a_{ZnO}=0.05$时为止。但是要使渣中的ZnO进一步还原，而FeO又不还原为金属铁，则是难以办到的。生产实践说明，当渣含锌降到2%以下时，由于FeO将还原为金属铁，作业的困难性就增加了。目前铅锌密闭鼓风炉的渣含锌为5%～10%，这个数值比热力学计算出的平衡数值高许多，说明渣含锌有进一步降低的可能。与铅鼓风炉熔炼的正常炉渣(Zn 10%～15%)比较，铅锌密闭鼓风炉渣含锌5%～10%则低得多。这是因为铅锌密闭鼓风炉的还原气氛较强，同时炉渣中的CaO含量比正常铅炉渣要高许多，这样炉渣熔点较高，在风口区可以获得更高的温度，CaO含量高，提高了渣中的ZnO活度，有利于 ZnO 更好地还原。为了避免 FeO 的还原，在渣线水平应维持较高的氧势。与炼铁高炉比较，渣线部分气相中的 CO_2分压要高一些。

关于铅锌烧结块在鼓风炉内的还原动力学，日本播磨厂的烧结块(其成分见表3－8)，在1100～1300K、$CO-CO_2-N_2$混合气体($p_{CO}:p_{CO_2}=1\sim3$)条件下，进行了试验研究。关于试样失重的试验结果见图3－9。

表3－8 播磨厂烧结块的化学成分(%)

成分	Zn	Pb	Fe	CaO	SiO_2	Cu	S	Cd	As	Sn
含量	43.16	20.54	8.67	4.01	3.03	0.32	0.29	0.044	0.06	0.06

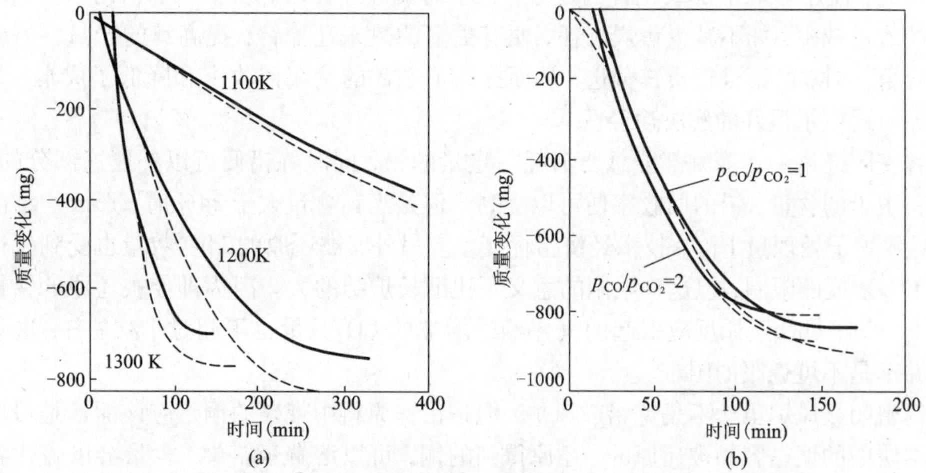

图3－9 锌铅密闭鼓风炉烧结块试样失重变化(—计算结果---实测结果)

(a)失重与温度的关系；(b)失重与气体组成的关系

试验结果表明，在试验条件下试样还原失重受温度的影响显著，而气体组成影响则不大。这些结果使人们对铅锌密闭鼓风炉中还原反应的速率与机理有如下的认识。

(1)烧结块中 ZnO 的还原是局部地进行，反应产生的锌会立即蒸发：

$$ZnO_{(固)}+CO_{(气)}==Zn_{(气)}+CO_{2(气)}$$

这样使烧结块的外层形成多孔状，其结构主要由 FeO、CaO 的硅酸盐组成。

(2)烧结块中 PbO 的还原较其他氧化物更迅速。当在较高(1300 K)温度下锌蒸发后，在外层形成的多孔性，也促使 PbO 还原产生的金属铅得到很好的挥发：

$$PbO_{(固、气)}+CO_{(气)}==Pb_{(液)}+CO_{2(气)}$$

$$Pb_{(液)}==Pb_{(气)}$$

(3)烧结块中的铁酸锌($ZnFe_2O_4$)在还原气氛中，会逐渐分解得到 ZnO 和铁的氧化物：

$$ZnFe_2O_{4(固)}+CO_{(气)}==ZnO_{(固)}+2FeO_{(固)}+CO_{2(气)}$$

5. 炉内发生的其他化学变化

烧结块中的铜、铅化合物在鼓风炉熔炼过程中所发生的具体变化大都类似于鼓风炉炼铅中所发生的。但是对于铅锌密闭鼓风炉来说，铅、铜化合物的反应会产生一些对炉况有影响的问题。

工业生产实践表明，铅锌密闭鼓风炉可以处理铅锌矿，甚至含铜较高的铅锌矿。目前铅锌密闭鼓风炉能处理含锌、铅、铜金属总量达70%的烧结块，其中w_{Cu}:w_{Zn}达到0.05，w_{Pb}:w_{Zn}达到1。当冶炼含铅高且含一定量铜的烧结块时，锌、铅、铜的回收率分别达92%～95%、94%～96%、70%～80%。

前面已经述及，PbO在炉子上部即被还原，不致影响锌的还原。处理铅锌混合精矿，还给铅锌密闭鼓风炉熔炼带来许多好处。在烧结焙烧时，随着铅含量的增加，烧结块的强度也增加；在鼓风炉上部被还原后的铅下流时，可以与挥发的S化合为PbS，可以溶解易挥发的As，使这些易挥发的元素不致进入冷凝器而降低锌的冷凝效率；同时下流的铅可以溶解料中的Au、Ag、Cu、Sb、Bi等元素，提高这些金属的回收率。PbO是在炉子上部还原的，反应又是放热反应，既不影响下部氧化锌的还原，又不需要额外补加焦炭就可炼出铅来。处理高铅烧结块的渣量减少，如不减少焦炭消耗，便有更多的热来还原锌，提高锌的产量。另外进行铅锌混合熔炼时，可不进行铅锌分选，从而提高了选矿的金属回收率和降低了成本，为难选的铅锌原料提供了很好的解决途径。

铅锌密闭鼓风炉在冷凝部分总要消耗一定量的铅，同时炼铅便可以补偿这部分的需要。提高原料中铅的含量，铅的回收率便可以提高。但是当铅含量大于24%时，形成炉结的趋势增加，导致炉子处理量下降，技术经济指标变差。另外，被还原的PbO数量也受到气体中所允许的CO_2浓度的限制，但这一限制的意义不比助长炉结的大。因为即使被还原的铅量等于燃碳量的一半，PbO还原反应引起的气体额外增加的CO_2数量也不超过1%左右，这对铅雨冷凝器并不是不可克服的困难。

铅锌密闭鼓风炉虽然不是炼铅鼓风炉，但是铅锌原料中带来的铜是应该而且是可以回收的。烧结块中的铜是容易被还原的，还原得到的铜，可以溶解于铅中，少量会以硫化物和砷化物进入铅中，在粗铅精炼时予以回收。由于各个工厂处理的原料含铜有差别，粗铅含铜量波动较大，为1%～10%，甚至试验炼出过含铜15%的粗铅。

在熔炼过程中，烧结块中的铜被还原后能与As、S、Sn等化合，将这些元素带至炉底，减少对锌冷凝的影响。故原料中少量的铜能给铅锌密闭鼓风炉熔炼带来好处。目前处理高铜原料的困难，是因为在炉内造铜锍时，要求烧结块中保留较多的硫，这样便会增加渣含锌。粗铅含铜太高，就会给放铅带来困难，处理铜浮渣时铜的回收率不高，熔炼时铜随渣的损失也大。所以铅锌密闭鼓风炉虽然可以回收铜，但回收率较低。例如烧结块含铜为1.7%时，铜的回收率只有70%，所以铅锌密闭鼓风炉处理高铜炉料是不经济的。

日本八户铅锌密闭鼓风炉处理含铜量达2.5%的烧结块，熔炼过程没有发生特别的困难，但渣含铜和铅含铜较高。

在罗马尼亚，采用铅锌密闭鼓风炉处理含铜高且铅锌比也高的原料，正常情况下，粗铅中含铜一般为6.5%，最高达到12%～13%，熔炼过程并不发生困难，渣含铜为0.8%，铜的回收率可达80%。粗铅再进一步处理，铜便富集在浮渣中。

炉料中Cu、Bi、Sn、Sb、Au、Ag等元素在熔炼过程中的变化，与炼铅鼓风炉相似，大都富集在粗铅中。日本八户铅锌密闭鼓风炉原料中几种主要元素在冶炼产品中的分配如表3－9所示。

表3-9　八户炼锌厂主要元素在产品中的分配(%)

产品	Zn	Pb	Cu	Ag	S
粗锌	94.5	2.1	—	—	—
粗铅	—	83.5	1.1	80.5	—
铜浮渣	—	11.3	83.5	14.6	—
硫酸	—	—	—	—	96.0
炉渣	5.5	3.1	15.4	4.9	4.0

3.4.4　焦炭燃烧的完全程度和还原能力

铅锌密闭鼓风炉炼铅锌是还原熔炼的过程，炉料中各主要金属氧化物被CO还原。当含锌、铅的烧结块还原熔炼时，在鼓风炉各区域内的相关反应是在复杂的系统中进行的，这个系统主要是由CO、CO_2、C及金属氧化物组成(包括造渣部分)，只是锌氧化物的还原与挥发占有特别重要的位置。

对还原反应而言，各种金属氧化物还原性按平衡比值比较，在1000℃温度条件下，各种金属氧化物被CO还原的顺序为：Cu、Pb、Ni、Cd、Sn、Fe、Zn、Mn等。由此可见，除Mn以外，最难还原的是ZnO，最易还原的是CuO和PbO。

1. 鼓风炉内焦炭燃烧的过程

焦炭从炉顶加入炉内后，直到风口区，一直保持固态。在风口区焦炭与鼓入的热风中的氧作用，进行燃烧反应，放出大量的热并生成还原性气体(CO)，以供加热、还原和熔化炉料。可以说，没有燃烧反应，就没有铅锌密闭鼓风炉的熔炼过程。

焦炭集中在风口区与风口区送入的热空气进行燃烧反应，首先生成二氧化碳：

$$C + O_2 = CO_2$$

然后部分CO_2与炽热的焦炭接触，被还原成一氧化碳：

$$CO_2 + C = 2CO$$

焦炭燃烧后，生成CO的反应为：

$$2C + O_2 = 2CO$$

由上述反应式可以看出：当焦炭全部燃烧生成二氧化碳时，释放的热量最多，热的利用率高。焦炭的热利用率的高低，取决于燃烧产物中的二氧化碳与一氧化碳的比值：V_{CO_2}/V_{CO}愈大，则热利用率愈高，但还原能力最弱。V_{CO_2}/V_{CO}与热利用率的关系见图3-10。

铅锌密闭鼓风炉中，焦炭的燃烧过程随着从风口鼓入的风量的大小而不同。当鼓风量较小时，空气不足以带着焦炭一起运动，这时风口前的焦炭比较紧密，焦炭在紧密的焦炭层中燃烧。燃烧时，沿风口中心线的煤气成分变化规律见图3-11。根据煤气成分的变化状况，将燃烧区域分为两个区。从风口到CO_2含量达到最大点的区域叫氧化区，氧化区的主要反应是完全燃烧反应，而CO几乎不存在；从CO_2最大点到CO_2浓度下降至1%~2%的区域叫还原区，该区由于缺乏氧和存在大量的炽热焦炭，CO_2则被C还原成CO。因此，炉气中的CO_2浓度很快降低，而CO浓度迅速升高。氧化区温度比还原区高，其最高点相应于CO_2含量最多的部位，通常把温度最高点称之为燃烧焦点。

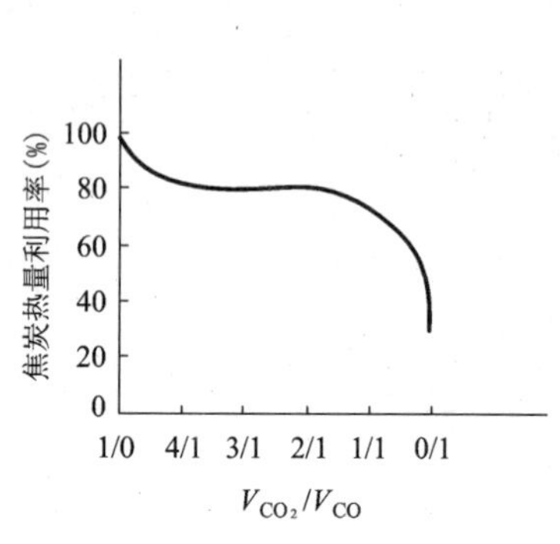

图 3－10　V_{CO_2}/V_{CO}与热利用率的关系

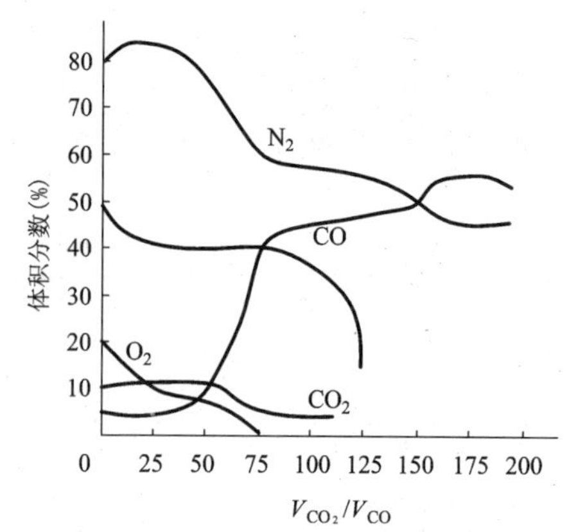

图 3－11　沿风口中心线的煤气成分变化

当鼓入的风量较大，足以吹动焦炭，并带着焦炭在风口前循环运动，则焦炭是在“循环运动”中燃烧。其循环运动状态见图 3－12。风口前的焦炭受鼓风的作用，而呈机械循环运动，形成了一个比较疏松的近似球形的区域。沿着这个球形的内部空间，炉气挟带着焦炭块进行循环运动，并进行燃烧反应；外层的焦炭不断地向球形空间移动，最后进入循环燃烧状态。焦炭循环运动主要发生在风口中心线上，只在风口下部料块不够紧密时，其下部才有不大的空间循环运动，风口区前产生焦炭和炉料循环运动的区域，通常称为循环区，其大小主要取决于气流的速度、鼓风动能和焦炭的性质。从风口进入的空气向前移动时，由于燃烧作用而增加了体积和升高了温度，大部分经远端离开循环区，部分气体挟带着焦炭返回循环区。沿循环区长度的前一半或 2/3 部分是氧化区，其余部分是还原区。

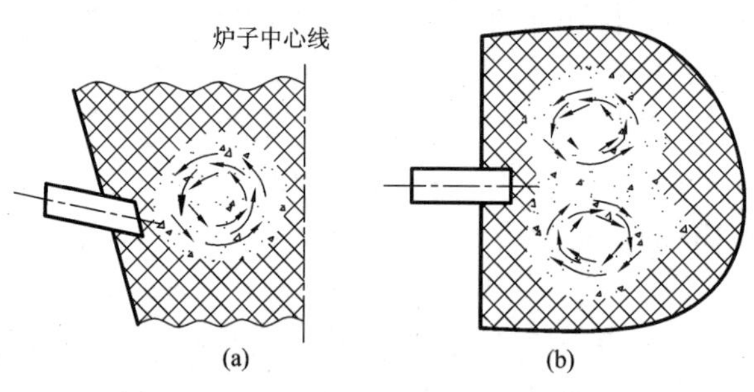

图 3－12　风口前焦炭循环运动示意图

(a)风口区域的垂直平面；(b)风口区域的水平截面

在没有循环的情况下，焦炭的反应性不同，则其燃烧速度是会有差别的，反应性低的焦炭燃烧带可能向上延伸要高些，引起高温区上移。在有循环区的情况下，焦炭反应性的好坏，对燃烧影响不大，燃烧基本上在循环区完成。

燃烧产物中，除有 CO 和 CO_2 外，还含有空气中不参与反应的 N_2；另外，空气中的水分在高温状态下，与焦炭起反应：$H_2O + C = CO + H_2$。

2. 还原能力及其控制

铅锌密闭鼓风炉还原能力比炼铅鼓风炉强得多，但比炼铁炉稍弱，在生产过程中，炉内气氛一般不易直接测得，只能根据炉气分析结果来判断，一般认为，炉气成分为 $p_{CO}=18\%\sim22\%$、$p_{CO_2}/p_{CO}=0.4\sim0.7$ 时，其还原能力是适当的。

铅锌密闭鼓风炉的还原能力，主要与下列因素有关。

(1)焦炭的消耗。当鼓入炉内风量一定时，合适的焦率是保证其有充分还原能力的前提，焦率为炉料中焦炭与烧结块的质量比。焦率高，风口区焦炭层增加，CO_2 还原成 CO 的成分多，还原能力强，金属回收率高。但焦率过高会导致还原气氛过强，大量的氧化亚铁也被还原，造成炉缸积铁。一般焦率控制为 32% ~40%。总的来说，若炉渣锌含量高则提高焦率，反之，炉渣锌含量低就应降低焦率。

(2)风焦比(风口鼓风量与焦炭量之比)。合适的风焦比应是入炉空气中的氧与焦炭在风口区燃烧带：75% ~80% 燃烧成 CO，20% ~25% 燃烧成 CO_2，p_{CO_2}/p_{CO} 为 0.3 左右。

当焦率不变时，鼓入炉内风量不足，炉内还原气氛加强，但热利用率低，影响炉子的生产能力和降低渣含锌。如果风量过大，燃烧带产生 CO_2 含量大，焦点区温度高，生产能力虽大，但由于物料熔化速度过快，还原不完全，渣含锌增高，正常的风焦比为 4500 ~5000 m^3/t(标)。

(3)炉内温度。烧结块中锌的还原是强的吸热反应，必须保证有充分的热量来源和高的反应速度，还原反应才能顺利进行完全。同样，炉渣的熔化也需要大量的热，渣的过热和炉渣中锌的还原均要求燃烧带有足够的温度，炉温越高，还原能力越强，越有利于还原反应的加速和进行完全。

(4)还原时间。氧化锌的还原一部分在固态、一部分在熔渣中进行，在固态下还原时间较长。而液态熔渣流过高温区时间快，还原得不到保证，为了延长炉料与还原剂接触时间，通常采用熔点高的炉渣和炉料高度，此外，适当采用“压渣”的方法来延长炉渣在炉缸的停留时间，可使炉渣中的氧化锌尽可能地还原出来。

(5)料柱高度。鼓风炉的还原能力与料柱高度有关，一般情况下，随料柱高度增大，还原能力增大，通常料柱高度为 6250 ± 150 mm。

3.4.5　铅锌密闭鼓风炉还原熔炼渣型的选择

铅锌密闭鼓风炉炉料在炉内逐步由低温区进入高温区的过程中，低熔点的物质首先熔化，并逐渐熔化高熔点的物质，液相量不断增加，直到风口高温区，炉料完全熔融成液相，形成炉渣。炉渣组分有 FeO、SiO_2、CaO 和 Al_2O_3 等氧化物。将渣组分按其 CaO、FeO、Al_2O_3 和 SiO_2 的不同含量在“$FeO-CaO-SiO_2-Al_2O_3$”渣体系中，可得出 3 种可观察到的渣型：黄长石(Wustite)、方铁矿(Melilite)及硅酸二钙(Dicalcium)渣。炉渣的性质与上述的组分和渣型有密切的关系，并对熔炼过程有极大的影响。

铅锌密闭鼓风炉炉渣的要求：

(1)炉渣成分必须符合熔炼时消耗最少的熔剂要求，因为熔剂的消耗量决定所采用炉渣类型的经济性；这主要是关系到炉渣酸碱性的正确选择。熔剂消耗少，则炉渣产量低，进入炉渣中锌金属量的损失将减少；

(2)炉料中锌约有 60% 在炉渣中还原挥发，这就要求炉渣中 CaO 含量比正常铅鼓风炉炉渣高许多，这样的炉渣熔点高，在风口区可获得更高的温度，CaO 高还可提高渣中的 ZnO 活度，有利于炉渣锌更好地还原挥发；

(3)炉渣渣型应保持稳定，选择“自由流动”性能好的炉渣。

因此，选择铅锌密闭鼓风炉渣型时，应从技术及经济两方面考虑。在实际生产中，则是根据进厂原料性质和成分的特点及铅锌密闭鼓风炉操作技术上的要求，来选择技术上和经济上最合理的炉渣成分。

根据炉渣相图(见图 3－13)和对炉渣的观察研究，得出：

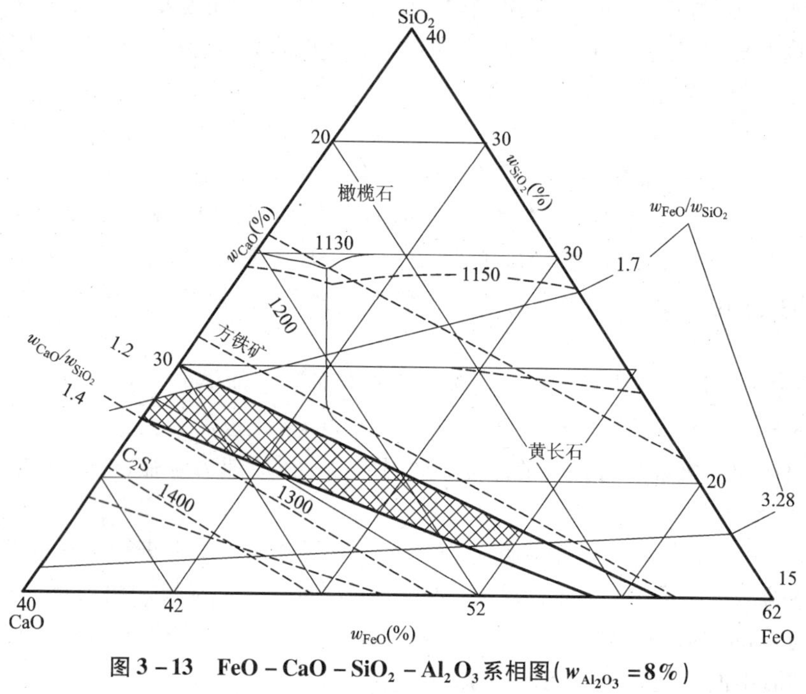

图 3－13 FeO－CaO－SiO_2－Al_2O_3系相图($w_{Al_2O_3}$＝8%)

①黄长石渣，其特点是初晶相开始于低温，因此初期会有稀渣。在渣温约为 1300℃的渣中，任何类型的原晶相都不会形成。这说明了如黄渣，或在“过还原”条件下，铁等更多的可能存在的相有分离的可能。这个趋势造成这类渣在低锌操作时的危险，因为随时都得预测金属铁的存在。为了炉子下部的砖衬、风口的安全起见，在连续操作中，这类渣型必须避免。相反，这类渣型很适宜“冲洗”炉子下部和炉缸，利于消除炉缸中的死料和下部结瘤。

②方铁矿型渣，其原晶初凝时仅有微小的温度变化，甚至在这个区域限度内渣成分有较多的显著变动时也是如此，这类渣的均匀流动性能好。即使当渣含锌量小于 3% 时，与黄长石渣相相比，由于其原晶析出时的温度较黄长石区高，因而具有良好的工作性能。

③硅酸二钙型渣，具有较高钙硅比，由于原晶析出的温度上升，显著地走向 CaO 壁角。这类渣流动黏滞，在较低鼓风温度时，渣含锌上J，就能够正常地流动。任何迟滞的放渣伴随着渣面激烈的上升，引起更多的锌脱除，但焦炭燃烧带一旦移离风口区以上，会使炉渣“吹冷”，对炉缸造成麻烦。

综合上述分析说明，方铁矿型渣采用高钙硅比时能较好地满足铅锌密闭鼓风炉熔炼要求。目前世界铅锌密闭鼓风炉厂家炉渣(见图 3－14)均广泛地选用方铁矿型渣组分，实践中取得了较好的熔炼成果。

近年来铅锌密闭鼓风炉炉渣成分有了很大变化，钙硅比普遍下降，该比值甚至已降至

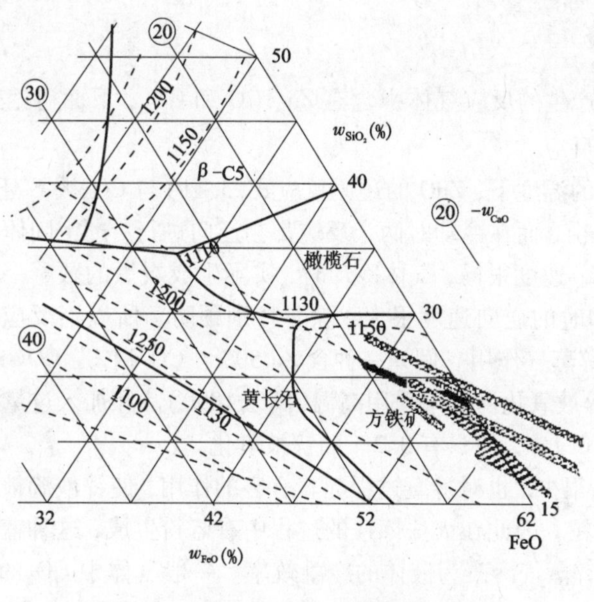

图3-14 世界铅锌密闭鼓风炉厂家采用炉渣

0.6~0.7(见表3-10)，而FeO含量则提高了许多，甚至达50%以上。这就减少了渣量，熔炼时渣中锌损失降到3.5%。渣相仍落在方铁矿相区，炉子仍然易操作，锌的回收率由89%提高到93%。

表3-10 铅锌密闭鼓风炉炉渣成分(%)

成 分	Pb	Zn	CaO	SiO_2	FeO	S	Al_2O_3	w_{CaO}/w_{SiO_2}
钱德里亚厂(印)	1.2	8.10	14.16	20	35			0.71
阿旺茅斯厂(英)	2.25	10.91	13.46	17.91	34.34	2.35	7.04	0.76
播磨厂(日)	1.5	8.0	14.2	19.10	38.6			0.74
波多威斯米厂(意)	1.0	7.0	18.0	20.0	40.0			0.96
杜依斯堡厂(德)	0.97	7.4	12.5	13.8	40.5			0.90
柯克柯里克厂(澳)	0.83	7.87	17.52	18.95	39.27	2.25	7.47	0.92
八户厂(日)	1.0	7.0	17.5	12.3	36.0			1.42

铅锌密闭鼓风炉一般是周期性放渣，渣和铅放入前床中，使其分层，之后从前床上部放出渣。炉渣可以水淬，也可以进入渣处理工艺进行渣的回收与利用。

炉渣的主要成分是CaO、FeO、SiO_2和Al_2O_3等，一般含锌6%~8%，含铅小于1%。有的炉渣含有一定量的锗，可选用烟化炉或贫化炉处理，回收其中的锌、铅、锗等有价金属。

3.4.6 锌蒸气的冷凝

ZnO 被碳还原后产生的反应气体中含有 Zn、CO 和 CO_2，下面讨论这种混合气体从反应温度下冷却时发生的反应。

假如在整个反应的温度下，ZnO 的还原反应式(3－1)与 CO_2被 C 还原产生 CO 的反应式(3－2)建立了完全平衡，而在冷却时两个反应都会逆向进行，产生固体 ZnO 和 C。但是产生 C 的逆向反应式(3－2)速度很慢，气体冷却时，实际生成炭黑的数量一般是很少的。反应式(3－1)则相反，冷却时的逆向速度很大，除非特别预防。所以当反应气体冷却时，其中的 CO_2将完全与当量的锌蒸气作用。例如一种含 Zn 50%、CO 49%、CO_2 1% 的气体冷却时，按质量计算，有2% 的锌被氧化。如果采用高温(高于1000℃)和加入过量(2～3 倍)的碳，使气体中的 CO_2 含量降到 0.1%，便只有 0.2% 的锌被氧化。

即使生成的 ZnO 很少，也对冷凝过程起着有害的作用，使锌液滴被一层 ZnO 盖住，阻碍液滴进一步汇合成大粒。因此在火法炼锌的过程中有蓝粉生成，这种蓝粉实质上就是被 ZnO 覆盖的锌滴，减少了锌蒸气冷凝为液体的冷凝效率。一般气体中 CO_2的含量愈高，生成蓝粉量愈多，冷凝效率便愈低。

锌蒸气的冷凝过程，是一个单一组分的两相平衡过程，即：

$$Zn_{(液)} \rightleftharpoons Zn_{(气)} \quad \Delta G^{\ominus} = 170400 - 91.25T(\mathrm{J})$$

根据相律可知，这个过程的自由度为 1。这就表明，在平衡状态下，锌的饱和蒸气压只是温度的函数。根据平衡时的 $\Delta G^{\ominus} = 0$ 可求出平衡温度为 1177K(904℃)。这个温度便是标准状态下，纯液体锌与 10^5 Pa 压力的气体锌成平衡的温度，也就是锌的沸点，与实测 906℃稍有差异。

800℃时的 $\Delta G^{\ominus} = 9502$ J，则 $9502 = -19.15T\lg K$，于是：$K = p_{Zn}/a_{Zn} = 0.345$。取纯锌的活度为 1，则 $p_{Zn} = 0.35 \times 10^5$Pa，在 800℃下气相中 $p_{Zn} > 0.354 \times 10^5$Pa 时，这种锌蒸气便会冷凝为液体锌，一直冷凝到 $p_{Zn} = 0.354 \times 10^5$Pa 为止。气相中锌的压力愈大，开始冷凝的温度也愈高，例如 $p_{Zn} = 0.5 \times 10^5$Pa 相当于 840℃下液体锌的饱和蒸气压，即这种锌蒸气开始冷凝的温度为 840℃。为了使这种锌蒸气 99% 冷凝为液体，应该维持 10^5Pa 气压下锌的饱和蒸气压为 0.01×10^5Pa，则冷凝温度应保持 600℃。在生产实践中考虑到需要过冷，冷凝器内一般保持在 500℃下工作。

高温含锌气体在冷凝器内冷却和冷凝时，要放出大量的热，每冷凝 1 kg 锌约放出 1674 J 的热，这些热应从冷凝器排出，才能保持冷凝过程所要求的温度。所以在设计冷凝器时，必须充分注意冷却问题。

铅锌密闭鼓风炉为直接加热，所产生的 CO 和 CO_2以及空气中的大量 N_2，将炉气中的锌浓度大大冲淡。工厂的实际炉气组成为：Zn 5%～7%，CO_2 10%～12%，CO 18%～22%。

当这种高 CO_2和低 Zn 炉气冷却时，便会发生锌的氧化。根据下列反应的平衡常数，可以求出不同温度下，气相中锌的平衡分压与 p_{CO_2}/p_{CO}的关系，计算结果列于表 3－11，并以图 3－15表示。

$$ZnO + CO \longrightarrow Zn_{(气)} + CO_2 \quad \Delta G^{\ominus} = 178020 - 111.67T\ (\mathrm{J})$$

表 3-11　锌的平衡分压

温度(K)	料面处 $p_{CO_2}/p_{CO}=0.2$		炉顶鼓风后 $p_{CO_2}/p_{CO}=0.46$	
	理论 p_{Zn}(Pa)	实测 p_{Zn}(Pa)	理论 p_{Zn}(Pa)	实测 p_{Zn}(Pa)
1173	0.037×10^5		0.016×10^5	
1200	0.057×10^5	0.08×10^5	0.025×10^5	0.075×10^5
1223	0.08×10^5		0.035×10^5	
1300	0.23×10^5		0.10×10^5	

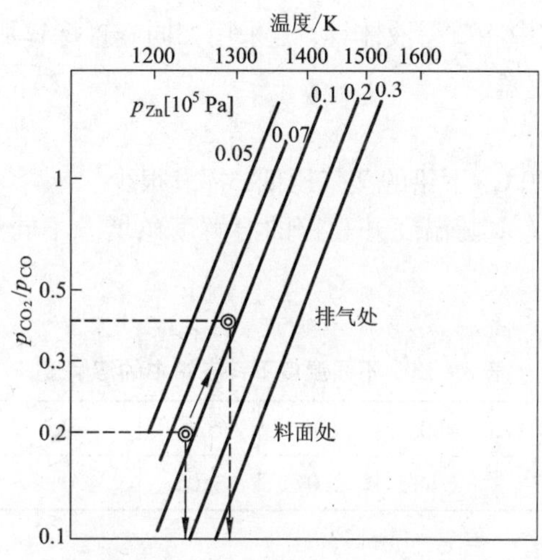

图 3-15　锌分压与 p_{CO_2}/p_{CO} 的关系

在料面处 p_{CO_2}/p_{CO} 为 0.2，计算的 p_{Zn} 与实测值相同，为 8 kPa，相应的平衡温度为 950℃。实测出料面处温度为 900～920℃，低于平衡温度，部分锌蒸气会发生重氧化反应。为了防止降温时更多的锌重新被氧化，在铅锌密闭鼓风炉熔炼生产实际中，采取了保持高温炉顶与应用铅雨冷凝器两项技术措施来实现。

1. 高温密封炉顶

铅锌密闭鼓风炉采用高温密封炉顶的目的是防止锌蒸气在炉顶降温时被氧化。ZnO 的还原反应 $ZnO + CO = Zn + CO_2$ 是吸热反应，因此其平衡常数随温度升高而增大。某些温度下的平衡常数 K 见表 3-12。

表 3-12　平衡常数与温度的关系

温度(℃)	907	1000	1100	1200
K	7.371×10^{-3}	2.981×10^{-2}	1.082×10^{-1}	3.308×10^{-1}

若实际的炉气成分为：Zn 5.9%，CO_2 11.3%，CO 18.3%，则该炉气的平衡常数 K 计算如下：

$$K=\frac{[Zn][CO_2]}{[CO]}=\frac{0.059\times 0.113}{0.183}=0.036$$

在这个平衡常数值时的相应温度约为1000℃。这就意味着，如果炉气温度降到1000℃以下，则其中的锌与CO_2发生反应生成ZnO和CO。为了保证锌蒸气不重新氧化，必须要求进入冷凝器的炉气温度不低于1000℃。所以当这种炉气离开炉内料面时温度低于1000℃时，便从炉顶吸入空气，使其中部分CO燃烧以提高炉顶温度，同时将入炉焦炭预热到800℃。炉顶鼓风量大约为风口区鼓风量的10%。

鼓风炉炼锌炉气中CO浓度很高，应很好密封炉顶防其外逸。

2. 铅雨冷凝器

从低Zn高CO_2的炉气中冷凝得液体锌，若采用如同竖罐炼锌那样的冷凝器，是不能顺利实现的，必须采用铅雨冷凝器。

铅雨冷凝器有如下优点：

(1)在操作温度(约550℃)下铅的蒸气压低，挥发很少。

(2)铅的熔点低(327℃)，随温度升高锌的溶解度急增。不同温度下锌在铅中的溶解度如表3-13所示。

表3-13 不同温度下锌在铅中的溶解度

温度(℃)	400	450	480	500	520	540	560	600	650
Zn含量(%)	1.43	2.17	2.68	3.07	3.05	4.0	4.6	5.9	8.3

(3)铅的密度大，小体积的铅具有大的热容量和大的冷却效果，可将炉气急冷下来。

炉气急冷是很重要的，其目的是使炉气通过临界再氧化区时迅速冷却，防止锌蒸气再氧化。铅雨的运动方向与气流相对，使其充分接触，更好地吸收炉气的热量，使炉气急冷到600℃以下。炉气在通过冷凝器的过程中继续冷却，离开冷凝器的温度为450℃。温度为440℃左右的铅液从炉气出口端进入冷凝器，此温度下铅液中锌的溶解度为2.02%，经过与炉气热交换以后，温度升高到560~670℃，然后从冷凝器的气体入口端泵出，此时铅液中锌的溶解度为2.26%(未饱和)，比进冷凝器时铅中含锌提高了0.24%。由此可以计算出循环的铅量为所要生产锌量的100/0.24=417。这就表明，为了恰当地降低炉气温度，铅液循环量必须是冷凝锌量的417倍。

由此看出，大量循环铅液不仅能将炉气温度迅速降下来，还将冷凝下的锌溶解在铅中，使锌的活度降低，保护了锌不被炉气中的CO_2氧化。从目前的操作水平来说，炉气中CO_2含量超过14%时，冷凝效果变差。

通过采取上述两项措施，铅锌分离系统的冷凝效率为87%~90%，约4%未被铅雨吸收的锌进入煤气洗涤系统，以蓝粉形态产出。6%~9%的锌是以冷凝器的清除物和冷凝分离系统的浮渣产出。

3.5　铅锌密闭鼓风炉还原熔炼生产实践

把铅锌烧结块、预热冶金焦(一般占烧结块量33%～38%)和氧化物团块从炉顶加入到铅锌密闭鼓风炉内，在高温和强还原气氛中进行还原熔炼。在熔炼过程中，脉石和其他杂质等造渣而除去，有价金属氧化物则还原成金属。铅和渣呈液态，定期从炉子下部渣口放出，一起进入前床，在前床内进行铅、渣分离，分别得到粗铅和炉渣。粗铅转下一道工序精炼成精铅。炉渣经过烟化炉处理，回收其中有价金属。锌呈蒸气状态随炉气(Zn 5%～7%、CO 18%～22%、CO_2 10%～12%)溢出料面，升温至1000℃，然后进入铅雨冷凝器，经铅雨冷凝吸收形成铅锌合金。用铅泵把铅锌合金液引入冷却溜槽冷却，分离得到粗锌。粗锌转到下一道工序精炼成精锌。炉气经冷凝吸收后，洗涤、升压，含CO的炉气用来预热空气和焦炭。其生产工艺设备流程见图3－16。

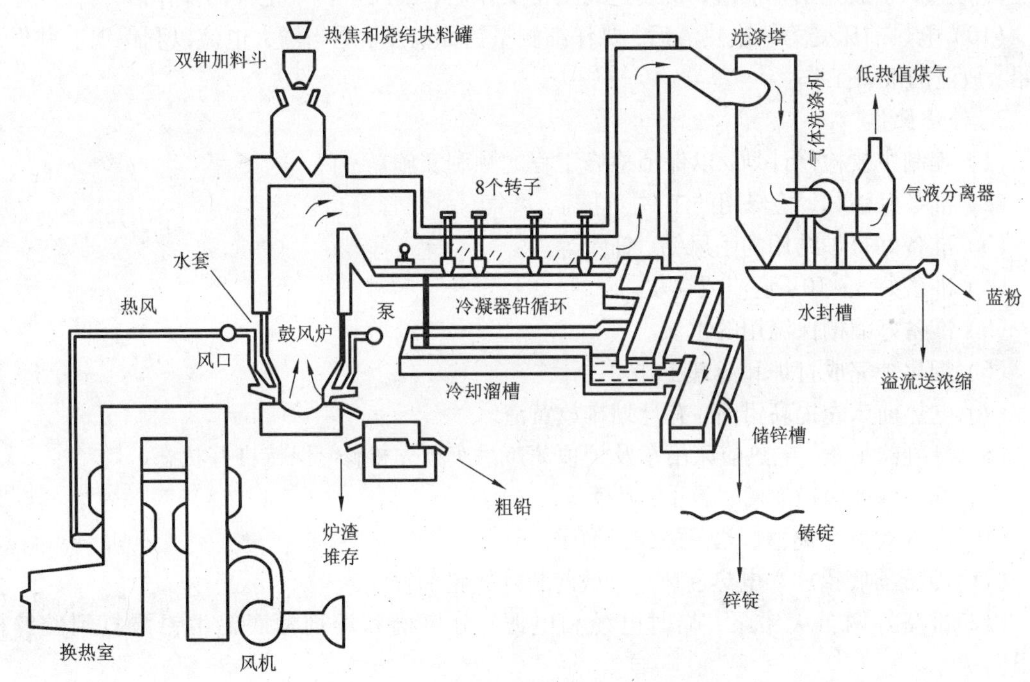

图3－16　某厂密闭鼓风炉炼锌设备连接图

3.5.1　正常岗位操作与控制

1. 开炉操作

(1) 有关岗位(预热器、控制室、皮带、主鼓风机、热风炉、洗涤机、炉前等)做好开炉前的准备工作。

(2) 填写好开炉配料单并通知加料控制室，料单如下：

底焦7批，批重1200×2 kg，以每小时6批的速度加入炉内；加完底焦后加入正常料，按连续加料方式以每小时4～5批速度加入，烧结块批重2000×2 kg，焦炭根据烧结块品位确定。

（3）风量控制：当加入第三批底焦，风口见红焦炭时，即送入热风，风量10000 m^3/h，风温850℃；炉前放空阀按要求控制逐步关小；底焦加完时，放空阀开度达30%，加完第五批正常料时底部风量增至15000 m^3/h，加完第十批正常料后，底部风量增至20000 m^3/h。以后随着料线的增高，风量逐步增大。

（4）加正常料后，当炉顶温度达800℃，送入二次风。

（5）风量加至18000 m^3/h，开洗涤机，控制直升烟道压力为200 Pa。

（6）当直升烟道温度达到550℃时，启动转子。

（7）当泵池铅液温度达到500℃时，确认泵池底铅全部熔化后，装好铅泵，经浸泡预热后启动铅泵，开泵前要测量铅液的深度，若达不到技术要求，开泵后继续补铅。

（8）开泵时注意冷却溜槽铅面及分离槽过道是否畅通，循环正常后，冷凝器分离系统转入正常操作。

（9）当炉子放完第一次渣，料线达到正常操作后，鼓风炉转入正常的操作。

（10）电热前床受第一次热渣后，要仔细测量铅面高度，适当增大电流以利保温。并做好放铅、放渣的准备工作。

2. 停炉操作

（1）编制主要检修计划，以保证检修工程的顺利实施。

（2）准备好清扫、检修用的工具、炸药、氧气、氧气管等。

（3）准备好打炉结用的手风钻、钎头等。

（4）准备好8～10 t返渣或锅皮。

（5）准备好溜槽保温用的木炭。

（6）烟化炉完成打炉和清理工作。

（7）电热前床先提高铅面，有计划排放黄渣。

（8）冷凝器吊车、电热前床吊车及炉顶葫芦吊车预先检修，保持良好状态。

（9）准备好放底铅溜槽、漏斗、铅模等。

（10）预先焊好分离槽、贮锌槽放铅溜子。

（11）冷凝器底铅放入电热前床，停炉前装好放铅溜槽。

（12）准备好两台大铅泵、临时电缆和电源，分离槽和熔剂槽底铅由铅泵打到贮锌槽放出。

（13）安排好入仓烧结块、焦炭及杂料量，保证停炉前各仓排空。

（14）做好大修前制作件的预制、准备工作。

（15）做好检修材料、备件的储备、供应工作。

（16）停炉前，收尘灰斗不能积灰。

3. 计划休风

（1）计划休风，按降料线操作将料面降到要求的位置。

（2）休风前通知各岗位做好休风准备工作。

（3）计划休风停止加料时，预热器排空。

（4）风量减到约25000 m^3/h，通知鼓风炉煤气用户停用煤气，然后全开升压机放空阀，停升压机。

(5) 料面降到要求的位置时，通知炉前放净炉内渣、铅。

(6) 风量减到 15000 m^3/h，停洗涤机，若休风后立即清横垮烟道。

(7) 风量减到 10000 m^3/h，通知炉前打开炉前放空阀。

(8) 通知热风炉进行休风操作。

(9) 休风完毕后，二次风总阀及炉顶冷风阀应处于关闭位置。

4. 复风操作

(1) 接到送风的指令后，通知炉前捅掉风口黄泥。

(2) 通知鼓风机向炉前放空阀送 10000 m^3/h 风量。

(3) 通知热风炉送风。

(4) 观察风量、压力表，确认热风炉送风完毕，通知关闭炉前放空阀。

(5) 风量增加到 15000 ~ 18000 m^3/h 开洗涤机，风量增加到 25000 ~ 28000 m^3/h 开升压机，煤气合格后通知用户使用鼓风炉煤气。

(6) 打炉结、清扫后复风，不急于加料，保持风量约 15000 m^3/h 一段时间，观察炉内压力无明显增加，透气性良好，才能加料。

(7) 清扫复风后一般情况先加底焦 2 ~ 3 批；打炉结复风后，一般情况先加底焦 3 ~ 4 批。

(8) 随料面的增加，逐步增加风量及加料速度，赶到料线前加料速度由主控室掌握。

(9) 发现热风压力增加超过正常值或悬料时应停止加料。

(10) 直升烟道达 560℃左右，逐段启动转子；泵池温度达 520 ~ 540℃时，启动铅泵，料线达到正常料线后，转入送风期操作。

(11) 打炉结后复风，由于料面温度低，煤气不易点燃，送风前一定要关好二次风手动阀、炉顶冷风阀，控制好冷凝器系统压力，炉顶温度大于 800℃时方可开二次风，以免造成炉内煤气爆炸。

5. 正常生产操作

(1) 加料

在正常生产过程中，鼓风炉加料操作应与熔炼情况、炉体特点、炉料情况以及其他连接设备的运行相适应，做到准确、及时地向鼓风炉加料，使炉料在炉内分布均匀合理以满足正常的需要。料量是否准确直接影响料面稳定、炉内还原气氛的强弱、温度的高低及炉气在炉内的穿行情况。一般影响料量准确的因素是称量设备。除了通过观察料罐内的料面来发现称量设备的偏差并及时做出相应调整处理外，主要是定期标定和校准称量设备，保证称量误差在许可的范围内。

正常的料面高度应从风口中心线算起，往上 6250 mm，允许料面有 ±250 mm 的波动范围。正常料面一侧的偏差允许 150 mm，若大于此值，则应及时补加单罐料，使整个料面尽量保持一致。料面高度是用配有气套筒、用耐高温材料制成的探料杆测量，可自动或手动操作。

(2) 风量控制

在生产实践中，鼓风炉熔炼的风量大小主要取决于焦炭燃烧情况、物料质量、炉内结瘤情况、料面高度及炉体结构等熔炼条件。大风量操作时，焦炭的燃烧速度快，熔炼速度大，炉子生产率高。同时由于炉子的热量损失按比例相应减小，焦炭的还原区域扩大，并可获得较高的熔炼温度、降低渣含锌。但风量不宜过大，否则不仅会增加动力消耗，还使炉内高温区上移、气流速度过大，随气流带出的粉料也增多；特别是在料面过低、物料质量差、炉内结瘤严重的情况下，更使冷凝器内的浮渣大量增加。此外，大风量操作还受到物料质量、炉内结瘤所引起的高风压所限制。在生产中，鼓风量还应与冷凝分离系统及炉气洗涤系统的设备生产能力相适应。

1）主风口。在一般情况下，鼓风量应稳定在一定水平上。只有当炉况失常或设备故障影响鼓风、加料时，才适当减小鼓风量。在标准炉型情况下，鼓风炉主风口风量一般控制在30000～35000 m^3/h，冷风总量为40000～43000 m^3/h。

2）二次风。通过炉身上部风口导入的热空气称为二次风。二次风风温与主风口的风温相同，从二次风口鼓入的风量为主风量的8%～12%。鼓入二次风的目的在于燃烧炉气中部分CO气体，以补偿炉气在炉身上部所散失的热量，保证炉气在进入冷凝器前的温度在“再氧化温度”以上，即980～1080℃。

3）料钟空气。为了密封料钟，防止炉气从料口溢出，而向料钟内鼓入冷空气。料钟内的空气压力应超过炉顶压力50～100 Pa，每个料钟间隙过大或炉顶压力过大时，应预调整。

4）周边空气。从料钟下部漏斗外壁的环形风管鼓入冷空气形成的一层空气膜，可保护漏斗不生或少生结瘤，保证底钟开启灵活、动作准确、密封严。每个料钟需周边空气量约为350 m^3/h。

（3）风温调节

热风带入炉内的热量可全部被利用，因此尽量采用高风温，可以降低焦耗，提高炉子生产率。生产中，风温一般控制在900℃左右。有的工厂风温可达1000℃以上。调节风温，可以迅速改变炉内熔炼情况，控制还原气氛和炉温。当炉内还原气氛弱，渣含锌高，温度偏低时，应提高风温；当炉内还原气氛过强、温度过高，而出现铁还原的现象时，应降低风温。但风温的调节，只是在短时间内采用的一种应急措施。如果炉况需要较长时间和较大幅度的调整，则应调整焦率，稳定风温在适宜的操作范围内。

（4）炉前操作

1）风口管理。在炉况正常时，风口一般是明亮畅通的，通过风口可直接观察到风口区的情况、炉内还原能力的强弱、炉壁结瘤程度和炉渣的积存量等。为使热风顺利从风口送入炉内，一般在每次放渣后，常用钢钎捅掉积留在风口的结渣。在炉内结瘤严重而引起风口挂渣时，更应及时清理；休风或减风时，要避免风口灌渣。风口区是炉子温度最高的地方，风口冷却对风口寿命极为重要，要保证风口具有良好的冷却条件；定期检查风口冷却水流量（避免风口烧坏）和进、出口水温差。若发现风口烧坏应立即切断水流，用黄泥将风堵死，待休风更换。

2）供水系统管理。供水系统要保证喷淋炉壳、炉身托盘、风口、放渣口等处冷却水的供应。正常情况下供水总管水压应保持在0.020 MPa以上。若水压低于此规定值或水压波动大时，要调换清理水过滤器。经常检查各供水支管有无堵塞，皮管有无脱落。喷淋炉壳的冷却水幕厚度一般保持在2 mm以上，且均匀布满炉壳。同时应保证排水管路畅通。

3）放渣。铅锌密闭鼓风炉的炉渣和粗铅的混合熔体间断地从渣口放出。当熔渣接近风口线时，热风压力明显升高、风量降低，并可从风口窥视孔看到熔渣跳动，此时应打开渣口放渣。放渣过程中，要注意观察炉渣温度、流动性及渣型。当发现炉渣温度过低或过高，流动性差或有金属铁花时，根据当时情况及时采取措施，适当地进行调整。渣口出现喷风现象时，则表明放渣过程结束，这时应用绕有石棉绳的钢钎堵塞渣口。若发现渣口严重烧损变形难于堵塞时，应慎重使用放空阀放空入炉空气的方法堵塞渣口；若渣口水套烧穿漏水，应立即切断冷却水的供应，待炉内熔渣放净后休风更换。

延长炉渣在炉缸内的停留时间，习惯上称为“压渣”。适当的压渣操作有利于渣中氧化锌的还原，降低渣含锌。但“压渣”过度时，风量明显下降，生产率降低，严重时有可能使炉渣灌入风口，影响鼓风炉的正常生产。上述的放渣方式属间断放渣，也是目前铅锌密闭鼓风炉普遍采用的方式。有些ISP厂家如澳大利亚Cokle Creek铅锌密闭鼓风炉于1985年采用连续放渣技术(连续放渣示意图见图3-17)，送风量比实行间歇排渣时要大，渣含锌的控制同以前的水平，并可望得到改善。微量金属的回收率明显改善，与此同时，连续的渣流对于后续的粗铅和渣的处理，提供了新的改进机会。

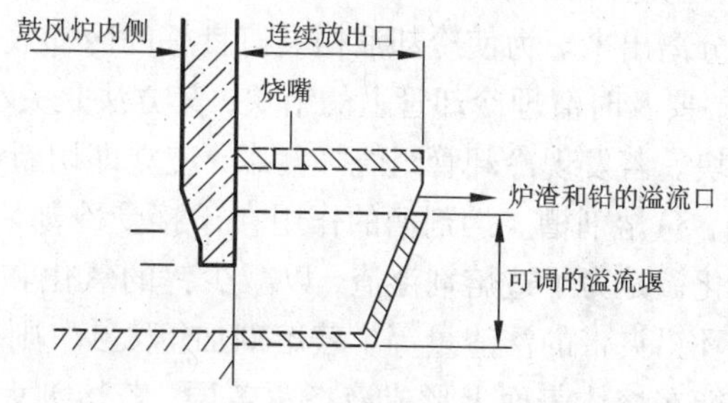

图3-17　连续放渣示意图

(5)炉顶操作

炉顶操作是负责鼓风炉料面测控，保持料面稳定。铅锌密闭鼓风炉料面控制高度为6 m，±0.25 m。在复风过程中，炉顶操作人员须检查加料装置，配合加料控制室进行试加料操作，定时探测料面，保持料面在规定范围内。正常生产时，根据风量及物料情况决定每小时的加料量，并要求打开或关闭二次风总阀，调整各支阀门开度。在悬料时应及时停止，并报告相关岗位。

(6)铅雨冷凝器

在正常操作过程中，进入冷凝器的炉气温度为980~1080℃。经冷凝后，通过直升烟道时的温度为440~460℃。直升烟道的温度是反映炉气中锌被冷凝、吸收程度的主要标志。冷凝器工作不正常、回铅槽返回的铅液温度过高或回铅量不足等因素，是造成直升烟道温度过高的主要原因。前者由于冷凝器的铅液面过低，转子埋入铅液深度不够、转子速度降低或停转而造成扬铅量不足；冷凝器结瘤使气流分布不均匀。后者是因铅泵的扬铅量不足或冷却溜槽的冷却效率低引起循环铅液的温度上升。正常生产时，冷凝器内控制一定的铅液面。当铅液面降低时，从冷却溜槽补入烘干的精铅锭。

在冷凝器运行的任何时候，均要保持正压操作，以防空气进入，造成锌的氧化或煤气爆炸。冷凝器进口压力为1000~3000 Pa，出口压力为600~1200 Pa。

冷凝器在运转过程中会不断产生浮渣和结瘤，部分浮渣由泵池扒出，部分则留在冷凝器内，使冷凝器的器壁、通道、盖板底面、尤其是炉气进口处形成结瘤，导致气流分布不均匀，转子转动困难，扬铅量减小。因此，必须定期进行清扫。一般是每周休风清扫一次，利用炸药爆破或打炉结机等手段清除结瘤，每次清扫需7~10 h。

(7)分离系统

1)泵池与铅泵。铅液的循环量要使冷凝器温升保持在80~100℃，即从回铅槽返回的铅液经过冷凝器到达铅泵时，铅液温度由430~450℃上升到510~530℃。铅液的循环是由泵池内铅泵的扬铅能力控制的。

铅锌密闭鼓风炉风量发生变化时，铅液温度会随之变化，这时铅泵的扬铅量也要做相应的调节。铅泵在使用期间，效率逐渐降低，扬铅量减少而无法维持泵池的额定温度时，应更换铅泵。铅泵底流口要保持畅通。泵池液面上的浮渣应及时清除，防止堵死铅泵口。

2)冷却溜槽。冷却溜槽的作用在于将高温铅液冷却至略高于锌的凝固温度，使铅液中的锌分离出来。为使冷却溜槽具有良好的冷却效率，应保证溜槽具有良好的热交换能力。操作中，要及时清理冷却管上的结块，其方法是关小该冷却管组的进水阀，提高铅液温度来熔化结块。若发现冷却管组烧坏漏水，应立即切断该管组的供水，进行焊补或更换。

3)熔剂槽。熔剂槽的作用在于接受冷却后的含锌铅液和在槽内造熔剂渣。往槽内加入氯化铵是为了造熔剂浮渣，以减少锌的氧化和浮渣量。氯化铵的需要量取决于砷的挥发量、循环铅夹带的浮渣量等。若熔剂加得太少，则生成一种干浮渣，即不能达到造渣的效果，又不能在熔体表面上形成液态覆盖层；若熔剂太多，则造成浪费，且生成过量的极稀浮渣，给以后的处理带来麻烦。正常情况下，氯化铵的用量为 <10 kg/t · Zn。

熔剂槽的液浮渣要定期扒出，冷却成块后返回鼓风炉。

4)分离槽。铅、锌液在分离槽内根据密度的不同而分离。锌液层的温度尽可能保持在略高于锌的凝固点，以减少锌液中铅、铁、砷等杂质的含量。生产中一般保持在 440 ~ 450℃，同时应避免搅动锌液层。分离的锌液是从分离槽后部溢流口进入储锌槽的，因此应经常检查溢流口的深度，保证进入储锌槽锌液的质量。

5)储锌槽。储锌槽为储存、加热粗锌之用，操作温度应根据精馏系统对锌液温度需要而定，一般为 500 ~ 600℃。当槽内的锌液达到一定的储量时，放出锌锭或以液态流入锌包送精馏系统。

6)回铅槽。冷却、分离出锌液后的铅液由分离槽的底流孔进入回铅槽，通过回铅槽的过道口返回冷凝器。在正常操作中，要在分离槽尾部用燃烧煤气的方法保温，避免底流口冻结，还要经常检查回铅槽过道的高度。

(8)电热前床

电热前床接受、贮存和分离由铅锌密闭鼓风炉放出的渣和铅液。经分离后的铅液位于底层，由虹吸口放出；炉渣的密度小而浮于上层，由放渣口放出；在炉渣与粗铅之间还夹有一层黄渣，它是由炉渣从放渣口带出的。

炉温的高低由调节电极插入熔渣的深度来控制，同时通过调节各电极插入熔渣的深度使床内各部温度达到均匀一致。正常操作时，控制电压为 50 ~ 72 V，电流 4000 ~ 5000 A，电极插入渣层深度为 0.4 ~ 0.5 倍渣层厚度，渣温度 1250 ~ 1350℃。

放渣和铅的顺序一般是先铅后渣，排放次数视具体情况而定。当铅液面高度为 300 ~ 450 mm，床面高度为 800 ~ 900 mm 时，即可排放。若铅液面过高，容易造成随炉渣一同放出；若铅液面过低，会使黄渣和炉渣沉入床底导致虹吸过道堵死。放渣前 10 ~ 15 min 停电，待放完渣再送电。尽量掌握好前床进渣、放渣的时间，避免与鼓风炉放渣同时进行，以保证渣铅具有良好的分离效果。

黄渣随炉渣带出，但若发现厚度大于 150 mm 时，可适当控制较高的铅液面，将黄渣排出。黄渣在床内积累过多会发生结壳现象，可提高电流或加入黄铁矿来熔化黄渣。黄渣中金属铁的含量愈多，则所加进的黄铁矿愈多。

6. 铅锌密闭鼓风炉炉况的综合判断

各种炉况在炉内不同部位、不同的产物和不同的参数上所反映出来的现象是不同的，它们之间的联系程度也不同，只有在进行综合分析后，才能做出正确的判断。

判断炉况的主要依据有：直接观察生产中的现象、仪表测定的参数和物料、产物化验分析的数据等。

(1)直接观察

主要包括看风口、看渣及下料速度等。

1)看风口。风口是唯一可以看到炉内熔炼情况的地方，任何时候都可对炉内进行观察。

①看炉温的高低。炉温是否正常，从风口可以看出，而且炉温的变化在风口反映较早。炉温正常时，风口明亮适当；炉温过高时，还原能力过强，风口十分明亮；反之明亮程度减弱，甚至变红或挂渣。

②看进风的均匀性。如炉子出现炉气短路跑空时，附近的风口特别活跃，进风量大，而其他部位的风口则相对不活跃；又如相邻几个风口都不活跃，而它们对面的风口都很活跃，则说明炉子出现炉料偏行，在活跃风口处的料下得快。诸如炉料质量、加料方式及布料情况、炉内结瘤程度、炉结构等都对各风口进风情况有影响。

③看风口的完好程度。当某个风口烧坏时，表现为挂渣、风口发暗及冷却水温度较高等现象。看风口时，要重点看与一般看相结合，有个别风口对炉况的反映特别灵敏，需要重点观察。

2)看渣。炉渣间断地从渣口放出，从炉渣的情况可以反映出某一段时间内炉子的熔炼情况。

①看炉温高低。当炉渣流动性好，呈明亮状态时，即表明炉渣温度高，炉内温度也高，反之则渣流动性差及发红。

②看渣的酸碱度(钙硅比)。凝固的渣样边缘光滑、中心呈石头状，则渣为中性；若断面粗糙成石头状，则渣呈碱性；若断面光滑呈玻璃状，则渣为酸性。

③看炉内还原气氛的强弱。放渣时若有铁花出现、渣的流动性差甚至溜槽中有积铁等现象，表明炉内还原能力过强；渣表面白色的烟雾多、火焰大、渣发红，说明炉内还原能力弱。

3)看下料速度。看下料速度主要看单位时间内的加料量、加料间距和炉内各部下料的均衡程度。下料批数减少，批距不均匀，则表明炉料下行难；如果料面长时间不下降，则是悬料；料面突然塌落，则是崩料；料面各处下降速度不一致，则是偏行下料。

此外，能够对铅锌密闭鼓风炉其他部位或附属设备所反映出来的现象进行观察也是判断炉况的依据。如风口周围的冷却水冒蒸汽，则可能是炉温过高；泵池浮渣量大，有可能是炉结瘤严重、炉料质量差、炉顶温度过低或风量与料面高度不相适应等因素所造成。

(2)仪表测定

铅锌密闭鼓风炉配置的仪表有两大类：一类用于测量压力、温度、流量等参数；一类用于自动控制和调节。反应炉况的仪表所测定的参数有如下几项。

1)风压和压差。风压是随料柱高度的变化而变化的。如果料柱透气性变坏，则风压增高、风量减小；发生悬料时，热风压力显著增高；炉子出现崩料或短路跑空时，风压不稳定，波动幅度大。

风口结渣或渣面接近风口时，风压也会迅速增高。

随着炉期的延续或炉料质量变差，炉内和冷凝器内逐渐结瘤或短期内迅速结瘤，炉身断面缩小、热风压力增加和冷凝系统的压差上升。

冷凝器的进、出口压力一般波动不大。压差增大或压力明显升高，说明冷凝器结瘤增多，进口处结瘤严重。

2)风量。在正常情况下，风量与风压是相适应的，即成一定比例关系。炉况正常，风压随风量的增大而增高，且比较稳定，只有在加料、放渣前后发生规律性的波动；炉况失常时，风压往往增高，而风量自动随着风压下降，与正常炉况时的比例相比相差甚远。

(3)化验分析

烧结块和焦炭是铅锌密闭鼓风炉的主要炉料，它们的成分变化对熔炼过程状况有重要影响；而炉渣和炉气则是熔炼产物，它们的成分变化直接反映出熔炼状况。

1) 烧结块和焦炭成分。生产过程中，需要对它们进行化验分析，以便能在入炉前采取适当的操作方法或其他处理措施来保证炉子的正常生产。

2) 炉渣成分。炉渣成分主要是看钙硅比和渣中含锌量，以作为判断调整炉况的重要依据。

3) 炉气成分。从炉气成分可以看出焦炭热利用率及还原气氛的强弱，也可以检查出炉体的水冷设备是否完好。

炉气成分主要是 CO、CO_2、N_2和少量的 O_2、H_2等。炉气中 CO_2含量高或 p_{CO_2}/p_{CO}大，说明炉内焦炭的热利用率高，但还原气氛弱；反之则还原能力强。若炉气中 CO 含量高，而又未出现还原能力强的现象时，说明焦炭的反应性过强、焦炭利用率低。炉气中 H_2含量增加，则有可能是由于炉料、空气带入炉内的水分过多或铅锌密闭鼓风炉的水冷设备漏水。

(4)炉况的综合判断

正常炉况的主要特征是：热风压力正常，主风口风量稳定，炉料下行均匀，无停滞或悬料、塌料现象；风口无明显挂渣现象；渣充分过热，流动性好，渣含锌为6% ~8%；炉顶温度正常；炉气中 p_{CO_2}/p_{CO}适宜，冷凝分离系统运转良好，浮渣产出少。从鼓风炉生产结果看，鼓风炉正常炉况的主要特点是：产出粗锌量与入炉热焦量比值大于1。

3.5.2 故障的判断与处理

铅锌密闭鼓风炉在熔炼过程中常见的故障主要有炉身结瘤、炉渣过还原及悬料等故障。电热前床较常见且严重影响生产的故障为电热前床黄渣结壳等。

各种故障如不及时处理或者因判断失误而采取错误的处理方法，都将导致故障进一步恶化。

1. 炉瘤的生成及处理

(1)炉瘤的成因

炉瘤生成的原因比较复杂，它与炉料质量、工艺操作及炉体结构等因素有关。

1)炉料的质量。虽然对入炉的各类物料的质量有较高的要求，但由于物料来源复杂，烧结配料不准，化验不及时和误差等因素的影响，会使炉料质量的波动范围超过熔炼过程的适应能力，导致炉瘤形成。

烧结块的软化温度低，就极易在炉体上部软化，导致炉身结瘤。烧结块中 SiO_2和铅含量过高会使烧结块的软化点明显下降，增加烧结块中残 S 量，促使硫化物炉瘤的形成。

烧结块和焦炭的块度小和强度低，会使炉料的透气性变坏或者在炉身上部燃烧、软化和熔结。

2)操作控制不当。如加料方式不能随着炉料情况及炉况变化而做出相应的调整；料面波动大，炉气分布不均匀，炉顶温度低导致锌蒸气再氧化，氧化锌在炉壁冷凝析出，形成氧化锌炉瘤；料面过高，则炉料在二次风口处容易发生熔结；炉况不正常或外部因素引起鼓风炉休风频繁，休风时间长及采取高料线休风操作，都将迅速助长结瘤的形成。

3)风口水套、渣口水套、空气输送管道上的水冷设备等漏水或者炉料及空气中带入过多的水分，也是炉瘤形成的原因之一。

4)炉型结构的合理程度对炉瘤的形成部位和形成速度起着极大的作用。

炉瘤在炉内的炉身、炉腹、炉顶及炉喉处均可形成。各位置上的炉瘤形成随生成原因不同，其成分也不同，见表3-14。

表3-14　炉内不同位置上的炉瘤成分(%)

炉瘤位置	Pb	Zn	S	SiO_2	Fe	CaO
炉腹上部	20.50	30.10	7.03	10.50	11.03	8.40
炉腹下部	23.10	28.50	12.40	7.60	9.10	10.20
炉身下部	15.50	56.20	3.01	2.15	3.51	2.50
料面水平	15.31	62.30	0.64	3.30	2.11	1.61
料面以上	7.80	68.20	0.35	3.52	1.20	1.20

一般在炉身上部所形成的炉瘤较松散，其主要成分是锌、铅金属的氧化物和烧结炉料，这种炉瘤的形成速度快。在炉身下部及风口上方所生成的炉瘤较致密，其主要成分为金属氧化物和硫化物，生成的速度较缓慢。

炉瘤的形成使炉子的有效容积减少，炉况不断恶化，严重影响正常生产，最终促使炉期中断。当炉瘤生长到一定程度后，呈现出如下征兆：炉料下行受阻，易出现偏行和悬料现象；炉气分布不均匀，气流速度增大，铅和硫的挥发率增加；随气带出的粉料增加，引起冷凝器浮渣量增多；粗锌含银成倍增加；大块炉瘤在炉内产生很大的应力，使炉体受到破坏，如炉壳破裂、炉身上移等现象。炉瘤若在炉喉处生成，则使炉喉通道变窄，炉顶压力升高和炉气外冒。

(2)炉瘤的处理

国内外铅锌密闭鼓风炉处理炉瘤的方法各有不同。处理炉瘤的常用方法有炸药爆破、焦洗、返渣洗炉等。

1)炸药爆破。这种方法是在炉瘤上用氧气管烧炮眼后，装上适量的炸药炸除炉瘤，再送风将炸落的炉瘤熔化。通常根据不同位置上的炉瘤而采取不同的准备工作：若炉内结瘤，则须把料面降到风口处，并在休风前后加入数批底焦和返渣，以满足清除炉瘤和复风的需要，待休风后打开清扫门，由此炸除炉瘤；若只炸除炉喉及冷凝器内的炉瘤，则打开炉喉处和冷凝器的清扫门进行爆破。清扫炉瘤的工作应由上至下进行，过程中要适当地加进一定数量的底焦，以改善在复风过程中炉料的透气性并满足熔化炉瘤的热能需要。

这种爆破炉瘤的方法对清除炉身上部、中部及冷凝器内的炉瘤比较有效，但对炉下部的炉瘤不可能彻底清除。因下部炉瘤特别坚硬，且预先加入的底焦及炸落的炉瘤将下部炉瘤埋住。如果进行中修或大修，则可将炸落的炉瘤全部由炉下部割开的门孔耙出炉外。

2）焦洗。焦洗就是通过分阶段向炉内加进适量的焦炭，使炉内暂时形成富焦的条件，自上而下地把炉瘤熔化造渣而排出的方法。焦洗是在不停炉的情况下进行的，降料线过程的开始就是焦洗的开始。随着料面的下降，间隔地加进小批量的焦炭，通过焦炭的燃烧，将炉顶温度控制在1350～1400℃；同时观察热风压力的变化，在热风压力明显急剧下降的部位，结瘤一定严重，在此部位应补加焦炭燃烧，使炉瘤尽量熔化脱除。作为完整的焦洗过程，应将料面降至风口区，通过焦炭的燃烧，使炉身下部难熔化和用人工难以清除的炉瘤烧化脱落。随着焦洗过程的进行，炉气中CO逐渐减少，CO_2逐渐增多。只有在加进焦炭时，CO骤然增多，CO_2减少，随后又按各自的变化趋向逐渐拉开。CO与CO_2之间的差值愈大，则炉瘤熔得愈多，洗炉效果就愈好。在洗炉后期应加入返渣，以保证复风后炉渣能顺利放出。一次完整的焦洗过程需要5～8 h，然后可转入重新投料恢复生产或休风清扫其他部位的炉瘤。焦洗过程应注意如下几个问题：严格控制炉顶温度，防止烧坏设备；焦炭批量大小要合适，以保证炉温波动小，焦炭利用率高；冷凝器的操作要适应焦洗的过程，使铅锌的氧化消耗减少到最小的程度；焦洗时间不宜过长。

3）炉渣洗炉。渣洗是用易熔炉渣作为洗炉料，配入一定量的焦炭间隔地加进炉内，或将洗炉渣与烧结块配成混合料，以降低渣钙硅比，逐渐把炉瘤化掉。为增加洗炉效果，可在洗炉料中配入少量的萤石。渣洗是在不停炉的情况下进行的，一般应持续2～3天，才能将部分炉瘤洗掉。

2. 悬料的发生及处理

当铅锌密闭鼓风炉发生悬料时，其主要特征为：料面下降极慢或不下降；风压急剧上升；风量自动减小；渣口在放完渣后喷风大，炉缸熔渣液面上升慢；风口前焦炭燃烧不良；风口挂渣。当靠近炉喉处发生悬料时，加进的炉料会被挡进冷凝器内。

引起悬料的主要原因有：炉内结瘤使有效容积减小，以致炉料下行困难；炉料质量差使炉料透气性变坏；入炉焦炭不足，炉温低，熔化的炉料过热不足而熔结成大块，阻碍炉料下降；炉子休风时间长，炉内熔融的物料冷凝后黏结成一体；复风初期加料过多或过早都易使炉料透气性变坏导致悬料发生。

出现悬料预兆时，应适当减小鼓风量，低料面控制或停止加料，这对处理早期悬料是有效的。若悬料发生时，则采用放空入炉主风量使炉料靠自身的质量向下塌落的方法进行处理，这种方法俗称为“座料”。座料时也可结合加料入炉进行，以增强座料的效果。放风前炉内熔渣应放净，放风时速度要快，并预先打开1～2个风口，防止煤气倒流入风管。

总之，发生悬料时，要及时分析导致悬料的原因，以便采取不同的措施，消除导致悬料的根本原因。

3. 黏渣的处理

黏渣形成原因很复杂，处理方法也不同。

(1) 渣型发生变化

炉渣中CaO或SiO_2的组分含量过高或过低，而熔炼条件又不能与之相适应时，引起炉渣黏度增大。应根据渣型对风温、焦率进行调整。

(2)高锌渣

炉内还原气氛弱，熔炼温度变低，渣中锌含量高，炉渣过热不足，则使炉渣的黏度增大。这时应通过提高风温或焦率来进行调整。

(3)过还原渣

炉内还原能力过强，使炉料中铁氧化物还原成金属铁。金属铁的熔点高，在鼓风炉熔炼条件下，使炉渣的流动性变坏，因此给放渣操作带来极大困难：炉渣难放、结死溜槽等。这时应迅速将风温降低50～100℃，并减小入炉风量，或减少焦炭量，降低还原能力。

(4)特殊情况下产生的黏渣

生产中因漏水入炉，熔渣温度下降，也会使炉渣的流动性变坏。这时应迅速查明漏水的设备或部位，采取相应措施杜绝漏水。

各种黏渣的生成原因不同，在采取措施前应准确分析和掌握情况，避免处理失误而增加放渣的困难。如用处理过还原渣的方法来处理高钙低温渣，结果是适得其反的。

4. 电热前床故障处理

严重危害电热前床正常运行的是黄渣在床内形成结壳。当床内黄渣积累较多时，前床温度稍有降低，黄渣会凝结成半熔融状态或坚硬的隔层，严重影响前床内渣铅的分离或减小炉膛的容积；若黄渣进入放铅虹吸道，则结死虹吸道。

生产中常采用加大前床工作电流、升高熔渣温度来熔化黄渣结壳。或者加入黄铁矿以降低黄渣的熔点。其反应原理为：黄铁矿 FeS_2 加热到600℃时，发生分解反应：

$$2FeS_2 \longrightarrow 2FeS + S_2$$

分解得到的元素硫与黄渣中的金属铁发生作用，有如下反应：

$$S_{2(气)} + 2Fe_{(渣)} = 2FeS_{(渣)}$$

分解和化合生成的FeS进入黄渣中，使其金属铁的含量降低，改变了黄渣的成分，降低了黄渣的熔点，使凝结的黄渣层得以熔化。为了使黄铁矿与黄渣充分接触，在加黄铁矿前应减少渣层厚度，同时增大工作电流，进行搅拌和提高炉温。黄铁矿的加入量依黄渣中金属铁含量的多少而定。

3.6　铅锌密闭鼓风炉主要生产设备

铅锌密闭鼓风炉熔炼的主要设备有铅锌密闭鼓风炉本体、铅雨冷凝器、铅锌分离系统、电热前床等。下面主要介绍各部分设备构造。

3.6.1　铅锌密闭鼓风炉

铅锌密闭鼓风炉本体是ISP工艺的主体设备，炉体结构较为复杂，由炉基、炉缸、炉腹、炉身、炉顶、料钟以及炉身两侧水冷风嘴所组成，炉体横截面为矩形，两端为圆形，其结构如图3－18所示。

初期的铅锌密闭鼓风炉炉腹采用的是水套结构，由40块水套所围成，分上下两层。每块水套有单独的进出水管。

随着生产的不断发展，铅锌密闭鼓风炉鼓风量逐渐加大，炉子热负荷增加，出现水套易漏水入炉缸，水套间隙易漏渣漏气等问题，给提高炉子产量带来困难。经过一系列的试验，澳大利亚首先出现喷淋冷却炉壳，取代了原先的水套炉壳。为适应生产的发展，1982 年我国某厂根据生产实际将水套式铅锌密闭鼓风炉改成喷淋式冷却炉壳铅锌密闭鼓风炉。生产实践证明，喷淋炉壳成功地消除了水进入炉缸及漏渣漏气现象，是一个更能适应提高鼓风量操作的设计。喷淋冷却炉壳包括一个整体的喷淋炉壳和等宽的炉缸及 16 个风口。

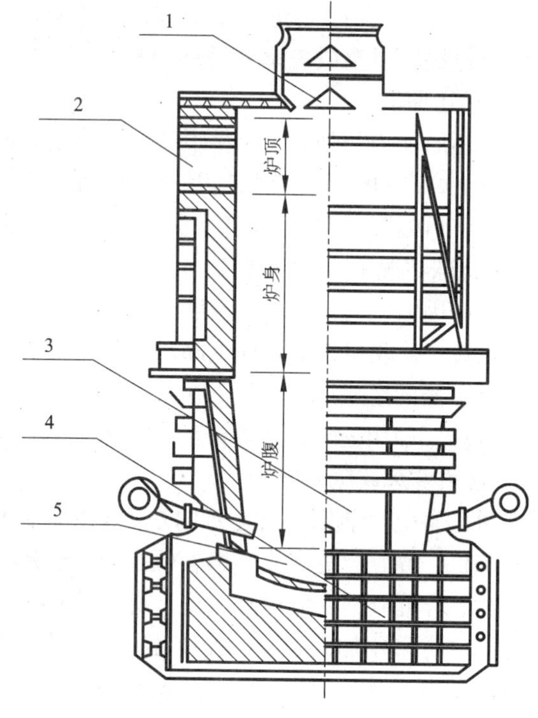

图 3-18　铅锌密闭鼓风炉

1—炉顶加料装置；2—炉身；3—喷淋炉壳；4—炉基；5—炉缸

铅锌密闭鼓风炉采用喷淋冷却炉壳，主要有如下优点：

(1)由于加大了炉缸及风口区的尺寸，因而产量得到提高；

(2)减少了水漏入炉缸的可能性；

(3)减少了炉子的冷却水消耗量；

(4)由于是整体炉壳，避免了以前水套缝漏渣漏气的可能性；

(5)可采用焦洗技术取代常规的爆破炉瘤作业。

标准型炉子的风口区砌体内宽为 2.1 m，风口区断面面积为 11.29 m^2，炉身砌体内截面积为 17.2 m^2。为了进一步提高铅锌鼓风炉生产能力，目前许多厂家铅锌密闭鼓风炉炉身截面积和炉缸区域面积均超过标准型炉子。

1. 炉基

炉基就是铅锌密闭鼓风炉的基础，承受炉子在正常运行时的总质量。炉基应有很大的耐热强度，通常在建筑地点挖一个长方形的深坑，应到达岩层或紧土层。在岩层或紧土层上面筑一混凝土厚层，其上为钢筋混凝土浇铸的平台，上铺设整块钢板和工字钢，以防铅水渗入炉基。

2. 炉缸

炉缸砌在炉基上，外壳用钢板围成(如图 3-18 中 5 所示)。为防止变形，用工字钢围焊以增加强度，四角用拉杆固定，使工字钢箍紧。炉缸里面是耐热混凝土层，内装钢管作为出气孔。炉缸最里面砌黏土砖，而与炉体接触部位均用镁铝砖平砌而成，呈倒拱形，以增加强度，不致因受压而胀裂使铅渗入而上浮。铅锌密闭鼓风炉的炉缸很浅，故熔炼产物在其中停留的时间较短。这是因为铅锌密闭鼓风炉的渣和铅不需要在炉缸内分离，而是在电热前床中进行分离，且浅的炉缸对从渣中脱锌有利。

3. 喷淋炉壳

铅锌密闭鼓风炉炉腹为喷淋炉壳，结构如图 3-19 所示，其结构包括喷淋炉壳本体、上部水淋箱型框架、中部及下部箱型框架等加固结构以及喷水器、上部布水器、下部布水器、

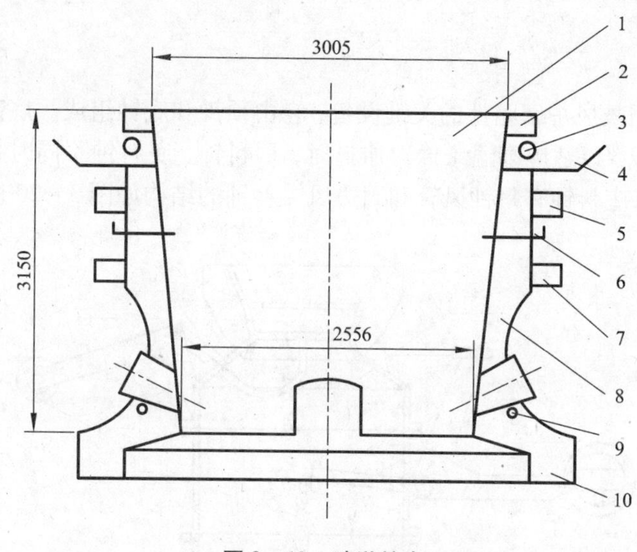

图3-19 喷淋炉壳

1—喷淋炉壳；2—上部箱形框架；3—喷水器；4—上部布水器；5—中部箱形框架；6—下部布水器；7—下部箱形框架；8—加强筋板；9—U形喷水器；10—集水槽

风口下方U形喷水器和底部集水槽等喷淋冷却部件组成。喷淋炉壳用锅炉钢板制作，分上下两部分焊成，每部分用四块钢板焊接而成为整体。外部加固由上部、中部、下部箱体框架通过加强筋板紧紧包住壳体，使其有足够的强度。炉壳下部沿长度方向，每边布置有8个风口座，而炉壳的下沿焊接有集水槽，所有冷却水都流入底部的集水槽。集水槽的钢板与炉基外壳钢板不焊死，使炉子有自由伸缩的余地。

喷淋冷却炉壳的喷水器设在上部箱型框架下方，有多根喷水管沿炉壳周边排列，每根喷水管都开有喷孔。上部布水器及下部布水器焊在炉壳周边上的水盘上。布水器在靠近炉壳的地方，均布有向下倾斜的布水孔，使整个炉壳布满均匀的水膜，每个风口座下方均设有一个U形喷水器，以强化风口下方及风口座的冷却。

喷淋冷却炉壳上部箱体框架与炉身下部托盘之间留有一定的间隙作为挤压层，由几块钢板及可挤压的轻质硅石混凝土填塞。炉壳内壁风口以下用铝铬渣块砌筑，风口上炉墙用铝铬渣混凝土捣固。

喷淋炉壳一端设有渣口，为放渣铅用。放渣口上方装有一块一字型水套，下方装设一块铜质双孔渣口水套，渣口水套与放渣溜槽之间埋有一渣槽下水套起冷却作用，使该处砌体不受高温熔炼的冲刷而烧坏。

4. *炉身*

铅锌密闭鼓风炉炉身为直筒形，如图3-18所示，外用钢板围成，并用工字钢加固，里面的砌体用高铝砖砌筑。耐火材料与钢壳之间衬有一层轻质黏土砖及石棉板，用以隔热。炉身中部和上部一侧开有清扫门，供清理炉结时使用。炉身上另一侧开孔与冷凝器相通，称之为炉喉。顶部四角设有四个炉顶风口，即二次风口。整个炉身有单独的支承结构。

5. *炉顶*

铅锌密闭鼓风炉炉顶是悬挂式的，如图3-18所示，整个炉顶以异形吊挂为骨架，用低钙铝酸盐混凝土浇灌成一块，上层为轻质耐热混凝土，炉顶上部装有双料钟加料器、探料尺和气套等。

6. 料钟

料钟是铅锌密闭鼓风炉密闭性的关键设备，它由顶钟和底钟组成。底部料斗和料钟均用耐高温合金材料制成，以适应高温条件。加料时，顶料钟、底料钟不同时打开。料钟的开闭由气动设备带动，每座料钟有料钟风管和周边风。料钟的结构如图 3－20 所示。

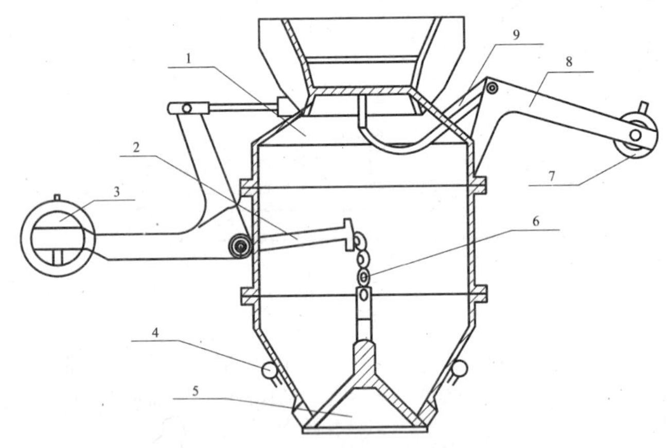

图 3－20　鼓风炉加料装置

1—顶钟盖；2—杆杠臂；3—平衡锤；4—周边风管；
5—底钟；6—链条；7—平衡锤；8—顶钟杠杆；9—料钟风进口

7. 风口

铅锌密闭鼓风炉风口区的温度最高，为了保护炉内风口须用水套冷却。风口的结构见图 3－21。冷却水流经水套达到冷却目的。在套筒的隔板上焊有螺旋挡板，起导流作用，以增加冷却效果。风口顶端用耐热合金制成，其余用普通钢板制成。风口使用前，要经过 0.45 MPa 的水压试验。

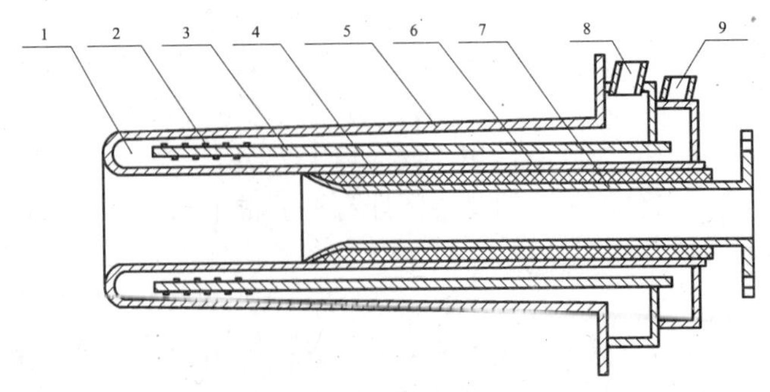

图 3－21　鼓风炉风口

1—风嘴；2—螺旋挡板；3—隔板；4—内筒；5—外筒；
6—隔热层；7—风管；8—出水口；9—进水口

3.6.2　铅雨冷凝器

铅雨冷凝器是 ISP 工艺的关键设备，与铅锌密闭鼓风炉炉喉相连接。

1. 铅雨冷凝器本体

铅雨冷凝器是一个断面呈矩形，有反拱形熔铅池炉底的密闭容室，其结构如图 3 - 22 所示。冷凝器的作用是将经炉喉进入冷凝器的锌蒸气骤冷下来，成为液体锌。

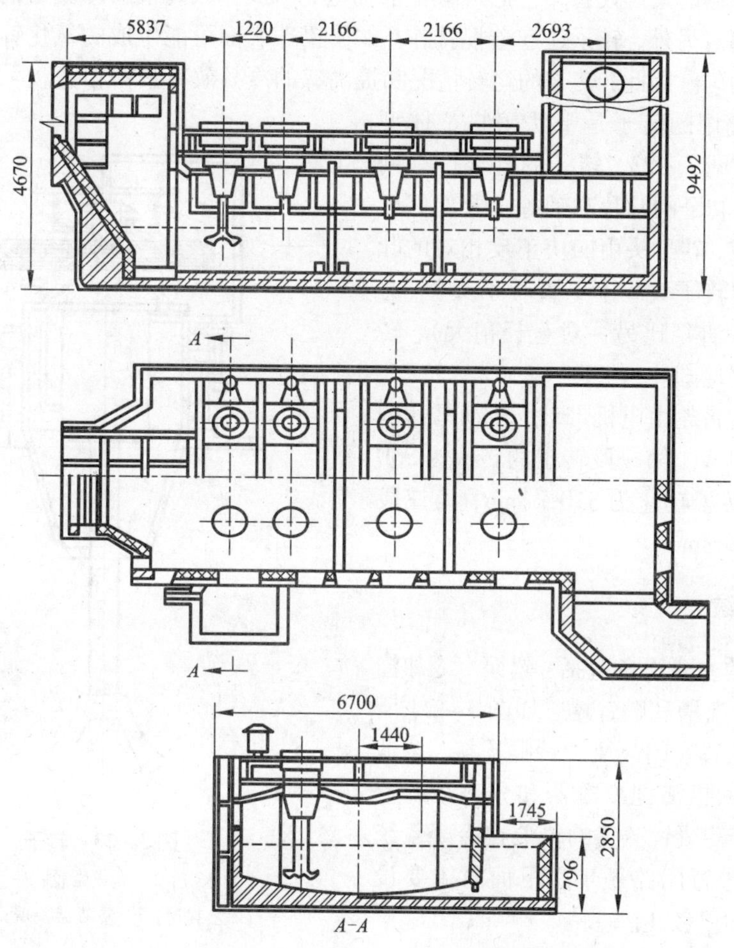

图 3 - 22　铅雨冷凝器结构示意图

冷凝器的底部用工字钢梁承托，上铺钢板，外壳用钢板焊成。底部用耐热混凝土及高铝砖砌成熔铅池，四壁用高铝黏土砖砌筑，顶部盖一组耐热钢板制成的平型盖板，上面再覆盖一层硅藻土砖隔热层。盖板上留有转子装入孔。

冷凝器横跨烟道和清扫门等部位，用碳化硅砖砌筑。冷凝器两侧和末端设有清扫门。正常运行时，清扫门用黏土砖砌封。冷凝室中有两块垂直安装挡板，将冷凝器分成三段，作用是改善气流及循环铅液的流动及分布。

冷凝器共装八个转子，全部都支承在冷凝器顶盖上部单独的重型钢梁上，分两排布置，每排四台；每排第一、二两台转子距离较近，约是第三台和第四台转子距离的一半，其他距离大致相同。第一台转子的转向与后三台转向相反，以便在冷凝器内形成一骤密的铅雨区。

国外个别工厂采用双冷凝器，两台冷凝器分别设在炉身的两侧，每侧冷凝器装有四个转子和两块挡板。但一般认为双冷凝器在设备布置和操作管理等方面都不如单冷凝器，其铅雨密度较小，冷凝效果较差。

2. 转子

转子是冷凝器的关键设备，它把熔融铅液扬起，形成铅雨，布满冷凝器内，起冷凝和吸收锌蒸气的作用。另外，转子还起着搅拌作用，使铅珠表面可能生成的氧化锌熔膜剥裂并使铅液温度分布均匀。因此，转子的运转情况和提高锌的冷凝效率紧密相关。

现在一般使用的转子是干法密封整体型转子，其结构见图 3 - 23，转子的各部件都用金属材料制成，转子的叶片和轴等主要部件用耐热合金钢制成，转子头由四块正反相对的叶片组成，分等臂转子头和不等臂转子头（一对正反相对的叶片直径比另一对直径稍大），转子轴的轴心通水冷却。

转子通过皮带轮由电机带动，转动马达的功率为 55 ~ 75 kW。第一段转子的转速为 330 r/min，第二段转子转速为 310 r/min，第三段转子转速为 270 r/min。

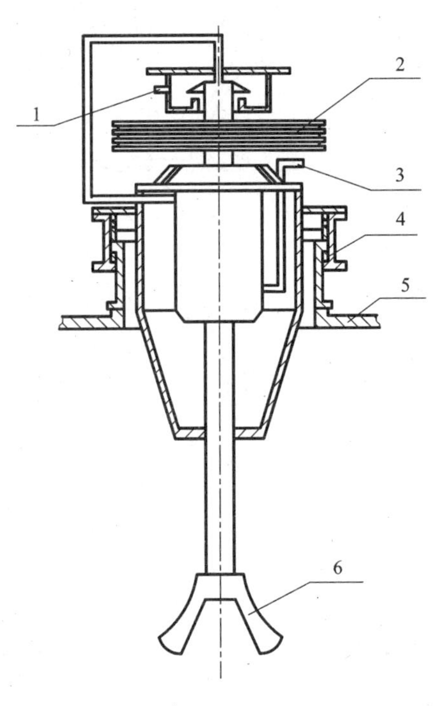

图 3 - 23 转子

1—出水口；2—大皮带轮；3—进水口；4—石棉密封层；5—冷凝器顶盖；6—转子头

3.6.3 分离系统

分离系统的主要设备包括：铅泵、冷却溜槽、熔剂槽、分离槽和贮锌槽，如图 3 - 24 所示。冷凝器与铅锌密闭鼓风炉炉喉连接，泵池（通过铅泵）和回铅槽把冷凝器和分离系统首尾联连起来，使冷凝锌蒸气的铅液在冷凝系统和分离系统中进行闭路循环。下面对主要设备的结构分别加以叙述。

1. 冷却溜槽

冷却溜槽是一降温设备，其作用是将含锌铅液的温度降低，然后进入熔剂槽，除去浮渣后入分离槽进行铅锌分离。冷却溜槽有两种形式，一种是水套冷却溜槽，另一种是浸没式冷却溜槽。

浸没式冷却溜槽一般槽宽 1180 mm，深为 1280 mm，槽的外壳由 $\delta=10$ 的钢板焊接而成，底部筑有厚 200 mm 的耐热混凝土，墙筑有厚 160 mm 的耐热混凝土，溜槽的头部分配槽长为 2200 mm，宽 1760 mm，深 1280 mm，槽上面装有扒渣机清除浮渣，底部捣有 250 mm 厚的耐热混凝土，墙捣筑有 200 mm 厚的耐热混凝土。

冷却器一般有 15 组，每组冷却器由 5 ~ 6 根 ϕ60 mm × 4.5 mm 的无缝钢管弯成“W”型，“W”型管面要求光滑，无裂纹，经 0.45 MPa 水压试验无渗漏现象。冷却器如图 3 - 25 所示。

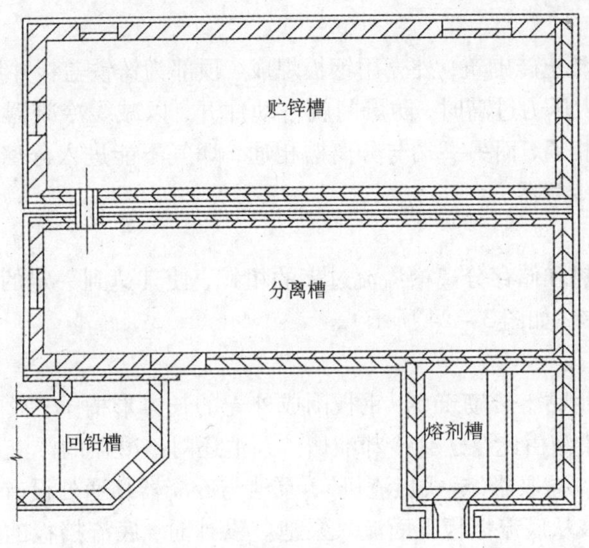

图3-24 分离系统的熔剂槽、分离槽和贮锌槽结构图

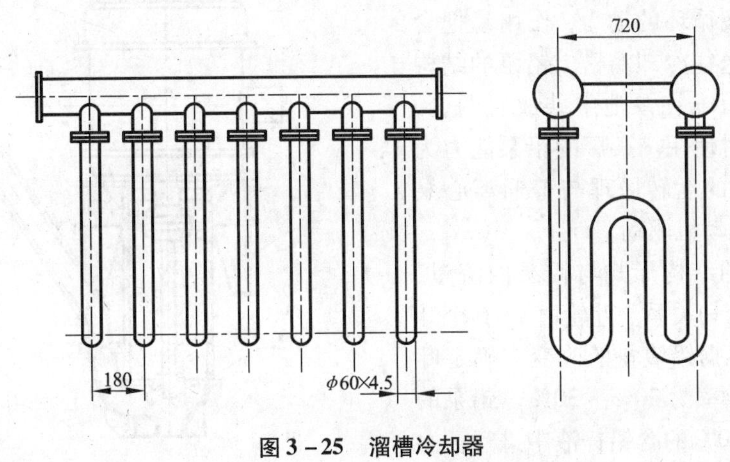

图3-25 溜槽冷却器

采用浸没式冷却溜槽的优点：

①完全适应提高鼓风炉产量要求；②事故率低；③减轻维修工作量，节约维修成本；④可提高冷凝分离效率0.5%~1.0%。

2. 熔剂槽

熔剂槽主要是经冷却溜槽冷却后的含锌铅液直接进入此槽，加氯化铵造渣的场所（如图3-24所示）。熔剂槽与分离槽相通处设有一底流板，因而加氯化铵造的液态熔剂浮渣始终停留在熔剂槽液态金属的表面，形成一覆盖层。

3. 分离槽

分离槽是分离系统最长的矩形槽，它的作用主要是使铅锌有充分的时间进行分离（如图3-24所示）。分离槽后端一侧有底流口与回铅溜槽相通，另一侧有溢流口与储锌槽相通。

分离后的富铅相从底流口流往回铅溜槽；富锌相从溢流口流入储锌槽。

4. 回铅槽

回铅溜槽用高铝黏土砖砌筑，外壳用钢板焊成，顶部为铸铁盖板并设一防爆门（如图3－24所示）。在冷凝器内压力过高时，防爆门就自动冲开，以减缓冷凝器内的压力。回铅溜槽一端与冷凝器的末端相通，而另一端与分离槽相通，烟气不能进入分离系统，低温含饱和锌的铅液由回铅槽返回冷凝器。

5. 贮锌槽

贮锌槽主要是加热和储存分离槽溢流过来的粗锌，使其达到一定的温度和数量，以保证锌液顺利地放出和铸锭（如图3－24所示）。

6. 泵池

泵池是一个内壁用黏土砖砌筑，以钢板围成外壳的长方形槽子，设在冷凝器进口端的一侧，冷凝器内的含锌铅液由此泵送到冷却溜槽。泵池还对冷凝器的浮渣起到聚集作用。泵池上装有两台铅泵和浮渣提取器（链式扒渣机），泵池与冷凝器相通处设有一块碳化硅质的底流挡板，冷凝器中的铅液从底流挡板下面流入泵池。设计时，底流挡板的浸入深度要适当，既要保证气密安全可靠，又要便于浮渣及铅液通过。随铅液进入泵池的浮渣，最后被浮渣提取器刮出。

7. 铅泵

铅泵是铅液循环的动力，作用是把含锌铅液从泵池送往冷却溜槽。铅泵的结构如图3－26所示，在泵池中共放置两台，正常生产时同时使用。某厂的铅泵能力为2000 t/h。铅泵的运转原理与普通离心泵相似，由变速电动机驱动。

铅泵叶轮的结构形式与铅泵的流量、扬程和效率有密切关系。叶轮由4～6个叶片组成，一般根据铅液量的改变来确定叶片数目。铅泵效率为20%～30%。铅泵的运转在480～530℃的含铅锌液中进行。由于锌对铅泵有一定的腐蚀和磨损作用，故铅泵运转一段时间后要进行更换。

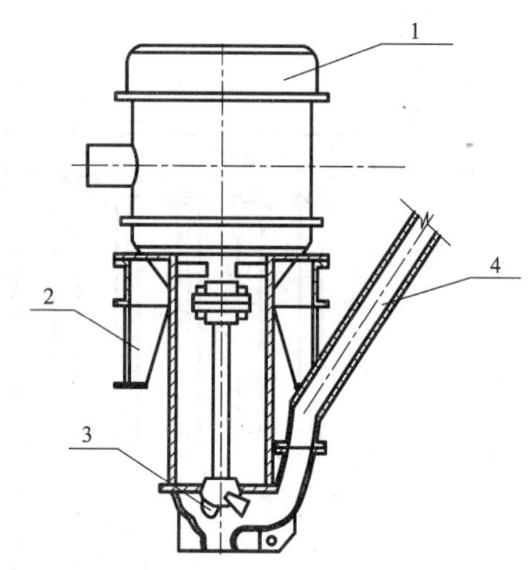

图3－26 铅泵

1—马达；2—支座；3—叶轮；4—铅液输出管

3.6.4 电热前床

铅锌密闭鼓风炉的炉缸很浅，其熔融产物不在炉缸内分离，而是放入电热前床后分离。电热前床设在铅锌密闭鼓风炉的前端，低于放渣口。熔融产物有粗铅、炉渣及少量的黄渣（砷铜锍），它们因密度不同而分层，较重的铅（850℃时，密度10.78 g/cm^3）沉在下层，密度为3.5 g/cm^{3}左右的炉渣在上层，黄渣在炉渣与粗铅之间（如图3－27所示）。

粗铅由虹吸口放出，炉渣从渣口放出送烟化炉处理或直接水淬。部分黄渣随同炉渣一起排出，当处理含铜较高的物料时，黄渣从黄渣口放出，以回收其中的铜。

电热前床的特点是热利用率高，烟气量小，容积较大，温度易调节控制，并可达到较高的温度。

电热前床的作用是：

(1)作为铅锌密闭鼓风炉熔融产物的分离器，使渣、铅分离良好，降低炉渣含铅量；

(2)炉渣温度得以提高，使送往烟化炉的炉渣有足够的过热温度和良好的流动性；

(3)可用作烟化炉所需熔融炉渣的储存器，解决烟化炉周期性作业与铅锌密闭鼓风炉间断放渣之间的矛盾。

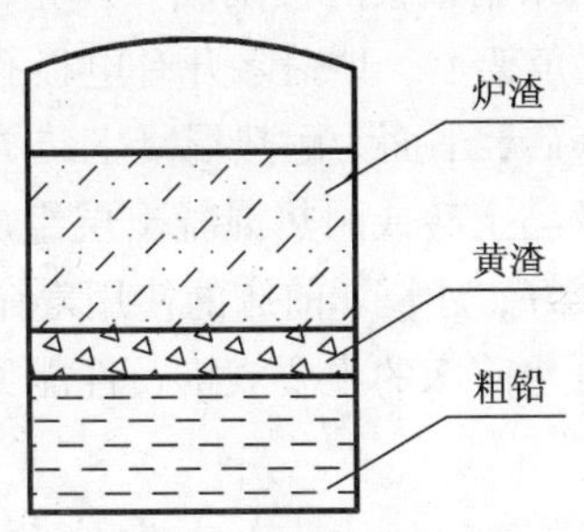

图 3-27　前床熔融产物分层示意图

国外多数铅锌密闭鼓风炉采用移动式前床(即活动前床)，此前床是一种由铁板组成的长方形容器，内砌耐火材料，置于轨道车上，用液体或气体燃料加热。生产中是两个或三个互相轮换使用，其特点是维修方便，建造费用低，并节省电能。但有容积小，温度不易调节控制，渣、铅分离较电热前床差等缺点。当然，对炉渣不需要再处理的厂家来说，采用此种前床较合适。

电热前床主要由前床本体、电极升降机构和电能变压器三大部分组成。下面介绍前床本体结构，其结构如图 3-28 所示。

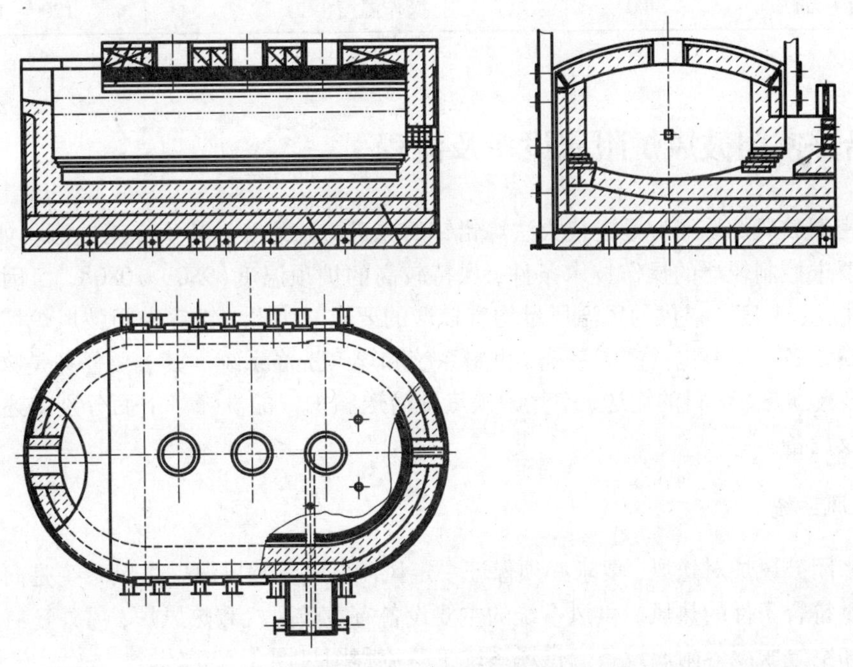

图 3-28　电热前床结构图

电热前床本体为椭圆形，前端设有放渣口及铜锍口(出黄渣口)。前端侧旁设有虹吸口，作放铅用。进渣口开在前床顶部后部，与铅锌密闭鼓风炉炉渣溜槽相连。为了开停炉方便，进渣口处炉顶上部盖一块半圆形水套，前床顶开有三个电极孔，电极由此插入熔体进行通电加热。

电热前床用钢板焊接围成一外壳，并用槽钢立柱及拉杆加固，炉顶用高铝砖砌成拱形顶盖，置于拱角架上。顶盖除开有电极孔外，还设有探测孔、测温孔等。炉底砌成倒拱形，上面砌两层镁砖，下面为耐热混凝土砖炉墙，与炉渣接触部位用镁砖或铬渣块砌成，靠外壳则由保温层及黏土砖或耐热混凝土层组成。我国某厂用铬渣块代替镁砖砌内壁，经长期使用，证明效果很好，延长了前床的使用寿命，减少了漏渣、漏铅。

某厂电热前床的主要规格及性能见表 3－15。

表 3－15　电热前床主要规格及性能

名　称	数值	名　　称	数值
床面积(m^2)	23	变压器容量/工作容量(kVA)	1000/630
炉膛长(mm)	7110	最大电流/工作电流(A)	8000/5200
炉膛宽(mm)	3640	电极移动速度(m/min)	0.8
熔池深(mm)	1550	二次电压/工作电压(V/V)	28.9～72/52
炉膛高(mm)	2490	最大处理量(t/d)	280
电极直径(mm)	400	一次最大放铅量(t/次)	60
电极距(mm)	1400	操作温度(℃)	1200～1250

3.7　铅锌密闭鼓风炉附属设备及流程

铅锌密闭鼓风炉炼铅锌是近代火法炼铅锌的先进方法之一，其生产工艺流程如图 3－29 所示。它要求控制较严的操作技术条件，保持较高的炉顶温度(980～1080℃)，因而对炉料的粒度、强度、温度及提供的风温风量均有较严的要求。因此，铅锌密闭鼓风炉熔炼配有许多相关附属设备，其中包括供风系统、供料系统和煤气洗涤系统。其主要任务是物料的贮存及筛分、焦炭预热、炉料的输送、空气的预热及输送和炉气的洗涤。下面分别叙述这几个系统的流程及设备。

3.7.1　供风系统

铅锌密闭鼓风炉对送风，要求必须保证一定风压、风量及风温。供风系统是向铅锌密闭鼓风炉提供符合条件的热风。供风系统的主要设备有主鼓风机和热风炉，另外还有风机进口布袋除尘和空气脱湿等附属设备。供风系统工艺流程图见图 3－30。

主鼓风机是按照生产需要送出一定压力的风量。

热风炉以铅锌密闭鼓风炉产出的低热值煤气和发生炉煤气为燃料，烧炉时煤气产生的热量将其蓄热室砌体加热，送风时主鼓风机送出的冷风通过热风炉，蓄热室砌体所蓄热量将冷风加热成为热风，通过在热风总管配入适当的冷风调节热风温度为 800～1000℃，以适应铅锌密闭鼓风炉生产的需要。

空气脱湿器是在高温季节，由于空气含水大，则利用 8～10℃冷媒水将空气降温，脱除其

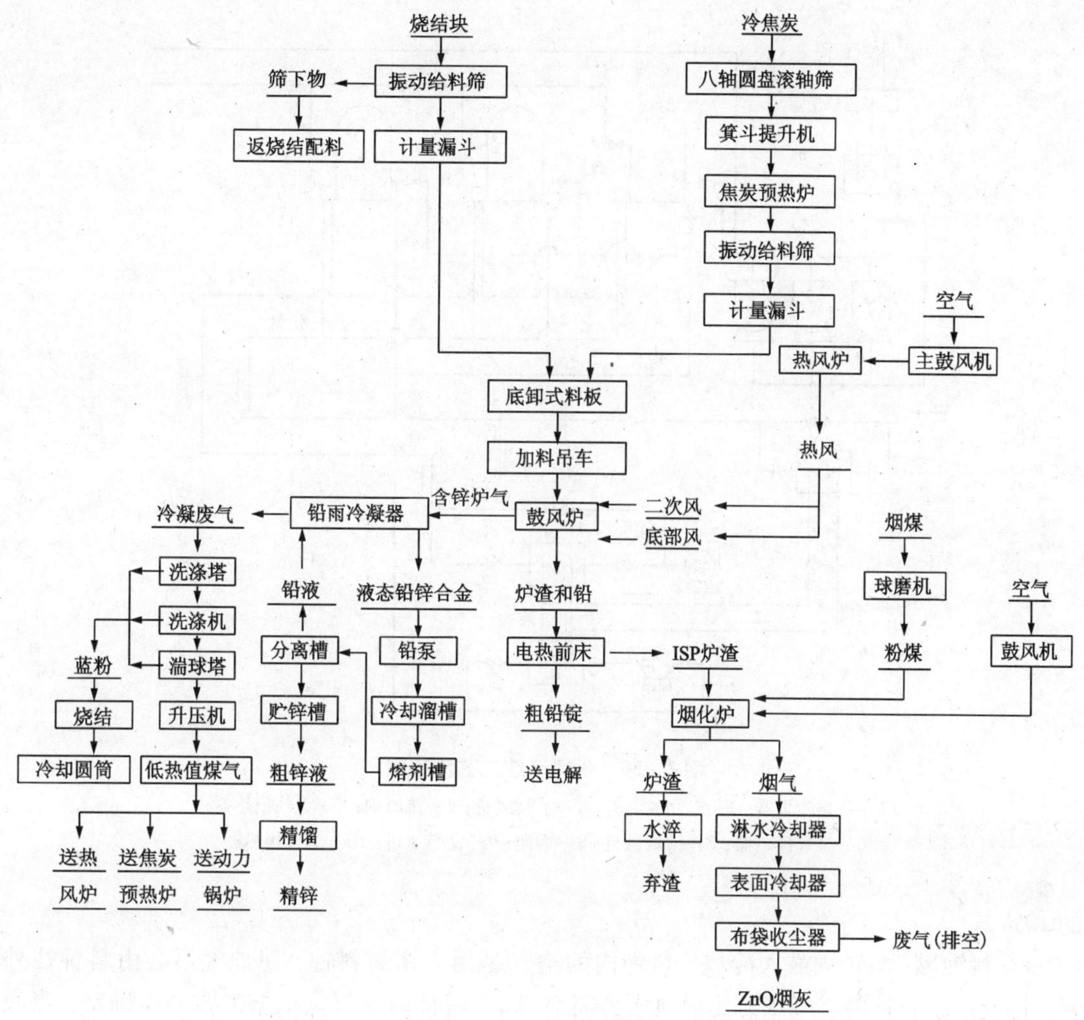

图3-29　铅锌密闭鼓风炉熔炼生产工艺流程图

中的一部分水分，以减少水分进入鼓风炉。

1. 主鼓风机

(1)主鼓风机风压的选择

主鼓风机的风压大小由以下各种阻力决定：

① 风管及阀门的阻力损失 Δp_1；② 热风炉的阻力损失 Δp_2；③ 风口阻力损失 Δp_3；④ 料柱阻力损失 Δp_4；⑤ 鼓风炉顶的压力 Δp_5。

再考虑到鼓风机压力必要的富余量，最终决定鼓风机压力的大小。

(2)主鼓风机鼓风量的选择(以标准炉计算)

① 底部风口所需的热风量：底部风口的热风量是由炉子的燃碳量决定的。

② 二次风口所需的热风量：二次风口的热风量是由炉气出口温度决定的。为了使炉气中的锌蒸气不再氧化，要求炉气中部分CO燃烧，使炉顶温度上升至980～1080℃，确保锌蒸气顺利到达冷凝器中冷凝成金属锌。按照生产实践经验，二次空气量约为底部风口风量

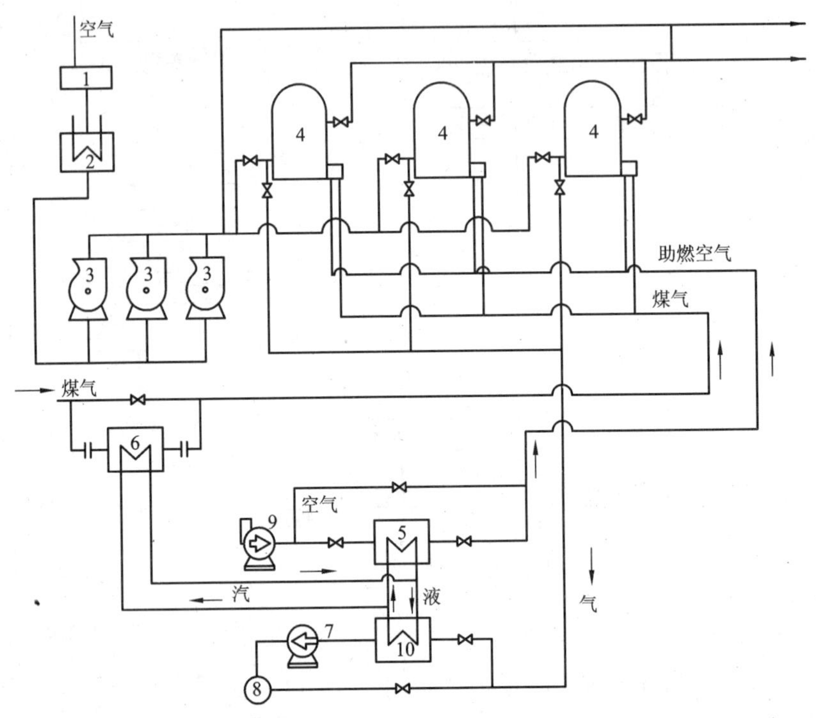

图 3-30 供风系统工艺流程图

1—布袋除尘器；2—空气脱湿器；3—主鼓风机；4—热风炉；5—空气预热器；
6—煤气预热器；7—排烟风机；8—烟囱；9—助燃风机；10—烟气预热器

的 10%。

③ 料钟风：料钟内鼓入冷风，料钟内的空气是用来密封料钟，使炉气不会由料钟往外冒。因此要求料钟内空气压力比炉顶压力高 50 Pa。料钟内空气量依据实践经验确定，当底料钟完好时，料钟内空气量约为 500 m^3/h（标）。

④ 周边风：底料钟与炉气接触的周围必须鼓入热风，形成一层空气膜，保护料斗外壁不生成或少生成结瘤，以保证底部料钟动作准确。根据生产实践经验，周边风风量约为 700 m^3/h（标）。

再考虑到风管、阀门、热风炉的漏风及必要的富余能力，最后决定主鼓风机风量。

2. 热风炉

(1)热风熔炼的优点

①由于热风带入炉内大量物理显热，提高了熔炼温度，有利于锌的还原蒸发；

②使燃料的燃烧速度和完全燃烧程度提高；

③强化了熔炼过程，提高了炉子的生产率；

④炉顶二次风使用热风，可以保证炉顶温度控制在 980～1080℃，使锌蒸气顺利进入冷凝器；

⑤通过迅速地调节风温，可有效地调节炉内温度，控制还原能力。

但是，热风温度不是无限制的，对于铅锌密闭鼓风炉，它受到下列条件的限制：一是设备的限制：如耐火材料、热风阀等；二是对于一定焦比而言，受炉内反应生成金属铁的限制。

因此，在操作过程中，铅锌密闭鼓风炉必须选择合适的热风温度，既能提高炉子产量，又保证炉况正常。

(2)热风炉的结构

用蓄热式热风炉预热空气可以满足预热量大、风温高的要求，其结构如图3-31所示，主要由燃烧室、蓄热室、隔墙和炉顶组成。根据生产需要，热风炉一般设3座。

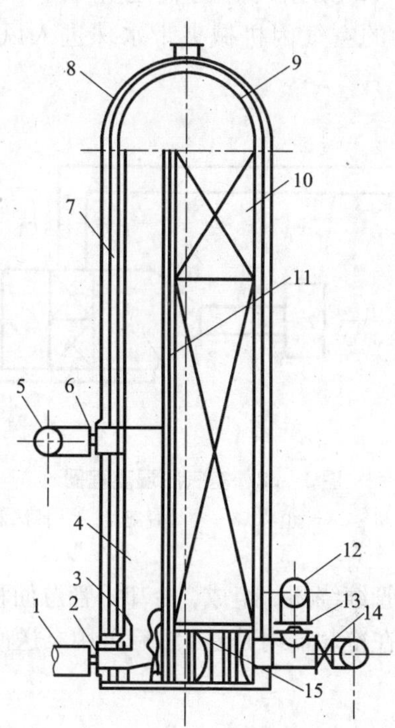

图3-31　内燃蓄热式热风炉

1—煤气管道；2—煤气阀；3—燃烧器；4—燃烧室；5—热风管道；6—热风阀；7—大墙；8—炉壳；9—拱顶；10—蓄热室；11—隔墙；12—冷风管道；13—冷风阀；14—烟道阀；15—炉箅和支柱

①燃烧室：设置在炉子的一侧，断面为偏圆形，内设燃烧口与煤气烧嘴连接；在其下部设有清扫孔，燃烧室由耐火砖砌成。

②蓄热室：是用格子砖砌成的格子室，下部格子砖是黏土砖，上部是高铝格子砖。为进一步提高蓄热室蓄热面积，目前格子砖通常采用七孔砖。

③隔墙：燃烧室与蓄热室之间的墙称为隔墙，由内外两环墙组成。

④炉顶：炉顶形状为半球形，坐落在热风炉外层的大墙上，由异型耐火砖筑成，砖体与炉壳间用水淬渣填充三分之一，以利于保温。

热风炉外壳用钢板焊制而成，连接炉底板构成一个不漏气的整体。内衬耐火砖，炉壳用地脚螺栓固定在混凝土基础上。

国内某厂热风炉为ϕ6120 mm，H28300 mm，热风量为39000～45000 m^3/h，风温为800～1000℃。

3. 空气脱湿器

根据日本八户冶炼厂的实践，铅锌密闭鼓风炉内每增加 1 kg 水分，就须多消耗 1 kg 焦炭。此外，水分高会加速铅锌密闭鼓风炉炉喉处炉结的形成，缩短鼓风炉作业周期。为了降低焦比和稳定铅锌密闭鼓风炉的炉况，延长炉窑的作业周期，进炉空气必须进行脱湿，使空气的含湿量控制在一定范围内。我国南方地处亚热带，气候湿润，空气含湿量大，所以空气脱湿显得尤为重要。韶关冶炼厂鼓风空气脱湿系统于 1991 年建成投入使用。

鼓风空气脱湿过程如图 3－32 所示。高温、高湿空气首先经过布袋除尘器，再经过空气冷却器降温。为了防止脱湿后的空气因机械夹带水珠进入风机，冷却器后设置高效除沫装置。

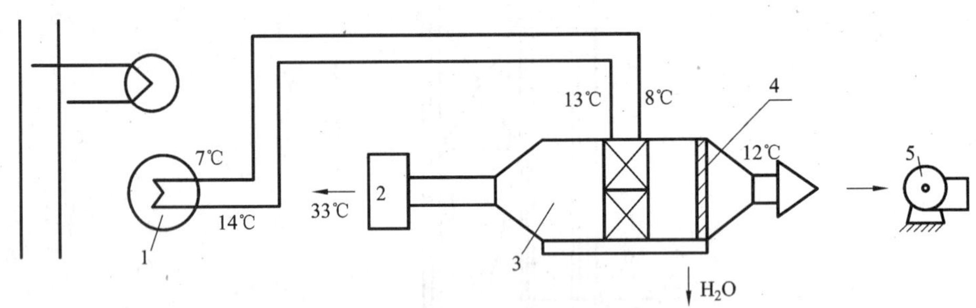

图 3－32 空气脱湿流程图

1—溴化锂制冷机；2—除尘器；3—空气脱湿器；4—捕沫器；5—鼓风机

国内某厂空气冷却器由钢管缠绕翅片组成，冷却排管总面积约 58 m^2，由 6 个单体组成，管内走水由制冷站来的低温水在冷却器内升温 5℃后再用泵送回制冷站，空气由 33℃降低至 15℃后进鼓风机。

3.7.2 供料系统

供料系统的任务就是冷焦预热和配料，把烧结块、焦炭、杂料等入炉物料经过筛分后送至计量漏斗，由计算机按给定的数值控制排料量，使配料符合铅锌密闭鼓风炉的要求。其工艺流程如图 3－33 所示。

1. 焦炭预热器

焦炭预热器是铅锌密闭鼓风炉的专利设备之一，它是个密闭方形竖式结构的加热炉。经预热的焦炭温度可达到 550～700℃，目的是脱除焦炭中的水分，强化鼓风炉熔炼过程，提高铅锌密闭鼓风炉的生产率。

焦炭经单轴振动筛分，由冷焦箕斗提升机加到焦炭预热器顶部的加料装置，经预热炉预热后从下方的排料装置排到热焦振动筛，经筛分后进入热焦称量漏斗，加入铅锌密闭鼓风炉。

焦炭预热器结构分为：燃烧室、预热室、废气洗涤系统、返排烟系统和排料装置，如图 3－34所示。

(1)燃烧室

燃烧室为圆形结构外壳，用钢板焊接制造而成，内衬石棉板和轻质保温砖，里层为黏土

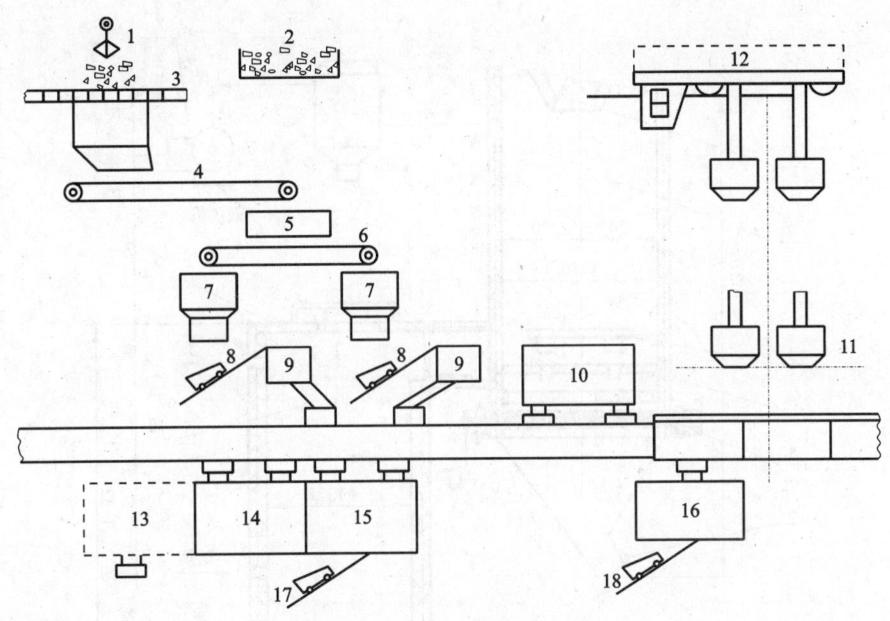

图 3-33　供料系统工艺流程图

1—焦炭吊车；2—焦炭场；3—轨道筛；4、5、6—运输皮带；7—冷焦仓；8—冷焦箕斗；9—焦炭预热器；10—团块仓；11—料罐；12—加料吊车；13—转运仓；14、15—烧结块仓；16—杂料仓；17—冷料箕斗；18—杂料箕斗

砖，其顶部设有防爆门，下部有两个煤气烧嘴。

(2) 预热炉

预热炉设在燃烧室的顶侧，为方矩形。外壳由钢板焊制而成，内衬轻质黏土砖，里层为黏土砖。燃烧室产出的高温炉气经预热器下部的分气箱进入炉内，与焦炭成逆流方向运动。焦炭从炉气中吸收热量，温度逐渐升高到控制的范围内。为防止焦炭在预热过程中燃烧，内燃烧室导入的气体必须控制残氧量，预热炉必须密闭且炉内保证正压。

(3) 废气洗涤系统

预热炉顶部废气排出经洗涤后，由排烟风机排入大气，为了调节燃烧室出口的炉气温度，必要时由排烟风机将一部分烟气返回燃烧室。废气的腐蚀性大，其挥发物及细焦在管道和风机叶轮结块，易腐蚀管道及离心式风机，所以采用材质为 1Cr18Ni9Ti 的不锈钢制作管道和风机叶轮壳体，并且定期清理叶轮，以免叶轮的动平衡超标而影响风机的运转。

(4) 预热器加料装置

加料装置是由插板、料钟组成的双密封加料装置 。其中第一道插板密封，开关由气缸完成；第二道料钟密封，是利用吊杆—钢丝绳—滑轮—重锤连接拉紧装置，依靠气缸动作完成。在焦炭加入预热炉的过程当中，保证预热炉顶部的密封性。而料钟与连接杆连接部分的耳柄，则由于受热焦的频繁冲击，磨损快，在生产过程中出现过料钟落入炉膛的现象，因此必须加防护罩。

(5) 预热器排料装置

预热器排料装置包括可调的限制器(即挡板水套)、排料辊装置、排料斗装置(包括密封门)。

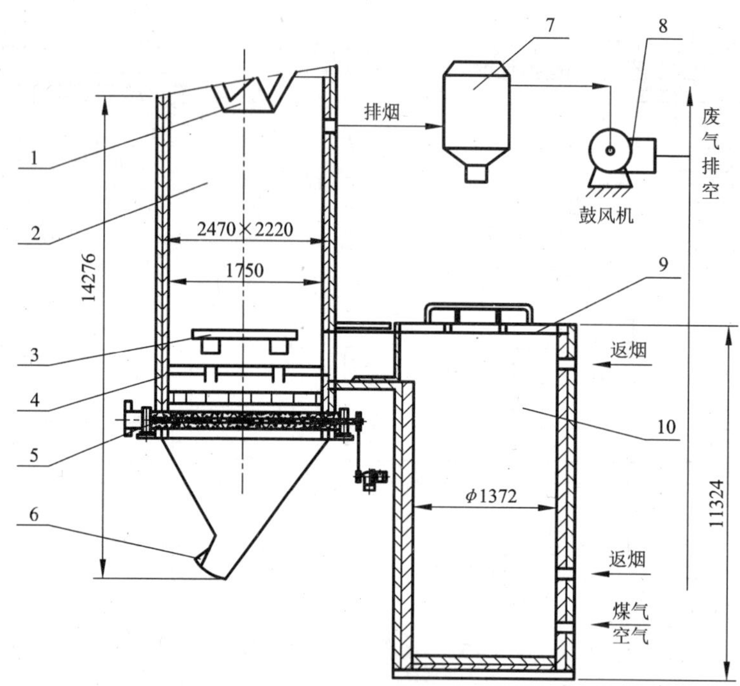

图 3－34 焦炭预热器

1—加料料钟；2—预热炉；3—分气箱；4—调节挡板；5—排料辊；
6—密封门；7—淋洗塔；8—排烟风机；9—防爆门；10—燃烧室

① 可调控制器。可调控制器的作用是控制预热器排入排料斗的热焦排料速度，它是双层夹板水套，端轴穿入空心轴。轴与水套焊接成挡板水套，并经水压试验。工作中水从空心轴的一端进入，另一端排出，该端与调节手柄相连。利用手柄可使挡板水套转动，从而调节热焦的下料量。限位器的安装位置，要保证排料辊转动时，辊子上方的热料不起拱，排料辊停转时，通过辊子的热焦量应接近于零。若此时通过排料辊进入排料斗的焦炭过多，则由于密封门无法关严，使预热器内条件变坏，产生负压，引起焦炭燃烧，造成排料装置过热。

② 排料辊装置。焦炭预热器卸料系统的动作是根据排料辊和相邻炉壁之间的夹角小于焦炭滑动角这一事实完成的。同时，排料辊和炉壁之间的距离必须保证排料机不得因闸门被大块焦炭阻塞而产生过负荷。

排料辊的传动是由针轮减速机链传动及开式齿轮传动完成，主传动链装有安全销，以保证排料辊遇异常情况过负载时，自动剪切，使排料辊装置安全运行。

③ 排料斗装置。该装置的作用是接受预热器排下的每一批热焦炭，同时利用密封门的作用保证预热器的密封性。它由排料斗、密封门装置组成。排料斗顶面及两侧面，砌碳化硅砖。密封门采用气缸传动，气缸设有阻尼，以防止工作时产生振动损坏连杆及振松排料斗的砌体。

2. 加料系统

在正常的生产过程中，铅锌密闭鼓风炉加料操作应与熔炼情况、炉体特点、炉料情况以及其他连接设备的运行相适应，做到准确、及时地向铅锌密闭鼓风炉加料，使炉料在炉内分布均匀合理以满足正常生产的需要。

铅锌密闭鼓风炉的加料，要求料量准确、料面稳定以及炉料在炉内分布均匀。料量是否准确直接影响料面稳定、炉内还原气氛的强弱、温度的高低及炉气在炉内的穿行情况等一系列过程。一般影响料量准确的因素是称量设备。除了通过观察料罐内的料面来发现称量设备的偏差并及时做出相应调整处理外，主要是定期标定和校准称量设备，保证称量误差在许可的范围内。

加料制度、加料方式、加料设备的运行情况及物料的粒度都会影响炉料在炉内的分布。炉料分布不均匀，将导致炉料熔化速度不均匀，破坏料层在不同高度所发生的物理、化学变化的正常进行；严重时会导致悬料或造成炉气"短路"，促使炉瘤加快形成。因此应对炉料质量严格把关，加料设备要认真维护，选择合理的加料方式，以保证炉料在炉内均匀分布。

在正常生产时，采用的加料方式为正向连续加料。但是在生产不正常时，料批重、批次和加料方式都会发生相应的改变。如当风口明显挂渣、热风压力上升时，可以采用反向连续加料。但是，反向连续加料时，炉渣含锌有上升的趋势。各ISP厂家对加料方式做过一些生产摸索，其结果见表3－16。

表3－16　加料方式及其效果实例

加料方式	Kabwe（赞）	Xiwunxi（英）	Noyelles Godault（法）	CockleCreek（澳）	Duisburg（德）
反向连续加料	初期采用，焦炭、烧结块分布不好	初期采用	初期采用	初期采用	–
正向连续加料	现行方法，均匀性有所改善	与上一种相比无改善	现行方法，炭利用率较好	炭利用率与分别法相同，但炉结较少	
分别加料，焦先加入炉	与连续加料比，效果显著，炭耗率改善5%～10%	—	—	—	炭利用好，但冷凝器结瘤迅速
反向分别加料，烧结块先加入炉	—	现行方法，炭耗率有较大改善	与连续法相比，无显著差别	炭利用同上，但结瘤情况改善	

炉内料面稳定在正常的范围内，对熔炼过程具有重要意义。料面不稳定，炉顶温度会出现大幅度波动，从而影响锌的冷凝效率，料面波动大，将使炉子底部的风压、风量和炉料的透气性发生较大的变化，炉内还原能力不稳定。加料过多时，炉料会堵塞部分炉喉，使炉气温度降低。当料面接近或高于炉顶二次风口时，还将导致因炉料中的焦炭燃烧而产生局部过热使炉子上部的耐火砖损坏，风口区缺焦，熔化的炉料在炉墙上形成结瘤。加料过少，料面降低，则料面温度上升，铅及其化合物的挥发量增大，炉气中二氧化碳量增加，带入冷凝器的杂质增加，浮渣量增大；同时低料面操作，将使炉温降低，炉渣过热不足，且导致炉料在炉内停留时间短，使渣含铅、锌增高。正常的料面高度应从风口中心线算起，往上6250 mm，允许料面有±250 mm的波动范围。正常料面一侧的偏差允许150 mm，若大于此值，则应及时

补加单罐料，使整个料面尽量保持一致。料面高度是用配有气套筒、用耐高温材料制成的探料杆来测量，可自动或手动操作。

3.7.3 煤气洗涤系统

炉气经铅雨冷凝器吸收锌后进入直升烟道、水平烟道，进入中空式洗涤塔除去部分烟尘后，入煤气洗涤机，再入湍球塔后经煤气升压机送往用户（如图 3－35 所示）。在洗涤过程中产生的含有有价金属的泥浆（俗称“蓝粉”）送到浓密池，经沉降后，输送给烧结配料。

送往用户的煤气，发热值低，为 2591.5～2967.8 kJ/m³（标），其成分为 CO 18%～22%，CO_2 10%～12%，O_2 <0.4%，H_2 <1%，N_2为 63%～65%，故称低热值煤气。充分利用低热值煤气，是降低鼓风炉能源的主要途径。

送往烧结浓密池的蓝粉含铅 25%～40%，锌 30%～45%。

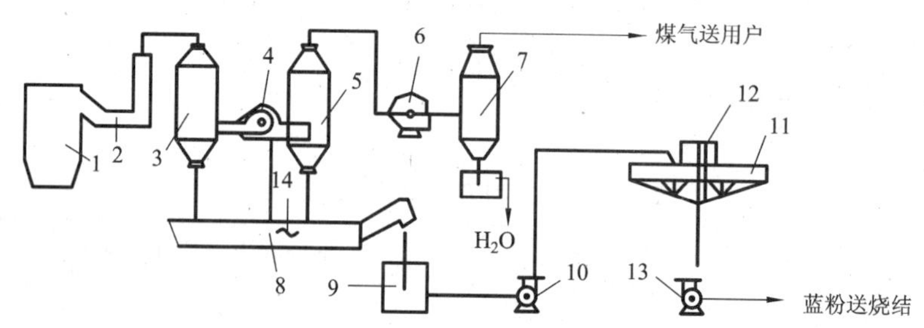

图 3－35 铅锌密闭鼓风炉炉气洗涤流程图

1—铅锌密闭鼓风炉；2—冷凝器；3—洗涤塔；4—气水分离器；5—湍球塔；6—煤气升压机；7—气水分离器；8—挖泥船；9—蓝粉缓冲槽；10—蓝粉泵；11—ϕ18 m 浓密池；12—浓密机；13—砂泵；14—搅拌机

1. 洗涤塔

洗涤塔实质上是一种加湿冷却塔，气体进入塔内后，温度由 400℃以上降至 60℃左右，约有 60% 的固体颗粒被除去，这些固体颗粒都是大颗粒的。洗涤塔一般是由 A_3 材质钢板制作而成的中空筒体，在塔底安装有自动释放阀，其目的是在 2500 Pa 以上时释压，使炉气洗涤系统和冷凝器不至于因洗涤机或煤气升压机故障而承受过压。

在生产过程中，要保证水压和喷嘴的良好，铅锌密闭鼓风炉操作风量小时，洗涤塔水压保持不变。铅锌密闭鼓风炉周清扫时，要清洗喷嘴，对个别损坏的喷嘴要及时更换。

炉气经淋洗、冷却除尘后，气温 60℃左右，气体含尘 8 g/m³。

2. 洗涤机

洗涤机是除尘和冷却设备，主要由机壳、转子、定子和电机组成。洗涤水从洗涤机壳中央的任一侧导入。外壳上有附加的小型“角”喷嘴，用来清洗转子/定子。在洗涤机的入口处装有喷嘴以加强炉气的洗涤效果。

洗涤机的主要作用是炉气冷却及除尘，为达此目的，洗涤机的给水温度要低于 35℃，离开洗涤机的清洁炉气温度对煤气升压机的工作影响很大。

炉气经洗涤机洗涤后，温度降至 40～50℃，炉气含尘 0.04 g/m³。

3. 湍球塔

湍球塔是近几年发展的新型传质、传热和收尘设备。它利用放在塔内筛板间的填料小球在上升气流中的冲力、液体的浮力和重力的作用，产生激烈湍动，使气体和液体的接触面积增大，从而达到传质、传热及洗涤强化的效果。

湍球塔的主要部分由筛板和小球组成，湍球塔结构一般如图3－36所示，湍球塔直径、装球高度等参数因炉气量和气流速度而定。

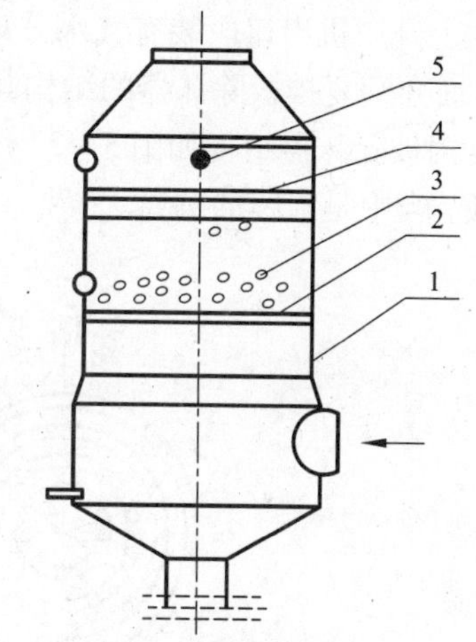

图3－36　湍球塔结构图

1—塔体；2—下层支承筛板；3—小球；4—上层拦球筛板；5—喷淋装置

(1)湍球塔筛板

湍球塔筛板分上筛板和下筛板。上层筛板起拦球作用，下层筛板除起支承球体作用外，还有传热、传质作用。

筛板设计主要由筛板形式的选择和开孔率决定。

筛板可用栅条形和多孔网形。筛直径或筛条之间的空隙不应大于球径的2/3。

开孔率是重要参数，开孔率过小时，拦液过多，阻力大；开孔率过大，则不能拦液或拦液少，影响操作效果。

一般下筛板开孔率为30%～50%，上筛板开孔率为70%～80%。

(2)填料小球

球体在塔内湍动，起着强化热、质传递的作用。为了保证球塔正常运行，要求塔径(D)与球径(D_K)之比大于或等于10(即$D/D_K \geqslant 10$)。填料小球的材质应耐磨性能好，此外在一定的温度下长期操作不会软化变形。

在生产中，铅锌密闭鼓风炉风量＜15000 m^3/h，升压机未开时，冷凝器直升烟道压力是用湍球塔出口蝶阀来调节。生产中各部位压力控制如下：

冷凝器直升烟道力600～1200 Pa；

炉气洗涤塔0～250 Pa；

洗涤机入口 －500～0 Pa；

洗涤机出口0～250 Pa；

湍球塔出口0～250 Pa。

4．煤气升压机

炉气经过洗涤之后，含尘≤200 mg/m^3，温度40±5℃。此炉气成分：CO 18%～22%、CO_2 10%～12%、O_2 0.4%、N_2 63%～65%，发热值为2600～3000 kJ/m^3。须经升压机提高压力后，才能输出给用户。

煤气升压机主要由机壳、叶轮和电机组成。气体进口在叶轮中间，靠离心力使气体获得巨大能量。在升压机出口装有一小锥体，气体通过出口时，气体能量转变成压能，从而获得较高的煤气压力。

低热值煤气经过升压后，煤气出口压力控制在4000～6000 Pa，其出口压力由升压机入口蝶阀和放空烟囱出口阀调节。

5．气水分离器

气水分离器就是分离湿式除尘烟气中夹带的雾沫和烟尘的装置，类型较多，常用的有板除沫器、旋风分离器、填料除沫器及丝除雾器等。

铅锌密闭鼓风炉炉气经洗涤、冷却、升压后，产生的低热值煤气中尚存的水雾和细小固体颗粒会影响低热值煤气的发热值，用户使用低热值煤气之前须脱水、除沫。在炉气洗涤工艺流程上升压机出口段装有气水分离器。目前，我国某厂所采用的气水分离器是复挡板除沫器，下面介绍复挡板除沫器的结构与原理。

复挡板除沫器结构如图 3－37 所示，它是旋风收尘器中的一种，但在筒体内装有多层同芯档板，当中是封闭的圆筒。

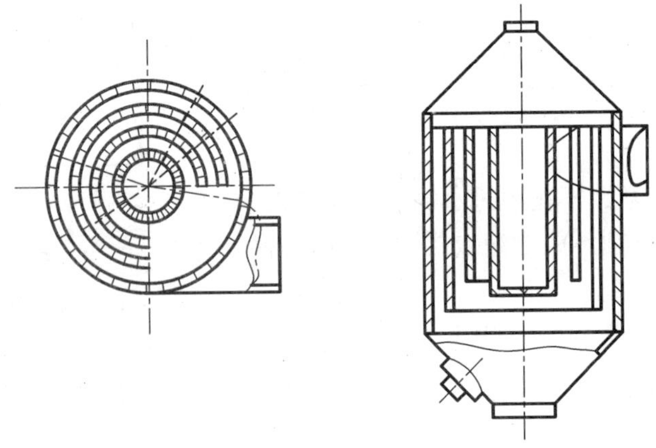

图 3－37　复挡板除沫器结构图

复挡板除沫器与旋风收尘器的原理一样，进入收尘器的烟尘既有切线运动，又有径向运动，其轨迹形成一条合成抛物线 OA（如图 3－38 所示），水沫、烟尘在离心力的作用下被捕集。增加一个挡板时，使抛物线 $OB < OA$，使水沫、烟尘提前落于壁上。挡板愈多，抛物线 OB 愈短，水沫，烟尘愈提前落下。因此，复挡板除沫器具有较高的捕集效率。

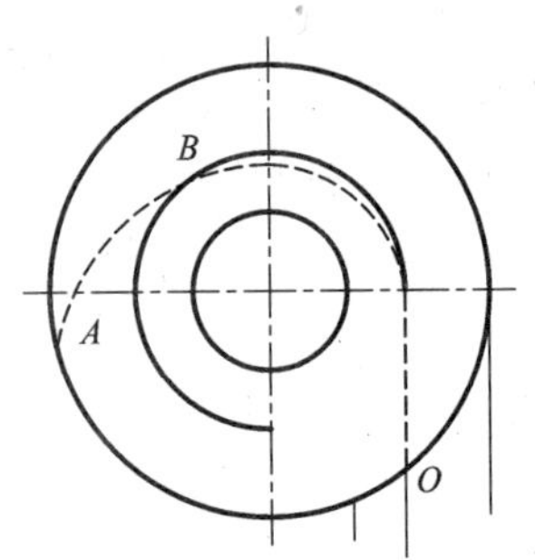

图 3－38　复挡板除沫器原理图

复挡除沫器气水分离器底部有一排泥浆管，插入溢流水封中，一般不用护理。但在清扫时，要经常清洗，以防下部管被泥浆堵塞，影响低热值煤气的脱水效果。

6．蓝粉处理

从炉气洗涤系统回收得到的固体物料称为蓝粉，其典型成分为 Pb 25%～40%、Zn 30%～45%、S 0.3%～1.0%、As 0.5%～1.5%、Fe 0.5%～1.0%、SiO_2 1.5%～2.5%。洗涤水从炉气洗涤系统的每一个装置排入挖泥船。挖泥船装有搅拌机，以防止大量蓝粉积聚。用蓝粉泵把蓝粉从池中打到熔炼浓密池，使蓝粉浓聚，产出约含 15 g/L 固体的底流，浆液用离心砂泵送往烧结浓密池。熔炼浓密池的溢流水含固量约 50 μg/g，由溢溜槽输送到废水处理站，再循环利用。

7. 炉气洗涤参数

铅锌密闭鼓风炉炉气在洗涤塔、洗涤机、湍球塔等部位洗涤、冷却，具体参数如表3-17所示。

表3-17　国内某厂铅锌密闭鼓风炉炉气洗涤参数

项　目	冷凝器出口	洗涤塔	洗涤机	湍球塔	煤气升压机
烟气温度(℃)	440~460	60~70	40~50	45±5	45±5
含尘量(g/m^3)	20~30	4	0.40	<0.20	—
收尘效率η(%)	—	80	96	99	—
压力(Pa)	+500	0	+100	0	4000~6000

3.8 铅锌密闭鼓风炉的熔炼产物

铅锌密闭鼓风炉的熔炼产物有：主产品粗锌、粗铅；副产品炉渣、浮渣、蓝粉和低热值煤气等。

3.8.1 产品

1. 粗锌

铅锌密闭鼓风炉熔炼的主要产品为粗锌，粗锌含锌在98%以上，含铅在1.7%以下，含铅量较其他火法炼锌的粗锌高，粗锌成分如表3-18所示。

表3-18　某厂粗锌成分(%)

成分	Pb	Zn	Fe	Cd	Cu	As	Sb	Sn
含量	<1.7	>97.5	0.03~0.04	<0.45	<0.05	0.01~0.07	0.03~0.2	0.005~0.007

熔炼得到的粗锌送精馏系统进行精炼，并回收其中的铅、镉、锗等有价金属。

2. 粗铅

粗铅的品位视原料中铜、锑等杂质的含量而定。其化学成分一般含Pb>98.0%，Sb 0.6%~1.0%。粗铅成分如表3-19所示。

表3-19　某厂粗铅成分(%)

成分	Pb	Zn	Cu	As	Sb	Sn	Bi	Ag
含量	>98.0	0.5~0.07	0.3~0.9	0.05~0.10	0.06~0.1	0.004~0.005	0.02~0.03	0.2~0.3

烧结块中的铜、锑、金、银及铋等杂质除少量随炉渣带走外，其余多进入粗铅中。表3-20所示是杂质元素在各熔炼产物中的分布。

表 3-20 杂质元素在熔炼产物中的分布(%)

产物 \ 成分	Sb	Cu	Bi	Au	Ag	Sn
粗铅	95.3	71.6	93.5	93.5	96.2	70.9
粗锌	-	-	-	-	-	14.6
炉渣	2.1	21.9	0.5	2.1	2.0	8.1
其他	2.6	6.5	6.0	4.4	1.8	6.4

熔炼得到的粗铅送往电解系统进行精炼，并从浮渣中回收铜，从阳极泥中回收金、银。

3.8.2 副产品

1. 炉渣

原料中的脉石成分和铁的化合物，在熔炼过程中互相化合，形成另一种熔炼产物——炉渣。炉渣主要成分见 FeO - CaO - SiO_2三元系相图(图 3-39 所示)。

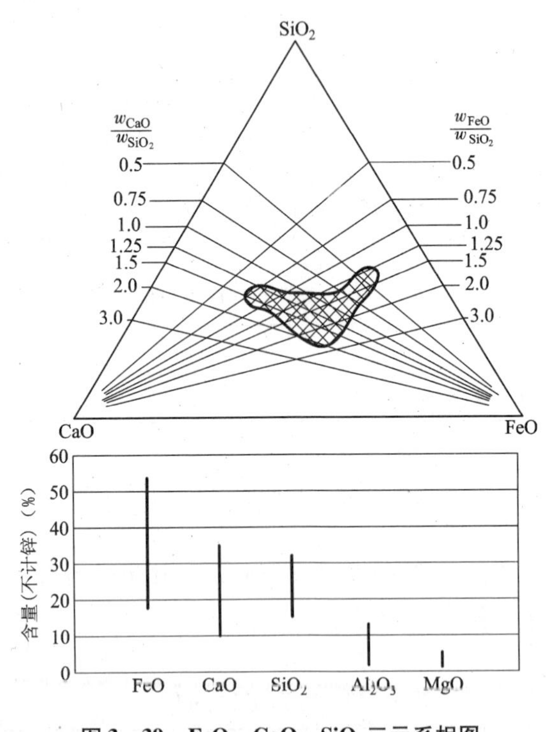

图 3-39 FeO - CaO - SiO_2三元系相图

炉渣主要成分是 CaO、FeO、Al_2O_3和 SiO_2等，一般含锌在 6% ~8%，含铅小于 1%。有的炉渣含有一定数量的锗，这种炉渣可选用烟化炉和贫化炉处理，回收其中的锌、铅、锗等有价金属。我国某厂采用烟化炉对炉渣进行贫化处理。

日本八户冶炼厂采用澳斯麦特法处理炉渣，炉子的尺寸为 ϕ2.4 m×6 m，熔炼温度为

1300℃，处理量为11.5 t/h，用重油作还原剂。处理的炉渣成分为：Pb 1.0%，Zn 7.0%，FeO 36.0%，SiO_2 12.3%，CaO 17.5%。产出的终渣量为10.7 t/h，其成分为：Pb 0.2%，Zn 3.5%，Cu 0.6%。产出的ZnO粉尘为0.8 t/h，其成分为：Pb 9.0%，Zn 57.7%。

2. 黄渣

黄渣由砷化物、锑化物等组合而成。因物料的成分性质不同，黄渣成分变化范围很大。一般黄渣的主要元素是Cu、Fe、As、Sb、Pb、Zn等，并含有少量的金、银。黄渣的熔点随含铁量增多而升高。因铅锌密闭鼓风炉常产出高铁炉渣，故黄渣的熔点也较高，使前床状况恶化。产出的黄渣部分随炉渣排出，部分沉积在前床内。当黄渣在前床中间形成隔层时，就会因渣铅分离不好造成渣含铅增高，甚至会出现虹吸口堵塞的情况，因此要有计划地排黄渣。

某厂黄渣成分为：Pb 0.15%～6.5%，Zn 0.65%～6.5%，Fe 43%～74%，As 6.9%～26%，Sb 2.5%～4.35%，Cu 0.3%～1.3%。

3. 浮渣

铅锌密闭鼓风炉浮渣有冷凝器浮渣和含砷浮渣两种。

(1)冷凝器浮渣

冷凝器浮渣和铅泵池产出的氧化锌物料及结瘤物统称为冷凝器浮渣。主要由铅、锌氧化物组成，通常铅锌之和在70%以上，其成分见表3-21。取出的浮渣经破碎筛分后返回烧结配料，大块浮渣(清扫冷凝器得到结瘤)可直接加入铅锌密闭鼓风炉。正常情况浮渣产出率10%～15%。

表3-21　浮渣、蓝粉典型成分(%)

产物＼成分	Pb	Zn	S	As	FeO	SiO_2	Cl
冷凝浮渣	34～50	33～43	0.5～2.0	0.1～1.5	0.1～1.5	0.5～2.0	—
铅泵池浮渣	28～50	28～44	1.0～3.0	0.1～0.5	0.5～1.5	1.5～3.0	—
含砷浮渣	10～30	40～50	—	1～1.3	—	—	5～11
蓝　粉	25～40	30～45	0.3～1.0	0.5～1.5	0.5～1.0	1.5～2.5	—

(2) 含砷浮渣

熔剂槽取得的浮渣含砷较高，故称为含砷浮渣，它是由砷化锌、铅锌氧化物和残留的氯化铵所组成，其典型成分见表3-21。

含砷浮渣经冷却成块并破碎后，直接加入铅锌密闭鼓风炉处理。

4. 蓝粉

从炉气洗涤系统回收所得到的固体物料称为蓝粉。其典型成分见表3-21。

由洗涤塔、洗涤机洗涤所得的蓝粉经蓝粉泵从挖泥船泵至浓密池，进行浓缩分离后，由浓密池底流泵送往烧结系统配料。

5. 低热值煤气

铅锌密闭鼓风炉所产出的煤气，发热值低，约2600～3000 kJ/m^3(标)，其成分为CO 18%～22%，CO_2 10%～12%，O_2 $<$0.4%，N_2 63%～65%，故称之为低热值煤气。充分利用

低热值煤气是降低铅锌密闭鼓风炉能源消耗的重要途径。低热值煤气经除尘和脱水后，基本可以用于生产。

目前，低热值煤气除供热风炉(预热空气)和焦炭预热器使用之外，多余部分还可以用于锅炉发电等。

3.9 铅锌密闭鼓风炉主要技术指标及计算公式

铅锌密闭鼓风炉的生产技术水平可用其技术经济指标进行衡量，原则是：产量高，质量好，炉期长，成本低。

表3－22总结了各铅锌密闭鼓风炉厂前些年来具有代表性的生产技术指标。

表3－22 铅锌密闭鼓风炉前些年来的生产技术指标

项目		韶关冶炼厂1	阿旺茅斯厂(英)	播磨厂(日)	柯克柯里克厂(澳)	杜依斯堡厂(德)	八户厂(日)	诺耶列斯·高道尔特厂(法)	米亚斯特茨克厂(波兰)	波多·威斯米厂(意)
开工年份		1977	1951	1966	1961	1965	1969	1962	1968	1972
炉床面积(m^2)		22.9	27.1	19.4	17.2	17.2	27.3	24.6	21.3	17.2
炉龄(d)		920	586	705	609	1030	895	487	341	429
炉料中 $w_{Pb}:w_{Zn}$		0.54	0.46	0.45	0.53	0.45	0.43	0.41	0.45	0.45
$m_C:m_{Zn}$		0.8	0.77	0.77	0.76	0.74	0.76	0.67	0.85	0.82
渣量：锌锭		–	0.67	0.65	0.90	0.67	0.57	0.73	0.97	0.66
渣中Zn(%)		6.38	8.4	7.3	7.2	6.9	7.1	8.5	7.1	6.9
锌入渣率(%)		–	5.5	4.6	6.4	4.4	4.1	6.0	6.5	4.6
燃炭量(满负荷鼓风)(t/d)		290	292	266	177	206	388	224	283	179
产金属量(满负荷)	锌锭(t/d)	260	334	294	211	245	350	283	227	194
	铅锭(t/d)	140	144	100	103	115	145	108	98	79
冷凝分离效率(%)		90～92	87.5	93.4	90.6	89.9	92.3	87.7	90.4	88.7
热平衡耗炭(%)		–	73.5	75.8	67.3	69.4	73.8	66.1	79.8	78.4
锌的回收率(%)		96.20	93.0	94.7	92.1	93.9	94.7	93.5	90.8	94.0
锌年产量(kt)		89.5	81.0	93.7	62.8	78.6	118.6	96.2	86.7	9.6
铅年产量(kt)		50.5	43.8	30.6	35.6	35.0	53.0	42.1	31.0	24.9

注：所列指标有些是多年前的总结，近年来各厂鼓风炉尺寸增大很多。

3.9.1　燃炭量

燃炭量是反映铅锌密闭鼓风炉生产能力的一个重要指标，也是炉子设计的基本依据。燃炭量与操作风量、热风温度以及鼓风的富氧程度有关。燃炭量用 t/d 表示，即铅锌密闭鼓风炉单位时间内燃烧的炭量。由于操作技术的改进，标准炉的燃炭量已经提高到200 t/d 以上。

燃炭量可用下列经验公式计算：

$$燃炭量 = 耗炭率 \times (0.936 \times 挥发锌量 + 0.217 \times 渣量)$$

上式是根据所加入炉中的焦炭主要是用来还原挥发锌和熔化炉渣这一事实总结出来的，它表达炉子简单的热平衡。公式表明熔化1 t 脉石所需要的炭量，大致相当于产生0.23 t 锌需要的炭量。如果减少炉料中脉石组分，提高金属锌品位，就增加了锌的挥发量。式中的耗炭率，对于不同的炉子、不同的操作风温及不同的焦率反应性等，其值是不同的，一般为0.65 ~0.78。在燃炭量控制变化不大的情况下，降低耗炭率就意味着提高锌的产量。

3.9.2　碳锌比与焦率

碳锌比是入炉炉料中焦炭的固定碳量与锌量的比值，通常用 m_C/m_{Zn} 表示。它表示炉料中单位锌量所需要的固定碳量，反映焦炭的消耗情况。生产中碳锌比为0.75 ~0.95。

焦率是炉料中焦炭与烧结块的质量比，它是反映焦炭消耗情况的一个指标。在生产中影响焦率的因素有：

(1)炉渣含锌量。炉渣含锌量低，挥发的锌增加，焦率则应增加。

(2)烧结块的 w_{CaO}/w_{SiO_2} 增大时，有利于氧化锌的还原，耗炭率降低，焦率适当降低。

(3)提高铅锌密闭鼓风炉的鼓风温度，降低耗炭量，有利于焦率降低。

(4)减少炉子结瘤，稳定炉况，可减少焦率的额外消耗，焦率适当降低。

(5)熔炼低品位烧结块时，焦率要比熔炼高品位烧结块时低。

(6)使用反应性高的焦炭时，增加焦炭消耗。

以上因素是在焦炭质量(固定含碳量)、烧结块品位相对稳定、波动不大的情况下对焦率高低的影响。否则炉料中碳锌比由公式：

$$m_C/m_{Zn} = \frac{焦率(\%) \times 固定碳(\%)}{烧结块含锌(\%)}$$

计算。在计算焦率前，得确定碳锌比。

例　烧结块及炉渣中的钙硅比较正常，并且炉渣含锌也适宜。烧结块、焦率和炉渣的化学成分分析如表3 -23 所示，取 $m_C/m_{Zn} = 0.86$。

根据公式得：

$$0.86 = 焦率(\%) \times 82.17\% / 39.02\%$$

求得：焦率(%) =40.8%

表 3-23 某厂烧结块、焦炭和炉渣成分实例(%)

物料 \ 成分	Pb	Zn	S	Fe	CaO	SiO_2	Al_2O_3	固定碳	挥发分	灰分
烧结块	19.42	39.02	0.87	8.98	6.91	4.76				
炉渣	0.98	7.73	2.01	24.29	24.61	19.95				
焦炭			0.89					82.17	2.24	17.23
焦炭灰分				0.76	0.45	36.46	35.60			

3.9.3 烧结块中的铅锌比

铅锌密闭鼓风炉使用铅锌比值变化范围较大的物料熔炼时，生产中应根据技术、经济两方面来确定炉料中铅锌比值(或铅的含量限度)。

氧化铅在还原时不仅不需要额外加入焦炭，而且会放出少量的热量。增加烧结块的铅量，不影响锌的产出率和回收率。铅在烧结过程中起黏合剂的作用，原料中含铅量低，就必须增加惰性硬化剂——二氧化硅的数量，使烧结块造渣成分增加。所以烧结过程决定着烧结块含铅量的下限。同时铅锌密闭鼓风炉熔炼含铅量低的烧结块时，铅的回收率低，随着铅含量的增高，铅的回收率也会增加。但当烧结块中含铅量过高时(25%以上)，烧结块的热强度就会下降，软化点就会降低，烧结块会在熔炼时过早软化，促使炉子结瘤生成，而给生产操作带来困难。试验结果表明，处理铅锌比例适当的炉料，能得到很好的经济效果。烧结块中铅锌比一般在0.5左右，铅含量在15%~22%较适宜。

3.9.4 锌的冷凝分离效率

1. 锌的冷凝效率

锌的冷凝效率是指冷凝器内冷凝下来的锌与铅锌密闭鼓风炉挥发的锌的比值(百分数)，它反映冷凝效率的高低。冷凝效率与炉期质量、转子运转状态、冷凝器结瘤情况及冷凝器进口温度均有密切关系。

冷凝效率可用下式计算：

$$\text{冷凝效率}(\%)=\frac{\text{冷凝锌量(t)}}{\text{挥发的锌量(t)}}\times 100\%$$

为了简化计算，挥发的锌量和冷凝的锌量可用下式求得：

挥发量 = 入炉物料的锌量 - 炉渣中锌量

冷凝的锌量 = 挥发的锌量 - 蓝粉中锌量

2. 锌的分离效率

锌的分离效率是指进入粗锌中的锌与冷凝的锌的比值(百分数)。分离效率的高低主要与分离系统的工作状态(如温度控制、熔剂添加量)、砷的挥发量和浮渣量等有关，分离效率可用下式计算：

$$\text{分离效率}(\%)=\frac{\text{粗锌中锌的含量(t)}}{\text{冷凝的锌量(t)}}\times 100\%$$

3. 总冷凝分离效率

生产中，一般将冷凝与分离合为一个指标称为总冷凝分离效率，是一个常用的指标，一般常用它来衡量冷凝分离效率。总冷凝分离效率是指进入锌锭中的锌与炉内挥发的锌的比值（百分数），其计算式如下：

$$\text{总冷凝分离效率}(\%)=\frac{\text{粗锌中锌量(t)}}{\text{冷凝的锌量(t)}}\times 100\%=\text{冷凝效率}(\%)\times\text{分离效率}(\%)$$

习惯上，常把总的冷凝分离效率称为“冷凝效率”，因此在使用时要注意。铅锌密闭鼓风炉的“冷凝效率”一般为 87% ~92%。

3.9.5　金属直收率与回收率

金属回收率是指鼓风炉熔炼产品中铅（锌）金属占炉料中铅（锌）金属总量的质量分数。根据熔炼产品的回收情况，又可分为金属直接回收率（金属直收率）和金属总回收率（金属回收率）。

1. 金属直收率

铅（锌）金属的直收率是指进入粗铅（锌）中铅（锌）占炉料中铅（锌）的质量分数。金属直收率可由下式算出：

$$\text{铅直收率}(\%)=\frac{\text{粗铅中的铅量(t)}}{\text{入炉物料中的铅量(t)}}\times 100\%$$

$$\text{锌直收率}(\%)=\frac{\text{粗锌中的锌量(t)}}{\text{入炉物料中的锌量(t)}}\times 100\%$$

铅锌密闭鼓风炉的铅直收率为 86% ~89%，锌直收率为 84% ~87%。我国某厂铅的直收率为 85.5%，锌的直收率为 85%。

2. 金属回收率

铅（锌）金属总回收率包括铅（锌）的直收率以及进入浮渣和蓝粉等中间产品中铅（锌）的回收率。生产中炉渣的含金属量以及其产出率是影响铅（锌）回收率的主要因素。

金属回收率可由下式算出：

$$\text{铅回收率}(\%)=\frac{\text{粗铅中铅量(t)}+\text{其他产物中的铅量(t)}}{\text{入炉物料的铅量(t)}}\times 100\%$$

生产中用下式计算：

$$\text{铅回收率}(\%)=\frac{\text{粗铅中的铅量(t)}}{\text{入炉物料的铅量(t)}-\text{其他产物的铅量(t)}}\times 100\%$$

其他产物的铅量：指浮渣、蓝粉、粗锌等的含铅量。

而上式中炉料的铅量应包括加入的补充铅量。

$$\text{锌回收率}(\%)=\frac{\text{粗锌中锌量(t)}+\text{其他产物中的锌量(t)}}{\text{入炉物料的锌量(t)}}\times 100\%$$

生产中用下式计算：

$$\text{锌回收率}(\%)=\frac{\text{粗锌中的锌量(t)}}{\text{入炉物料的锌量(t)}-\text{其他产物的锌量(t)}}\times 100\%$$

其他产物的锌量：指浮渣、蓝粉等的含锌量。

铅锌密闭鼓风炉铅回收率为 93% ~98%、锌回收率为 90% ~98%。

3.9.6 铅锌密闭鼓风炉炉期

铅锌密闭鼓风炉从点火起，直到停炉大修所包括的时间简称为炉子的一个炉期。由于冶炼工艺方面有许多改进，如炉结爆破技术、烧结块质量、渣型选择和加料方法等，使炉子的炉期有了很大的延长。国外某厂的炉期已超过1000天。

3.9.7 消耗指标

铅锌密闭鼓风炉的主要消耗指标有：焦炭消耗、补充铅消耗、氯化铵消耗以及煤气、电、水的消耗。单位金属各种消耗指标如表3－24所示。

表3－24 铅锌密闭鼓风炉的主要消耗指标

项目	焦耗	补充铅耗	氯化铵耗	电 耗	煤气耗	水 耗
单位	t/t	kg/t	kg/t	kW·h/t	m^3/t	t/t
指标	0.8～1.2	50～85	3～6	350～380	<280	30～50

3.10 铅锌密闭鼓风炉熔炼的物料衡算

铅锌密闭鼓风炉的物料衡算是根据生产的原始资料数据，即原燃料的化学成分、消耗量、鼓风参数和冶炼产物(包括粗锌、粗铅、炉渣、炉气、浮渣、蓝粉等)的质量和成分来计算，主要包括以下几点：

(1)渣的质量及成分；

(2)各元素在粗铅、粗锌、浮渣、蓝粉、炉渣、炉气中的分配情况；

(3)炉气量及成分；

(4)进入铅锌密闭鼓风炉的实际风量和送风系统中的风量损失；

(5)理论焦炭消耗量等。

3.10.1 物料衡算设定条件

计算分析的可靠性在于计算是否科学和准确，原始资料是否准确，实测或根据生产经验选定的数据是否符合实际等。在生产中产生误差较大的原因是原燃料的成分分析，实际产量与生产统计产量有误差。所以在进行物料平衡计算前，要注意原燃料成分的调整和铅、锌损耗的确定，有些需要进行多次实测，例如各种磅秤的误差。

(1) 渣量计算

炉渣的主要成分为CaO、SiO_2、FeO和Al_2O_3等，其总和约占炉渣量的80%。因此，炉渣量可确定为：

$$u=(m_{CaO}+m_{SiO_2}+m_{FeO}+m_{Al_2O_3(\text{原燃料})})/0.8$$

(2) 焦炭消耗量计算

通常按下列经验公式确定：

$$焦炭消耗量 = K \times [0.936 \times 挥发锌量 + 0.217 \times (渣量 + 铜锍)]/0.85$$

式中　K——耗炭率，与热风温度有关，通常取0.6～0.75；

0.85——指焦炭的含碳量。

(3) 风量的计算

$$风量 = [V_{O_2炉气} - V_{O_2还原}]/0.21$$

式中　$V_{O_2炉气}$——炉气中CO_2、CO的含氧量总和；

$V_{O_2还原}$——原料中金属氧化物还原出的氧量；

0.21——空气中含氧量的比例。

(4) 炉气量及其成分

$$炉气量 = V_{CO_2} + V_{CO} + V_{H_2O} + V_{N_2} + V_{Zn蒸气}$$

将各种成分量除炉气量即得其在炉气中的含量，或炉气成分。

3.10.2　物料衡算过程①

(1) 原始原料

①焦炭工业分析(见表3-25)。

表3-25　焦炭工业分析(%)

成 分	C(固)	S	挥发分	灰分
含 量	85.0	0.6	1.2	13.2

②焦炭灰分成分(见表3-26)。

表3-26　焦炭灰分成分(%)

成 分	SiO_2	CaO	FeO	Al_2O_3
含 量	46.0	6.4	5.2	34.6

③烧结块成分(见表3-27)。

表3-27　烧结块成分

成分	Zn	Pb	Cd	As	Cu	Fe	S	SiO_2	CaO	Al_2O_3	MgO	O_2	其他	合计
(%)	40.0	18.6	0.02	0.3	0.4	9.5	0.80	3.6	5.50	1.0	0.2	16.17	3.91	100

(2) 炉渣量及成分计算

设每100 kg烧结块，熔炼时应加入35 kg焦炭，每100 kg烧结块中CaO、SiO_2、FeO、Al_2O_3总和为22.31 kg，35 kg焦炭中CaO、SiO_2、FeO、Al_2O_3总和为4.26 kg。

① 计算结果保留2位小数，后文物料衡算过程同。

炉渣量为 (22.31 +4.26)/0.80 =33.21 kg

炉渣成分为：CaO 17.45%，SiO_2 17.24%，FeO 37.49%，Al_2O_3 7.82%。

(3) 熔炼物料计算

①浮渣。设浮渣量为燃炭量的16%，其中 Pb 32%，Zn 40%。

浮渣量 35 ×0.85 ×0.16 =4.76 kg

浮渣中 Pb 量 4.76 ×0.32 =1.52 kg

浮渣中 Zn 量 4.76 ×0.40 =1.90 kg

②蓝粉。设蓝粉量为燃炭量的14%，其中 Pb 36%，Zn 32%。

蓝粉量 35 ×0.85 ×0.14 =4.17 kg

蓝粉中 Zn 量 4.17 ×0.32 =1.33 kg

蓝粉中 Pb 量 4.17 ×0.36 =1.50 kg

③含砷浮渣。设含砷浮渣产出量为燃炭量的4%，其中 Zn 47%，Pb 16%，As 5%。

含砷浮渣量 35 ×0.85 ×0.04 =1.19 kg

其中：Zn 量 1.19 ×0.47 =0.56 kg

Pb 量 1.19 ×0.16 =0.19 kg

As 量 1.19 ×0.05 =0.06 kg

④冷凝器补铅。设补铅量为燃炭量的6%，补充铅含铅 99.99%。

补充量 35 ×0.85 ×0.06 =1.79 kg

其中含 Pb 量 1.79 ×0.9999 =1.79 kg

⑤黄渣。设黄渣产出量为燃炭量的 1.9%，其中 Zn 2%，Pb 1%，As 15%，Fe 50%，Cu 6%。

黄渣量 35 ×0.85 ×0.019 =0.57 kg

其中：Zn 量 0.57 ×0.02 =0.01 kg

Pb 量 0.57 ×0.01 =0.01 kg

As 量 0.57 ×0.15 =0.09 kg

Fe 量 0.57 ×0.50 =0.29 kg

Cu 量 0.57 ×0.06 =0.03 kg

⑥损失。设熔炼金属损失：锌损失为燃炭量的 1.5%，铅损失为燃炭量的1%。

Zn 损失量 35 ×0.85 ×0.015 =0.45 kg

Pb 损失量 35 ×0.85 ×0.01 =0.30 kg

⑦炉渣。根据计算，炉渣产出量为33.21 kg，设其中 Zn 6%，Pb 0.7%，S 2.34%，Cu 为烧结块中总量的16%，As 为总量的50%。

炉渣中：Zn 量 33.21 ×0.06 =1.99 kg

Pb 量 33.21 ×0.007 =0.23 kg

Cu 量 0.4 ×0.16 =0.06 kg

S 量 33.21 ×0.0234 =0.78 kg

As 量 0.3 ×0.50 =0.15 kg

⑧粗锌和粗铅。设产出粗锌为 x kg，粗铅为 y kg，粗锌含锌 97.50%，铅 1.20%，粗铅含锌 0.30%，铅 97.00%，铜为进入炉渣和黄渣后的余量。

根据以上计算列出：

$$0.975x + 0.003y + 1.90 + 1.33 + 0.56 + 0.01 + 1.99 + 0.45 = 40.56$$

$$0.012x + 0.97y + 1.52 + 1.50 + 0.19 + 0.01 + 0.30 + 0.23 = 20.57$$

解上两式得： $x = 35.15$ kg　$y = 16.91$ kg

粗铅中含 Cu 量　$0.4 - 0.06 - 0.03 = 0.31$ kg

粗铅含 Cu 量　$0.31/16.91 \times 100\% = 1.83\%$

⑨其他元素在产物中的分布。

其他元素在本计算不作计算，其分布见表3-28。

表3-28　其他元素在产物中的分布(%)

产物＼元素	Sb	Ge	Bi	Au	Ag
粗锌	2	24	3		
粗铅	92		88	100	95
炉渣		54	9		5
浮渣	6	22			

(4) 焦炭消耗量

锌的蒸发量 = 粗锌中 Zn + 蓝粉中 Zn + 浮渣中 Zn + 含砷浮渣中 Zn + 损失 Zn

$$= 34.27 + 1.33 + 1.90 + 0.56 + 0.45 = 38.51 \text{ kg}$$

按耗碳量计算公式，取耗炭率0.68，则耗炭量为：

$$0.68 \times [0.936 \times 38.51 + 0.217 \times (33.21 + 0.57)] = 29.50 \text{ kg}$$

焦炭用量　$29.50/0.85 = 34.71 \approx 35$ kg

(5) 空气及炉气计算

①设碳燃烧后生成 CO_2 中的 C 量为 x kg，炉气中 V_{CO_2}/V_{CO} 为 11/20，则得下式：

$$x/(29.50 - x) = 11/20 \quad x = 10.47 \text{ kg}$$

CO 中 C 量　$29.50 - 10.47 = 19.03$ kg

CO 中 O_2 量　$(19.03 \times 16)/12 = 25.37$ kg

CO 量　$19.03 + 25.37 = 44.40$ kg

CO_2 中 O_2 量　$(10.47 \times 32)/12 = 27.92$ kg

CO_2 量　$10.47 + 27.92 = 38.39$ kg

理论需 O_2 量　$25.37 + 27.92 = 53.29$ kg

②氧化物还原放出 O_2 量。

PbO 还原 Pb 量 = 原料中 Pb - 炉渣中 Pb - 黄渣中 Pb

$$= 18.6 - 0.23 - 0.01 = 18.36 \text{ kg}$$

放出 O_2 量　$18.36 \times 16/207.21 = 1.42$ kg

ZnO 还原 Zn 量 = 燃料中 Zn - 粗铅中 Zn - 炉渣中 Zn - 黄渣中 Zn

$$= 40 - 0.05 - 1.99 - 0.01 = 37.95 \text{ kg}$$

放出 O_2 量　　$37.95\times16/65.39=9.29$ kg

设 Cu_2O 全部还原，放出 O_2 量

$$0.4\times16/(2\times63.55)=0.05\ \text{kg}$$

Fe_3O_4 还原为 FeO，放出 O_2 量

$$6.70\times16/(3\times55.85)=0.64\ \text{kg}$$

Fe_2O_3 还原为 FeO，放出 O_2 量

$$6.65\times16/(2\times55.85)=0.95\ \text{kg}$$

氧化物还原出的总氧量

$$1.42+9.29+0.05+0.64+0.95=12.35\ \text{kg}$$

③理论空气量。

需要理论氧量　　$53.29-12.35=40.94$ kg

需要空气量　　$40.94/0.21=194.95$ kg

空气带入水分　　$194.95\times0.021=4.09$ kg

④理论炉气量及其成分。

成分	质量(kg)	体积(m^3)	比例(%)
CO_2	38.39	19.54	10.11
CO	44.40	35.52	18.38
H_2O	4.09	5.09	2.63
N_2	149.92	119.94	62.06
$Zn_{(蒸气)}$	38.51	13.19	6.82
合计	275.31	193.28	100

3.10.3 物料平衡表

根据以上计算，编制物料平衡表 3－29，表中个别数据为平衡时调整值。

表 3－29　鼓风炉熔炼物料平衡表

物料质量(kg)			Zn		Pb		Cu		Fe		S		As	
			%	kg	%	kg	%	kg	%	kg	%	kg	%	kg
加入物料	烧结块	100	40	40	18.6	18.6	0.4	0.4	9.5	9.5	0.8	0.8	0.3	0.3
	含砷浮渣	1.19	47	0.56	16	0.19							5	0.06
	冷凝器补铅	1.79			99.99	1.79								
	焦炭	35							0.53	0.19	0.6	0.21		
	空气(湿)	194.95												
合　计		332.93		40.56		20.58		0.4		9.69		1.01		0.36

续表

物料质量(kg)			Zn		Pb		Cu		Fe		S		As	
			%	kg	%	kg	%	kg	%	kg	%	kg	%	kg
产物	粗锌	35.15	97.5	34.27	1.2	0.42								
	粗铅	16.91	0.3	0.05	97	16.40	1.83	0.31						
	黄渣	0.57	2	0.01	1	0.01	6	0.03	50	0.29			15	0.09
	蓝粉	4.17	32	1.33	36	1.50								
	浮渣	4.76	40	1.90	32	1.52								
	含砷浮渣	1.19	47	0.56	16	0.19							5	0.06
	炉渣	33.21	6	1.99	0.7	0.23		0.06	29.18	9.69	2.34	0.78		0.15
	损失	0.75		0.45		0.3								
	炉气(无锌)	236.8												
误差		0.58				0.01				0.29		0.23		0.06
合计		333.51		40.56		20.57		0.4		9.98		0.78		0.30

物料		SiO_2		CaO		MgO		Al_2O_3		C		O_2		其他
		%	kg	%	kg	%	kg	%	kg	%	kg	%	kg	kg
加入物料	烧结块	3.6	3.6	5.5	5.5	0.2	0.2	1	1			16.17	16.17	3.91
	含砷浮渣													0.38
	冷凝器补铅													
	焦炭	6.07	2.13	0.84	0.3			4.57	1.60	85	29.75			0.82
	空气(湿)												40.94	154.01
合计			5.73		5.8		0.2		2.6		29.75		57.11	159.12
产物	粗锌													0.46
	粗铅													0.15
	黄渣													0.14
	蓝粉													1.34
	浮渣													1.34
	含砷浮渣													0.38
	炉渣	17.24	5.73	17.45	5.8		0.2	7.82	2.6					5.98
	损失													
	炉气(无锌)										29.50		40.94	166.36
误差											0.25		16.17	17.03
合计			5.73		5.8		0.2		2.6		29.50		40.94	176.15

注：由于产出项中部分金属以氧化物形态存在，无法详细计算。但是投入与产出中 O_2 与其他之和误差只有0.86 kg。

3.11 铅锌密闭鼓风炉热平衡

3.11.1 我国某厂铅锌密闭鼓风炉热平衡实例

1. 测定条件

根据铅锌密闭鼓风炉生产流程(如图 3－40 所示)，测定相关参数。测定时加料量与鼓风量应达到工艺规定值，鼓风炉炉气成分、炉渣成分的波动在工艺规定的指示范围内，产量达到正常水平，中途休风时间不得超过 4 h。

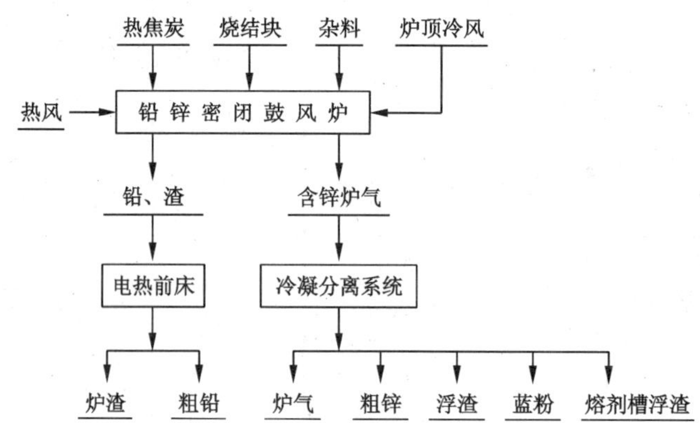

图 3－40 铅锌密闭鼓风炉生产流程示意图

2. 测定时间

测定在炉役中期进行，测定周期为一个生产操作周期(即两次清扫之间)。

3. 铅锌密闭鼓风炉运行技术参数

测定前一个月铅锌密闭鼓风炉运行技术参数见表 3－30。

表 3－30 测定时炉子运行技术参数

序号	技术指标	单位	数值	备 注
1	粗锌产量	t/d	241	
2	粗铅产量	t/d	102	
3	燃焦炭量	t/d	188	
4	烧结块处理量	t/d	637	
5	前床渣含锌	%	1.6	
6	鼓风量	m^3/h	42000	
7	热风温度	℃	920	
8	炉顶温度	℃	1030	

续表

序号	技术指标	单位	数值	备 注
9	p_{CO}/p_{CO_2}		1.9	
10	冷凝器效率	%	92.11	
11	送风率	%	95.18	

4. 热平衡测定项目与方法

按表3－31～表3－34的规定进行热平衡测试。

表3－31　气体成分

成分	CO_2	O_2	CO	H_2	CH_4	N_2	H_2O	发热值(kJ/m^3)
含量(%)	11.2	0.2	22.7	0.4	0.8	60.4	4.3	3188

表3－32　物料化学成分(%)

成分	Pb	Zn	S	SiO_2	Fe	CaO	Cd	Sb	As	Cu
烧结块	19.55	42.72	0.56	3.34	8.98	4.46	0.09	0.13	0.35	0.39
粗铅	95.91	0.23						1.08		2.1
粗锌	1.61	97.71					0.33			
浮渣	53.05	26.28								
蓝粉	42.19	31.23								
炉渣	1.25	8.89	1.87	18.54	25.78	17.45			0.09	

表3－33　焦炭成分

成分	固定碳	挥发分	分析水	灰分	硫	SiO_2	Fe	CaO	Al_2O_3
含量(%)	83.4	1.85	0.52	13.47	0.76	44.38	3.48	3.39	31.35

注：焦炭低位发热值：28665 kJ/kg。SiO_2、Fe、CaO、Al_2O_3数据系指灰分成分。

表3－34　热平衡测定项目与方法

测 定 项 目		符号	单位	测点位置	测定仪器	测定频率	取值原则	测定数据
气象条件	干球温度	t_e	℃	主鼓风机房	干湿球温度计	4 h一次	算术平均值	37
	湿球温度	t_s	℃	主鼓风机房	干湿球温度计	4 h一次	算术平均值	28
	相对湿度	ϕ	%	主鼓风机房	干湿球温度计	4 h一次	算术平均值	65
	绝对湿度		%	主鼓风机房	计算	4 h一次	算术平均值	4.3

续表

测定项目		符号	单位	测点位置	测定仪器	测定频率	取值原则	测定数据
温度测定	烧结块温度	t_1	℃	块仓下料口	点温计	2 h 一次	算术平均值	278
	热焦温度	t_2	℃	热焦下料口	热电偶	2 h 一次	算术平均值	577
	热风温度	t_3	℃	炉底风口	热电偶	2 h 一次	算术平均值	940
	煤气温度	t_4	℃	煤气总管	水银温度计	2 h 一次	算术平均值	55
	喷淋水进水温度	t_5	℃	进水口	水银温度计	2 h 一次	算术平均值	42
	喷淋水出水温度	t_6	℃	集水槽	水银温度计	2 h 一次	算术平均值	47
	含锌炉气温度	t_7	℃	炉顶炉喉处	热电偶	2 h 一次	算术平均值	1071
	渣、铅温度	t_8	℃	放渣口	快速热电偶	每班一次	算术平均值	1308
	分离槽粗锌温度	t_9	℃	分离槽	热电偶	每班一次	算术平均值	446
	贮锌槽粗锌温度	t_{10}	℃	贮锌槽	热电偶	每班一次	算术平均值	490
固体物料	烧结块质量	m_1	kg/h	称量料斗	电子秤	每次加料	累计平均值	25953
	热焦质量	m_2	kg/h	称量料斗	电子秤	每次加料	累计平均值	10357
	杂料质量	m_3	kg/h	排入汽车	地磅	测试期全部	累计平均值	833
	补充铅质量	m_4	kg/h		地磅	测试期全部	累计平均值	671
	粗锌质量	m_5	kg/h	检斤点	磅秤	测试期全部	累计平均值	10426
	粗铅质量	m_6	kg/h	检斤点	地磅	测试期全部	累计平均值	4907
	浮渣质量	m_7	kg/h	汽车装运	地磅	测试期全部	累计平均值	1146
	炉渣质量	m_9	kg/h	排入渣包	电秤	测试期全部	累计平均值	9083
液体测定	热风流量	V_{1-k}	m^3/h（标）	热风炉	高温风速仪	2 h 一次	算术平均值	36718
	炉顶冷风流量	V_{2-k}	m^3/h（标）	冷风总管	高温风速仪	2 h 一次	算术平均值	406
	洗涤炉气流量	V_3	m^3/h（标）	升压机总管	高温风速仪	2 h 一次	算术平均值	46466
	喷淋冷却水流量	V_4	t/h	冷却水总管	流量计	4 h 一次	累计平均值	752

5. 物料投入与产出

(1)物料投入与产出计算

①含锌炉气量 V_n。热焦量 10357 kg/h、固定碳含量 83.4%；炉气中 CO_2 含量 11.2%、CO 含量 22.7%、CH_4 含量 0.8%。

$$V_n = 10357 \times 83.4\% \times 1000/[(11.2\% + 22.7\% + 0.8\%) \times 1000 \times 12/22.4]$$
$$= 46466.22\ m^3/h(标)$$

②蓝粉质量。实测蓝粉质量 $m_{10} = 972$ kg/h

③杂料质量。加入鼓风炉的杂料是从分离槽扒下来的熔剂浮渣。

实测 $m_3=833$ kg/h

④金属氧化物耗 CO 量。

$$m_{11}=(19.55\times28/207.2+42.72\times28/65.39+0.5\times8.98\times28/55.8+0.09\times28/112.4+0.13\times0.5\times28/121.8)/100\times25953-9083\times8.89\%\times28/65.39=5681.82\ \text{kg/h}$$

⑤锌蒸发量。$m_{锌}=25953\times42.72\%-9083\times8.89\%=10279.64$ kg/h

⑥铅蒸发量。$m_{铅}=25953\times19.55\%+671-9083\times1.25\%-4907\times95.91\%=924.97$ kg/h

⑦热风质量。测得标况下热风流量：$V_r=36718$ m³/h(标)，查得空气密度为1.293 kg/m³，所以：

$$m_r=36718\times1.293=47476.37\ \text{kg/h}$$

⑧冷风质量。测得标态下冷风流量：$V_l=406$ m³/h(标)，$m_l=406\times1.293=524.96$ kg/h

⑨炉气质量。根椐炉气成分求得炉气密度为1.304 kg/m³，所以

$$m_{LCV}=46466.22\times1.304=60591.95\ \text{kg/h}$$

(2)物料平衡表(见表3-35)

表3-35　物料平衡表

项　目	数　值		项　目	数　值	
	kg/h	%		kg/h	%
烧结块质量	25953	30.24	粗铅质量	4907	5.72
热焦质量	10357	12.07	粗锌质量	10426	12.15
杂料质量	833	0.97	浮渣质量	1146	1.34
热风质量	47476.37	55.32	蓝粉质量	972	1.13
冷风质量	524.96	0.61	炉渣质量	9083	10.58
补充铅	671	0.78	炉气质量	60591.95	70.61
			其他	-1310.62	-1.53
合计	85815.33	100	合计	85815.33	100

6. 铅锌密闭鼓风炉热平衡

(1)热收入项目计算

①热焦物理热 Q_1。热焦温度577℃，比热1.271 kJ/(kg·℃)。

$$Q_1=10357\times1.271\times(577-37)/1000000=7.11\ \text{GJ/h}$$

②热焦化学热 Q_2。热焦发热值28665 kJ/kg。

$$Q_2=10357\times28665/1000000=296.88\ \text{GJ/h}$$

③烧结块物理热 Q_3。烧结块温度278℃，比热0.502 kJ/(kg·℃)。

$$Q_3=25953\times0.502\times(278-37)/1000000=3.14\ \text{GJ/h}$$

④热风物理热 Q_4。热风温度940℃，比热1.401 kJ/(m³·℃)。

$$Q_4 = 36718 \times 1.401 \times (940 - 37)/1000000 = 46.45\ \text{GJ/h}$$

⑤PbO 被 CO 还原放热 Q_5。还原反应热焓 307 kJ/kg · Pb。

$$Q_5 = 25953 \times 19.55\% \times 307/1000000 = 1.56\ \text{GJ/h}$$

⑥造渣反应热 Q_6。造渣反应热焓 565 kJ/kg，造渣率假设为 60%。

$$Q_6 = 9083 \times (1 - 0.64\% - 11.08\%) \times 565/1000000 = 4.53\ \text{GJ/h}$$

⑦热总收入。

$$\sum Q = Q_1 + Q_2 + \cdots + Q_6 = 359.67\ \text{GJ/h}$$

(2)热支出项目

①炉气物理热 Q_1'。炉气温度 1071℃，比热 1.349 kJ/(m³ · ℃)。

$$Q_1' = 46466.22 \times 1.349 \times (1071 - 37)/1000000 = 64.81\ \text{GJ/h}$$

②炉气化学热 Q_2'。炉气低位发热值 3188 kJ/m³。

$$Q_2' = 46466.22 \times 3188/1000000 = 148.13\ \text{GJ/h}$$

③还原金属氧化物耗 CO 的化学热 Q_3'。反应热焓 10099 kJ/kg。

$$Q_3' = 5681.82 \times 10099/1000000 = 57.38\ \text{GJ/h}$$

④锌蒸发带走热 Q_4'。锌的固、液、气态比热 0.418、0.506、0.318 kJ/(kg · ℃)。

$$Q_4' = 10426 \times [0.418 \times (419 - 37) + 101 + 0.506 \times (918 - 419) + 1781 + 0.318 \times (1071 - 918)]/1000000 \approx 24.43\ \text{GJ/h}$$

⑤ZnO 还原反应热 Q_5'。反应热焓 995 kJ/kg。

$$Q_5' = 10279.64 \times 995/1000000 \approx 10.23\ \text{GJ/h}$$

⑥液态铅带出热 Q_6'。铅的固、液态比热 0.135、0.138 kJ/(kg · ℃)，铅的熔化热 -24 kJ/kg。

$$Q_6' = 4907 \times [0.135 \times (327 - 37) + 24 + 0.138 \times (1308 - 327)]/1000000 \approx 0.97\ \text{GJ/h}$$

⑦挥发铅带走热 Q_7'。铅的挥发热焓 69 kJ/kg。

$$Q_7' = 924.97 \times 69/1000000 = 0.06\ \text{GJ/h}$$

⑧炉渣带走热 Q_8'。根据炉渣的温度和成分，渣相对焓 1392 kJ/kg。

$$Q_8' = 9083 \times 1392/1000000 \approx 12.64\ \text{GJ/h}$$

⑨炉体表面散热 Q_9'。

a. 喷淋炉壳上部侧表面散热。表面温度 101℃，环境温度 37℃，表面积 164 m²。

换热系数 $$a = 6.22 + 5.42 = 11.64\ \text{kJ/(m}^2 \cdot \text{h)}$$

$$11.64 \times 164 \times (101 - 37) \approx 122173\ \text{kJ/h}$$

b. 炉顶散热。表面温度 115℃，环境温度 37℃，表面积 20.5 m²。

换热系数 $$a = 8.32 + 5.78 = 14.10\ \text{kJ/(m}^2 \cdot \text{h)}$$

$$14.10 \times 20.5 \times (115 - 37) \approx 22546\ \text{kJ/h}$$

c. 炉底散热。

$$Q' = K\phi(\lambda/D)(t - t_e)A_k$$

式中 K——系数，取 $K = 1.1$；

ϕ——系数，取值 $\phi = 4$；

λ——导热系数，计算得 $\lambda = 8.453$ kJ/(m · h · ℃)；

D——短道长度，查图纸 $D = 2.75$ m；

A_k——表面积，查图纸 $A_k = 9.6\ m^2$；

t——温度，取 $t = 1308℃$；

t_e——环境温度，取 $t_e = 37℃$。

$$Q' = 165024\ kJ/h$$

所以
$$Q'_9 = 0.31\ GJ/h$$

⑩冷却水带走热 Q'_{10}。冷却水流量 752 t/h，比热 4.182 kJ/(kg·℃)，进口温度 42℃，出口温度 47℃。

$$Q'_{10} = 752 \times 1000 \times 4.182 \times (47 - 42)/1000000 \approx 15.72\ GJ/h$$

⑪差值 ΔQ。$\Delta Q = 24.99\ GJ/h$

(3)热平衡表(见表 3-36)

表 3-36　铅锌密闭鼓风炉热平衡表

收入				支出			
项目		数值		项目		数值	
		GJ/h	%			GJ/h	%
Q_1	热焦物理热	7.11	1.98	Q'_1	炉气物理热	64.81	18.02
Q_2	热焦化学热	296.88	82.54	Q'_2	炉气化学热	148.13	41.19
Q_3	烧结块物理热	3.14	0.87	Q'_3	还原耗 CO 化学热	57.38	15.95
Q_4	热风物理热	46.45	12.92	Q'_4	锌蒸发带走热	24.43	6.79
Q_5	PbO 被还原热	1.56	0.43	Q'_5	ZnO 还原反应热	10.23	2.84
Q_6	造渣反应热	4.53	1.26	Q'_6	液态铅带出热	0.97	0.27
				Q'_7	挥发铅带走热	0.06	0.02
				Q'_8	炉渣带走热	12.64	3.51
				Q'_9	炉体表面散热	0.31	0.09
				Q'_{10}	冷却水带走热	15.72	4.37
				ΔQ	差值	24.99	6.95
合计		359.67	100	合计		359.67	100

(4)热效率

①热效率计算。

有效热：$Q_{yx} = Q'_3 + Q'_4 + Q'_5 + Q'_6 + Q'_8 = 105.65\ GJ/h$

供给热：$Q_{gj} = \sum Q = 359.67\ GJ/h$

热效率：$\eta_1 = 100\% \times Q_{yx}/Q_{gj} = 29.37\%$

②炉子余热回收效率。

余热回收有效热：$Q'_{yx} = Q'_1 + Q'_2 = 212.94\ GJ/h$

余热回收供给热：$Q'_{gj} = Q_1 + Q_2 = 303.99\ GJ/h$

余热回收热效率：$\eta_2 = 100\% \times Q'_{yx}/Q'_{gj} = 70.05\ \%$

③炉子系统热效率。

炉子系统有效热：$Q''_{yx} = Q'_3 + Q'_4 + Q'_5 + Q'_6 + Q'_8 = 105.65$ GJ/h

炉子系统供给热：$Q'_{gj} = Q_1 + Q_2 + Q_3 + Q_5 + Q_6 = 313.22$ GJ/h

炉子系统有效热：$\eta_3 = 100\% \times Q'_{yx}/Q'_{gj} = 33.73\%$

3.11.2 国外其他厂家铅锌密闭鼓风炉热平衡研究

根据日本 F · Yamada 等人的统计，采用铅锌密闭鼓风炉流程生产 1 t 锌的能耗为：烧结焙烧 0.17 GJ；鼓风炉熔炼 29.3 ~46 GJ；精馏精炼 6.3 ~10.5 GJ；共计 35.77 ~56.6 GJ。

铅锌密闭鼓风炉生产 1 t 锌约消耗焦炭 0.9 ~1.1 t。八户厂能耗成本占直接生产成本的 45%。八户冶炼厂与韶关冶炼厂生产 1 t 精锌的能耗对照如表 3 -37 所示。

从上述能耗数据可以知道，采用铅锌密闭鼓风炉工艺生产 1 t 精锌的能耗在 36 ~75 GJ，说明能耗很大，而且要消耗大量的优质焦炭，由于各工厂还有许多节能的措施不同，能耗差别很大。

表 3 -37 八户与韶关冶炼厂能耗对照表

项 目	韶关冶炼厂		八户厂	
	GJ	%	GJ	%
焦炭	39.62	52.95	29.70	64.97
电力	12.04	16.09	10.00	21.88
液化石油气	—	—	4.01	8.77
重油	—	—	2.00	4.38
煤气	23.17	30.96	—	—
总能耗	74.83	100	45.71	100

铅锌密闭鼓风炉产出的粗锌经过精馏精炼后，才能得到含 99.99% 的精锌，而精馏精炼过程的能耗是很大的(6.3 ~10.5 GJ/t · Zn)。为了节能，许多工厂根据市场情况变化开动精馏塔，不是将所有的粗锌都进行精炼，所产精锌的比例占总锌量的 60% ~80%。

为了降低能耗，工厂须编制各生产过程的热平衡表，通过分析找出节能和利用余热的措施。

以日本八户冶炼厂为例，铅锌密闭鼓风炉每天的热平衡及鼓风熔炼过程的热平衡见表 3 -38和表 3 -39。

分析八户冶炼厂的热平衡表可知，铅锌密闭鼓风炉炼锌生产的热源主要来自优质冶金焦。为了减少焦炭的消耗，1964 年英国曾进行过富氧鼓风试验，但是只有少数几个工厂曾用过少量的富氧空气。科克克里克厂 1975 年曾在风口喷入重油，以代替 12% 的焦炭，后由于油价上涨而停止。随后播磨厂 1986 年在鼓风炉风口喷入粉焦代替 6% 的块焦，此项措施持续到 1995 年 11 月。这些试验工作都表明，必须进一步寻找更适合鼓风炉熔炼要求的能源替代品。德国杜伊斯堡冶炼厂标准炉每小时鼓入 37000 m^3 的热风量，其热平衡列于表 3－40。

表 3－38　八户冶炼厂每天的热平衡表

热收入			热支出		
项　目	GJ	%	项　目	GJ	%
焦炭燃烧热	6217.4	71.39	冷却水带走热	4773.9	54.81
精矿中硫化物氧化	1905.3	21.88	生产蒸汽	1430.5	16.43
液化石油气燃烧热	482.8	5.54	产物、半产物带走热	1130	12.97
重油燃烧热	66.9	0.77	散热损失	966.5	11.10
其　他	36.8	0.42	排气显热	348.1	4.00
			其他	60.2	0.69
合　计	8709.2	100	合计	8709.2	100

表 3－39　八户冶炼厂每天鼓风炉熔炼的热平衡

热收入			热支出			
项　目	GJ	%	项　目		GJ	%
焦炭燃烧热	6127	82.96	吸热反应		1690	22.88
烧结块显热	95	1.29	冷却水带走热		1925	26.07
热风显热	940	12.73	铅、锌带走热		330	4.47
焦炭显热	223	3.02	低热值煤气带走热	发电利用	1159	15.69
				预热焦炭	223	3.02
				预热空气	940	12.73
				预热损失	728	9.86
				生活用水	72	0.97
				鼓风炉热损失	318	4.31
合　计	7385	100	合计		7385	100

表 3－40　杜伊斯堡冶炼厂热平衡表

热收入			热支出		
项　目	GJ	%	项　目	GJ	%
烧结块带入热	0.17	1.05	炉渣带走热	0.99	6.12
团块带入热	0.03	0.19	粗铅带走热	0.07	0.43
焦炭带入热	0.82	5.07	烟尘带走热	0.15	0.93

续表

热收入			热支出		
热空气带入热	5.01	30.96	炉气带走热	9.64	59.58
炉顶鼓风	0.57	3.52	冷却水带走热	1.6	9.89
生成 CO 放热	7.16	44.25	氧化锌还原吸热	2.81	17.37
生成 CO_2 放热	2.23	13.78	二氧化碳还原吸热	0.92	5.68
氧化铅还原放热	0.14	0.87			
氧化亚铜还原放热	0.05	0.31			
合　计	16.18	100	合　计	16.18	100

从表 3－40 中的数据可以看出，杜伊斯堡厂的热风温度从 20 世纪 60 年代的 750～950℃提高到 1160℃以后，鼓入空气所带入的热已占总热收入的 34.48%，而焦炭燃烧热只占总热收入的 58.03%。八户厂的热风温度为 950℃，热风带入的热占总热收入的 12.73%，焦炭燃烧热却占总热收入的 83.97%，所以提高热风温度可有效降低焦炭的消耗。

3.12　铅锌密闭鼓风炉节能途径及方向

从铅锌密闭鼓风炉热平衡计算可以看出，铅锌密闭鼓风炉能耗很高，且消耗大量优质冶金焦。因此，各厂都在积极推广节能措施。以下介绍几种节能途径及方向。

3.12.1　提高热风温度

比较 $2C + O_2 = 2CO$ 和 $C + O_2 = CO_2$ 的两个反应的热效应可以看出，铅锌密闭鼓风炉应尽可能从反应 $C \longrightarrow CO_2$ 获得热量，以降低焦炭的消耗。但是炉渣中的 ZnO 还原又需要炉气中有较高的 CO 浓度，这就希望提高炉料的碳锌比。这样不仅消耗更多的焦炭，而且又要防止 FeO 还原，因此形成矛盾。提高热风温度不仅是解决铅锌密闭鼓风炉这一矛盾的重要措施，也是提高鼓风炉产量的手段之一。

随着工厂余热的综合利用、热风炉结构改进和热风炉自动切换装置的实施，为高预热风温熔炼创造了有利的条件。研究和实践表明，采用高温预热鼓风熔炼时，由于预热空气带入炉内的物理显热的增加，使反应活性增加，熔炼过程进一步强化，同时产物的过热程度增大，碳锌比降低，吨热焦增加产量得到提高。

国外某厂预热鼓风熔炼结果如图 3－41 所示。

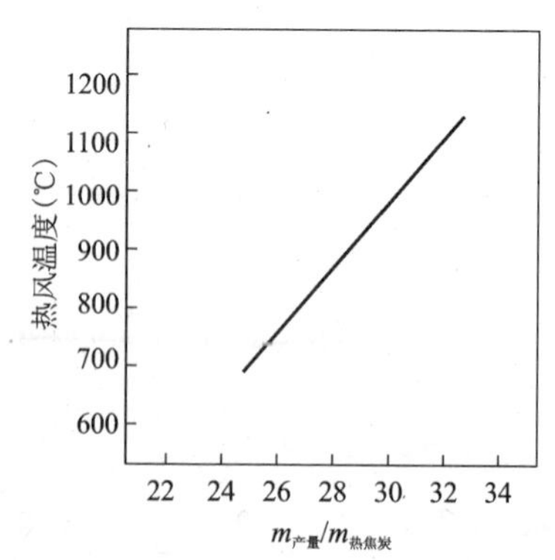

图 3－41　预热鼓风温度与吨热焦产量的关系

结果表明，预热鼓风温度每升高 100℃，焦炭消耗约减少 4%，每吨热焦炭增加产量约5%，这一结果已得到理论上证实。目前国外许多先进的ISP厂家预热鼓风温度(见表3－41)已达到1000℃以上。

表3－41　一些国外ISP厂家实际预热鼓风温度/℃

厂　名	1996年	1997年	1998年
阿旺茅斯厂(英)	950.98	992.75	958.79
柯克柯里克厂(澳)	925	925	975
杜伊斯堡厂(德)	1043.92	1043.92	1043.92
八户厂(日)	1100	1100	1100
诺椰列斯高道尔特厂(法)	950	950	950
波多威斯米厂(意)	1050	1050	1050
韶关冶炼厂(一系统)	900	900	900
韶关冶炼厂(二系统)	930	930	930

近年，德国杜伊斯堡冶炼厂已经将热风温度提高到1160℃。从其热平衡表3－40数据可以看出，鼓入的空气带入的热已经占总热收入的34.49%，而焦炭燃烧热只占总热收入的58.06%。根据长期试验，杜伊斯堡冶炼厂总结出的炭的燃烧速度与热风温度的关系表明，单位炭消耗与热风温度的关系几乎近似呈直线，即热风温度升高，燃烧速率呈正比增加，单位焦炭消耗却成直线关系下降，用公式表示如下：

铅锌密闭鼓风炉中炭的燃烧速率：

$$C_1 = 5.22 \times 10^{-3} \times V + 1.4 \times 10^{-2} t$$

单位锌产品的炭消耗量：

$$C_2 / m_{Zn} = 1.151 - 3.68 \times 10^{-4} t$$

式中　C_1——燃炭速率(t/d)；

V——鼓风速率(m^3/h)；

C_2——焦炭中的炭量(t)；

m_{Zn}——加料中的锌量(t)；

t——热风温度(K)。

公式的导出是设焦炭中的固定碳含量为88%～89%，烧结块成分为Zn 40%和Pb 18%。

当温度在600～1200℃时，热风温度每升高100℃，可节约焦炭3.68%，这与八户厂提出的理论计算数据3.5%是十分接近的。目前各厂家的热风温度均已提高到950℃以上。

3.12.2　富氧熔炼

有些铅锌密闭鼓风炉厂的生产已采用了富氧鼓风试验(结果见表3－42)，它具有下列优点：

表 3-42 某厂富氧鼓风熔炼的试验结果

时间		1984 年 9 月	1984 年 10 月	1984 年 11 月
鼓风中 O_2(%)		21	21	23.5
底部风量(m^3/h)		31920	31500	31620
风温(℃)		854	869	817
热风压力(Pa)		37860	39820	41350
产出	锌(t/d)	220	227	246
	铅(t/d)	131	121	143
	渣含锌(%)	6.2	6.9	5.8
特性指标	锌碳比	1.15	1.19	1.15
	ISP 耗炭系数	76.65	74.96	75.92
	冷凝分离效率(%)	92.83	92.88	93.05

(1)富氧鼓风中氧的分压(p_{O_2})大，所以燃料燃烧的反应速度加快，强化了熔炼过程，提高了炉子生产率；

(2)由于风口区焦炭燃烧速度加快，因而获得更为集中的焦点区，这样熔体得到了充分的过热；

(3)由于燃烧焦点高度集中，料面温度降低，烟尘率也减少。

富氧鼓风熔炼有利于节省焦炭，降低能耗，提高产量。但也存在如下缺点：

(1)要采用相对低的预热鼓风温度操作，避免黄渣的大量产生和风嘴冷却问题；

(2)热风压力上升。

3.12.3 低热值(LCV)煤气的利用

杜伊斯堡厂利用 LCV 煤气预热空气，使送入鼓风炉的热风温度提高到 1160℃。国外某厂为了获得 1160℃的热风，使用三台拷贝式热风炉，用鼓风炉所产的 LCV 低热值煤气供热，首先利用少量 LCV 煤气燃烧，提高蓄热室的温度，使大量的 LCV 煤气预热到 300℃，再用这种高温 LCV 煤气燃烧来预热鼓风炉所需的空气，使其达到 1200℃。其工艺流程见图 3-42。

日本八户厂利用 LCV 煤气，从气体洗涤系统排出的低热值煤气的特性如下：

化学成分：CO 20% ~24%，CO_2 10% ~12%，H_2 0.5% ~1.2%；含尘量：20 mg/L；发热量：2928 kJ/m^3；压力：3.6 kPa；湿度：饱和(308 ~313K)。

有 50% 的 LCV 煤气一般用于预热空气和焦炭，其余排放。八户厂利用这剩余的 LCV 煤气供热，建立了第一台发电机组，现在的发电能力为 2350 kW。利用 LCV 煤气稀释 LPG 气，维持这种混合气的发热值为 14644 kJ/m^3，可以减少 10% 的 LPG 气消耗。

3.12.4 空气的脱湿

八户厂根据鼓风炉作业结果与气候变化的关系，发现在 1972—1975 年期间夏季的焦炭使用量比冬季高 2.64%，这是由于空气中的平均绝对湿度由冬季的 4 g/m^3 变到夏季的 13

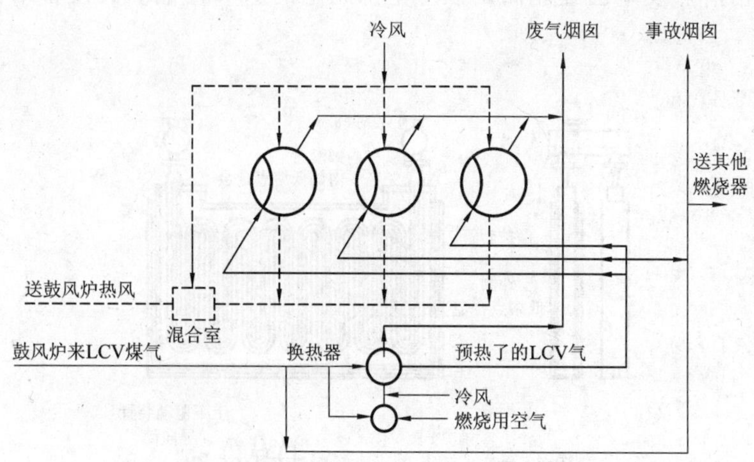

图 3-42　LCV 煤气预热空气工艺流程图

g/m^3，相当于 LCV 气中氢含量的变化。1976—1978 年该厂采取空气脱湿后，与原来不脱湿的平均数据相比较焦炭消耗下降 2.6%，冷凝效率提高 1.2%。每年从空气中脱去 1000 t 水，可节约焦炭约 900 t。

八户厂采用的脱湿剂是含氯化锂的活性炭。脱湿器是一个蜂窝状的转鼓，其中的材料已用活性炭代替原来的石棉，并用拷贝式热风炉的余热来再生 LiCl。脱湿工艺过程见图 3-43。

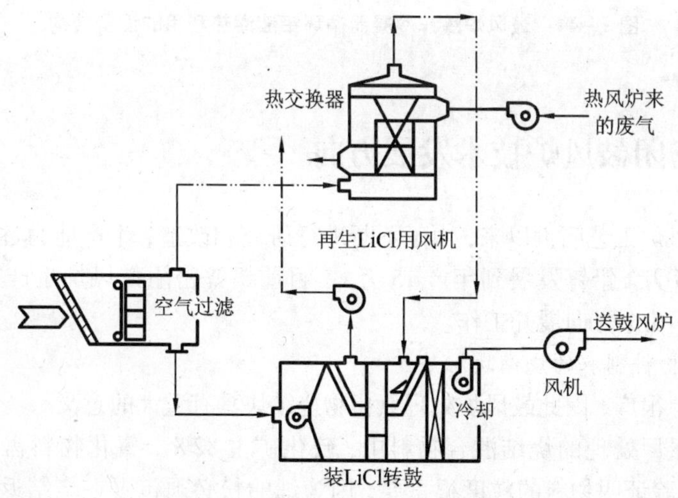

图 3-43　空气脱湿工艺过程

3.12.5　铅雨冷凝器循环铅的潜热利用

日本八户厂标准炉的冷凝器循环铅量为 4000 t/h，通过冷却溜槽后，温度从 530℃降至 430℃左右。铅液降温所放出的热一般被冷却水吸收，流至冷却塔后由排放损失了。为了回收这部分热能，八户厂于 1982 年 12 月投入第二台发电机组，八户厂利用 LCV 煤气发电和利用冷凝器循环铅潜热发电已经能满足该厂全部用电的70%左右。其设备结构如图3－44所示。

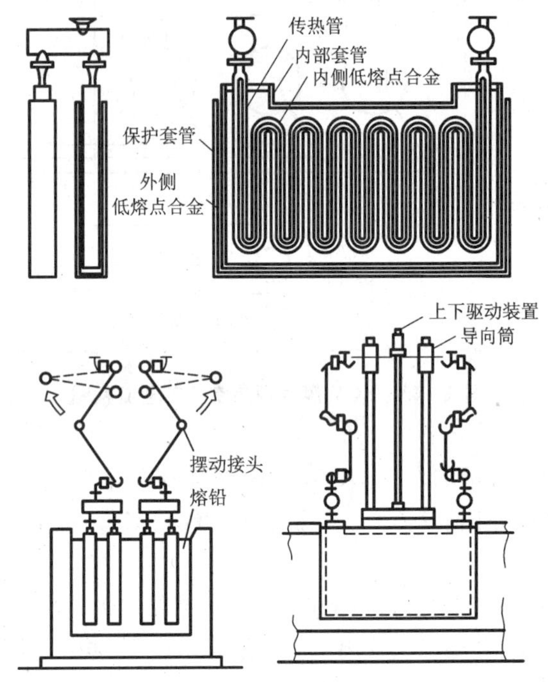

图3－44 鼓风炉炼锌冷凝器循环铅液潜热利用的设备结构

3.13 铅锌密闭鼓风炉技术发展方向

铅锌密闭鼓风炉工艺问世以来，由于不断进行研究和改造，生产能力逐步提高，已从原设计单台炉年产5万t铅锌发展到年产15万t。目前铅锌密闭鼓风炉生产工艺仍在继续研究，主要围绕以下几个方向展开工作。

1. 基于氧化物料制取的烧结块熔炼

氧化物料来源很广，因此鼓风炉处理氧化物烧结块具有重大的意义。

德国杜伊斯堡厂处理的烧结混合物料中，硫化矿占82%，氧化物料占18%（不包括返粉）。多年来的经验证明物料的粒度很重要，因为细的粉必须包裹在烧结返粉的颗粒上，或者必须考虑以粗颗粒代替返粉，而且要有足够的混合时间，使水分均匀分布，一般烧结混合料中的氧化物料最大限量为30%～40%。

澳大利亚科克克里克厂用返粉与粒度相同的锌焙砂配入烧结物料中，不仅增加了烧结料层的透气性，产出合格的烧结块，而且增加了产量。

波兰米亚斯茨科厂熔炼的物料中有50%是回转窑富集的氧化物料，该厂用5%～10%回转窑粉状氧化物烟尘，26%煅烧过的回转窑氧化物烟尘与硫化精矿混合料生产烧结块，转鼓指数为75%～80%，氧化钙与二氧化硅之比达1.15。在酸厂停产期间，将回转窑氧化物烟尘混合料配焦炭进行烧结，产出的烧结块送鼓风炉熔炼。

2. 热压和冷压团块的熔炼

为了处理越来越多的氧化物料，对氧化物料在熔炼前的处理量也相应大大增加。由于受烧结能力不足和其他原因的限制，采用铅锌密闭鼓风炉工艺的各厂家试图增大冷压团块和热压团块的用量(以各类氧化物为原料，如蓝粉、泵池浮渣、烟化炉次氧化锌和锌精馏浮渣等进行压团)。

热压团就是在600～700℃的温度和高压下使粉料产生塑性变形以及部分熔化和凝固，把粉料压制成合适粒度的团块。热压团法与其他方法相比有较多的优点：

(1)团矿强度高；

(2)被处理物料的成分和粒度范围广，团矿粒度均匀；

(3)送入鼓风炉熔炼时透气性好，对生产同样强度的块料而言，热压团法比烧结焙烧或冷压团法简单，生产成本低。

热压团工艺在德国、意大利、日本等厂均已应用，技术比较成熟。

3. 富氧熔炼

提高风温和加大风量通常是增加产量的措施，但是对定形的铅锌密闭鼓风炉来说，风量的提高是受到限制的，因为过分地加大风量会使鼓风炉炉缸状况紊乱、铅雨冷凝器冷凝效率降低。用富氧鼓风实际上可以在不降低铅雨冷凝器效率的情况下提高产量。但是根据实验报道，富氧鼓风会使炉身、炉顶出口和冷凝器进口等处的炉结增加，且渣含锌亦有所提高。

第 4 章　锌精馏精炼

4.1 概　述

密闭鼓风炉产出的粗锌，含 Zn 97.5% ~98.5%，Pb <1.7%，Fe <0.04%，Cd <0.45%，Cu <0.05%，As <0.07%，Sb <0.2%，Sn <0.03%，另外还含有少量铟、锗、银，这些杂质元素都不同程度地影响锌的性质，从而限制了产品的用途，必须进行精炼提高锌的纯度，才能满足市场对锌的质量需求。

将鼓风炉粗锌用精馏法生产高纯度锌，生产的特点是在隔绝空气密闭状态下的碳化硅塔盘中进行，使用煤气燃烧为其供热，利用锌及各种杂质元素沸点不同或它们之间蒸气压的差别，控制不同的温度，经多次蒸馏，多次分凝回流，达到锌和其他杂质分离开来，通过两阶段除杂得到高纯度的金属锌。第一阶段是将粗锌加入铅塔，除去 Pb、Fe 等高沸点杂质，全部 Cd（50% ~60%）被蒸发到冷凝器，馏余物进入精炼炉；第二阶段将铅塔冷凝器的含镉锌加入到镉塔，除去低沸点杂质 Cd，Cd 以过饱和蒸气状态存在，经大冷凝器，再经小冷凝器得高镉锌，镉塔馏余物为精锌，上铸锭机铸锭得到锌锭，锌锭的质量一般 90% 以上为特级锌（含 Zn 99.995%）。一般塔盘组合方式为 4 塔型组合：2 座铅塔、1 座镉塔、1 座 B#塔。铅塔馏余物在精炼炉熔析精炼，得到的 B#锌是 B#塔原料，硬锌送真空炉处理。

精馏塔结构复杂，砌筑难度大，生产过程要求供热稳定，操作精细，各项技术条件控制严格。

对精馏塔炉窑运行影响最大的因素是料量与温度，即入塔锌液流量均匀，精馏塔燃烧室温度稳定。铅塔料量控制首先要求锌液温度保持550℃左右，粗锌含铅在1.5%以下，维护好自动控制流量装置。燃烧室温度控制，根本上要从煤气质量、压力稳定上保证，遇到煤气波动，要勤调整，保证温度波动小，设备上通过煤气控制设电动阀、烟气抽力设远程控制抽力拉板砖开度，可以及时调节温度。处理意外情况时升温或降温均要避免温度大幅度波动，一般温度调节速度在30 ~40℃/0.5 h 内。另外，原料含铁要控制在较低范围内，铅（B#）塔维持合理的产出率，防止馏余物流量过小、流动性太差导致堵塞下延部，出现塔体爆炸或停炉的意外情况。

影响锌锭质量的因素有三个方面：① Pb：控制铅（B#）塔产出率为 55% ~60%，原料含 Pb 在正常范围内，含 Pb 超标要组织抽铅，精炼炉及时放 Pb，防止 B#锌含铅偏高。② Cd：控制原料含 Cd 在正常范围内，控制镉塔入塔流量均匀，保证大小冷凝器温度达标，维护小冷，不得有大量结渣，含 Cd 超标还可以通过减少入塔料量调节。③ Fe：主要是操作中使用铁工具不当或水泥损坏、意外带入铁器等原因造成。

影响产量因素有：炉况、原料、煤气质量、操作精细度、对炉窑意外事件及时处理、及时调节温度指标与料量、控制合理的产出率等。炉况维护很重要，及时组织清扫，防止压密砖漏锌以免导致炉况恶性循环，塔体漏锌时及时组织补塔。

另外，对精馏塔运行影响比较大的因素还有：① 烤炉、投料操作。烤炉要严格按计划升温，若塔体、熔化炉或精炼炉等混凝土底座开裂均可能会导致塔炉夭折。投料操作须注意：a）投料前炉窑各部位温度达到指标；b）下延部清理畅通，并驱赶干净塔内空气后方可开始加料；c）过大煤气前采取措施保证煤气不得进入换热室，防止过大煤气时出现放炮；d）过大煤气的操作避免燃烧室温度大幅波动；e）过完大煤气后，控制好燃烧室提温速度与料量，避免因锌蒸气上升过快导致塔盘爆裂。② 避免冲塔顶事故。维持熔化炉液位恒定，料量均匀，燃烧室温度稳定，控制合理的产出率，及时清扫冷凝器底座，拓宽塔顶溜槽过道，必要时，如发现加料器抽风涨潮有冲塔顶的危险时，揭开冷凝器底座盖板"放气"，避免发生冲塔顶（建议少用）。③ 处理好停电停煤气。依据停电停煤气应急预案，以班组为单位组织培训、演习，储备好木材、应急灯等应急物资，停电停煤气时，首先以最快速度闷炉，防止燃烧室温度突降，同时减少料量，防止断流，对关键部位用木材保温，防止温度低结死，若时间超过 0.5 h，要采取措施防止含镉锌溜槽、冷凝器底座结死。④ 塔体出现漏锌的补救。补救得当可以延长 3 ~ 6 个月甚至更长炉龄，用碳化硅细粉、硫酸、熟料、水玻璃调好补炉灰浆备用，塔盘轻微泄漏可以在熔化炉中加 8 ~ 16 kg 铝，之后注意避免燃烧室温度及料量不要大幅波动；若泄漏较严重，则可采取喷枪补炉，补炉前要清扫好，找准漏点，清理干净漏点结渣后实施补炉，补好后燃烧室温度保持平稳。

精馏塔煤气燃烧的余热利用，经换热室给燃烧室需用的煤气、空气预热到 600 ~ 700℃，正常情况下烟气符合国家标准，通过烟囱直接排空，塔体漏锌时则将烟气接入布袋收尘器。

4.2　锌精馏精炼工艺流程

将粗锌（液体或固体）加入熔化炉，加锌控制器控制好流量，使之均匀稳定经加料器、流管加入到加料盘，进入铅塔塔体，经过不断分馏，将 Zn 与高沸点杂质分离，在冷凝器得到含镉锌；而馏余物从塔盘的底盘经下延部进入精炼炉大池，在较低温度下静置，熔析精炼后分三层：Pb 析出沉底，Fe 与 Zn 生成锌铁糊状熔体即硬锌浮中层，上层为无镉锌即 B# 锌，B# 锌可作 B# 塔和 Pb 塔原料。

Pb 塔产出的含镉锌经溜槽均匀加入 Cd 塔，几乎全部的 Cd 被蒸发到大冷，在饱和蒸气压下进入小冷冷凝为高镉锌；馏余物即精锌，上机铸锭得到产品锌锭。

一般来说，塔体可以组合为 2Pb 塔 1Cd 塔 1B# 塔，即 2Pb 塔产出的含镉锌供 1Cd 塔脱镉，2Pb 塔 1B# 塔产出的 B# 锌可以供用 1B# 塔，B# 塔与 Pb 塔结构完全相同，因原料为 B# 锌，故在冷凝器直接产出精锌。

精馏法生产精锌工艺流程见图 4 - 1。

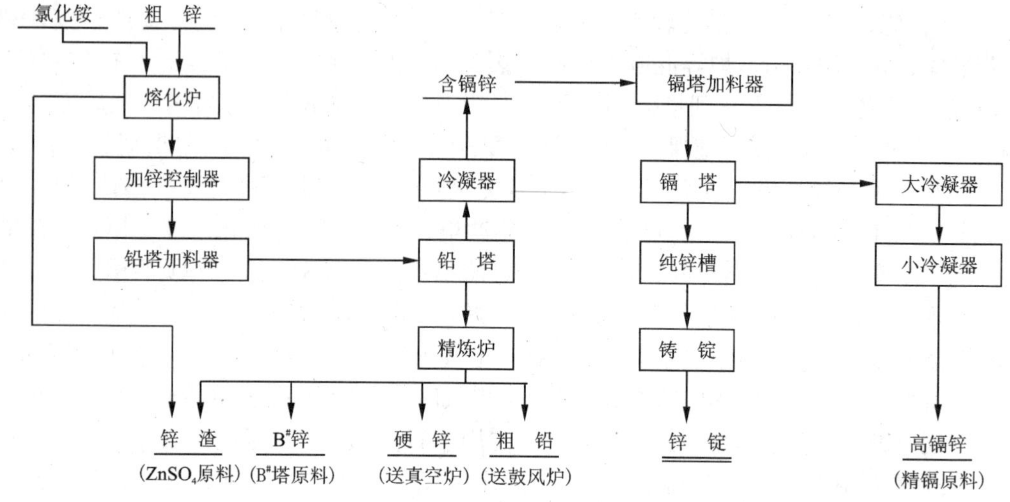

图 4-1 精馏法生产精锌工艺流程图

4.3 锌精馏精炼产物

4.3.1 锌锭

1. 化学成分

除用户对锌锭有特殊要求外，锌锭的质量应满足国家标准 GB/T 470—2008《锌锭》中 Zn 99.995、Zn 99.99 和 Zn 99.95 三个牌号的要求。锌锭化学成分见表 4-1。

表 4-1 锌锭的化学成分(GB/T 470—2008)(%)

牌号	Zn,不小于	杂质含量,不大于						
		Pb	Cd	Fe	Cu	Sn	Al	总和
Zn99.995	99.995	0.003	0.002	0.001	0.001	0.001	0.001	0.005
Zn99.99	99.99	0.005	0.003	0.003	0.002	0.001	0.002	0.01
Zn99.95	99.95	0.030	0.01	0.02	0.002	0.001	0.01	0.05
Zn99.5	99.5	0.45	0.01	0.05	–	–	–	0.5
Zn98.5	98.7	1.4	0.01	0.05	–	–	–	1.5

2. 物理规格

(1)锌锭表面不允许有熔洞、缩孔、夹层、浮渣及外来夹杂物。但允许有自然氧化膜。

(2)锌锭单重为 20 ~ 25 kg，锭的厚度为 30 ~ 50 mm。

(3)如用户有其他规格要求，由供需双方商定。

4.3.2 高镉锌

1. 化学成分(见表4-2)

表4-2 高镉锌化学成分(%)

元素	Cd	Zn
含量	>10	<90

2. 物理规格

(1) 液体温度480~530℃，无浮渣及其他杂物。

(2) 固体高镉锌为长方体状，无浮渣、杂物，无飞边、挂耳，单重150~250 kg或20~28 kg。

4.3.3 硬锌

1. 化学成分

Zn 75%~85%，Pb<20%，Fe 1%~3%。

2. 物理规格

硬锌为固体块状，顶面扁平，底部周边无金属锌，块度100~250 mm。或以B#锌模铸成长条。

4.3.4 B#锌

1. 化学成分(见表4-3)

表4-3 B#锌化学成分(%)

元素	Zn	Pb	Fe	Cd
含量	>96	<2.5	<0.10	<0.001

2. 物理规格

(1) 液体B#锌无浮渣、杂物。

(2) 固体B#锌为长方体状，无浮渣、杂物，无飞边、挂耳，无水分，无铁质吊具，吊装孔完整，单重350~420 kg，短边两侧有凹槽与粗锌区分。

4.3.5 锌渣

1. 化学成分(见表4-4)

表4-4 锌渣化学成分(%)

元素	Zn	Pb	Fe	Cd
含量	70~80	0.4~1.0	0.05~0.1	<0.05

2. 物理规格

锌渣为固体粒状，无金属锌块，不结块，无黏土、砖头等杂物。

4.3.6 粗铅

1. 化学成分

精炼炉粗铅含铅 >96%，锌 <2%。

2. 物理规格

粗铅为长方体状，无杂物，单重 550 ~ 650 kg。

第5章　铅电解精炼

5.1　概　述

目前铅电解精炼一般采用1901年Befs A G(柏兹)提出的方法，将粗铅或经过火法初步精炼的半精炼铅，在硅氟酸(H_2SiF_6)与硅氟酸铅($PbSiF_6$)的水溶液中进行电解。其目的是为了获得高品位的铅并回收铋及稀贵金属。

一般粗铅品位为96%~99%，含有1%~4%的杂质。电解精炼前，粗铅一般须经过火法精炼，以除去电解时不能除去的或对电解有害的杂质，同时残留一定量的砷及锑，然后铸成阳极；用阴极铅铸造成始极片，装入有硅氟酸铅($PbSiF_6$)和游离硅氟酸(H_2SiF_6)液的电解槽中进行电解。

经过电解精炼，产出高品位的阴极铅和表面带有阳极泥的残极。阴极铅经过洗涤后熔化，同时进行氧化精炼以除去微量的砷、锑、锡，然后铸成铅锭。一部分阴极铅用于铸造始极片。残极在除去阳极泥后，重新熔化并铸成阳极。阳极泥洗滤后另行处理，可回收其中的有价金属(Bi、Au和Ag等)。

铅电解精炼的优点是：适宜处理含铋的粗铅；经过一次处理，就能获得纯度比较高的铅，并且能充分回收粗铅中的贵金属；劳动条件较好。其缺点是：采用设备多；基本建设投资大；占用金属多；耗电量大等。

5.2　铅电解精炼的基本原理

5.2.1　铅电解精炼的电极反应过程

铅电解的电解液是$PbSiF_6$和H_2SiF_6的混合水溶液，一般含Pb^{2+} 70~130 g/L，即$PbSiF_6$ 120~220 g/L，含H_2SiF_6 60~100 g/L，总的硅氟酸根相当于110~190 g/L。阴极为纯铅，阳极为经过初步脱铜的粗铅，其电化学过程可以表示为：

$$Pb_{(纯)} \mid Pb^{2+}\ H^+\ SiF_6^{2-} \mid Pb_{(粗)}$$

直流电的作用下，阴极反应有：

$$Pb^{2+} + 2e = Pb$$

$$2H^+ + 2e \longrightarrow 2H \longrightarrow H_2$$

在硅氟酸溶液中，铅的析出电势为-0.1274 V，而氢的标准电势为0 V，由于氢在铅上的析出具有较高的超电压(1.1 V)，因此H^+放电是不可能的。

在电流密度较高时，贴近阴极表面的薄层电解液中Pb^{2+}浓度低很多，当电解液中Pb浓度为90~100 g/L时，这个薄层中的Pb^{2+}浓度会降至10 g/L以下。以0.048 mol/L计算，H^+

在电场作用下仅移向阴极但没有放电，所以在此阴极薄层内 H^+ 浓度可能很高，若高达 10 mol/L，则它们在 25℃时实际析出电势应分别为：

$$\varphi_{Pb^{2+}/Pb} = \varphi^{\ominus}_{Pb^{2+}} + \frac{RT}{nF}\ln a_{Pb^{2+}} - \eta_{Pb^{2+}}$$

$$= -0.1274 + \frac{0.05915}{2}\lg 0.048 - 0 = 0.1664\ \text{V}$$

若 $[Pb^{2+}]$ 降至 1 g/L，则 $\varphi_{Pb^{2+}/Pb} = -0.19$ V

$$\varphi_{H^+/H} = \varphi^{\ominus}_{H^+} + 0.05915\lg 10 - 1.1 = -1.04\ \text{V}$$

所以仍是更正电性的 Pb^{2+} 优先在阴极放电析出。为确保 Pb^{2+} 的优先析出，必须加强电解液循环，不断地向阴极附近提供 Pb^{2+}。当阴极结晶不平整长尖疙瘩时，在这个尖端电流密度很大，甚至高达平均电流密度的十几倍或数十倍，在贴近阴极的薄膜微区域，可能造成 Pb^{2+} 浓度接近或等于零。同时在这个凸凹不平处，H^+ 放电超电压显著降低，这时 H^+ 放电析氢气是可能的。这就是为什么析出铅结晶恶化时电流效率下降的原因之一。

在阳极可能进行的反应为：

$$Pb - 2e \longrightarrow Pb^{2+}$$

$$SiF_6^{2-} + H_2O - 2e \longrightarrow H_2SiF_6 + \frac{1}{2}O_2$$

在阳极区，由于阳极泥层的存在，明显影响 Pb^{2+} 的扩散，在电解液含 Pb^{2+} 100 g/L 时，阳极泥处的电解液含 Pb^{2+} 可达 300 ~ 350 g/L，在阳极表面与泥层之间的薄膜中 Pb^{2+} 浓度会更高。若其浓度为 500 g/L 即 2.5 mol/L，则：

$$\varphi_{Pb^{2+}/Pb} = \varphi^{\ominus}_{Pb^{2+}} + \frac{0.05915}{2}\lg[Pb^{2+}] = -0.1156\ \text{V}$$

若 SiF_6^{2-} 的浓度为 400 g/L，即 2.8 mol/L，则：

$$\varphi_{SiF_6^{2-}} = \varphi^{\ominus}_{SiF_6^{2-}} + \frac{0.05915}{2}\lg[SiF_6^{2-}] = -0.467\ \text{V}$$

所以在阳极只发生 $Pb - 2e \longrightarrow Pb^{2+}$ 的反应。

以上计算表明，铅电解的电极过程都比较单一，所以它不需要附加的净液过程就能产出品位比较高的产品。

5.2.2 铅电解精炼时杂质的行为

通常铅阳极含有 1% ~2% 的杂质金属，电解时这些杂质的行为决定于标准电位及其在电解液中的浓度。下面将有关的各种金属的标准电位列出见表 5 - 1。

按表 5 - 1，可能的杂质大略划分为三类。第一类杂质包括电化序在铅以上的较负电性金属：Zn、Fe、Cd、Co、Ni 等；第二类为电化序在铅以下的较正电性金属：包括 Sb、Bi、As、Cu、Ag、Au 等；第三类杂质是标准电位与铅非常接近的 Sn。

电解时，第一类杂质金属随铅一道进入溶液，但这些金属杂质具有比铅更负的析出电位，而且在正常情况下浓度极小，不会在阴极放电析出。因为这些金属杂质或者是在粗铅中含量极少(如 Cd、Co、Ni)或者在火法初步精炼过程中容易除去(如 Zn、Fe)，故不至于在电解液中造成有害的聚集。

表5-1　25℃时各种金属的标准电位(V)

阳离子	电位	阳离子	电位
Zn^{2+}	-0.76	H^{+}	±0.00
Fe^{2+}	-0.44	Sb^{2+}	+0.10
Cd^{2+}	-0.40	Bi^{2+}	+0.20
Co^{2+}	-0.28	As^{3+}	+0.30
Ni^{2+}	-0.24	Cu^{2+}	+0.34
Sn^{2+}	-0.14	Ag^{+}	+0.80
Pb^{2+}	-0.126	Au^{+}	+0.151

注：按伯兹在 H_2SiF_6 溶液中所测定的，金属析出稍微有所不同。

第二类杂质金属因为在电化序的位置比铅更低，电解时不进入溶液而残留在阳极泥中，其行为分别论述如下。

铜：阳极中铜的活性极小，在没有氧参与的情况下，不会呈离子态进入电解液中，所以在电解液中很少发现有铜存在。阳极铜的存在，严重影响着阳极泥的物理性质。若阳极含铜数量超过铜-铅系的共晶成分即0.06%时，将显著地使阳极泥变得坚硬和致密，以致阻碍铅的正常溶解，并且使槽电压升高而引起杂质溶解与沉积。因此，用于电解的粗铅一般都预先经过脱铜处理，使铜降低到0.06%以下。

锑：锑对铅电解过程的正常进行有着重大的影响。锑在阳极中呈固溶体状，电解时，使阳极泥变成坚固而又疏松多孔的结构，因而获得具有适当附着强度的海绵状泥层，使之不致脱落。因此，阳极中保持适当的锑量是必要的，阳极泥的强度随含锑量的增加而加大。

阳极中的含锑量视各个工厂的具体条件而不同，从0.25%变到1.20%。过高的含锑量是不适宜的，虽然不致妨碍铅的溶解和扩散，但会使泥层难于刷下。同样，太少的含锑量也是不适宜的，因为这会使阳极泥容易散碎和脱落。正常作业条件下，阳极的含锑量一般控制在0.5%~0.8%。电解时，绝大部分的锑进入阳极泥中。在槽电压和电流密度升高时，有少量的锑发生溶解，并转移到阴极。实验证明：阴极上的锑主要是放电析出的。当电解液含锑在0.2 g/L时，则阴极上的锑随电解液中的含锑量成正比增加。

粗铅含锑太低时，可在粗铅火法初步精炼后加入精锑进行调整。

砷、铋：砷和铋也同样具有使阳极泥强度增大的效果，但作用不及锑大，电解时，在任何条件下铋都不会呈离子状态进入溶液，故铅电解精炼时除铋最为完全。阴极上所含微量的铋是由于阳极泥的脱落而机械地附着在阴极上的。

阳极中含砷量保持在0.35%以下，超过此值时，阳极泥显著地变硬。

银：绝大部分的银进入阳极泥中。电解液中含有微量的银可能是由浮游的阳极泥带入的。阴极上的含银量随槽电压及电流密度的增高而增加。在槽电压不高和阳极泥的强度适当的情况下，有时阴极含银可以降到0.08 g/t以下。

第三类杂质锡与 H_2SiF_6 生成 $SnSiF_6$，在水中具有很大的溶解度。在 H_2SiF_6 电解液中，Sn^{2+} 的析出电位与铅非常接近，理论上将完全溶解并在阴极上析出。但实际上锡并不完全溶解，仍有部分锡分布在阳极泥中。莱恩白尔格(Reinberg)认为，阳极中一些杂质金属与锡构成金属间化合物，而使锡的溶解电位降低(即电位更正)，因而使锡保留在阳极泥中。

5.2.3 电解阴极沉积物的构造

金属的电积结晶以铅最糟糕，并且随作业条件的不同结晶情况变化很大。阴极铅的结晶形态在很大程度上标志着它的质量，并对电解过程的正常进行有很大影响。阴极结晶状态见表5-2。

表5-2 阴极结晶状态及成分(%)

结晶状态	Bi	Cu	As	Sb	Zn	Fe	(Ag + Au)
海绵状阴极铅	0.0028	0.1080	0.0257	0.0105	0.0006	0.0110	0.0004
海绵状阴极铅(外表)	0.0010	0.0016	0.0004	0.0007	—	0.0080	0.0007
海绵状阴极铅(内部)	0.0005	0.0007	0.0002	0.0013	—	0.0060	痕迹
海绵状阴极铅(周边)	0.0010	0.0010	0.0010	0.0017	—	0.0080	0.0008
瘤状阴极铅	0.0075	0.0040	0.0371	0.0120	痕迹	0.0055	0.0004

为了避免阴极边缘上电力线的密集而生成树枝状或羊齿状的粗糙结晶，从而造成短路，通常阴极的长度和宽度都比阳极稍大。

由于电解液中$PbSiF_6$密度较大。在电流的作用下，电解槽下部比上部所含$PbSiF_6$浓度要大一些，而游离H_2SiF_6则相反。结果阴极结晶相应地下部要比上部更为发展和粗糙。因此，必须加强电解液的循环以消除这种不均匀现象，但要完全消除这种现象事实上是不可能的。在正常情况下，电解槽内上下部铅的浓度差达10～15 g/L，游离H_2SiF_6的浓差为3～8 g/L，过大的循环速度势必会扰动阳极泥造成电解液混浊。

提高电解液的温度有利于阳极铅的均匀溶解和在阴极上的均匀沉积，但作用不显著。电解液中铅与酸的浓度过低时，会使阴极沉积变成海绵状结晶，并且随电流密度的提高而加剧。

由于阳极和阴极的位置没有对正所造成的局部电力线密集，也会使阴极结晶局部变坏。

铅电解过程加入的胶质物可以大大改善阴极结晶状态。即使只加0.1 g/L也有效。阴极析出铅的机械强度与电解液中的胶质物浓度有关，胶质物浓度的波动反映在阴极析出铅的软硬程度上，胶多则硬脆，反之则软。

正常的阴极结晶是平滑致密，沿阴极长度方向存在着明显的宽1.0～1.5 mm的纹路，呈铅灰色，并具有金属光泽。

当局部的结晶呈现暗色时，表示杂质的析出。若边缘区出现黑色的幅带，则这可能是由于电极短路、不导电或电解液停止循环时间过长所造成的阴极重溶现象。通常这不会影响阴极的品位。

5.3 铅电解精炼工艺流程

铅电解精炼的一般工艺流程如图 5－1 所示。

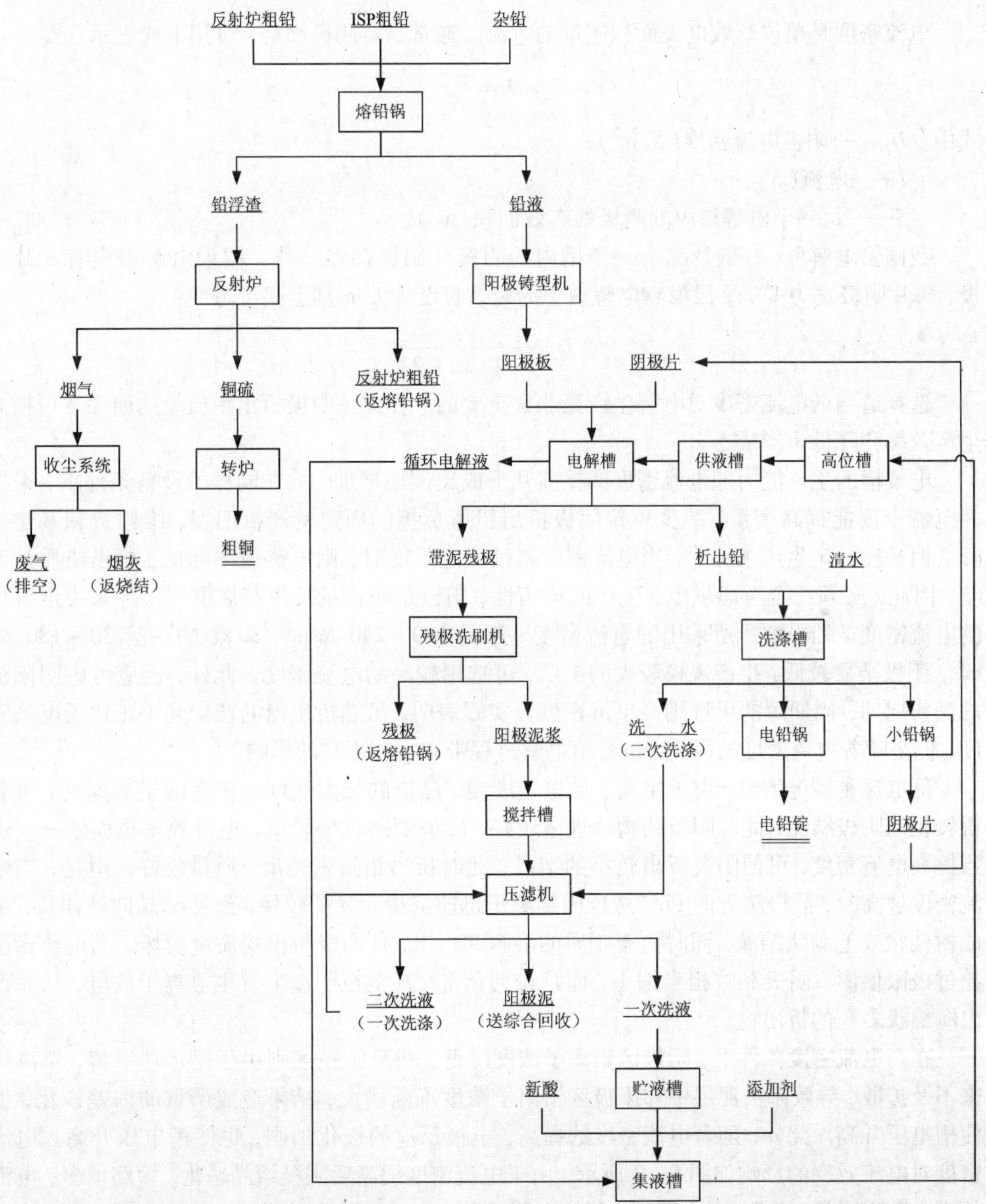

图 5－1 铅电解精炼工艺流程图

5.4 铅电解精炼生产操作与控制

5.4.1 电流密度

电流密度是单位有效电极面积通过的电流。通常是对阴极而言，可用下式表示：

$$D_K = \frac{I}{S}$$

式中 D_K——阴极电流密度(A/m²)；

I——电流(A)；

S——每一个电解槽内的阴极的有效面积(m²)。

我国铅电解厂，一般情况下每个槽内的阴极比阳极都多一片。故设电解槽内有 n 片阴极，每片阴极宽为 W m，浸没在电解液中的有效长度为 L m 则上式可写成：

$$D_K = \frac{I}{LW(2n-2)}$$

选择适当的电流密度对电解生产是非常重要的。在保证阴极析出铅质量的前提下可提高生产效率和降低生产成本。

电解槽的生产能力随电流密度的提高几乎成比例地增加，故在同样的设备条件下，采用高电流密度能提高产量，减少单位阴极析出铅所负担的固定资产折旧费、维修费和基建投资。但是在一定生产条件下，当电流密度超过一定限度时，则电流效率降低，析出铅质量变差，因此，必须综合考虑供电、生产的均衡性、阳极杂质含量及生产规模等条件来决定合理的电流密度。铅电解厂所采用的电流密度一般是 100～240 A/m²，多数工厂是 130～180 A/m²。阳极杂质较低，生产规模较大的工厂，可选用较高的电流密度。此外，还应考虑阴阳极的操作周期，周期短的可选用高电流密度。实践表明，虽然析出铅的产量几乎正比于电流密度，但是随着电流密度的提高，也会给电解过程带来一些不利的影响。

低电流密度电解时，由于铅离子放电速度慢，晶核的长大速度大于它的生成速度，可获得较粗的阴极结晶，此时阴极的物理规格较好，电极短路现象较少，电流效率也就较高。适当提高电流密度，可使阴极析出较小的结晶；此时析出铅致密光滑，质量较好。但是，当电流密度过高时，阴极附近的 Pb^{2+} 浓度因铅离子迅速沉积而降低较快，致使结晶向外伸长，造成树枝状或毛刺状结晶，同时由于杂质的溶解和析出，使阴极析出铅质量变坏。当电流密度超过极限值时，阴极晶粒相当细小，而且排列紊乱，甚至在阴极上发生氢离子放电，从而产出海绵状多孔的析出物。

在高电流密度条件下，阴极区铅离子浓度降低，相反阳极区则由于铅迅速溶解，铅离子来不及扩散，导致阳极泥层中和阳极区铅离子浓度不断增大，结果造成严重的浓差极化，促使槽电压升高。此外，随着电流密度的提高，电极反应的极化加剧，也使槽电压升高。电流密度对电流效率的影响如图 5－2 所示，由于电流密度提高后阴极结晶恶化，短路增多，电流效率也随之降低。如图 5－3 所示，因槽电压的升高和电流效率的降低，又导致了电解精炼电耗的增大。

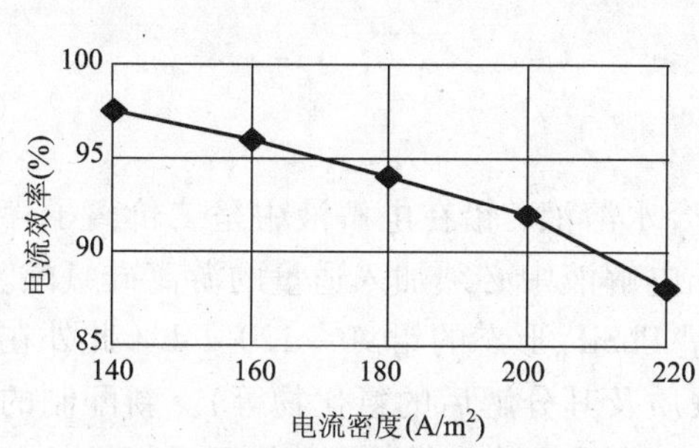

图 5－2　电流密度对电流效率的影响

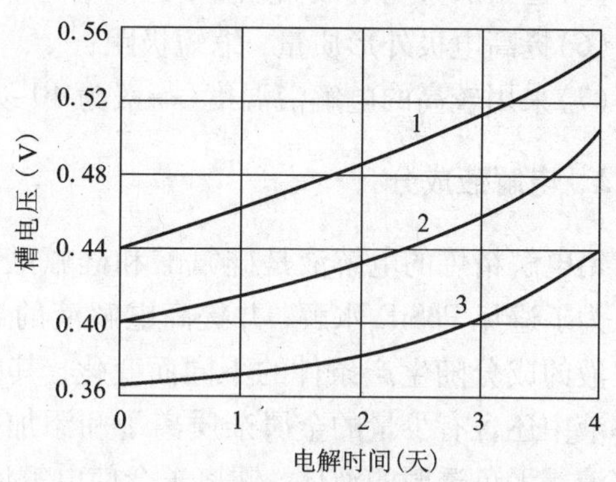

图 5－3　电解时间对槽电压的影响

1—D_K = 240 A/m²；2—D_K = 220 A/m²；3—D_K = 180 A/m²

由于浓差极化的加剧，槽电压升高，使较正电性的金属杂质从阳极上溶解，并在阴极上析出。实践证明，析出铅中 Cu、Sb 和 Ag 等较正电性的杂质以及锡的含量随电流密度的提高而增大，见图 5－4、图 5－5。

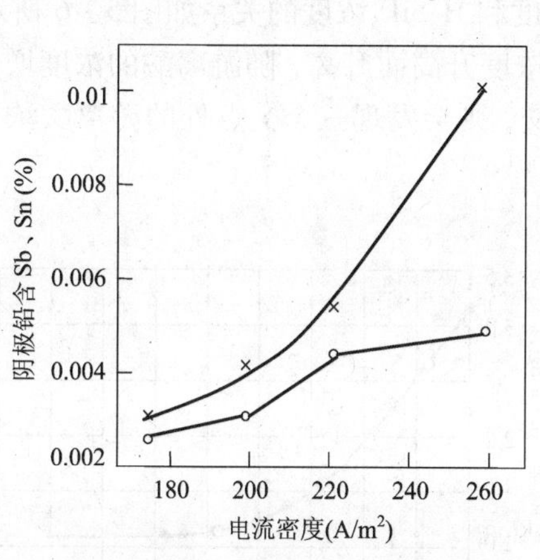

图 5－4　电流密度对阴极铅中含锑锡的影响

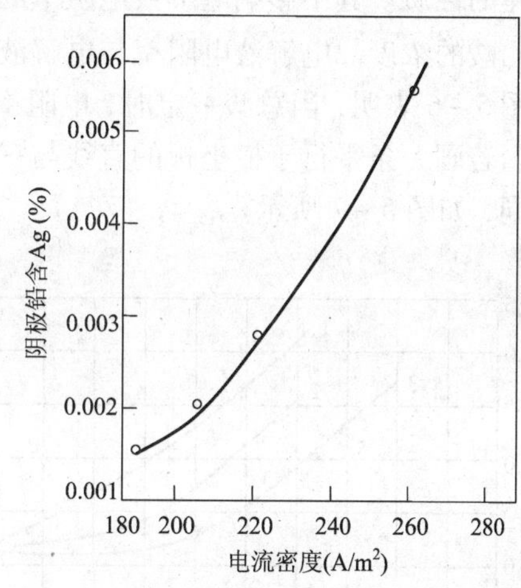

图 5－5　电流密度对阴极铅中含银的影响

应当指出的是，对于杂质受电流密度的影响有着不同的见解。有人认为铜、银的析出与电流密度无关。

尽管采用高电流密度电解会给过程的正常进行带来一定困难，但一些铅精炼厂仍采用高电流密度来强化生产，从而达到提高产量的目的。我国某铅厂的生产实践表明，采用高电流密度生产时，要获得较高质量的电铅和较低的电解单耗，可以从以下几个方面来考虑：

(1)提高阳极品位(含 Pb≥98.5%)，并控制其有害杂质含量；

(2)在阳极铅中保留适当的 As 和 Sb，使阳极泥层有足够的附着强度；

(3)确定合理的生产周期及阳极厚度，以保持阳极泥层适当的厚度以及较低的槽电压；

(4)适当地提高电解液中铅离子及游离硅氟酸的浓度，该厂电解液 Pb^{2+} 90～120 g/L，游离酸达 90～110 g/L；

(5)适当加大电解液循环量，达25 L/min；

(6)提高电极外形质量，缩短极距；

(7)采用较高的电解液温度(一般为40～45℃)；

5.4.2 电解液成分

铅电解精炼的电解液是硅氟酸和硅氟酸铅的混合水溶液，铅在电解液中呈二价离子存在。为了避免 $PbSiF_6$ 水解，并提高电解液的导电率，电解液中必须加入适量的游离硅氟酸。电解液的成分随生产条件的不同而变化，其中含有呈 $PbSiF_6$ 形态的铅90～120 g/L。此外在电解液中还含有少量的金属杂质离子和添加剂(如胶质及其分解后的氮化物等)。新配制的电解液是无色透明的液体，铁离子会使电解液呈绿色，胶质物使之呈棕色，使用时间较长的电解液呈啤酒色。

对电解液的要求是具有高的导电率和高的纯净度。

根据工厂实践，在槽电压组成中，电解液的电压降占56%～62%。因此，降低电解液的电阻率(即提高导电率)，对降低槽电压和电能消耗，保证析出铅质量都是十分重要的。

电解液的成分复杂，由于是多种电解质的混合溶液，又因加入了骨胶等添加剂而具有某些胶体的性质。其中影响电解液电阻率的主要因素是 Pb^{2+}、游离 H_2SiF_6 浓度及骨胶分解产物氨基乙酸的浓度。电解液电阻率与电解液中 Pb^{2+} 浓度和 H_2SiF_6 浓度的关系如图5－6所示。

图5－6表明，当总酸一定时，电阻率随铅离子浓度升高而升高，随游离酸的浓度增大而降低。若画一条平行于横坐标的直线与三条曲线相交，则会发现三个交点处的游离酸浓度大致相同，如图5－7所示。

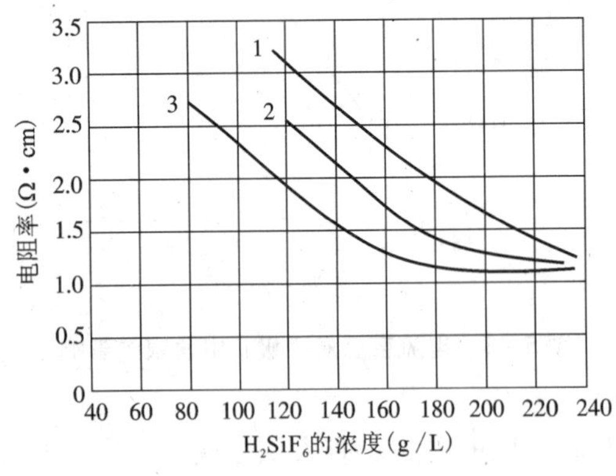

图5－6 电解液电阻率与 Pb^{2+} 浓度和 H_2SiF_6 浓度的关系

1—Pb^{2+} 浓度120 g/L；2—Pb^{2+} 浓度80 g/L；3—Pb^{2+} 浓度40 g/L

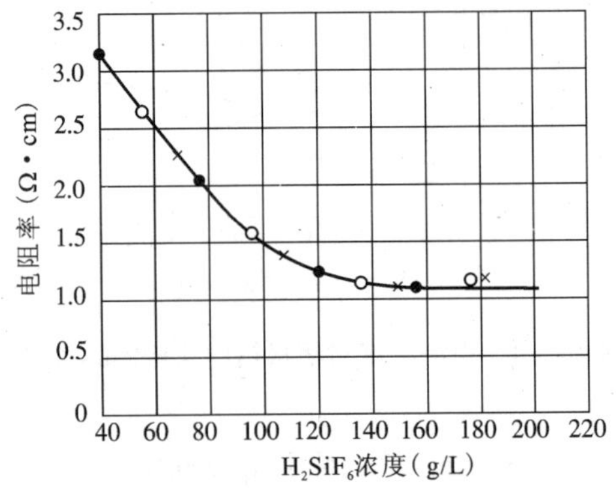

图5－7 电解液电阻率与 H_2SiF_6 浓度的关系曲线

○—Pb 40 g/L；×—Pb 80 g/L；●—Pb 120 g/L

图5－7表明，当游离 H_2SiF_6 一定时，电解液电阻率实际上不受电解液中的 Pb^{2+} 浓度的变化影响。电阻率只取决于游离硅氟酸，且随其浓度增大而降低。当游离 H_2SiF_6 达到一定值以后，电阻率的降低越来越小，最后趋于一恒定值。从上两图可看出，在图示范围内，决定电解液电阻率的主要因素是游离硅氟酸的浓度。

生产实践表明，杂质金属离子浓度对电解液电阻率影响不大，但是添加剂，尤其是骨胶的长期使用可使电解液电阻率增加 0.7 ~ 1 倍。

提高电解液中游离 H_2SiF_6 的浓度，不仅能改善导电性能，而且还能提高电流效率和阴极质量。在其他条件相同时，电解液游离酸浓度愈低，则电流效率也愈低，这是阴极结晶恶化和电路电压升高所致。例如：当游离酸为 50 ~ 70 g/L 时，电流效率可达到 95%；而当游离酸降至 20 g/L 时，电流效率下降到 83% ~ 85%。因此，生产中一般都采用酸度较高的电解液，有的工厂游离酸高达 90 ~ 100 g/L。但当超过 120 g/L 后，比电阻降低不大，而酸的损失随着酸度的升高而增加。

在正常情况下，适当地提高铅离子浓度是有利的。因为这种电解液可获得光滑致密而又坚固的阴极析出铅。铅离子浓度过低，会引起杂质在阴极上析出，并且生成海绵状的阴极沉积物，但电解液含铅也不能太高，因为太高时会导致阴极长成粗粒的结晶，严重时会破坏电解作业的正常进行。因此，工厂实践要求电解液中的铅是中等含量。

铅离子的价数对电铅质量也有影响，四价的铅离子放电时以海绵状结晶在阴极上析出，而二价铅离子在电解时可以获得较粗的阴极结晶。另外，由于 $PbSiF_6$ 不可避免地微量水解，产生含水硅酸胶体，使析出铅获得致密细小结晶。$PbSiF_6$ 在水溶液中溶解度很大，15℃时可达 28%，在酸性溶液和常温下有较大的溶解度。所以在生产条件下，提高电解液中的 $PbSiF_6$ 浓度，不至于造成过饱和以及结晶析出的现象。

国内外各厂的生产条件不同，电解液中铅、酸的浓度控制范围差异也很大。通常铅离子浓度变化为 80 ~ 130 g/L。总酸浓度 90 ~ 140 g/L，有少数工厂总酸高达 180 g/L 以上，但大体都遵循这样的规律：随着电流密度的提高，电解液中的铅、酸浓度也相应地提高。生产实例中电解液成分如表 5 - 3 所示。

表 5 - 3 电解液成分(g/L)

成分	总酸	Pb^{2+}	游离 H_2SiF_6	Cu	Ag	Bi	Sb	F	Fe
含量	150 ~ 180	80 ~ 100	90 ~ 110	<0.002	<0.001	<0.02	<0.8	<3	<2

某些工厂电解液成分与电流密度的控制，如表 5 - 4 所示。

表 5 - 4 电解液成分与电流密度的控制

厂别	1	2	3	4	5
电流密度(A/m^2)	110 ~ 140	150 ~ 170	180 ~ 210	140 ~ 150	145
总酸(g/L)	145 ~ 150	155 ~ 170	170 ~ 190	100 ~ 150	150
游离 H_2SiF_6 浓度(g/L)	84 ~ 87	92 ~ 93	93 ~ 99	60 ~ 80	63
铅浓度(g/L)	80 ~ 90	90 ~ 110	110 ~ 130	60 ~ 100	125

电解液除了需要控制其铅、酸浓度外，还要控制杂质金属的含量。总之，电解液成分的控制一般依据下例原则：

(1) 含游离硅氟酸要稍高一些。

(2) 控制电解液含铅量在一定范围。

(3) 在电解液成分控制范围内，铅、酸浓度应按比例地增减，尽量避免电解液成分剧烈地波动，成分突变会引起电解正常生产的失调，导致电流效率下降，析出铅结晶恶化。

(4) 控制杂质金属的浓度，尽可能地降低其含量。

在电解过程中，由于阴极电流效率较阳极电流效率稍低及铅的化学溶解等原因，电解液中的铅离子浓度一般随电解的进行而逐渐升高。在另一种情况下，当阳极品位低，杂质含量多，电解液游离酸较低及添加 H_2SiF_6 含杂质高(SO_4^{2-} 、F^-)时，电解液中 Pb^{2+} 浓度则随电解过程的进行而逐渐下降。因此，在实际生产条件下电解液中 Pb^{2+} 浓度基本稳定，无须进行脱铅。

在电解过程中，因为电解液的机械损失、蒸发损失和其他复杂的反应的结果，电解液中游离的 H_2SiF_6 浓度会逐渐降低。因此，补充电解过程中正常的酸消耗，每隔二、三天必须对电解液进行化验分析，并加入新的 H_2SiF_6 进行调整。为了保证电解液的体积平衡，还必须分班均匀地加入洗液。由于洗液中杂质的含量较电解液高得多，铅、酸的含量也不同，因而在加入前必须进行充分时间的沉淀，一般要求在 16 h 以上。为了保证电解液成分的稳定，洗液补充量力求均衡。某厂实践：每日补充的洗液量一般为电解液总体积的 2.5% ~3.5%。其量与气候、电解液循环速度、出槽个数、电解液温度、电流密度和机械损失等因素有关。

向电解液补充新酸时，也要分班均匀加入，从而维持电解过程的正常进行。为了便于控制电解液的体积平衡，新酸浓度应要求高一些；为了防止有害杂质带入电解液，要求新酸杂质浓度尽可能低。某厂要求新酸：含 H_2SiF_6 浓度大于 360 g/L，$Cu < 1.8$ g/L，游离 $F < 3$ g/L。

酸耗的计算一般是每月核算一次，其公式为：

$$酸耗 = \frac{上月电解液总含酸量 + 本月补充新酸量 - 本月末电解液总含酸量}{本月析出铅产量}$$

当电解液含酸相对稳定时，为简化计算，可用下式计算：

$$酸耗 = \frac{全月补充的新酸量}{析出铅产量}$$

各工厂技术操作条件不同，一般酸耗也不同。通常每吨析出铅耗酸为 1.0 ~3.5 kg。每吨析出铅的酸耗大约占加工费的 10%，因此，对铅电解来说，降低酸耗具有很大的经济意义。

降低酸耗的措施是：

(1)合理控制阳极成分；

(2)合理控制电解液含酸量，可高些但不能控制得太高；

(3)控制适当的电解液温度；

(4)加强电解管理，严格遵守技术操作规程，加强设备的管理和维修，使机械损失减少到最小程度；

(5)精细洗涤阳极泥，使其中的酸尽量得到回收。

5.4.3 电解液温度

当电解液成分一定时，提高电解液温度，则电解液中的离子迁移速度加快，离子水化作用降低，溶液的黏度减小，导电度增大，从而使其比电阻降低。有资料指出，液温每升高1℃，大约使其比电导增大2% ~2.5%。铅电解液的电阻与温度的关系如表5-5所示。

表5-5 铅电解液电阻与温度的关系(Ω)

H_2SiF_6 浓度(g/100 mL)	Pb 浓度(g/100 mL)	0℃	10℃	20℃	30℃
30.5	27.8	2.95	2.18	2.10	1.84
30.5	25	2.66	2.15	1.84	1.60
30.5	10	2.07	1.72	1.57	1.21
30.5	15	1.74	1.45	1.23	1.07
30.5	10	1.48	1.21	1.04	0.75
27.1	25	3.22	2.74	2.13	1.86
24	20	2.73	2.24	1.72	1.52
24	15	2.01	1.67	1.33	1.14
24	10	1.62	1.33	1.14	0.99
24	5	1.31	1.45	1.14	0.87
21.9	20	3.39	2.68	2.32	1.99
18	15	3.50	2.99	2.34	2.09
18	10	2.13	1.77	1.50	1.31
16.4	15	3.80	3.25	2.54	2.28
12	10	4.62	3.74	3.35	2.69
12	10	4.84	4.13	3.51	2.81

适当的电解液温度，可改善阴极析出铅的表面物理状态，结晶更为平整致密，呈现金属光泽。但当温度过高时，则会使加入电解液中的胶老化而降低其性能，使析出铅发软，结晶状况变差；电解液的蒸发损失增大；电解槽的沥青衬里软化或鼓泡，使槽的维修工作量增加。

如果电解液的温度过低，则对阴极结晶状态不利，使析出铅表面粗糙，而且槽电压升高，电耗增大。电解液温度受气温、电解液成分、电流密度及散热条件等方面影响。各工厂的温度控制也不尽相同，大部分工厂控制在30~45℃，也有的达到50℃。有研究指出，液温应控制在45℃为宜。电流通过电解液产生的热量，一般可使其电解液温达30℃以上。在冬、夏季节，当温度超过控制范围时，须用蒸汽或冷水通过强制方法(如蛇形管、石墨冷却或加热器、冷冻机等)进行人工加热或冷却。

5.4.4 电解液循环

随着电解过程的进行，阴极附近的铅离子逐渐降低，而阳极附近及阳极泥中铅离子浓度逐渐升高。由于两极附近的电解液成分的密度不同，在重力的作用下会发生分层现象，这将引起阴阳两极的不均匀析出和溶解。单靠离子的扩散来达到电解液成分的均匀目的是不可能的。为了尽量减小或消除浓差极化现象，必须将电解液进行循环流通。此外，在循环时，可使冷热不同的电解液对流，使其温度趋于一致。某厂电极之间的电解液与阳极泥孔隙中电解液成分比较如表5－6所示。电解槽上下部间的电解液成分如表5－7所示。

表5－6 电极之间电解液与阳极泥孔隙中电解液成分

电解液	密度(g/cm^3)	电解液成分(g/L)		
		Pb^{2+}	被束缚的 H_2SiF_6	游离的 H_2SiF_6
极间空间	1.25	93.3	65.3	82.2
阳极泥	1.5	284	188.0	42.0

表5－7 电解液分层情况

电解液循环量(L/min)	测量位置(相差720 mm)	Pb(g/L)	总 SiF_6^{2-} (g/L)	电流密度(A/m^2)
12.4	上	43.98	135.76	223
	下	105.29	169.49	223
16.0	上	61.84	146.08	223
	下	68.56	149.50	223

电解液的循环速度(L/min)是以每分钟流出每个电解槽的电解液体积或每换一槽电解液所需的时间(h)来表示的。循环速度取决于电流密度、阳极板成分及每个槽中电极的数目。在其他条件不变时，循环速度随电流密度的提高而加大。根据某厂实践，电流密度与电解液循环速度关系如表5－8所示。

表5－8 某厂电流密度与电解液循环速度关系

电流密度(A/m^2)	120	160	180	200	220
循环速度(L/min)	15	18	22	25	30

阳极品位低而杂质多时，也应提高循环速度，但以不引起阳极泥脱落冲动为原则。当电流密度和阳极成分一定时，电解液的循环速度应随电解槽电极数目的增加而提高。最佳的循环速度应通过实践来确定，通常每更换一槽电解液约需2.5 h。

对单个电解槽而言，最普遍采用的循环方式有上进下出和下进上出两种。

下进上出的循环方式的优点是能促使含硅氟酸铅较多、密度较大的下层深液能与整个电解液充分混合，减少浓差极化的影响，并使飘浮的泥渣及杂物易于从溢流口流出电解槽，还使电解槽的温度比较均匀。但该循环方式的电解液流动方向与阳极泥的沉降方向相反，妨碍阳极泥的沉降，若循环速度过大，则会搅混电解液，所以精炼含贵金属高的阳极或阳极泥层较厚时，不宜采用此方式。

上进下出方式则允许较大的循环速度，因为电解液流动方向与阳极泥沉降方向一致，阳极泥沉降较好。但其缺点是循环不均匀，上下层的温度差较大，浓差也大，为此，必须适当提高循环速度。

电解液的循环，按其电解槽的排列，可分为多级式和单级式两种。

单级式是各槽均布置在同一水平面上，电解液从供液槽分别流入各电解槽，再流出汇集于集液槽。这种方式的优点是析出铅质量均匀，厂房结构简单。现在各电解车间一般采用单级循环方式。

5.4.5 添加剂

电解液的成分除硅氟酸铅和硅氟酸外，为了获得致密光滑的析出铅，通常要加入少量的有机物或无机物作为添加剂。

添加剂是表面活性物质，它使电解液具有胶体的某些性质。在电流通过时，添加剂离子向电极移动产生电泳现象。有的胶体带正电荷，通电时移向阳极。添加剂在电解液中分散度很大，并具有极大的表面积，因此具有比较强的吸附能力。它对析出铅的影响大多与阴极极化作用有关，但其作用机理尚无统一见解，较为一致的有下列几点。

(1)胶体结合离子论点：它认为添加剂在电解液中形成胶体，吸附放电离子，构成胶体-金属离子型配合物。阴极极化作用的增大，是由于胶体与金属离子的结合较牢固，阻碍了金属放电的缘故。

(2)吸附理论：认为添加剂具有表面活性作用，它们能吸附在电极表面，阻碍金属的析出，因而提高了阴极极化电位，改善了阴极结晶质量。

应该指出，所有添加剂理论只能解释某些实验结果。到目前为止，还不能找到具有指导意义的理论，能预知哪一类型添加剂适合于铅电解精炼，只能用实验的方法来确定适合铅电解的添加剂类型及使用量。

各工厂采用的添加剂有动物胶，β-萘酚，明胶粉(纸浆工业的副产物)，树胶，石碳酸，木质磺酸盐，丹宁，二苯胺。

动物胶是最常用的添加剂，其中以骨胶或皮胶较为普遍。适当加入这些物质，可获得致密光滑、又具有较大强度和光泽的析出铅。因为这种添加剂加入到电解液后，能在极板表面形成一层牢固的薄膜。在阳极，由于铅离子的溶解，这层膜被推开，因而引起的极化作用小。胶质粒子在电解液中是带正电荷的，能电泳而移向阴极，使阴极极化加剧。阴极表面如有突出的结晶，则此尖点上的电流密度必然很大，因此，带正电荷的胶质粒子多集中于此，增加了该点电阻，减少了铅离子在该处放电，从而得到致密光滑的析出铅结晶。

由于胶质加入使阴极极化加剧，故槽压略有升高。长期使用胶质添加剂，则会因分解产物氨基乙酸的积累而降低电解液的导电性，使阴极析出铅结晶变坏。当发现电解液中有机杂质过多时，可用活性炭吸附除去。

木质磺酸盐(钠或钙盐)与正电性的表面活性添加剂相反，在电解过程中趋向阳极并在阳极上吸附，而且在阳极表面电力线集中的部位吸附较多，减缓了该处的铅溶解速度，使阳极均匀溶解。此时阴极铅的析出也比较光洁细致。据报道，木质磺酸盐类添加剂能使阴极表面均匀沉积且引起的极化现象不大，槽电压的升高也较小，并且有凝集电解液中悬浮物的作用。

不同的生产条件下适当地控制添加剂用量十分重要。用量过少，则不能起到应有的作用，析出铅会长粒子或出现树枝状结晶；用量过多，则会增加电解液的电阻，槽压升高，析出铅过硬或出现脆裂现象，有时也会使析出铅长疙瘩。

工厂实践证明，使用联合添加剂比使用单独一种添加剂效果好。在用联合添加剂时，其中各种添加剂的作用加强了，若组合适当，可获得一种添加剂单独使用时所不能达到的效果，并且用量也可减少。

我国某厂所使用的添加剂由单一的骨胶，过渡到用骨胶、β－萘酚联合添加剂或骨胶、木质磺酸钙联合添加剂，其使用情况如表5－9所示。

表5－9　每吨析出铅所用添加剂数量

加入添加剂形式	单独加入	混合加入	混合加入
骨胶(kg/t·Pb)	1～1.5	0.5～0.8	0.5～0.6
β－萘酚(g/t·Pb)	—	4～8	—
木质磺酸钙(kg/t·Pb)	—	—	0.4～0.6
效果比较	较难保证阴极质量	在阳极只进行一次，电解时，可以保证阴极质量	可以保证二次电解的阴极

使用联合添加剂可获得较好的效果，这可能是因为联合添加剂对阴极极化作用的影响更加强烈的结果。我们用明胶粉与β－萘酚组成的联合添加剂为例来说明这一点。这种联合添加剂对阴极极化的影响如图5－8所示。

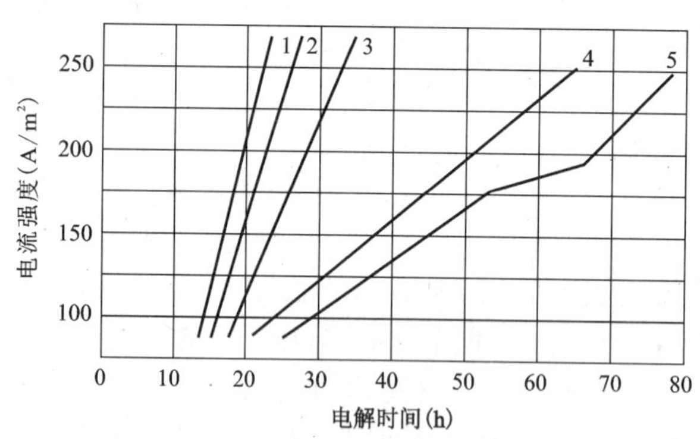

图5－8　使用不同添加剂的阴极极化曲线

1—未加添加剂；2—β－萘酚(0.01 g/L)；3—明胶粉(0.3 g/L)；
4—明胶粉(0.3 g/L)＋β－萘酚(0.01 g/L)；5—明胶粉(0.3 g/L)＋工业纯β－萘酚(0.01 g/L)

从图中看出，加入添加剂后阴极极化值有所提高，特别是用联合添加剂时。但使用联合添加剂时的阴极极化值并不是各单独添加剂的代数和，而是增加更大。这表明添加剂在阴极表面强烈吸附，可获得致密平滑和沉积均匀的阴极表面。

使用联合添加剂，不但可以获得更好的阴极结晶质量，提高电流效率，降低添加剂的单位消耗，而且能改善电解条件，从而允许提高电流密度和强化生产。所以各工厂都趋向使用两种或多种联合添加剂。

在生产实践中，发现新酸的加入可以起到和添加剂相同的效果。而氢离子对电解精炼过程会带来不良影响。

由于各工厂的生产条件不同，因而在选择添加剂及配比方面尚无统一的规定。目前国内多数工厂均根据析出铅的结晶状态及管理经验来调整配比及用量。而国外已有根据阴极极化电位自动调整添加剂用量、使其保持最佳含量的介绍。

随着电解过程的进行，添加剂会逐渐消耗。一部分在阴极析出，一部分进入阳极泥中，而另一部分则水解生成各种氮化物。所以，随电解的进行，添加剂在电解液中的浓度会逐渐降低，需要不断补充。胶质的加入方法通常是先制成10%的水溶液后均匀加入到电解液，一般忌在某时期一次加入。有的工厂则是将胶质按所需数量置于带孔的塑料桶中，引部分电解液来自然冲溶，并使其均匀扩散到电解液中。加入β－萘酚时，则应事先将其压碎(一般呈片状)，用热水或电解液溶化，再慢慢加入集液槽中；木质磺酸盐(钠、钙)添加剂的使用，也是分班按量用热水先溶解后再慢慢加入集液槽的。添加剂使用实例见表5－10。

表5－10　添加剂使用实例

项　目	厂　别						
	1	2	3	4	5	6	7
动物胶(kg/t·Pb)	0.2～0.3	0.31～05	0.38～0.46	0.5～1.0	0.30～0.35	0.8	0.2～05
β－萘酚(g/t·Pb)	—	4～8	—	15～40	7～8	15	10～20
木质磺酸钠(kg/t·Pb)	0.4	—	13	—	—	—	—

5.4.6　同极距

在残极洗刷未实现机械化之前，阴阳极的电解周期是相同的，都是2～3天，阳极较薄，同极距为80 mm。随着残极刷洗机械化和阳极铸型机械化，电解周期为3～4天，同极距增加至90～100 mm。

5.4.7　电解槽清理周期

电解槽清理一般是当槽底部的阳极泥将要接触到析出铅时开始清理电解槽，电解槽清理周期一般是3～6个月。

5.5　故障的判断与处理

(1)短路的判断与处理

用手触摸阳极板耳朵，明显感觉比较热，说明此块阳极板与阴极已短路，从电解槽提出阴极，处理短路点，不能再用的阴极则更换掉。

(2)断路的判断与处理

用手触摸阴极，感觉明显比较冷，说明此块阴极已断路，用砂纸和绵纱擦拭干净导体接触点。

(3)掉极严重的处理

当掉极严重时，应及时锁槽。

5.6 铅电解精炼主要设备

5.6.1 电解槽

电解槽是铅电解精炼过程中的主要设备之一，通常是用钢筋混凝土或木板制成，形状为长方形，根据铅电解工艺的特点，电解槽的构造应符合下列几项要求：

(1)槽与槽之间，槽与地面之间要有良好的绝缘性能，防止漏电损失；

(2)每个电解槽应有利于电解液循环；

(3)具有良好的耐腐蚀性和耐热性能；

(4)结构简单，便于维修，廉价耐用。

目前，国内大多数工厂使用的电解槽，都由钢筋混凝土制作而成，其尺寸一般为：长度，2000 ~ 3500 mm；宽度，760 ~ 800 mm；深度，900 ~ 1250 mm；槽壁厚度，80 ~ 120 mm。

电解槽一般是采用单个制作，便于安装。做好后，若干个依次排为一列，所以电解槽的摆布有数槽成列横摆，也有数十槽成行纵摆的。

电解槽内衬应具有良好防酸性、绝缘性和耐热性，且要便于维修。电解槽的防腐衬里过去多为烙沥青，现在则为衬 5 mm 厚的软聚氯乙烯塑料。电解槽的寿命可达 50 年，关键是制作要保证质量，使用时要精心维护、及时维修。

电解槽的侧部应留有放置导电棒的边沿，在深度上应留有比阴极长度多 250 ~ 300 mm 的空间，以便沉降贮存阳极泥，因而有利于电解液循环，在槽子的一端距上沿约 100 mm 处开有直径为 30 ~ 50 mm 的孔，以安装循环电解液的溢流管。电解槽使用前必须进行严格检查，不能漏水或渗水，一般新槽应先充满水进行实验，至少 48 h 后，表明无漏水现象方可使用。电解槽安装时，在槽底和支撑梁之间要垫上强度较高的绝缘磁砖，在导电母线或导电棒与电解槽之间都要采取绝缘措施，以防止漏电。

电解车间的整个设备的布置，应遵循紧凑、占地面积小而且又便于操作和运输的原则。此外，还要注意减少导电线路和电解液循环管道，使整个厂房建筑和设备合乎标准化。大型电解车间通常是分为两层设计的，上层设置电解槽，而管道及溜槽等设置于电解槽的一侧或下面，集液槽、贮液槽等放楼下。考虑到生产操作中难免有电解液溢出或泄漏，因此，将所有地面烙上沥青防腐层。地面应有积液沟和坑，以便清扫和收集电解液。

5.6.2　熔铅锅

其材质为铸钢或锅炉钢板，容量为 75 t、100 t 或更大，目前我国精炼锅大多采用 75 t 锅，并随着生产的发展有大型化发展的趋势，某厂精炼锅规格为 ϕ3070 mm、Q = 75 t，采用发生炉煤气作为燃料，其结构如图 5 - 9 所示。

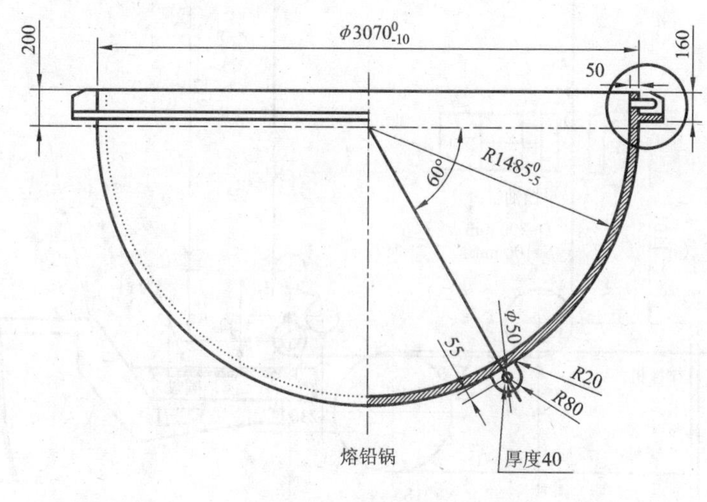

图 5 - 9　熔铅锅

5.6.3　阳极板铸型机

将熔铅锅中合格铅液定量浇铸成阳极板，再经钩板、平板，排列并输送到电解车间是连续自动控制过程。工艺流程为：铅液输送→定量浇铸→喷水→冷却→顶板→钩板→平板→排列→吊车运送→电解等 10 道工序。阳极板铸型机示意图如图 5 - 10 所示。

以上工艺流程主要分 5 个环节。

(1)定量浇铸装置。采用单个定量斗，用油压泵及时间继电器来控制锥阀，由于锥阀开启及关闭的时间均匀准确，使铸成的阳极板厚薄均匀。位于圆盘上的阳极板模是连续运转，而定量斗是不动的，为了使铅液落在模的中心位置，配备了浇注时能随模一起转动的浇注小车。

(2)圆盘浇铸机。浇铸铅阳极板用圆盘浇铸机，圆盘分转盘与底盘，盘中心定位，中心四滚轮限制圆盘径向串动。圆盘上面放置 18 个阳极模，槽型下部和四周有冷却水槽，其中注满冷却水，冷却阳极模。圆盘下部有冷却水集中池，将冷却水汇总排入下水道。转盘支撑在 18 个圆锥辊子上。

圆盘主机电机通过四级减速带动转盘连续运转。每块阳极板浇铸完成后，上部喷水冷却，当圆盘转至离提板装置 3 个模距时，由脱模导板作用阳极模下的杠杆机构，使顶针顶起，阳极板脱模。

(3)提板和平板装置。提板机构为链条式，传动链条上有 6 对钩子，由自动控制系统控制其动作和停止在一定位置上，即一对停在位置 1#上，等待阳极板进入提板装置下方钩板，

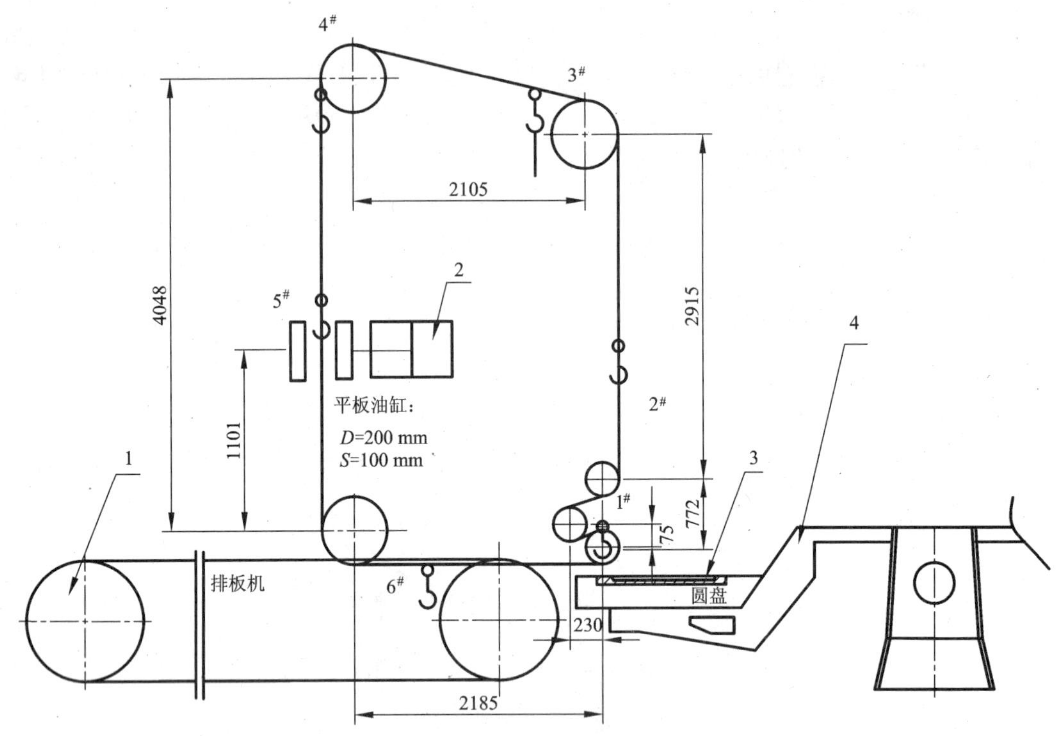

图 5-10 阳极板铸型机

1—排板机；2—平板装置；3—阳极板模；4—圆盘

一对停在位置 2#上，一对停在位置 3#上，一对停在位置 4#上，一对停在位置 5#上进行平板。脱模阳极板进入提板装置下方后，链条开动钩住阳极板耳子提起阳极板，完成提板动作后，链条运动到 2#点停止。再由 2#点运行到 3#点，再由 3#点运行到 4#点，再由 4#点运行到 5#点进入平板装置的动板和定板之间，电气开关控制电液阀，打开平板油缸的进油管，使油缸进油，推动动板向定板移动 90 ~ 100 mm(此距离可调)压平阳极板，然后电液阀向动板后退完成平板动作。链条启动，使被平板的阳极板下降，落在排列机组链条上，阳极板脱离挂钩，由排列机组送走，空钩回到位置 6#停止，完成一个周期，以此循环进行。

(4)排列装置。排列链板运输机由拨距油缸，经棘爪棘轮、开式齿轮驱动链板移动。阳极板落在排列机链板上后，由电气开关作用电液阀使拨距油缸充油动作，驱动链板移动 90 mm(同极距)，等距离排列，便于吊运。

(5)吊车运送。阳极板经排列后，由阳极吊架，按每吊需要的块数，由吊车送往电解槽。

5.6.4 阴极片生产线

阴极片生产线见图 5-11。

阴极锅的铅液由机械、液压传动制成合格阴极片，用微型电子计算机自动控制生产过程。其总体结构分为：铅液熔化及运输系统、液压系统、制片、喂棒、提升、平直、剪切、排列等工序。

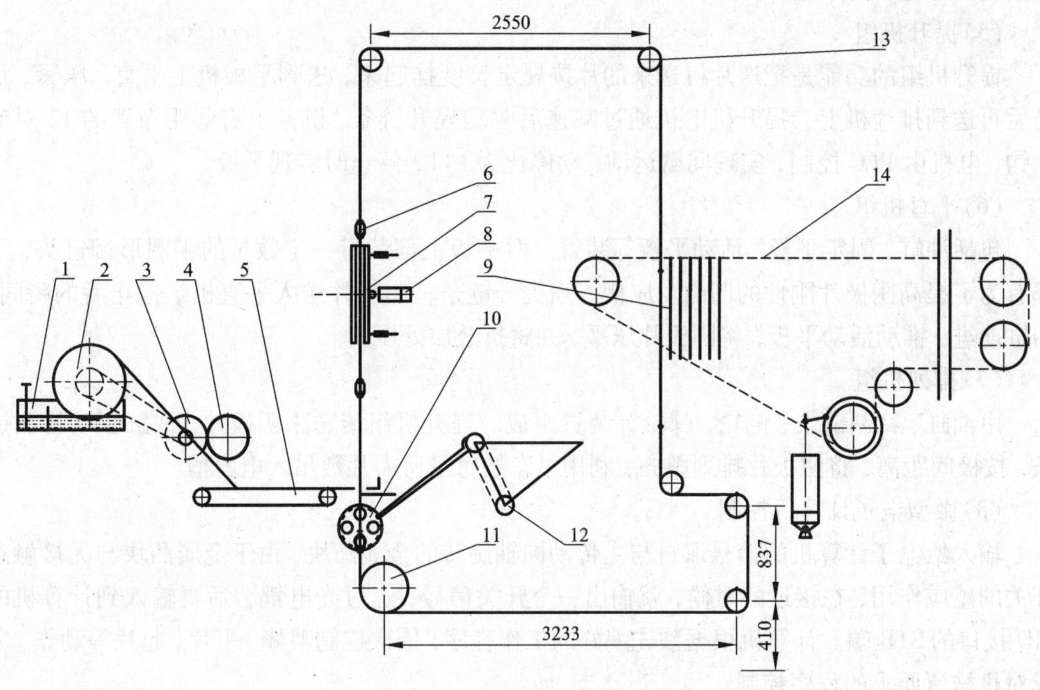

图 5－11　阴极片生产线示意图

1—浇铸箱；2—制片滚筒；3—主传动机组；4—飞剪；5—送片机；6—起片钩；7—平板机组；8—平板油缸；9—阴极片；10—喂棒机；11—副传动主动轮；12—给棒机组；13—副传动支架链轮；14—排片机

(1)铅液熔化及输送系统

由阴极锅、离心鼓风机、煤气供给装置、输铅泵及输液管组成。吊车将析出铅装入阴极锅，用煤气加热熔化，直至铅液温度达到 400～420℃吊入输铅泵预热，约 15 min 后，启动输铅泵，铅液便沿输液管连续不断地输送到浇铸箱内，供给制片滚筒制片，超过限定液面的多余铅液，则从溢流口返回熔铅锅。

(2)制片机组

采用制片滚筒表面黏附铅液连续引出法。有浇铸包、制片滚筒、铲刀等装置，黏附铅液的制片滚筒置于矩形浇铸包上，制片滚筒下边沿浸入铅液 5 mm 左右，制片滚筒里面用洁净的自来水冷却。当制片滚筒以均匀的线速度旋转时，铅液便黏附在略高于常温的制片滚筒表面上，形成铅皮。制片滚筒每转一周为两块阴极的长度，引出来的铅皮被紧贴在制片滚筒成切线方向的铲刀剥离。牵引至预先喂入的铜棒上面，由提升机组提升。铅皮厚薄的控制，可通过调节浇铸包上的溢流闸门的高低和进入制片滚筒里面的冷却水流量来实现。

(3)给棒机组

包括铜棒箱、上棒链条、铜棒储备道等。将铜棒倒置于铜棒箱内，电动机传动带上棒链条，卡住铜棒，按先后顺序送入铜棒储备道内，整齐排列，等候喂棒。

(4)喂棒机组

由油缸、棘轮装置、喂棒装置等组成。喂棒轮上开有 12 个 U 形槽。喂棒时油缸的动作传动到喂棒轮，喂棒轮转动每30°喂入一根铜棒。

(5)提升机组

提升机组的功能是把送片机送来的片按规定长度挂起来，送到平板机上平直、压紧、加筋后再送到排片机上。提升机电机通过减速后驱动提升链条，链条上有等距布置的12对起片钩，电机由PLC控制，实现间歇运动，动停比为1∶1，停止时实现平板。

(6)平直机组

包括油缸、固定平板、活动平板等装置。两平板上部装有一定数量的半圆形铆钉头，下部有为了提高阴极片刚性的凹凸对应槽。当提升链条将阴极片送入平直机组停止后的瞬间，油缸前进，推动活动平板，将阴极片压平，并将折叠层处压紧。

(7)排列机组

由油缸、特制链条、链轮、棘轮等装置组成。提升机组传送来阴极片，油缸驱动特制链条，按极间距离，将阴极片排列整齐，利用吊车按每吊所需片数吊入电解槽。

(8)微型电子计算机控制

输入给电子计算机的信号取自与主传动同轴旋转的金属凸块，由于金属凸块与无接触点开关的感应作用，在接近的时候，就输出一个开关信号，经过光电耦合后再输入到计算机的PID接口的STB端。计算机根据预先编好的工作程序，依次控制喂棒、平片、起片等动作，完成对机械所要求的程序控制。

5.6.5 精炼锅

其材质为铸钢，容量为50 t、100 t或更大，目前我国精炼锅容量大多采用50 t，随着生产的发展有大型化发展的趋势。

5.6.6 电铅铸锭机

电铅铸锭机组由定量浇铸系统、主传动系统和码垛系统组成。整个过程由PLC控制程序进行，对电铅进行浇铸后码垛好。

定量浇铸系统包括定量浇铸斗装置和浇铸小车装置。油缸控制定量斗塞头开闭，实行定时定量控制。铸模随链板连续运转，当浇铸时链板上的凸块带动浇铸小车移动，浇铸完小车被斜块顶起与链板脱钩，完成一个浇铸周期。

主传动系统包括主传动装置、铸模装置和尾轮张紧装置。主传动电机通过摆线针轮减速机和一对开式齿轮驱动链板运转，带动安装在链板上的铸模运转。把浇铸好的电铅向前送，为码垛做好准备。

码垛系统包括推锭装置、承锭装置、旋转装置和升降装置。码垛系统把链板送的铅锭码成25条一垛的铅垛。电铅铸锭机如图5－12。

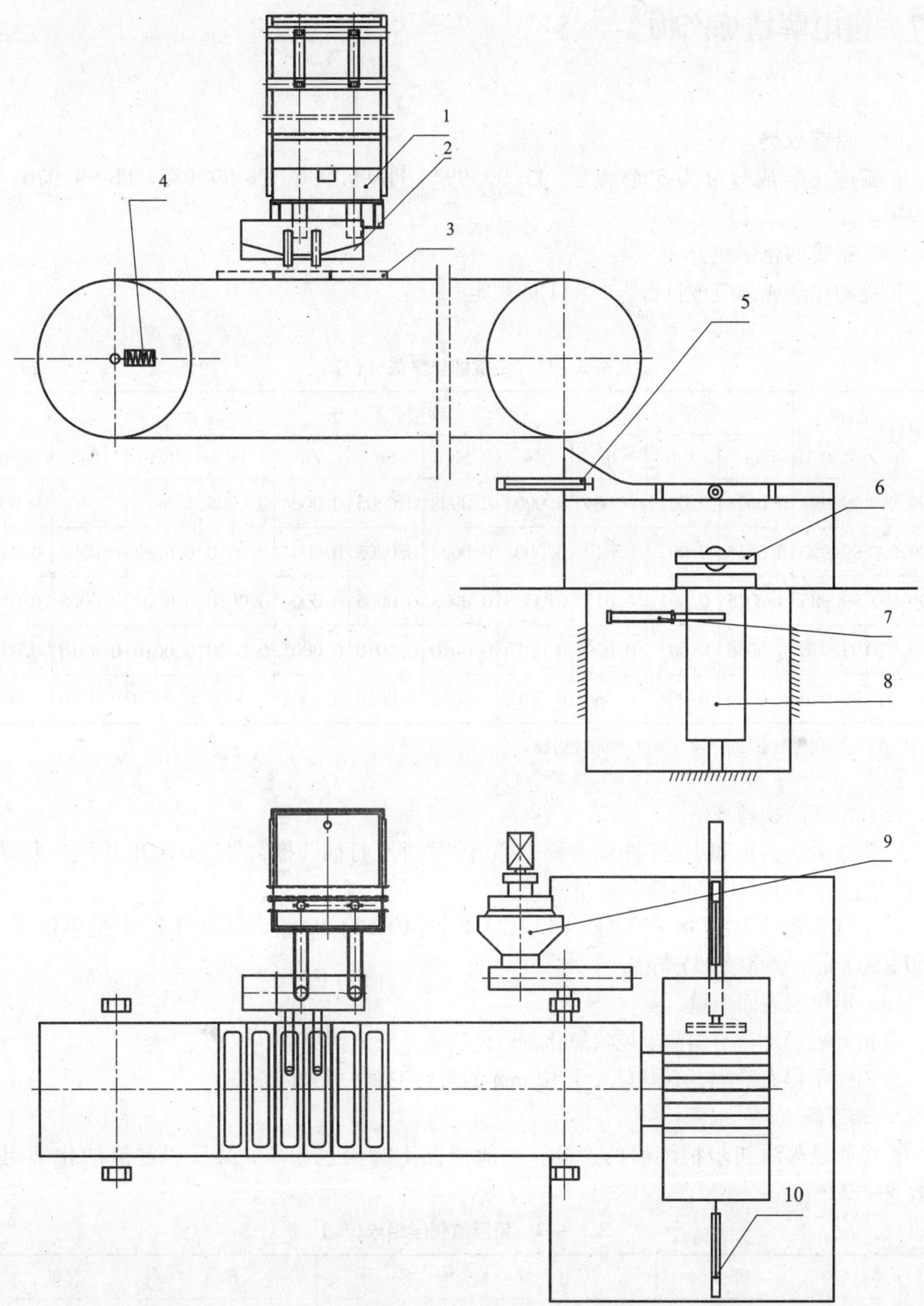

图5-12　电铅铸锭机

1—定量斗装置；2—浇铸小车装置；3—铸模装置；4—尾轮轴张紧装置；5—推锭装置；6—码垛装置；7—旋转装置；8—升降装置；9—主传动装置；10—承锭装置

5.7 铅电解精炼产物

1. 铅锭

(1) 铅锭分类

铅锭按化学成分分为 5 个牌号：Pb 99.994、Pb 99.990、Pb 99.985、Pb 99.970、Pb 99.940。

(2) 铅锭的化学成分

铅锭的化学成分应该符合表 5－11 的规定。

表 5－11 铅锭的化学成分(%)

牌号	Pb，不小于	杂质，不大于										
		Ag	Cu	Bi	As	Sb	Sn	Zn	Fe	Cd	Ni	总和
Pb99.994	99.994	0.0008	0.001	0.004	0.0005	0.0008	0.0005	0.0004	0.0005	－	－	0.006
Pb99.990	99.990	0.0015	0.001	0.010	0.0005	0.0008	0.0005	0.0004	0.0010	0.0002	0.0002	0.010
Pb99.985	99.985	0.0025	0.001	0.015	0.0005	0.0008	0.0005	0.0004	0.0010	0.0002	0.0005	0.015
Pb99.970	99.970	0.0050	0.003	0.030	0.0010	0.0010	0.0010	0.0005	0.0020	0.0010	0.0010	0.030
Pb99.940	99.940	0.0080	0.005	0.060	0.0010	0.0010	0.0010	0.0005	0.0020	0.0020	0.0020	0.060

注：以上标准为国家标准 GB/T 469—2005《铅锭》。

(3) 铅锭的物理规格

1)铅锭分为大锭和小锭，小锭为长方梯形，底部有打捆凹槽，两端有突出耳部。大锭为梯形，底部有 T 形凸块，两侧有抓吊槽。

2)小锭单重可为：(48 ±3) kg、(42 ±2) kg、(40 ±3) kg、(24 ±1) kg；大锭单重可为：(950 ±50) kg、(500 ±25) kg。

(4) 铅锭的表面质量

1)铅锭表面不得有熔渣、粒状氧化物、夹杂物及外来污染物。

2)铅锭不得有冷隔，不得有大于 10 mm 的飞边毛刺(可允许修整)。

2. 铅浮渣

铅浮渣是火法初步精炼后的产物，一般情况下为黑色粉状，某厂铅浮渣的化学组成如表 5－12。

表 5－12 铅浮渣化学组成(%)

元素	Pb	Cu	Fe	S	其他
含量	75	12.83	0.57	3.57	8.03

3. 阳极泥

阳极泥由阳极中不溶于电解液的成分所组成。阳极泥的成分取决于铅阳极的品位及其中的含金量和含银量。阳极泥通常含有铅、铜、锑、铋及少量的砷、硫、碳、氟、硅、金等元素。此外阳极泥通常还含有30% ~45%的水分，表5－13为我国某厂的阳极泥化学成分。

表5－13　阳极泥化学成分（%）

组成 序号	Ag	Au(g/t)	Cu	Pb	Bi	Sb	F	SiO_2
1	13.6	—	6.48	6.68	6.14	44.72	2.88	2.42
2	22.00	37.75	4.5	9.96	4.76	41.75	—	—
3	17.01	—	2.54	11.02	4.16	40.18	—	—

在铅阳极泥中，各种成分的存在状态一般如下：金呈单体状态，当有碲存在时，一部分和碲结合，有时也会与银形成合金。由于铅阳极泥中存在大量的锑，很少发现碲、硒的存在，所以它与铜阳极泥的物相组成大不相同，银98%以锑银矿、锑银齐、二铜锑矿等形态存在于阳极泥残余相中。锑以氧化锑、锑酸根的形式存在，呈氧化物（Sb_2O_3）存在的锑分布率为64.3%，在锑酸中锑仅为9.37%。铜相分布数据显示，在二铜锑矿等阳极泥残余相和$CuF_2 \cdot 2H_2O$的铜分布率分别为55.11%和30.1%。在锑酸盐相中的铅、铋分布率分别为64.12%和63.54%，在呈现锑氧化物的物相中铅、铋的分布率分别为28.92%和31.95%。

4. 氧化渣

铅氧化渣为碱性精炼后的产物，也叫碱性渣，一般呈氧化铅的颜色，主要成分为Pb。

5.8　主要技术经济指标及计算公式

5.8.1　铅浮渣率

熔铅锅铅浮渣率是指粗铅初步精炼过程中浮渣产出量与装入原料量的质量分数，其计算公式如下：

$$熔铅锅浮渣率=\frac{浮渣产出量(t)}{装入原料量(t)}\times 100\%$$

式中：分母项不包括入残极和净液产出的析出铅。

熔铅锅浮渣率直接影响铅的直收率和总回收率，同时也影响电铅的综合能耗指标。在生产过程中影响浮渣率的因素有下列几点：

（1）品位。粗铅含铅越低则浮渣率越高，反之亦然。

（2）工艺方法。凡是操作程序多，易使铅液氧化造渣的工序都使浮渣率增高，因此工艺方法在达到操作目的的前提下，越简单越好。

（3）粗铅的杂质成分。使渣层黏度提高的元素如锌，都会使渣含铅提高，从而提高浮渣率。

(4)操作责任心。操作责任心不强，岗位之间配合不好，都易使渣带铅多即所谓的机械夹铅，使浮渣率提高。机械设备，特别是捞渣板，应严格按操作规程加以维护、保养，否则漏铅孔不畅，则使机械夹铅大量增加，影响浮渣率。

5.8.2 氧化渣率

电铅铸型氧化渣率是指电铅熔铸生产中产出的氧化渣量占装锅析出铅量的质量分数。其计算公式如下：

$$\text{氧化渣率}=\frac{\text{氧化铅渣产出量(t)}}{\text{装锅析出铅量(t)}}\times100\%$$

影响电铅铸型氧化渣率的因素如下：

(1)析出铅杂质含量，如 Sb、Sn 含量越高则氧化渣率越高。采用不同的精炼方法，则氧化渣率也不同，一般来说，碱性精炼的氧化渣率比氧化精炼的渣率高。

(2)操作水平的高低，操作水平低易使捞出的氧化渣带铅多，使渣率提高。

(3)一般而言，温度越高，铅液越容易氧化，所以操作温度和铸型温度越高，氧化渣率越高。

5.8.3 残极率

铅电解残极率是指在铅电解过程中所产出的残极量占消耗阳极量的质量分数。其计算公式如下：

$$\text{残极率}=\frac{\text{一定时期内产生的残极量}}{\text{一定时期内投入生产的阳极量}}\times100\%$$

残极率主要受阳极物理规格的影响，同时也受电流效率的影响，电流效率越高残极率越小。残极率过大，易造成能源不必要的消耗。

5.8.4 电流密度

铅电解电流密度是指阴极单位有效面积上通过的电流。其计算公式如下：

$$\text{铅电解电流密度}=\frac{\text{电流(A)}}{\text{阴极有效面积(m}^2\text{)}}=\frac{\text{电流}}{\text{阴极有效面积}\times2\times(N_{\text{总}}-1)}$$

式中 $N_{\text{总}}$——每槽阴极片数。

提高电流密度，可以提高劳动生产率，设备生产率也几乎成正比增加，这是提高生产能力的重要途径。但是，高的电流密度，加速阴极附近电解液中铅浓度的贫化，造成浓差极化现象严重，促使槽电压上升和杂质在阴极析出，导致电耗的增加和质量的下降。因此，选择电流密度时，要综合考虑其技术上的可行性和经济上的合理性。

5.9　电解精炼物料衡算

5.9.1　物料衡算步骤

(1)已知条件：①年产量；②阳极成分；③阴极铅回收率；④残极率；⑤阳极中各元素的分配。

阳极中各元素进入溶液、阳极泥、铅锭及浮渣的分配情况可根据工厂的实际加以确定，表 5 - 14 给出的数据只能作为参考。

表 5 - 14　阳极中各元素的分配率（%）

元素	进入溶液	进入阳极泥	进入铅锭	进入浮渣
Pb	1 ~ 2	0.1 ~ 0.3	97.5 ~ 98.5	0.5 ~ 1.5
Cu	0.5 ~ 1	98 ~ 99	0.1 ~ 0.5	-
As	5 ~ 15	80 ~ 90	<0.1	1 ~ 5
Sb	5 ~ 10	90 ~ 95	<0.1	1 ~ 5
Sn	1 ~ 5	60 ~ 70	<0.1	25 ~ 35
Fe	97 ~ 99	-	0.5 ~ 1	1 ~ 2
Zn	97 ~ 99	-	0.5 ~ 1	1 ~ 2
Bi	-	99.5 ~ 99.9	0.1 ~ 0.5	-
Ag	-	99.5 ~ 99.9	0.1 ~ 0.5	-
Au	-	>99.8	<0.2	-
其他	-	75 ~ 85	0.1 ~ 1	15 ~ 25

(2)计算阳极泥量和阳极泥成分。

(3)测定铅锭成分。

(4)计算进入溶液的铅及其杂质量。

(5)计算阴极铅熔铸渣率及测定浮渣成分。

(6)编制铅的物料平衡表。

5.9.2　计算举例

(1) 已知条件：①年产量 50000 t；②阳极成分。阳极成分见表 5 - 15。③阴极回收率：99.9%；④残极率：35%；⑤阳极中各元素的分配如表 5 - 16。

表 5－15　阳极成分(％)

Pb	Cu	As	Sb	Sn	Fe	Zn	Bi	Ag	其他
98.81	0.01	0.2	0.47	0.073	0.003	0.004	0.1	0.14	0.19

表 5－16　阳极中各元素的分配（％）

元素	进入溶液	进入阳极泥	进入铅锭	进入浮渣
Pb	1.3	0.2	98	0.5
Cu	0.5	99.2	0.3	–
As	7	88	0.08	4.92
Sb	4	94	0.05	1.95
Sn	2	65	0.06	32.94
Bi	–	99.8	0.2	–
Zn	98	–	1	1
Fe	98	–	1	1
Ag	–	99.8	0.2	–
其他	–	80	0.5	19.5

(2)计算阳极泥率和测定阳极泥成分。阳极泥成分见表 5－17。

表 5－17　阳极泥成分表（％）

元素	进入阳极泥的量占阳极溶解量	在阳极泥中含量
Pb	98.81 ×0.002 =0.19762	15.63
Cu	0.01 ×0.992 =0.00992	0.78
As	0.2 ×0.88 =0.176	13.92
Sb	0.47 ×0.94 =0.4418	34.94
Sn	0.073 ×0.65 =0.04745	3.75
Bi	0.1 ×0.998 =0.0998	7.89
Ag	0.14 ×0.998 =0.13972	11.05
其他	0.19 ×0.8 =0.152	12.02
阳极泥率	1.26431	100

(3)计算铅锭成分，见表 5－18。

表 5－18　铅锭成分表（%）

元素	进入铅锭量占阳极泥溶解量的质量分数	在铅锭中的含量
Pb	98.81×0.98＝96.8338	99.99797
Cu	0.01×0.003＝0.00003	0.00003
As	0.2×0.0008＝0.00016	0.00017
Sb	0.47×0.0005＝0.000235	0.00024
Sn	0.073×0.0006＝0.0000438	0.00005
Bi	0.10×0.002＝0.0002	0.00021
Zn	0.004×0.01＝0.00004	0.00004
Fe	0.003×0.01＝0.00003	0.00003
Ag	0.14×0.002＝0.00028	0.00029
其他	0.19×0.005＝0.00095	0.00098
阳极泥率	96.8357688	100

(4)计算阳极进入溶液量，见表 5－19。

表 5－19　阳极进入溶液量占阴极溶解量的质量分数(%)

元素	进入溶液的量的质量分数
Pb	98.81×0.013＝1.28453
Cu	0.01×0.005＝0.00005
As	0.2×0.07＝0.014
Sb	0.47×0.04＝0.0188
Sn	0.073×0.02＝0.00146
Zn	0.004×0.98＝0.00392
Fe	0.003×0.98＝0.00294
合计	1.3257

(5)计算阴极铅熔铸渣率及测定浮渣成分，见表 5－20。

表 5 – 20 阴极铅熔铸渣率及浮渣成分（%）

元素	进入铅锭量占阳极泥溶解量	在铅锭中的含量
Pb	98.81 × 0.005 = 0.49405	86.038
As	0.2 × 0.0492 = 0.00984	1.714
Sb	0.47 × 0.0195 = 0.009165	1.596
Sn	0.073 × 0.3294 = 0.0240462	4.188
Zn	0.004 × 0.01 = 0.00004	0.007
Fe	0.003 × 0.01 = 0.00003	0.005
其他	0.19 × 0.195 = 0.03705	6.452
合计	0.5742212	100

（6）制铅的物料平衡表

①铅锭中总含铅量：

$$铅锭中总含铅量 = 50000 \times 99.99797\% = 49998.99\ \text{t}$$

②阳极溶解的总铅量：

$$阳极溶解的总铅量 = \frac{49998.99}{98\%} = 51019.38\ \text{t}$$

③进入阳极泥的总铅量：

$$进入阳极泥的总铅量 = 51019.38 \times 0.2\% = 102.04\ \text{t}$$

④阳极泥量：

$$阳极泥量 = \frac{102.04}{15.63\%} = 652.85\ \text{t}$$

⑤进入溶液的铅量：

$$进入溶液的铅量 = 51019.38 \times 1.3\% = 663.25\ \text{t}$$

⑥进入浮渣中的铅量：

$$进入浮渣中的铅量 = 51019.38 \times 0.5\% = 255.10\ \text{t}$$

⑦浮渣量：

$$浮渣量 = \frac{255.10}{86.038\%} = 296.50\ \text{t}$$

⑧损失的铅量：

$$损失的铅量 = 51019.38 \times (1 - 99.9\%) = 51.02\ \text{t}$$

⑨所需阳极数量：

$$所需阳极数量 = \frac{49998.99 + 102.04 + 663.25 + 255.10 + 51.02}{98.81\% \times (1 - 35\%)} = 79516.09\ \text{t}$$

⑩阳极中含铅量：

$$阳极中含铅量 = 79516.09 \times 98.81\% = 78569.85\ \text{t}$$

⑪残极数量：

$$残极数量 = 79516.09 \times 35\% = 27830.63\ \text{t}$$

⑫残极中含铅量：

$$残极中含铅量=27830.63\times98.81\%=27499.45\ t$$

把以上数据列表，见表5-21。

表5-21 铅电解精炼物料平衡表（t）

进料				出料			
物料名称	数量	含铅/%	纯铅量	物料名称	数量	含铅/%	纯铅量
铅阳极	79516.09	98.81	78569.85	铅锭	50000	99.99797	49998.99
				残极	27830.63	98.81	27499.45
				阳极泥	652.84	15.63	102.04
				电解液			663.25
				浮渣	296.50	86.038	255.10
				损失			51.02
合计	78569.85			合计	78569.85		

5.9.3 电解液脱铅的计算

当阳极含铅量较低，电解液中游离酸含量较低时，溶液中的铅离子浓度可能会逐渐降低。然而，在阳极含铅较高的一般情况下，电解液中的铅离子浓度随电解的进行而逐渐升高。从前面物料平衡计算结果可知，年产50000 t铅锭，进入溶液中的铅量为663.25 t。当电解液中的铅离子浓度过高时，应采取脱铅措施脱除多余的铅。通常采用加硫酸沉淀法脱铅，或在系统内设电解提取脱铅槽脱铅。

1. 加硫酸沉淀法脱铅

已知每年进入电解液的铅量为663.25 t，电解液中铅离子浓度为90 g/L，年工作日为350天。为了脱铅，每天需抽出的电解液体积为

$$每天所需抽出的电解液体积=\frac{663.25\times10^3}{90\times350}\approx21\ m^3$$

2. 电解提取脱铅槽脱铅

已知每年进入溶液的铅量为663.25 t，年工作日为350天，电流为6000 A，电解提取的电流效率为88%，电解槽利用系数为95%，电流的电化当量为3.865 g/(A·h)，应设脱铅槽数为

$$脱铅槽数=\frac{663.25\times10^6}{3.865\times24\times350\times0.88\times0.95\times6000}\approx4.07\ 个$$

可用4个脱铅槽。

5.9.4 槽电压组成计算

槽电压组成计算与铜电解精炼相类似。铅电解精炼的槽电压主要由电解液电压降、接点电压降、导电棒和阴阳极板电压降及阳极泥和极化引起的电压降几部分组成。

已知条件：电流密度 $D=160\ A/m^2$；同极距为 80 mm；阳极厚度为 160 mm；阴极厚度为 2 mm。

电解液的比电阻主要取决于电解液组成和电解液温度。在游离酸浓度为 90 g/L，电解液温度为 40℃条件下，根据工厂实际取电解液比电阻 $\rho=5\ \Omega\cdot cm$。

1. 电解液电压降

电解液电压降由下式求出：

$$E=\frac{\rho\times l\times D}{1000}$$

式中 E——电解液电压降；

ρ——电解液比电阻(Ω·cm)；

l——阴阳极表面间距离(cm)；

D——电流密度(A/m^2)。

由同极距和阴阳极厚度可求出阴阳极表面间距离：

$$l=\frac{8-(1.6+0.2)}{2}=3.1\ (cm)$$

电解液电压降为：

$$E=\frac{5\times 3.1\times 160}{1000}=0.248\ (V)$$

2. 接点电压降

根据工厂实践，接点电压降可取 0.04 V。

3. 导电棒和阴阳极板的电压降

根据工厂实际数据，导电棒和阴阳极板的电压降可取 0.04 V。

阳极泥和极化引起的电压降主要取决于阳极泥层厚度和电流密度，参考工厂实际取 0.115 V。

根据以上数据，列出槽电压组成计算表，见表 5-22。

表 5-22 槽电压组成计算表

槽电压组成	电压(V)	质量分数(%)
电解液电压降	0.248	55.98
接点电压降	0.04	9.03
导体电压降	0.04	9.03
阳极泥与极化电压降	0.115	25.96
合　计	0.443	100

5.9.5 热平衡计算

热平衡以单个电解槽为基础。电解过程中的热损失有：电解槽液面水蒸发的热损失；电解槽液面的辐射与对流的热损失；电解槽壁的辐射与对流的热损失。电解过程中的热收入为电流通过电解液产生的热量。

假设下列原始数据：

电解槽尺寸：3320 mm×780 mm×1100 mm，壁厚为80 mm；电极尺寸：阴极850 mm×660 mm×2 mm，每槽阴极片数为40片，阳极：730 mm×630 mm×16 mm，每槽阳极片数为39片；电流：6000 A；电解液和阳极泥电压降：0.248+0.115=0.363 V；电解液温度：40℃；电解槽外壁温度：25℃；电解车间室温：20℃。

1．电解槽液面水蒸发热损失

电解槽上表面积为：

$$s_{槽}=3.32\times0.78=2.59\ \mathrm{m}^2$$

阴阳极所占面积为：

$$s_{极}=(0.66\times0.002\times40)+(0.63\times0.016\times39)=0.0528+0.3931=0.45\ \mathrm{m}^2$$

液面面积为：

$$s_{液}=2.59-0.446=2.14\ \mathrm{m}^2$$

电解液的蒸发量可参照铜电解精炼部分给出的数据，当电解液温度为40℃时，取1.0 kg/(m^2·h)，40℃时水的汽化潜热为578 J/kg。由以上数据可计算出电解槽液面水蒸发热损失为

$$Q_1=2.14\times1.0\times578=1239.05\ (\mathrm{J/h})$$

2．电解槽液面辐射和对流的热损失

$$Q_2=KF(t_1-t_2)$$

式中 Q_2——电解槽液面辐射和对流热损失(J/h)；

K——传热系数[J/(m^2·h·℃)]；

t_1——电解液温度(℃)；

t_2——车间室温(℃)

传热系数 K 在这里是联合传热系数，其值按下式计算：

$$K=\alpha_{辐}+\alpha_{对}=\frac{3.2\left[\left(\frac{T_1}{100}\right)^4-\left(\frac{T_2}{100}\right)^4\right]}{T_1-T_2}+2.2\sqrt[4]{(t_1-t_2)}$$

其中：$T_1=273+t_1=273+40=313$；

$T_2=273+t_2=273+20=293$。

$$所以\ K=\frac{3.2\times\left[\left(\frac{313}{100}\right)^4-\left(\frac{293}{100}\right)^4\right]}{313-293}+2.2\times\sqrt[4]{(40-20)}=8.22\ (\mathrm{J/m^2\cdot h\cdot ℃})$$

所以 $Q_2=KF(t_1-t_2)=8.22\times2.59\times(40-20)\approx425.80$ J/h

3．电解槽壁辐射与对流的热损失

电解槽壁辐射与对流的热损失也可按下式计算：

$$Q_3=KF(t_1-t_2)$$

钢筋混凝土电解槽壁厚为80 mm，其导热系数可取 $\lambda=1.2$，辐射与对流给热系数为：

$$\beta=4.0\times\frac{\left(\frac{25+273}{100}\right)^4-\left(\frac{20+273}{100}\right)^4}{25-20}+2.2\times\sqrt[4]{(25-20)}\approx4.13+3.29=7.42$$

$$K=\frac{1}{\frac{1}{\beta}+\frac{\delta}{\lambda}}=\frac{1}{\frac{1}{7.42}+\frac{0.08}{1.2}}\approx 4.96\ \text{J/(m}^2\cdot\text{h}\cdot℃)$$

式中 δ——壁厚。

电解槽端壁表面积为：$s_1=(1.1+0.08)\times(0.78+0.08\times2)\times2\approx2.22\ (m^2)$

电解槽侧壁表面积为：$s_2=(3.32+0.08\times2)\times(1.1+0.08)\times2\approx8.21\ (m^2)$

电解槽底表面积为：$s_3=(3.32+0.08\times2)\times(0.78+0.08\times2)\approx3.27\ (m^2)$

传热面积为：$F=s_1+s_2+s_3=2.22+8.21+3.27=13.7\ m^2$

t_1为槽壁温度，$t_1=25℃$，t_2为室温，$t_2=20℃$，

$$Q_3=KF(t_1-t_2)=4.96\times13.7\times(25-20)\approx339.76\ J/h$$

总热损失为：$Q_1+Q_2+Q_3=1239.05+425.80+340.45=2004.61\ J/h$

4. 电流产生的热量

电流通过电解液放出的热量按下式求出：

$$Q_4=0.239IEt\times10^{-3}$$

式中 Q_4——电流产生的热量(J/h)；

I——电流(A)；

E——电解液和阳极泥电压降(V)；

t——时间(s)。

由已知条件：$Q_4=0.239\times6000\times0.363\times3600\times10^{-3}\approx1873.95\ J/h$

根据以上计算列电解槽热平衡表，见表5-23。

表5-23 铅电解精炼电解槽热平衡表

热 收 入			热 支 出		
项目	数量(J/h)	百分比(%)	项目	数量(J/h)	百分比(%)
电流产生热量	1873.95	93.48	液面水蒸发	1239.05	61.81
补充热量	130.66	6.52	液面辐射对流	425.80	21.24
			槽壁辐射对流	340.45	16.95
合 计	2004.61	100	合 计	2004.61	100

由电解槽热平衡计算可以看出，热支出与电流产生的热量之间只差130.66 J/h。在夏天，不必外加热就能维持电解液温度在40℃左右。在冬天，为了维持40℃，可能需要补充一点热量。

5.10 技术装备及发展方向

粗铅电解精炼工艺在世界上主要为我国和日本、加拿大等国所采用，西方国家普遍采用的是火法精炼。我国的粗铅精炼基本上采用湿法电解工艺，仅在电解前熔铅锅部分根据粗铅成分有一小段火法除铜过程。

电解精炼的主体设备是电解槽，其槽体结构现在广泛采用单体式，由钢筋混凝土预制而成，内衬沥青胶泥或软聚乙烯塑料。电解前的粗铅预精炼和电解后的阴极铅熔铸及除杂质，均在精炼锅内进行，前为熔铅锅，后为电铅锅。

与近年来工艺、装备上取得长足发展的粗铅冶炼不同的是，一直以来，国内铅电解精炼工艺本身发展变化不大，但在设备的机械化和自动化程度方面发生了显著的变革，提高了劳动生产率，减轻了劳动强度，改善了劳动条件。主要表现在以下几个方面：

(1) 阳极铸型采用液压并采用微机控制，将过去人工控制铅液量、手工起板、平板和排板等工序变为铅液定容量浇铸、链钩起板、液压平整，再按同极距要求均匀旋转在排板机上，用桥式起重机直接吊入电解槽内；

(2) 精铅铸锭由手工作业变为精铅铸锭、打捆、码垛机组机械化作业；

(3) 始极片制造由手工作业变为始极片制造联动线机组机械作业，将始极片按同极等距要求置于排板机上，再用桥式起重机直接吊装入电解槽；

(4) 阳极泥的液固分离和洗涤用压滤代替渗滤和离心过滤；

(5) 电解液冷却成功使用抗腐蚀的空气冷却塔。

今后，铅电解装备将主要向粗铅液态入锅、设备大型化、自动化程度更高、能耗更小、更为环保的方向发展。国内 2005 年建成投产的曲靖铅锌联合冶炼基地，采用大极板电解工艺，第一次从日本引进了国内唯一的立模阳极板铸造机、铅阴极制造机、阴阳极自动排距机组和 DM 铸机组，从而机械化和自动化水平得到了较大提高。目前国内大型企业使用的熔铅锅和电铅锅为 50 ~ 75 t，曲靖铅锌基地的熔铅锅和电铅锅为 150 t，其采用的铅电解槽和阴、阳极板也是国内同行业最大的。同时，曲靖铅锌基地使用了国际上普遍成功采用而国内尚无生产实际的短窑处理铅浮渣，与反射炉相比具有处理量大、热效率高、作业周期短等优点。

我国铅电解工艺技术与国外相差不大，但在自动化控制与成套装备方面有较大差距。今后主要的技术目标将研究开发电解过程电解液温度、pH 等工艺参数的在线检测技术；电解过程的电流密度、电流效率优化控制技术；电解自动化生产线成套装备研制，包括始极片机组、阳极和阳极板整形机组、阴极和阴极洗涤剥片机组、残极洗涤打包机组和导电棒机组等自动化装置的研制和开发，以实现电解作业的自动化。

5.11　粗铅火法初步精炼浮渣的处理

5.11.1　浮渣处理目的及其处理方法

在粗铅制成阳极板之前，必须进行一次初步火法精炼，其目的是除去粗铅中大部分的铜等杂质金属和铸造符合电解要求的阳极板。此过程产生的渣，工厂一般称为浮渣，其成分如表 5 - 24 所示。其数量(又称浮渣率)一般为处理粗铅质量的 4% ~ 12%。回收这种浮渣中的各种有价金属，不但能降低生产成本，而且大大提高了金属铅的回收率。目前，浮渣处理尚未有标准流程，但常用的有下列几种。

表 5－24 铅浮渣成分

元素	Pb	Cu	Fe	S	其他
含量(%)	75	12.83	0.57	3.57	8.03

(1)鼓风炉熔炼法。将浮渣与铅烧结块一道在鼓风炉内进行还原熔炼，虽有一部分铜进入铜锍，但还有不少的铜、砷和锑又返回到粗铅之中，造成铜及杂质在冶炼系统恶性循环，不但给过程的操作带来困难，而且使铜和铅的损失增大，某些工厂为了消除上述的缺点，把浮渣同较贫的铜锍一道，单独置于小鼓风炉内处理，由于熔炼后产出的铜锍品位不高(20%～25% Cu)，回收率较低，操作麻烦等缺点，目前已很少使用。

(2)加黄铁矿的反射炉熔炼法。此法把浮渣混以少量的黄铁矿及溶剂，在反射炉内进行熔炼，以获得粗铅、铜锍和炉渣。有些工厂则不加黄铁矿而用纯方铅矿(或硫化铅精矿)和铁屑与浮渣一道装入反射炉内，提高炉温到1200～1400℃进行熔炼，使产出的粗铅、高品位铜锍和炉渣良好地分离，而含尘炉气经冷却后进入收尘系统，其优点是：铅的回收率高，并能获得高品位的铜锍，便于转炉熔炼，其缺点主要是过程在高温下进行，燃料消耗大(占炉料的8%～9%)，而且铅的挥发损失也大(5%)，劳动条件差，同时产出的粗铅含铜高(达2%～5%)，渣含铜、含铅也高，以及铜锍的铜铅比低(2∶1)。

(3)加苏打的反射炉熔炼法。现代各冶炼厂大都采用加苏打的反射炉熔炼法来处理浮渣。其方法是在浮渣中混以3%～5%的工业苏打和15%的焦粉，某些工厂还加入1.5%～2%的氧化铅，以获得较好的铜铅比。当炉温开到950～1050℃时，便得到含铜约15%，铅3%，铁16%和硫7%的钠铜锍。此法不但熔炼温度低，铅的挥发损失小，而且铜铅比高(5∶1，有时高达10∶1)，产出的粗铅含铜低(0.5% Cu)，熔于砷铜锍(含Cu 60%，Pb 8%～10%)中的铅也较少，故苏打法是国外目前处理铜质浮渣最好的一种方法。

(4) 苏打－铁屑法。该法是我国某厂长期实践创造出来的一种处理浮渣的方法，其优缺点如下。

优点是适应性强，对各种不同组成的浮渣均能获得满意的效果；金属铅直收率高，可达97%；渣含铅低(在1.5%左右)；铜锍品位高：铜铅比≥4∶1。

缺点是熔炼温度较高(1150～1250℃)，每吨粗铅燃料消耗高达产出粗铅的30%以上；高温和强碱性熔炼，须用昂贵的镁质耐火材料；炉寿命短，一般生产1～3个月就须检修；操作工人配料劳动强度大，炉前操作条件差。

5.11.2 苏打－铁屑法

(1) 苏打－铁屑法的一般工艺流程(见图5－13)

(2) 配比

配料比：在长期的生产实践中得出，每100 kg浮渣需要各种原材料比例如下：苏打，6～8 kg；氧化铅，2～8 kg；碎焦，1～3 kg；铁屑，配入2～4 kg，熔炼中加入8～10 kg。

为保证熔炼获得较好的结果，对各种原料应有一定的要求，一般浮渣的粒度以100 mm为宜，铁屑的含铁量应大于90%，以不生锈为好，碎焦的含碳量应大于75%。

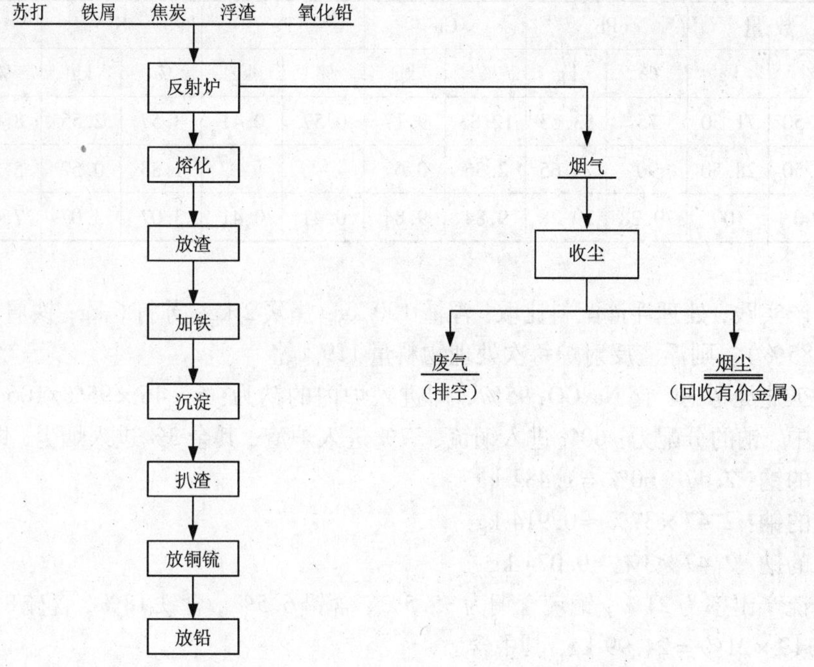

图5-13　苏打-铁屑法的一般工艺流程图

5.11.3　浮渣反射炉熔炼计算

计算以100 kg混合浮渣（即熔析渣6.996%和硫化渣2.788%）为基础，则产出的浮渣比例为：

熔析渣：$100 \times 6.996/(6.996 + 2.788) \approx 71.50$ kg

硫化渣：$100 \times 2.788/(6.996 + 2.788) \approx 28.50$ kg

根据熔析渣和硫化渣成分，则求出71.50 kg熔析渣中含：

铅：$71.50 \times 75\% \approx 53.63$ kg

铜：$71.50 \times 12.83\% \approx 9.17$ kg

铁：$71.50 \times 0.57\% \approx 0.41$ kg

硫：$71.50 \times 3.57\% \approx 2.55$ kg

熔析渣中其他成分按差数计，则为：$71.50 - (53.63 + 9.17 + 0.41 + 2.55) = 5.74$ kg

28.50 kg硫化渣中，含：

铅：$28.50 \times 90\% = 25.65$ kg

铜：$28.50 \times 2.36\% \approx 0.67$ kg

硫：$28.50 \times 1.83\% \approx 0.52$ kg

硫化渣中的其他成分按差数计，则为：$28.50 - (25.65 + 0.67 + 0.52) = 1.66$ (kg)

混合浮渣成分如表5-25。

表 5－25　混合浮渣成分

项目	数量		Pb		Cu		Fe		S		其他	
	%	kg	%	kg	%	kg	%	kg	%	kg	%	kg
熔析渣	71.50	71.50	75	53.63	12.83	9.17	0.57	0.41	3.57	2.55	8.03	5.74
硫化渣	28.50	28.50	90	25.65	2.36	0.67	–	–	1.83	0.52	5.81	1.66
合计	100	100	79.28	79.28	9.84	9.84	0.41	0.41	3.07	3.07	7.40	7.40

根据生产实践，处理浮渣配料比取：浮渣 100 kg；焦炭 2 kg；苏打 6 kg；铁屑 6 kg；氧化铅 5 kg(Pb 85%)。则浮渣反射炉每次处理物料量 119 kg。

苏打按工业纯考虑：含 Na_2CO_3 95%，即进入炉内的钠为：6×46×95%/106＝2.47 kg，在熔炼过程中，钠的分配为：60%进入铜锍，37%进入炉渣，其余3%进入烟尘，即：

铜锍中的钠：2.47×60%＝1.482 kg

炉渣中的钠：2.47×37%≈0.914 kg

烟尘中的钠：2.47×3%≈0.074 kg

假设铜锍产出率为21%，铜锍含铜为35.5%，含铅6.5%，含铁18%，含硫8.5%，则每炉产铜锍：119×21%＝24.99 kg，其中含

Cu：24.99×35.5%＝8.87 kg

Pb：24.99×6.5%≈1.624 kg

Fe：24.99×18%≈4.498 kg

S：24.99×8.5%≈2.124 kg

铜锍其他成分按差数计，则为：24.99－(8.871＋1.624＋4.498＋2.124＋1.482)＝6.391 kg

假定烟尘率为2.5%，烟尘含铜0.3%，含铅25%，含铁0.3%，则每炉烟尘量为119×2.5%＝2.975 kg，其中：

Pb：2.975×25%≈0.744 kg

Cu：2.975×0.3%≈0.009 kg

Fe：2.975×0.3%≈0.009 kg

烟尘中的其他成分按差数计，则为：2.975－(0.744＋0.009×2＋0.074)＝2.139 kg

该粗铅产出率为65%，含铜0.5%，铅97.5%，则每炉产出粗铅 119×65%＝77.35 kg，其中含：

Pb：77.35×97.5%≈75.416 kg

Cu：77.35×0.5%≈0.387 kg

粗铅中的其他成分按差数计，则为：77.35－(75.416＋0.387)＝1.547 kg

假设产品的渣率为5%，炉渣含铜5.5%，含铅1.5%，铁14%，即每炉渣量119×0.05＝5.95 kg，其中含：

Cu：5.95×5.5%＝0.327 kg

Pb：5.95×1.5%＝0.089 kg

Fe：5.95×14%＝0.833 kg

炉渣其他成分按差数计，则为：5.95 - (0.327 + 0.089 + 0.833 + 0.914) = 3.787 kg

过程损失按各组分差额计算。计算结果整理出浮渣反射炉主要金属平衡表，如表5-26。

表5-26 浮渣反射炉金属平衡表

项目	数量		Pb		Cu		Fe		S		Na		其他	
	kg	%	%	kg	%	kg	%	kg	%	kg	%	kg	%	kg
投入														
浮渣	100	84.034	79.28	79.28	9.84	9.84	0.41	0.41	3.07	3.07			7.4	7.4
苏打	6	5.042									41.17	2.47	58.83	3.53
铁屑	6	5.042					90	5.4					10	0.6
焦炭	2	1.681											100	2
氧化铅	5	4.201	85	4.25									15	0.75
合计	119	100	70.19	83.53	8.27	9.84	4.88	5.81	2.58	3.07	2.08	2.47	12	14.28
产出														
粗铅	77.35	65	97.5	75.416	0.5	0.387							2	1.547
铜锍	24.99	21	6.5	1.624	35.5	8.871	18	4.498	8.5	2.124	5.93	1.482	25.57	6.391
炉渣	5.95	5	1.5	0.089	5.5	0.327	14	0.833			15.36	0.914	63.64	3.787
烟尘	2.975	2.5	25.01	0.744	0.3	0.009	0.3	0.009			2.49	0.074	71.9	2.139
损失	7.735	6.5	73.14	5.657	3.18	0.246	6.07	0.47	12.23	0.946			5.38	0.416
合计	119	100	70.19	83.53	8.27	9.84	4.88	5.81	2.58	3.07	2.08	2.47	12	14.28

注：损失包括焦炭燃烧，碳酸钠分解进入烟气的量。

5.11.4 浮渣处理的基本原理

利用溶剂(Na_2CO_3)及还原剂铁屑、焦炭等在高温下与浮渣的各组分起作用，使铅分离成金属铅，铜则生成铜锍，锌进入烟灰回收，其他杂质组分生成炉渣被除去。

主要化学反应：

$$Na_2CO_3 = Na_2O + CO_2$$

$$Na_2O + PbO \cdot SiO_2 = Na_2SiO_3 + PbO$$

$$2PbO + C = 2Pb + CO_2$$

$$PbO + Fe = Pb + FeO$$

$$ZnO + C = Zn_{(气)} + CO$$

$$Cu_2S + Fe = 2Cu + FeS$$

加入苏打的目的在于降低渣、铜锍的熔点，改善渣的流动性。同时也可降低铜锍中的含铅量。因苏打大部分在过程中硫化成 Na_2S 而进入铜锍，其余部分形成硅酸盐、砷酸盐和锑酸盐而进入炉渣，这样使炉渣及铜锍的熔点降低，同时也使铜锍含铅量大大地减少。

铁屑在熔炼过程中的作用，在于使硫化铅还原成金属铅，实验证明，在一定范围内，炉料含铁量每增加1%时，铅的回收率可提高1%～2%，但过多地加入铁屑则可能由于铜的析出或在铜锍表面造成黏渣而产生炉结。

炉料中加入氧化铅可能使一部分砷挥发，并使其余的砷及其他杂质造渣，从而提高了铅的回收率。氧化铅的加入量通常视浮渣的成分而定，当浮渣的砷含量较高时应增加氧化铅的用量，如浮渣含砷量较低而其中含有足够的氧化铅时，则可少加或不加。加焦炭的目的主要是防止炉料上层的氧化和维护炉内一定的还原气氛，使铅的氧化物还原成金属。

在实践中，当发现铜锍硫含量不够时，也有采用加入铅精矿来进行补硫的例子。

5.11.5 反射炉处理浮渣的生产实践

1. 反射炉熔炼作业

反射炉熔炼作业包括升温、进料、熔化、放渣、放铜锍和放铅等几个过程，具体操作过程如下。

(1)烘炉

烘炉是在火室燃烧木柴或煤块来烘烤。400℃以下烧木柴，400℃以上烧煤，最终温度为1300℃。

1)点火前，检查炉体及所属设备情况，并清理炉膛内和直升烟道内砖头杂物，同时打开副烟道阀门，炉顶水套送水循环。

2)炉温升至200℃时，隔火墙水套送水循环。

3)当使用布袋收尘系统时，应注意布袋箱进口温度变化。

4)烘炉按升温曲线严格执行，防止炉温急升急降，并经常检查炉体膨胀情况，及时调整拉杆，升温曲线见图5－14。

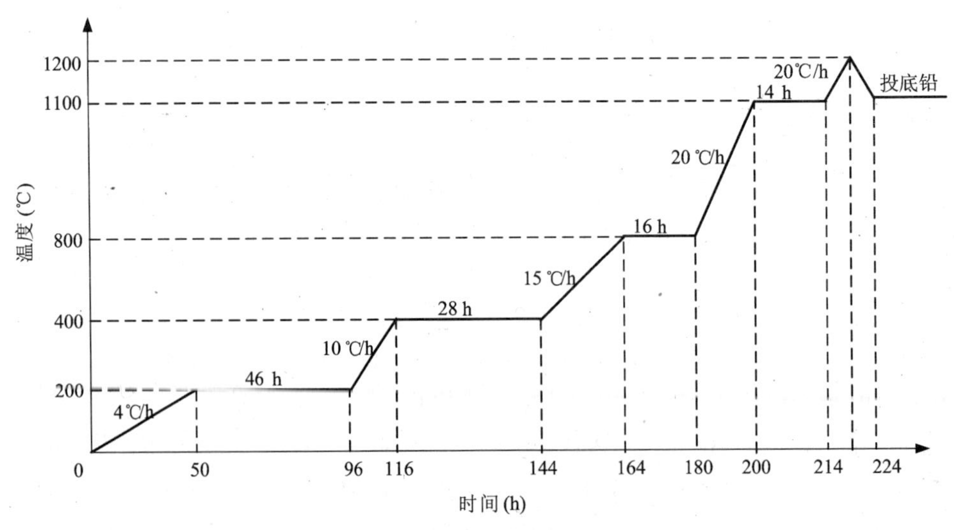

图5－14 反射炉升温曲线

（前96 h用木柴，96 h以后改用块煤烘炉）

（2）炉前操作

1）配料：要求浮渣块度 <500 mm，过大要打碎，按浮渣100%，苏打7%～8%，焦炭2%～3%配料比将物料均匀铺在配料板上。

2）进料：前炉放完后期渣扎溜后即进第一批炉料，要求前两板进干料，后进第一次纯碱，再进第三板料。

3）出铅：进完第一次料后，升温熔化20～30 min，使炉料部分浸入熔体进行热交换，铅液温度降至500～700℃，即开溜出铅，出铅后视炉内炉料熔化情况，继续加入第二批炉料和苏打（纯碱），加完料后盖好炉盖，进料结束。

4）升温熔化：要求炉子在微负压条件下进行，炉膛内应烧微氧化性火焰，温度要求保持1250～1300℃至熔体表面无固体块料，也没有鼓泡现象。

5）高温沉淀：要求炉温1250～1300℃，并保持40～60 min。

6）放渣、放后期渣：要求宽口薄溜，勤取样。炉渣中发现渣带后期渣即换包放后期渣；放后期渣中发现有铅液流出，则停止放后期渣，堵口扎溜。

7）扎溜：要求清溜后才扎溜，堵口要堵深，不应堵在炉墙外侧，扎溜泥料配比为黄泥∶焦粉=3∶1。

2．生产过程中常见故障及处理方法

（1）炉膛温度未达到技术要求

产生原因：烧火工责任心不强；鼓风量调节不当；火室烧结渣未及时清理；煤质不符合要求；抽力调节不当；烟道堵塞，抽力不足或没有抽力。

处理方法：找出原因，作出及时处理。

（2）炉结严重

产生原因：炉膛温度低或未保持稳定的高温，致使炉料反应不完全或高熔点炉渣冻结黏附于炉墙。炉渣没有放干净，在清炉进料时，炉温下降而使残渣冻结。

处理方法：寻找炉膛温度低的原因，并采取相应的措施加以解决。若有漂浮状炉结，应尽可能扒出炉外。通过加助熔剂，高温熔化炉结。

（3）渣线升高

产生原因：①进料过多；②炉结严重；③炉内积存铜锍或铅液过多。

处理方法：参照炉结严重、火室漏渣的处理方法。

（4）火室漏渣

产生原因：渣液面过高。熔化阶段熔池中部被炉料堵死，前面融化的熔体不能流向炉尾而溢入火室。隔火墙严重烧损变形，失去隔离熔体作用。

处理方法：及时放出部分渣液，降低渣液面。进第一次炉料后，待其完全熔化再进第二次料。熔化初期适当加大抽力，加速炉膛中部两侧炉料的熔化。彻底清除火室漏渣结块，保证燃烧顺畅。必要时停炉检修隔火墙。

3．反射炉结构

熔炼作业是在烧煤的反射炉内进行，反射炉的构造如图5-15所示。

反射炉的主要部分包括炉壁、火室和熔池，在火室和熔池之间用隔火墙隔开，整个反射炉的熔池渣线以下采用镁砖或铬渣砖砌筑，其余部分则用黏土砖筑成，外面用脚钢加固，在炉子顶部设有加料口，炉料则由皮带运输机或吊车由此加入，在炉壁侧面之一设有两个操作门，在另一侧靠近炉尾处开有炉渣、铜锍放出口，炉尾端壁、烟道下部留有放铅口。

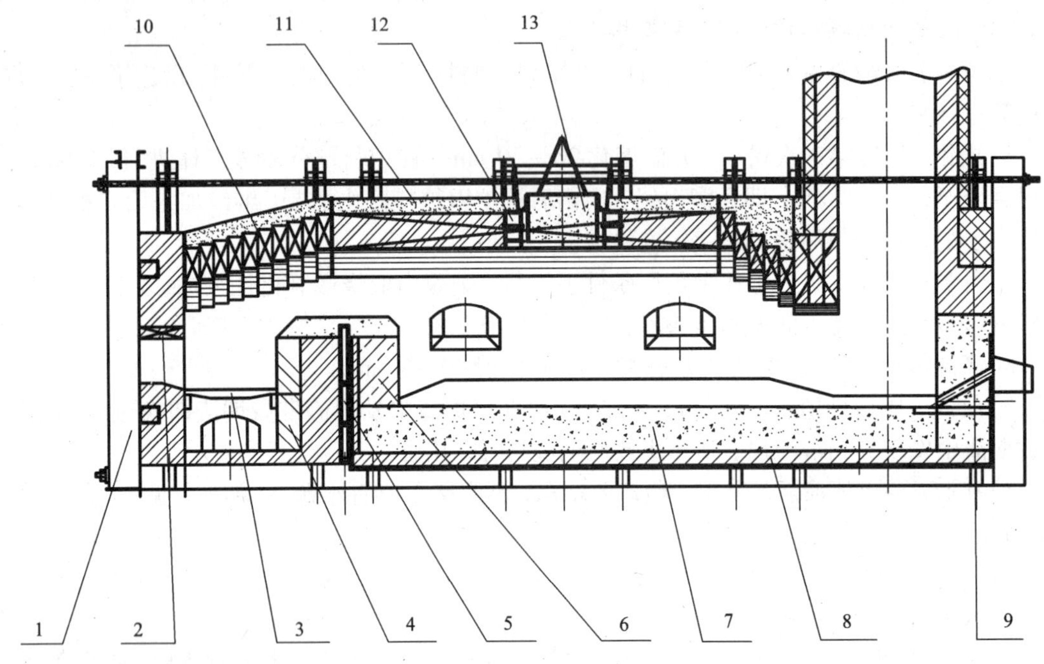

图 5－15　浮渣反射炉

1—支架；2—炉门框；3—炉条；4—碳化硅砖；5—隔火墙水套；6—铬渣砖；7—耐火混凝土；8—黏土砖；9—保温砖；10—高铝砖；11—保温混凝土；12—加料水套；13—加料盖

第 6 章　综合回收

6.1　二氧化硫烟气碘配合－电积法回收汞

6.1.1　概　述

烧结机产出的含汞二氧化硫烟气，经净化除尘后，用碘配合回收汞，通过电积生产粗汞的方法是广州有色金属研究院和韶关冶炼厂合作成功并在 1980 年投入工业生产的冶炼烟气制酸除汞技术。同其他冶炼烟气回收汞的方法相比，如波立登(氯化汞吸收法)、芬兰的可可拉法(热硫酸吸收法)、日本东都法(硫酸－碘化钾法)，碘配合电积法具有设备简单、流程短、操作易控制、汞回收率高，产品是 99.99% 的粗汞，吸收剂可再生，生产成本低，整个流程闭路循环，无二次污染，适用于各种含二氧化硫的含汞烟气除汞等优点。

ISP 工艺处理的原料主要是铅精矿、锌精矿及铅锌混合精矿。铅锌精矿中的汞大多以 HgS(辰砂)的形态存在，铅锌精矿在烧结机焙烧时，温度达 1050～1250℃，从烧结机出来的烟气温度达 250～350℃，含 O_2 8%～11%，含 SO_2 5%～7%。烟气量达 10 万 m^3/h(标)，在烧结过程中，98% 以上的汞以气态的形式进入烟气，进烧结块的不到 2%，其汞反应为：

$$HgS_{(固)} + O_2 = Hg_{(气)} + SO_2$$

送制酸的烟气，首先进入电除尘器收尘，这时有少量汞冷凝进入烟尘。饱和汞蒸气浓度与温度的关系见表 6－1。

表 6－1　饱和汞蒸气浓度与温度的关系

温度(℃)	－10	0	10	20	30	40	50	70	100	200
汞浓度(mg/m^3)	0.74	2.18	5.88	13.2	29.4	62.6	126	453	1180	2360

烟气再进入空塔、动力波、填料塔、铅间冷器、电除雾器进一步冷却和除尘，经多个净化工序，随着烟气温度的降低，汞将冷凝沉积下来一部分，进入各种酸泥中，可返回烧结处理，形成闭路循环，不会造成流失和污染。烟气中汞进入汞吸收塔被吸收，少量被硫酸和制酸烟气带走。

6.1.2　工艺流程

从烧结机出来的含汞二氧化硫烟气经电除尘、湿法净化等工序除尘、降温后，烟气温度 <38℃，含二氧化硫 4%～7%，含尘 5～15 mg/m^3，含汞 20～50 mg/m^3，经过净化的含汞二氧化硫烟气进入除汞塔，烟气和碘化钾溶液充分逆流接触，汞和碘化钾溶液反应生成碘汞配

合物进入吸收液。除汞后的烟气进入制酸干燥塔用于生产硫酸。吸收液再送往电解脱汞和再生碘，电解后液返回吸收系统。由于吸收液长期闭路循环，杂质得到富集，影响汞电解生产的正常运行，溶液需定期净化。另一方面，烟气带入水分，冲洗汞系统等，造成循环液的体积膨胀。因此，循环液需要净化和回收。抽出部分循环液加入硝酸汞，控制碘汞比，使汞和碘以碘化汞的形式沉淀下来同溶液及杂质分离，沉淀后的上清液送污水处理。沉淀得到的碘化汞可以再返回汞吸收系统。其主要化学反应方程式如下。

吸收时： $H_2SO_3 + 2Hg_{(气)} + 4H^+ + 8I^- \xlongequal{} 2HgI_4^{2-} + S\downarrow + 3H_2O$

电解时： $HgI_4^{2-} \xlongequal{电解} Hg + I_2 + 2I^-$

$I_2 + H_2SO_3 + H_2O \xlongequal{} 2HI + H_2SO_4$

制备硝酸汞： $3Hg + 8HNO_3 \xlongequal{} 3Hg(NO_3)_2 + 2NO\uparrow + 4H_2O$

沉淀碘化汞： $K_2HgI_4 + Hg(NO_3)_2 \xlongequal{} 2HgI_2\downarrow + 2KNO_3$

工艺流程图见图 6－1。

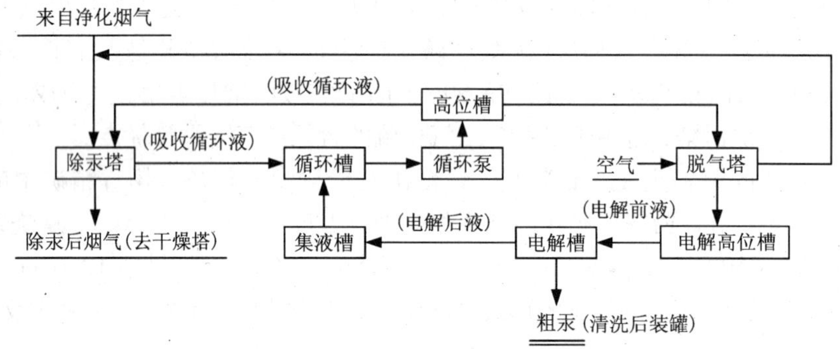

图 6－1 碘配合－电积法回收汞的工艺流程图

6.1.3 主要设备

碘配合－电积法除汞主要设备有两部分，一是吸收设备：汞吸收塔、循环槽、硝酸汞制备槽。二是电积设备：平立式电解槽、可控硅整流机、搅拌机、通风机、竖式钛汞集液槽、高位槽、流量计、汞计量装罐器、单梁超重机等。

除汞的主要设备连接图见图 6－2。

6.1.4 汞的吸收

汞的吸收过程在装有填料的汞吸收塔中进行。烟气从塔底进入，由塔顶排出，吸收液从塔顶均匀喷淋而下，吸收液为 0.3 mol/L 的碘化钾溶液。含有饱和水蒸气的烟气组成为 Hg 30～60 mg/m^3，SO_2 4%～7%，O_2 11%～15%，含尘 20 mg/m^3，酸雾 $<0.005\ g/m^3$，烟气温度 29～36℃。循环吸收液主要成分为：$I_{总}$ 0.3 mol/L，HgI_4 0.03 mol/L，硫酸 0～2.5 mol/L，当吸收液中碘汞摩尔比为 9～10 时，烟气中汞的吸收效率达 99% 左右。出塔尾气含汞在 0.16 mg/m^3 以下。

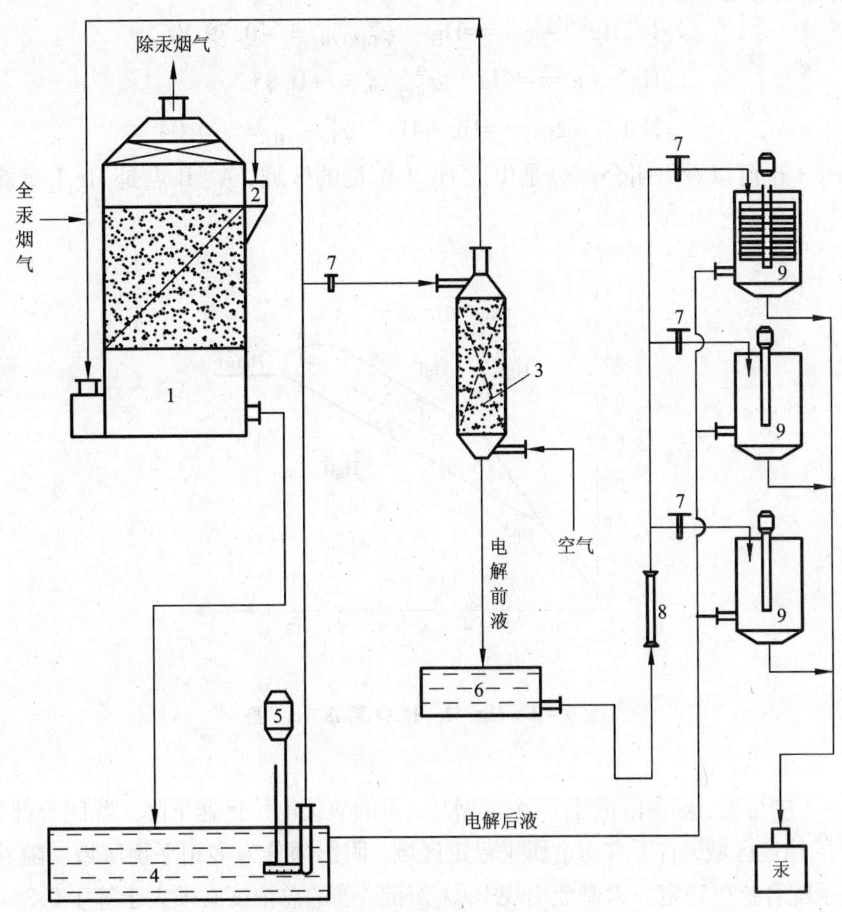

图6-2　除汞主要设备连接图

1—除汞塔；2—除汞塔高位槽；3—脱气塔；4—循环槽；5—吸收循环泵；
6—电解高位槽；7—阀门；8—转子流量计；9—电解槽

1. 烟气中汞的形态

烟气温度在20~30℃时，烟气中汞饱和蒸气浓度为14.1~32.5 mg/m³，且有时汞蒸气往往以过饱和状态存在，另一方面汞蒸气在饱和水蒸气和含有极细粉尘的烟气中易于以汞雾状态存在，这些都可使烟气中汞的分压提高，烟气中氧的分压提高，汞蒸气和汞雾可进行如下反应：

$$O_2 + 2Hg_{(固)} = 2HgO \quad \Delta G = -58.57\ kJ/mol$$

$$O_2 + 2Hg_{(气)} = 2HgO \quad \Delta G = -90.35\ kJ/mol$$

从热力学看，汞蒸气和汞雾均可被烟气中氧氧化。由于标准吉布斯自由能的减小随温度降低而增大，因此在常温时，氧化反应的趋势更大，但由于常温时，烟气中氧活化分子数目少，所以上述反应速度进行很慢，很难达到平衡。虽然如此汞冷凝时汞和小汞珠外层氧化膜的存在，均证明上述反应已发生。因此烟气中的汞是以汞蒸气、汞雾和氧化汞尘存在的。

2. 碘汞配合物的形成

烟气中的汞能与吸收液形成稳定的配合物是由汞与碘的浓度决定的。

汞及化合物的电极电位：

$$1/2Hg^{2+} + e \Longrightarrow Hg \quad \varphi^{\ominus}_{Hg^{2+}/Hg} = +0.79\ V$$

$$Hg^{+} + e \Longrightarrow Hg \quad \varphi^{\ominus}_{Hg^{2+}/Hg} = +0.85\ V$$

$$HgI_4^{2-} + 2e \Longrightarrow Hg + 4I^{-} \quad \varphi^{\ominus}_{HgI_4^{2-}/Hg} = -0.04\ V$$

由图 6－3 也可以看出闭合部分是生成 Hg_2I_2 沉淀的区域，A、B 点是 Hg_2I_2 沉淀出现和消失的临界点。

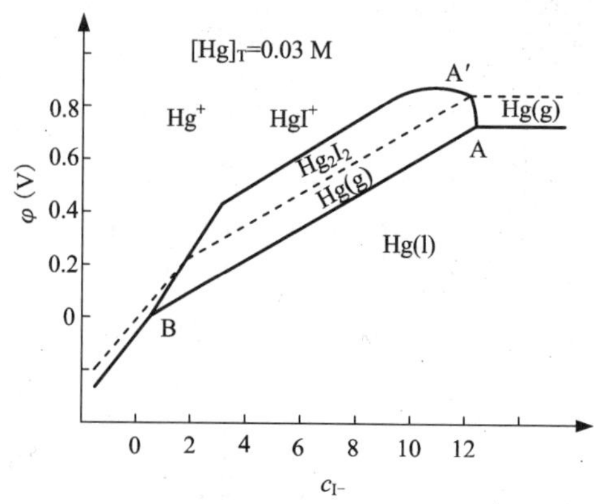

图 6－3 Hg－I－H_2O 系 $\varphi - c_{I^-}$ 图

从图 6－3 中可见：随着溶液中 I^- 浓度增加，汞的氧化电位迅速下降。除闭合部分外，左上方为汞离子的稳定区域，右下方为金属汞稳定区域，阴影部分为多相平衡区域。随着碘离子浓度增加，碘汞配合物更稳定。为避免出现 Hg_2I_2 沉淀，碘的总浓度必须大于等于 0.3 mol/L。

酸性溶液中，汞离子与碘离子形成稳定的配合物：

$$Hg^{2+} + 4I^{-} \Longrightarrow HgI_4^{2-} \quad 其稳定常数：K_{HgI_4^{2-}} = 2 \times 10^{30}$$

即

$$\frac{[HgI_4^{2-}]}{[Hg^{2+}][I^-]^4} = 2 \times 10^{30}$$

当碘离子浓度 $[I^-] = 0.18$ mol/L，碘汞配离子的浓度 $[HgI_4^{2-}] = 0.03$ mol/L，算出汞离子浓度 $[Hg^{2+}] = 1.43 \times 10^{-29}$ mol/L。由于碘化钾加入使吸收液中汞离子活度大大降低，从而降低汞的电极电位，使吸收过程更完全。

同时烟气中还含有 O_2、SO_2、H_2SO_3、H_2SO_4 等。

吸收反应在填料表面的液膜中进行，烟气与液膜接触次数越多越充分，在 O_2、SO_2 参与下，尤其是吸收液酸度升高时，烟气中的汞蒸气或汞雾先吸附在二氧化硫和氧分子上，进行氧化反应，接着以极大的速度与碘离子形成碘汞配合物，其反应如下：

$$Hg + 4I^{-} + 1/2O_2 + 2H^{+} \Longrightarrow HgI_4^{2-} + H_2O \qquad \varphi_1^{\ominus} = +1.27\ V$$

$$Hg + 4I^{-} + 1/2SO_2 + 2H^{+} \Longrightarrow HgI_4^{2-} + H_2O + \frac{1}{2}S \quad \varphi_2^{\ominus} = +0.49\ V$$

标准情况下，反应自由能变化为：

$$\Delta G_1^\ominus = -nf\varphi_1^\ominus = -2 \times 23060 \times 1.27 = -58572.4 \text{ kJ/mol}$$
$$\Delta G_2^\ominus = -nf\varphi_2^\ominus = -2 \times 23060 \times 0.49 = -22598.8 \text{ kJ/mol}$$

反应平衡常数是：

$\Delta G_1 = -RTl_nK_1 \quad K_1 = 10^{42.962}$

$\Delta G_2 = -RTl_nK_2 \quad K_2 = 10^{16.576}$

从热力学观点看，上述两反应自由能降低的差数很大。其中与氧作用的反应平衡常数达 $10^{42.962}$，比与二氧化硫作用的反应平衡常数大 25 个数量级，因而烟气中氧对汞有氧化作用，但速度有限，很难达到平衡。起决定作用的还是烟气中的二氧化硫。

从图 6－4 中也可以看出，在冶炼烟气中氧分压为 1519.95 Pa(0.15 atm)，二氧化硫分压为 405.32 Pa(0.04 atm)，在此分压下水溶液中二氧化硫的溶解度为 0.078 mol/L，氧的溶解度为 0.000189 mol/L，氧的溶解度是二氧化硫溶解度的 1/413，同时氧分子内部的原子键能高达 496.69 kJ/mol，氧分子单独裂解成氧原子的活化能也基本接近这个数值。因此氧在常温下有这种能量的活化分子实数不多，反应很难达到平衡，因此，上述分析表明，烟气中二氧化硫的存在对汞的吸收过程起着重要作用。此外二氧化硫的存在还可以防止吸收液中碘的升华损失：

$$H_2O + SO_3^{2-} + I_2 = 2I^- + SO_4^{2-} + 2H^+$$

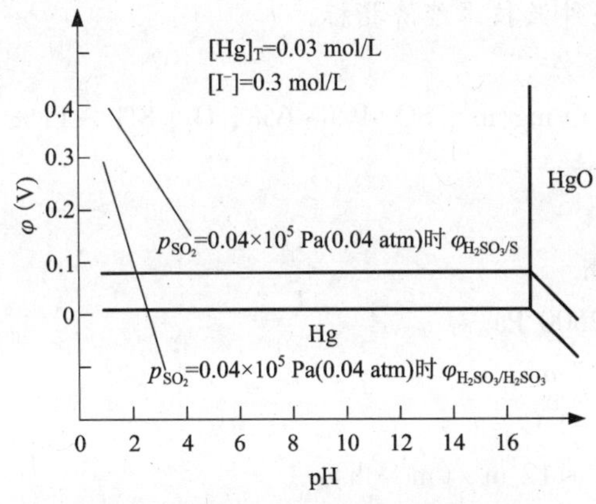

图 6－4　Hg－I－H_2O 系 φ－pH 图

否则，当烟气中不含二氧化硫时，吸收液中碘离子与氧发生作用，以及电解过程中，生成碘分子，造成碘升华损失。

因此在有二氧化硫参与下，碘总浓度大于 0.3 mol/L，碘汞比大于 6 时，能形成稳定的碘汞配合物，维持吸收过程的顺利进行。

3. 吸收过程的反应速度和吸收率

碘配合法从烟气中回收汞的吸收过程虽是多相多分子反应，但关键的作用是由于碘离子的加入而大大降低了汞的电极电位，在吸收系统中，SO_2、O_2、H_2O、I^-、HgI_4^{2-} 等组分的含量与烟气中汞含量相比足够大，在反应过程始终可认为是恒定的，变化的是烟气中汞的浓度。根据特定试验可测得烟气中汞浓度的变化，由此得出汞浓度的对数与吸收时间是直线关系，从化学动力学可知，直线关系是一般反应的特性。

列式为：$l_n c_{Hg} = -kt + l_n c_0$或$c_{Hg} = c_0 e^{-Kt}$

式中 c_{Hg}——塔出口烟气汞浓度(mg/m^3)；

c_0——塔进口烟气汞浓度(mg/m^3)；

t——烟气在反应区停留时间($t = h/v$)；

h——汞吸收塔填料高度(m)；

v——烟气在吸收塔内的流速(m/s)；

k——反应速度常数($k = t\ A/V$，经验测得为$k = 1.22$ s/m)；

A——填料表面积(m^2)；

V——填料体积(m^3)。

推导得汞吸收率为：

$$n = \frac{c_0 - c_{Hg}}{c_0} = 1 - e^{-0.0023t}$$

试验表明，当气体中汞浓度下降到0.3 mg/m^3时，除汞速度逐渐下降，效率降低，但空塔速度大于0.15 m/s 的条件下，停留时间超过7 s以上时，最终尾气含汞可降至0.01 mg/m^3。

根据经验公式，烟气通过一定填料层时，吸收前烟气含汞可以测定，按除汞后烟气含汞达到某个要求数值(即产酸含汞$<1 \times 10^{-6}$)则可计算出除汞塔的填料比表面积F，反之依然可以根据需要，进行工艺、设备选择。

4. 汞吸收技术控制条件及技术经济指标

(1)汞吸收技术控制条件

1)烟气成分：汞20~50 mg/m^3，SO_2 4%~6%，O_2：8%~11%，CO_2：2%，酸雾0.002~0.005 mg/m^3，尘15 mg/m^3。

2)烟气温度：25~38℃。

3)烟气量：10万m^3/h。

4)塔压力降：1500~2500 Pa。

5)空塔气速：0.6~0.7 m/s。

6)烟气进出塔温差：-1℃。

7)吸收液喷淋密度：8~12 $m^3/(m^2 \cdot h)$。

8)吸收液成分：汞6~9 g/L，碘30~40 g/L，硫酸50~150 g/L，亚硫酸2~5 g/L，钾和钠10~20 g/L。

9)吸收液碘汞比：4~6。

10)吸收液进出塔温差：1℃。

(2)主要技术条件的控制

1)碘汞比。碘汞比是汞回收最重要的技术控制条件之一。试验测得碘汞比同烟气出口含汞量的关系见表6-2。

表6-2 碘汞比与出口含汞量的关系

碘汞比	6.837	5.610	4.424	3.429
出口含汞量($mg \cdot m^{-3}$)	0.051	0.154	1.05	2.16

从表 6 - 2 可以看出碘汞比高，出口含汞量降低，除汞效率较高。但碘化钾损失也加大，引起生产成本升高，另外，也可能导致因硫酸含碘升高而改变颜色。碘汞比控制过低，则汞吸收率下降，硫酸含汞量达不到要求。并且在吸收和电解中会产生大量碘化亚汞沉淀，碘耗也大大增加，汞生产条件严重恶化，影响生产。因此碘汞比控制在 4 ~ 6 是较合适的，能同时满足汞吸收和汞电解的要求。

2）汞离子浓度。吸收液中汞离子浓度对除汞效率有很大影响。当汞离子浓度超过 8 g/L 时，除汞效率下降速度增加。在汞离子浓度为 3 ~ 8 g/L 时，除汞效率基本一样。因此，在汞吸收液中汞离子浓度一般以不超过 8 g/L 为宜。根据最佳碘汞比的控制，要求吸收液含碘 30 ~ 40 g/L，碘的损失也较小。

3）硫酸和亚硫酸。根据生产实践，硫酸的浓度控制在 50 ~ 150 g/L，亚硫酸控制在 2 ~ 5 g/L。生产上硫酸有一定的富集速度，一般达到浓度时会在汞电积中放电，从而达到浓度平衡，硫酸的浓度能够满足汞吸收的要求。亚硫酸的浓度同烟气含二氧化硫及温度有关，一般也能满足生产要求。

4）喷淋密度。喷淋密度对汞的吸收有重要影响，过小则除汞效率降低，过大则塔阻力增加，碘及溶液被烟气带走的量增加，一般要求控制在 10 $m^3/(m^2 \cdot h)$。

（3）汞吸收技术经济指标

1）处理气量：100000 m^3/h（标）。

2）除汞前烟气含汞：20 ~ 50 mg/m^3。

3）除汞后烟气含汞：0.05 ~ 0.7 mg/m^3。

4）除汞效率：98.5% ~ 99.5%。

5）除汞电耗：36260 kW · h/t · Hg。

6）除汞水耗：17.5 t/t · Hg。

7）除汞碘化钾消耗：50 ~ 200 kg/t · Hg。

5. 汞吸收和二氧化硫脱除的操作

（1）开车前的准备工作

1）清理循环槽底含碘汞渣等杂物，并用清水冲洗干净，冲洗吸收塔内填料。这些工作一般是一年（大修时）清理一次，短期停机不需要清理。冲洗水要储存好，用于配制吸收液。

2）每次检修开机之前，在循环槽中配制碘化钾吸收液，如果杂质含量不高，原来的吸收液仍可应用，按计算再补加碘及水。也可全部配制新液。按循环槽静态液位 2.2 m，溶液含碘 40 g/L 配液配碘。循环槽也加入碘化钾（或碘化汞），并充分搅拌溶完，再盖上人孔。

3）抽去除汞塔进出口盲板，并用盲板隔断烟气入干燥的旁路管，为制酸烟气除汞后干燥提供串联通道。

4）关闭脱气塔通中间槽的管路阀门，关闭通汞母净化管路阀，打开通电解高位槽的管路阀。

5）检查循环槽静态液位，制酸系统二氧化硫风机启动前先开循环泵进行溶液循环，检查循环槽动态液位不低于 1 m。如不够则补充吸收液；如超过 1.5 m 则放出一些溶液到储液槽。

6）检查及校调各指示仪表，如流量表、温度表、压力表、液位表、电压表等，检查各阀门是否关闭、漏液。开泵前盘动泵检查有无异常声音及杂物，电动机等电器的安全可靠性由电工检查。

(2)开车操作

1)接到开车指令，启动1#循环泵(若启动2#泵须相应打开通往3#塔管路串联阀)，启动4#循环泵(若启动3#循环泵须相应打开通往1#塔管路串联阀)。启动2#循环泵(或3#泵)，打开通往1#、3#塔串联阀，使循环液均分进入1#、3#塔。

2)打开1#脱气塔空气阀，打开气塔下液阀，控制下液量为2400 L/h。调整空气阀，控制送去电解的溶液含二氧化硫为0.1~0.2 g/L。

3)系统开始运行后，须对各管路、设备、仪表检查一遍，防止溶液跑冒滴漏，如发现问题，应及时处理。

(3)正常生产操作

1)经常检查及调整好脱气塔的下液量和吹入空气量，保证送去电解的溶液含二氧化硫浓度为0.1~0.2 g/L。

2)每小时取脱气后液分析一次。用快速分析法分析液中二氧化硫，为调整脱气塔下液阀和空气提供依据，并为汞电积提供参考。

3)维持循环槽动态液位为1 m左右。过少时应及时从储液槽补充，也可配碘化钾或碘化汞溶液补充。并按吸收条件要求配制。液位过高时应适量排出一些到储液槽。

4)认真做好泵电流、电压、流量、液位、压力、二氧化硫含量等原始记录。随时与电解岗位及制酸系统联系，以协调生产。

5)经常检查各仪表仪器、设备、管路/阀门。严防溶液的跑冒滴漏。经常检查钛泵声音是否正常，电流电压是否稳定，吸收塔的压力、温度、流量是否正常。

(4)停车操作

1)接到硫酸转化二氧化硫风机准备停车的指令前，如吸收液含汞过高，则可关闭脱气塔空气阀，提高送电解的溶液中的二氧化硫，以便吸收停后电解仍可生产一段时间(一般为24 h左右)。如果吸收液含汞不高，汞的吸收和电积生产能够平衡，则不必继续电解，汞吸收和汞电积可同时停车。

2)硫酸二氧化硫风机停后，如果继续电解，则只须开一台循环泵，其他二台可停。待溶液中二氧化硫为0.05 g/L时，通知电解停车。

3)如果硫酸系统为短期停车，汞吸收系统可同步停(电解也同步停的情况下)。如果停车超过24 h，硫酸二氧化硫风机不停的情况下，则须打开通干燥塔的短路盲板，不让空气通过汞吸收塔，以免水分在塔中冷凝，引起循环液体积膨胀。或者打开汞吸收塔人孔，让空气从人孔进入。

4)停循环槽所有的泵，关闭循环槽上液串联阀，关脱气塔空气阀和下液阀，关闭送往汞电积的阀门。

(5)补充碘操作

当吸收液含碘低于30 g/L，含汞高于9 g/L时，要根据循环液总体积及碘汞比的控制，补充碘化钾或碘化汞，并从循环槽的入孔加入。

6.1.5 汞电积生产

将很小一部分汞吸收液脱除二氧化硫后，送电积脱汞和再生碘，电积后液返回汞吸收，以保持汞的吸收和电积平衡。同时产生金属汞。经过脱除二氧化硫的电解前液成分为：Hg

6 ~ 9 g/L, I 30 ~ 40 g/L, Fe 5 ~ 10 g/L, K + Na 10 ~ 30 g/L, H_2SO_4 100 ~ 160 g/L, $H_2SO_3$0.1 ~ 0.2 g/L。

1. 汞电积原理

在汞电积中，电解液中除含 Hg、In、Fe、K、Na、H_2SO_4、H_2SO_3 外，还含有微量的 Zn、Pb、Cd、As、S 等元素，电解液组成复杂，其化学反应也比较复杂。

(1)汞电积中阴极各组分的电化学行为

1)金属组分在阴极上的行为。在酸性电解液中，金属组分的标准电极电位为(V)：

$2HgI_4^{2-} + 2e = Hg_2I_2 + 6I^-$ $\varphi^\ominus = -0.0395$

$Hg_2I_2 + 2e = 2Hg + 2I^-$ $\varphi^\ominus = -0.0405$

$HgI_4^{2-} + 2e = Hg + 4I^-$ $\varphi^\ominus = -0.038$

$Zn^{2+} + 2e = Zn$(汞) $\varphi^\ominus = -0.7628$

$Cd^{2+} + 2e = Cd$(汞) $\varphi^\ominus = -0.3521$

$HAsO_2 + 3H^+ + 3e = As + 2H_2O$ $\varphi^\ominus = -0.248$

$As^{3+} + 3e = As$ $\varphi^\ominus = -0.54$

$Pb^{2+} + 2e = Pb$(汞) $\varphi^\ominus = -0.1205$

$Fe^{2+} + 2e = Fe$ $\varphi^\ominus = -0.409$

$Fe^{3+} + e = Fe^{2+}$ $\varphi^\ominus = -0.770$

$Fe^{3+} + 3e = Fe$ $\varphi^\ominus = -0.036$

$K^+ + e = K$ $\varphi^\ominus = -2.924$

$Na^+ + e = Na$ $\varphi^\ominus = -2.711$

除铁和砷外，以上各金属组分的标准电极电位均比汞负得多，加之汞的浓度高，因此，汞将优先在阴极析出。由于溶液中存在着 I^-，所以有反应：$2Fe^{3+} + 2I^- = 2Fe^{2+} + I_2$。即在溶液中铁是以 Fe^{2+} 形式存在，析出的标准电位比汞负得多，加之铁有较高的析出超电压，因而更难在阴极上析出。砷的析出超电压低，因此有可能和汞同时在阴极上析出。

但是在汞吸收过程中有硫磺生成，这种吸收液直接送电解槽进行电解，电解液中存在硫磺，另外，工艺条件控制不当(H_2SO_3的浓度过高)、电解液中 H_2SO_4 富集浓度过高都可能在阴极上析出硫磺。由于硫磺的存在，重金属及砷的析出电位大大增加。它们将以硫化物的形态和汞同时析出，其开始析出的浓度将大大下降。这时标准电极电位如下(V)：

$Zn^{2+} + S + 2e = ZnS$ $\varphi^\ominus = -0.265$

$Cd^{2+} + S + 2e = CdS$ $\varphi^\ominus = -0.326$

$Pb^{2+} + S + 2e = PbS$ $\varphi^\ominus = -0.3543$

$Fe^{2+} + 2S + 2e = FeS_2$ $\varphi^\ominus = -0.423$

$2AsO^+ + 3S + 4H^+ + 6e = As_2S_3 + 2H_2O$ $\varphi^\ominus = -0.4888$

另外，硫磺本身也可能放电：

$2H^+ + S + 2e = H_2S$ $\varphi^\ominus = -0.141$

由于超电压低和以硫化物形式析出，标准电极电位大大提高，因此，Zn^{2+}、Pb^{2+}、Cd^{2+}、AsO^+都先于 HgI^- 在阴极放电，所以它们富集到每升几毫克至几十毫克就和汞同时析出。铁析出有较高的超电压，因而要富集到 10 g/L 左右才和汞同时在阴极上析出，由于以上杂质富集速度均慢，因此它们析出的量很少，本身析出对汞电流效率影响很小。

钾和钠的标准电极电位很负，但由于它们析出能生成汞齐，当它们富集到一定浓度时，同样可能和汞同时在阴极上析出，它们的富集速度也小，本身的析出对电流效率影响小。

2）非金属组分在阴极上的行为。电解液中非金属组分有 HSO_4^-、SO_4^-、H^+、H_2SO_3（即 SO_2 在此酸性溶液中存在的形式）、I_3^-，它们的标准电极电位如下：

$HSO_4^- + 7H^+ + 6e = S + 4H_2O$　　$\varphi^\ominus = -0.338$

$SO_4^{2-} + 8H^+ + 6e = S + 4H_2O$　　$\varphi^\ominus = -0.3572$

$H_2SO_3 + 4H^+ + 4e = S + 3H_2O$　　$\varphi^\ominus = -0.45$

$2H^+ + 2e = H_2$　　$\varphi^\ominus = -0.00$

$I_3^- + 2e = 3I^-$　　$\varphi^\ominus = -0.5338$

这些非金属由溶液中富集而来或随烟气带入。

在阳极的主要反应：

$HgI_4^- - 2e = HgI_2 + I_2$

$2I^- - 2e = I_2$

其他反应：$2H_2O - 4e = O_2 + 4H^+$

在阳极析出的 I_2 和电解液中的 I^- 生成 I_3^-，为防止 I_3^- 在阴极放电，电解前液中必须保持一定的 H_2SO_3 浓度还原 I_3^-，在反应的过程中有 H_2SO_4 生成，因而有 H_2SO_4 富集。另外，烟气带酸雾也可能使 H_2SO_4 富集，H_2SO_4 来源于循环液中。

由标准电极电位可知：I_3^- 和 H_2SO_3 都优先于 HgI_4^{2-} 在阴极放电，因此，控制电解前液中 H_2SO_4 浓度十分重要。即控制电解液中 H_2SO_3 和 I_3^- 反应恰好完全，这样便基本消除了它们对电流效率的影响。

H^+ 放电标准电极电位比 HgI_4^- 稍高，并有较高的浓度，但氢在汞阴极上析出有很高的超电压（1.0 V 左右），因此在正常情况下氢不会析出。但当阴极分解压升高和阴极材料性质改变（如汞阴极上有渣膜生成）时，氢和汞会同时析出。

虽然 H_2SO_4、SO_2 标准电极电位比 HgI_4^{2-} 的标准电极电位正得多，但它们析出有较高的超电压，因此要富集到较高的浓度才和 HgI_4^{2-} 同时在阴极放电。由于 H_2SO_4 有一定的富集速度，因此 H_2SO_4、SO_2 在阴极放电对电流效率有一定的影响。

3）碘汞配合物在汞电积中的行为。在 Hg－I－H_2O 系中，存在着下列平衡反应：

$Hg^{2+} + Hg = Hg_2^{2+}$　　$K = 10^{1.94}$

$Hg^{2+} + 2I^- = Hg_2I_{2(固)}$　　$K_{sp} = 4.5 \times 10^{-29}$

$Hg^{2+} + I^- = HgI^+$　　$\beta_1 = 10$

$Hg^{2+} + 2I^- = HgI_2$　　$\beta_2 = 10^{23.82}$

$Hg^{2+} + 3I^- = HgI_3^-$　　$\beta_3 = 10^{27.66}$

$Hg^{2+} + 4I^- = HgI_4^{2-}$　　$\beta_4 = 10^{29.33}$

其中 K 为平衡常数，K_{sp} 为溶度积，β_1、β_2、β_3、β_4 分别为配合物稳定常数。理论上计算，要避免 Hg_2I_2 沉淀出现，溶液中总碘和总汞之比必须大于 6.3（质量比），即考虑溶液、汞和 Hg_2I_2 之间的三相平衡：

$$HgI_4^{2-} + Hg = Hg_2I_2 + 2I^-$$

当碘汞比大于6.3时，上式反应向左进行，反之向右进行。

但是，在电解条件下，体系处于还原状态，阴极分解压为 -0.1 V左右，因此，从热力学的角度讲，溶液中碘汞配合物和固相 Hg_2I_2 都是不稳定的，都可能还原为金属汞。它们的标准电位为(V)：

$HgI_4^- + 2e = Hg + 4I^-$　　$\varphi^\ominus = -0.038$

$2HgI_4^- + 2e = Hg_2I_2 + 6I^-$　　$\varphi^\ominus = -0.0395$

$Hg_2I_2 + 2e = 2Hg + 2I^-$　　$\varphi^\ominus = -0.0405$

当碘汞比大于6.3时，汞还原的途径有两种：

第一种　$2HgI_4^{2-} + 2e = Hg_2I_2 + 6I^-$

生成的 Hg_2I_2 按两种方式还原为金属汞：

电极反应　$Hg_2I_2 + 2e = 2Hg + 2I^-$

化学反应　$Hg_2I_2 + 2I^- = Hg + HgI^-$

第二种，一步还原为金属汞：$HgI_4^{2-} + 2e = Hg + 4I^-$

由于化学反应有助于 Hg_2I_2 转为金属汞，则反应速度(电流密度)加大到一定程度，扩散将成为控制反应速度的步骤。

当碘汞比小于6.3时，阴极还原反应仍是上述两种途径，但化学反应方向正好与上述相反，这时 Hg_2I_2 转变为金属汞的速度成为反应的控制步骤。如果电流密度超过一定值时，HgI_4^- 转变为 Hg_2I_2 的速度大于 Hg_2I_2 转变为金属汞的速度，则有可能生成 Hg_2I_2 沉淀，沉淀的生成还妨碍 HgI_4^{2-} 直接还原为金属的正常进行，因而恶化电解条件。

在阴极还原反应中，HgI_3^- 有可能同 HgI_4^{2-} 一样放电。

当溶液中的碘汞比低至2.5以下时，体系中 Hg_2I_2 沉淀生成的同时，碘汞配合物也按下式离解：$HgI_4^{2-} \longrightarrow HgI_3^- \longrightarrow HgI_2 \longrightarrow HgI^+ \longrightarrow Hg^{2+}$

这时有不溶于水的 HgI_2 沉淀生成。

综上所述，在阴极的主要反应是汞的析出，硫酸的富集会在阴极析出硫磺，对汞的电流效率有一定的影响。只要控制好汞电积技术条件，其他的杂质对汞的电流效率影响很小。

(2)汞电积中阳极的主要反应

在阳极，可能的反应有：

$2OH^- - 2e = H_2O + 1/2O_2$　　$\varphi^\ominus = 0.401$ V

$2I^- - 2e = I_2$　　$\varphi^\ominus = 0.535$ V

$H_2SO_3 + H_2O - 2e = SO_4^{2-} + 4H^+$　　$\varphi^\ominus = 0.20$ V

由于 H_2SO_3 和 OH^- 在电解液中的浓度很低，加之在阳极放电超电压较高，所以电积的主要反应是碘的析出。

汞电积过程中的总反应为：

$$HgI_4^{2-} = Hg + I_2 + 2I^-$$

电解中在阴极析出汞，在阳极析出碘，HgI_4^{2-} 的理论分解压为：

$$E = E_{阳} - E_{阴} = 0.535 - 0.003 = 0.532 \text{ V}$$

2. 汞电积主要设备

汞电积主要设备为电解槽，其结构如图6-5所示。

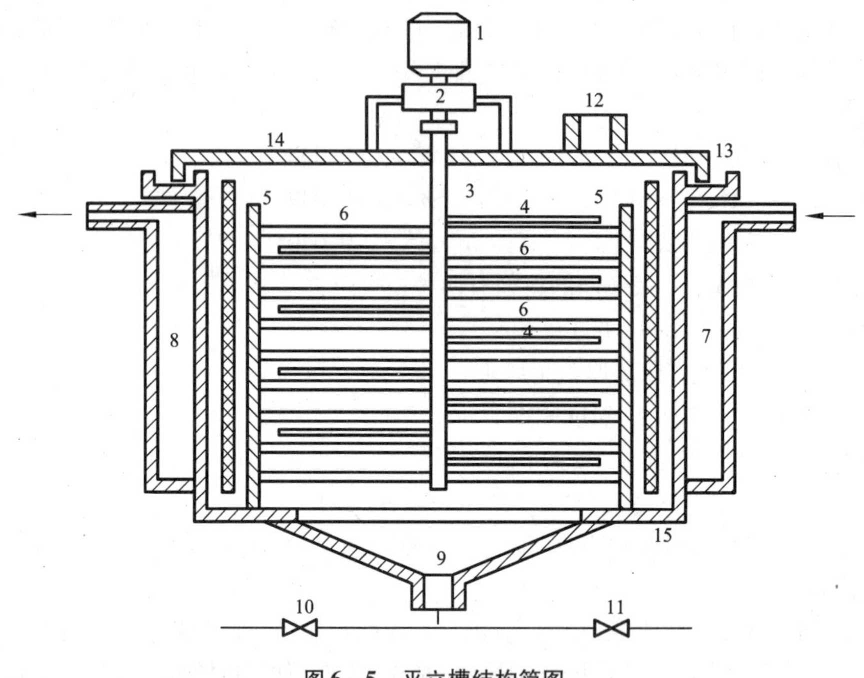

图 6-5 平立槽结构简图

1—电动机；2—变速机；3—刮汞轴；4—刮汞棒；5—阳极板；6—阴极盘；7—液箱；8—出液箱；9—汞液存放室；10—放汞阀门；11—放液阀门；12—排气管；13—水封槽；14—槽盖；15—槽体

电解槽由槽体、槽盖、阴极盘、刮汞装置、阳极板、阴极板、阴极板导电装置组成。电解槽立体为圆形，两侧有电解液进液箱和出液箱。槽底为锥形，便于放汞清洗，下部有出汞及清洗阀。整个槽体均用硬聚氯乙烯塑料制成。

槽盖为圆形，盖在槽体上并能形成水封，且有废气排出管，整个槽盖也是用硬聚氯乙烯塑料制成。阴极盘为圆形，可以盛装一定厚度的汞。阳极板为 PbAg 阳极，垂直挂在阴极盘的周围，用铜导线连接到槽体外。

3. 汞电积技术条件控制及经济指标

(1) 汞电积技术控制条件

1) 电解液成分(g/L)。

电解前液：Hg 6 ~ 9，H_2SO_4 50 ~ 150，I 30 ~ 40，H_2SO_3 0.1 ~ 0.2；

电解后液：Hg 5 ~ 8，H_2SO_4 50 ~ 150，I 30 ~ 40，H_2SO_3 0.05 ~ 0.2。

2) 脱汞梯度：1 g/L。

3) 电解液循环量：3 ~ 4 L/(A · h)。

4) 槽电压：3 ~ 4 V。

5) 阴极电流密度：50 ~ 75 A/m^2。

6) 阳极电流密度：100 ~ 130 A/m^2。

7) 电解温度：20 ~ 40℃。

8) 刮汞速度：6 r/min。

(2) 汞电积主要技术条件的控制

1)电流密度。试验及生产中都发现，当电流密度大于40 A/m^2时，由于电场增强，在汞阴极表面上产生的渣在强电场作用下带负电荷，向阳极移动。汞阴极表面有一种自动净化的作用，从而有利于电流效率的提高。但电流密度过高，引起分解压过高，氢等杂质易在阴极析出，也会降低电流效率。一般控制阴极电流密度在50~75 A/m^2。

2)汞离子浓度。试验及生产实践都证明，含汞为4~15 g/L的电解液，电流效率差不多。过低则电流效率下降。考虑汞的吸收需要，汞液的浓度最好不要超过9 g/L。在溶液含碘一定时，汞的浓度高，则碘汞比下降，在汞生产中将产生Hg_2I_2及HgI_2沉淀，恶化电解条件，降低汞的吸收率和电流效率，碘单耗增加；或者在高汞浓度下保持碘汞比不变，势必使溶液含碘也很高，将使汞回收系统碘单耗增加。因此，为同时满足汞的吸收和电积需要，控制溶液含汞量在6~9 g/L。

3)碘汞比。碘汞比的控制在整个生产中都是十分重要的，理论推导要求碘汞比在6.3以上。但碘汞比高，碘的单耗大。碘耗是生产的主要成本之一，实践证明，当碘汞比为3.5~5时，汞的吸收率仍然较高，汞系统仍没有Hg_2I_2及HgI_2沉淀生成，并且电流效率没有下降，碘耗小，生产成本低。当碘汞比为2.85左右时，产生大量的Hg_2I_2及HgI_2沉淀，汞生成条件严重恶化，碘耗大大增加。

4)亚硫酸浓度。吸收液含有亚硫酸25 g/L时，直接电解将产生大量硫磺。因此，只能保留少量亚硫酸，理论上按阳极只析出碘计算，每产1 g汞将析出1.27 g碘，为防止碘在阴极放电，则需要0.319 g亚硫酸还原碘。实际上，尽管I_2析出的电位比O_2析出低得多。但当电流密度增加到一定值时，O_2和I_2同时在阳极析出，实际上不需要0.319 g亚硫酸还原碘。如果在电解液中亚硫酸控制过高，则将在阴极放电析出硫磺，严重恶化汞电积条件。生产证明，控制电解液亚硫酸为0.1~0.2 g/L最好，恰好反应完在阳极析出的碘，从而使亚硫酸和碘的浓度在电解液中最低。

5)硫酸浓度。汞生产中的硫酸主要来自汞电积析出的I_2同H_2SO_3反应。另外烟气带来的酸雾也可能有部分进入吸收液。当硫酸富集到一定浓度时，则可能在阴极放电降低汞电积电流效率。由于硫酸富集对汞电流效率有一定影响，这就需要定期净化碘汞溶液，控制硫酸的浓度，提高汞的电流效率。

(3)影响电流效率的因素及提高电流效率的措施

1)各杂质组分Pb^{2+}、Zn^{2+}、Fe^{2+}、Cd^{2+}、K^+、Na^+等富集到一定浓度后会在阴极上析出，但由于它们的富集速度慢，本身析出对电流效率影响很小，H_2SO_4的富集有一定的速度，对电流效率有一定的影响。

2)工艺技术条件控制不当，如H_2SO_4浓度控制过高或过低，造成H_2SO_4或I_3^-阴极放电；碘汞比控制过低，Hg_2I_2及HgI_2在阴极上沉淀；电流密度过高过低则造成阴极分解压过高或过低。

3)阴极表面上渣的形成。由于金属硫化物在阳极上析出，汞齐的生成、电解液中固体粒子及硫磺的沉降、工艺技术条件控制不当时，如硫磺的析出及Hg_2I_2、HgI_2沉淀的生成、H_2SO_4的富集在阴极上析出硫磺等，使得汞阴极表面上形成渣层，这种渣层尤其是金属硫化物及硫磺是不易导电的物质，大大减小了汞阴极面积，增加了阴极分解压，从而使不易析出的组分如氢等由于超电压和分解压的变化而易于析出，可以说，各种杂质在电解液中的浓度波动与汞阴极表面上的渣层变化有关，电流效率的波动也同样与渣的形成有关。

通过分析影响汞电流效率的因素，可采用如下措施提高电流效率：①电解前液进行处理除去悬浮固体粒子。②系统中的循环液定期进行净化，严格限制各杂质组分的浓度。③选用易于析出的阳极和电流密度，减少 H_2SO_4 的富集速度。④严格控制工艺技术条件，如 H_2SO_4 浓度、碘汞比及电流密度。⑤采用理想的清渣装置，保持汞阴极表面干净。

(4)汞电积主要经济技术指标

1)汞电积阴极电流效率：80% ~90% ;

2)直流电耗：<1300 kW · h/t · Hg;

3)碘化钾单耗(同吸收一起)：50 ~200 kg/t · Hg;

4)活汞率：≥95% ;

5)单槽产汞：25 ~30 kg/d;

6)金属汞品位：99.5% ~99.99% 。

(5)汞的质量标准

汞的品级化学成分见表 6 -3。

表 6 -3 汞的品级化学成分(%)

品级	代号	汞，不小于	杂质，不大于		
			灼烧残渣	铁	其他重金属(Pb 计)
高纯汞	Hg -06	99.9999	0.0001	0.00004	0.00004
0#汞	Hg -0	99.9995	0.0005	0.0001	0.0002
1#汞	Hg -1	99.999	0.001	0.0002	0.0004

所有品级的汞应具有银白色光泽，不含机械杂质(灰渣等)，零号汞应具有明显的镜面，高纯汞表面不应有任何薄膜。含汞量 <99.999% 以下的汞称毛汞或粗汞。

4. 汞电积生产操作

(1)装阴极盘

将阴极盘放在水平地面上，然后从盘上的 9 个小圆孔穿上 9 条不锈钢(或钛)长螺丝，装好第 1 层后，再在 9 条螺丝上分别套上 1 个塑料套筒，装上刮汞轴和最底层的刮汞棒。然后依次同样装第 2 层盘，一直到第 9 层(最上面 1 层)。最后用螺母将 9 条螺丝扭紧，组成 9 层阴极盘。由于盘的厚度及塑料套筒支架的高度都是一个规格，所以盘与盘之间是平行的，并且极距相等。重点是要装好每层的刮汞棒，装好后用水冲净。

(2)装电解槽

1)电解槽及附属管道、阴极盘等用水试不漏后，将阴极盘吊入槽体内，放在槽的中央，并用水平仪装水平。然后装每层阴极底汞，汞阴极厚度一盘为 5 mm。再将阴极层电棒对号放入各阴极盘的导电盒内，阴极棒另一端接入整流器的电路负极。

2)将洗干净的阳极板挂放在阴极盘的四周，并接通整流器电路的正极，接头用防腐材料保护。

3)吊装刮汞机制变速器支架，装水平并用螺丝固定好，接上刮汞轴接头，调整好刮汞轴上下左右位置，使刮汞棒刮汞良好，并开机观看调整，最后放出掉入槽底的阴极底汞。

(3)开槽操作

1)检查电解各仪器、设备是否处于正常状态，打开吸收液脱气的阀门，关闭进储液槽的阀门，关闭所有电解槽的底阀，同吸收岗位联系并将电解前液送入高位槽。

2)打开高位槽总阀，依次打开各电解槽进液阀，调整电解液流量。

3)等电解液从各电解槽出口流出后，启动刮汞机。

4)开整流器冷却水，按启动整流器程序开整流器，将电流逐步调大至300 A左右。

5)开机后立即检查测量各槽槽压，阳极及阴极导电棒接头是否发热，接头电压是否过高，如不正常应及时处理。

(4)正常生产操作

1)根据烟气含汞量和电解液中含汞量，确定开电解槽个数。

2)每小时记录1次电流、总电压、各槽槽压、电解液流量，如发现异常应找出原因及时处理。

3)每天白班接班检查后，若生产稳定，则各槽放汞一次，集中到储汞器中，并记录各槽每天的产汞量，及时了解各槽电解状况。

4)加强同吸收岗位联系，协调生产，认真做好原始记录，经常检查电解液的跑冒滴漏，如发现应立即处理。做到文明生产，现场整洁。

5)同步开电解槽和房内的抽风设备。

(5)停槽

1)接到停槽指令后，调小整流器电流，然后关闭整流器，再关整流器冷却水。

2)关闭高位槽出口总阀，关闭各电解槽进液阀，停刮汞机。

3)若长时间停槽，则打开电解槽底阀放液，并将液送往汞吸收系统，做清槽准备。

(6)出汞操作

1)做好出汞前准备，穿戴好必要的劳保用品。

2)每天白班出汞1次，各槽出汞均出干净。从放汞胶管放出，并进行称量，做好记录。将各槽称重后的汞集中于储汞槽，用清水冲洗后装罐。每罐装好汞后，在汞表面加少量水封保护，然后将罐口盖紧，贴好标签，集中入库。洗水集中到地下槽，用泵抽至露天槽贮存。

(7)清电解槽操作

1)停槽后先放汞，放完汞后，将电解槽底阀打开，放电解液到地下槽，再用泵打至吸收塔或储液槽，排干液后关闭阀门。

2)拆开阴、阳极接线螺丝，阴极盘刮汞轴同变速器连接螺丝，变速器支架固定螺丝，吊出变速器，提出阳极板、阴极导电棒，用吊车吊阴极盘倾斜，倒出阴极底汞到电解槽内，并用水冲洗阴极盘，然后吊出，各电解槽再从放汞口把汞放完。

3)再冲洗电解槽，废水从底阀进地下槽，电解槽渣用槽储存待处理。掉入地沟里的汞再聚到储汞槽。

4)阴极盘放在水平面上，检查有无变形、漏汞，刮汞棒是否变形，如发现损坏，应拆开换出，合格的部件供下次装槽用。

6.1.6 碘汞配合液的回收处理

由于汞的吸收和电积均采用溶液闭路循环，循环液中的杂质得到富集。另一方面，在汞的吸收过程中，有时有水分冷凝，汞电积清槽、冲洗汞系统等也使得循环液的体积膨胀。另外，杂质的富集还会影响汞电积正常进行，所以，回收处理部分含碘汞溶液是必要的。

1. 回收处理含碘汞溶液原理

碘汞配合物在水或稀酸中的稳定性取决于溶液中的碘汞比，在 20℃ 时，四碘合汞（HgI_4^-）的不稳定常数为 1.38×10^{-28}。当溶液中保持足够的碘汞比时，碘汞配合物是非常稳定的。当降低碘汞比时，配合物将按下式离解：$HgI_4^- \rightarrow HgI_3^- \rightarrow HgI_2 \rightarrow HgI^+ \rightarrow Hg^{2+}$。由于碘化汞难溶于水或稀酸（$K_{sp}$为 1.06×10^{-11}），因此，当降低溶液中的碘汞比达一定值时，可溶性的稳定的碘汞配合物就转为难溶性的碘化汞沉淀，从而使碘汞和溶液中的杂质分离。其反应为：

$$K_2HgI_4 + Hg(NO_3)_2 = 2HgI_2\downarrow + 2KNO_3$$

$$2KI + Hg(NO_3)_2 = HgI_2\downarrow + 2KNO_3$$

沉淀出来的 HgI_2 较纯，可直接替代碘化钾补充到汞生产系统，在碘汞比较高时，HgI_2 溶解：

$$HgI_2 + 2I^- = HgI_4^{2-}$$

碘化汞也可直接出售。

沉淀碘汞后液含 H_2SO_4 较高，需加碱中和。

中和后液含有较高的汞（约 20 mg/L）以及 Fe、Zn、Pb、Cd 等其他金属离子，需置换处理才能排放。

2. 碘汞配合液回收处理的主要控制参数

（1）技术控制条件

1）沉淀碘汞。

①制作的硝酸汞溶液含汞 300 ~ 600 g/L，含硝酸 20 ~ 100 g/L；黄烟吸收液含 NaOH 150 ~ 200 g/L。

②沉淀碘汞比 1.15 ~ 1.22，沉前液含 H_2SO_3 0.1 ~ 0.4 g/L，沉淀碘汞温度为室温，沉淀时间 0.5 h，沉淀碘汞后澄清时间为 4 ~ 6 h。

③澄清 4 ~ 6 h 后可过滤，碘化汞很易过滤，如果返回汞生产流程，则不需洗涤，如果出售则要用清水洗涤。

2）沉后液的中和。中和后液 pH 7 ~ 8，反应温度 60 ~ 80℃，不必加热，反应放出热量。反应时间 1 ~ 1.5 h，澄清时间 4 h，搅拌速度 120 r/min。

3）中和液的转换。反应时间 1 h，反应温度为室温，转换后 pH 7 ~ 9，澄清时间 2 ~ 4 h，锌粉的加入量为中和液中汞量的 6 ~ 12 倍。

（2）含碘汞溶液处理的主要技术条件控制

含碘汞溶液处理关键是沉淀碘汞，沉后液的中和和转换只是为环保需要。

1）碘汞比的控制。首先分析计算出碘汞溶液的碘和汞的质量，再按碘汞比为 1.17 加入硝酸汞，碘汞比控制一定要准，如加入硝酸汞过多，则溶液中有部分汞沉淀不下来，如过少则碘有部分沉淀不下来。

2）H_2SO_3 浓度的控制。最好用刚刚在吸收循环抽出来的溶液，或配些放置很久的碘汞溶液。控制好 H_2SO_3 浓度为 0.1 ~ 0.3 g/L。过低则由于碘离子被氧化为碘分子，影响碘的沉淀率，过高则碘的沉淀率也会下降。

3)沉淀静止时间。由于沉淀反应速度极快，碘化汞的结晶速度相对较小，因此，开始形成的结晶很细，马上过滤容易跑滤。经过静置2~4 h后，由于颗粒具有最小表面能的趋势，小的颗粒溶解，粗的颗粒长大。所以，经过一段时间后过滤就不会跑滤。

(3)碘汞配合液回收处理的主要经济技术指标

1)汞的沉淀率：>98%；汞的回收率：>96%。

2)碘的沉淀率：>99%；碘的回收率：>97%。

3)沉淀后液含汞：<0.02 g/L；含碘：<0.05 g/L。

3. 回收处理含碘汞溶液的操作

(1)沉淀碘汞操作

1)打开碘汞配合液储液槽通向沉淀槽的阀门，溶液放得快满时关闭阀门，然后缓慢加入已计算配制好的硝酸汞溶液，并用压缩空气搅拌；加完硝酸汞后静置6 h，再打开底阀送往吸滤盘过滤。

2)打开受液器入口阀，关闭受液器出口阀，打开受液器空气阀，打开连接真空泵的管路阀门。

3)按真空泵启动要求启动真空泵，缓慢关小受液器空气阀门，直到吸滤盘溶液能抽入受液器为止。

4)过滤完后，停真空泵，倒出碘化汞沉淀，装入容器密封，可作碘补充到汞生产系统中。

(2)中和操作

将受液器沉后液送至中和槽，加入碳酸钠中和，开启搅拌器，缓慢加入碱液，以冒泡不溢出为原则。中和到pH 7~8，静置澄清4~6 h，再进行过滤。过滤可用沉淀碘汞过滤用的同一设备，只更换滤布，过滤操作同沉淀碘汞的过滤操作，中和渣堆存。

(3)置换操作

置换可用中和槽来完成，将受液器中的中和后液送至置换槽，再加入锌粉置换，并启动搅拌器搅拌。锌粉的加入量为理论量的6~12倍，加后搅拌1 h，再澄清2~4 h，然后用沉淀碘汞的同一套设备过滤，只换滤布即可，其过滤操作相同。其置换后液放入车间污水处理站，置换渣返烧结配料。

(4)硝酸汞的制作

先将汞生产的毛汞称量加入硝酸汞制作槽内，再按计算结果加入约50%的硝酸(浓硝酸用水冲稀)，并立即开真空泵将反应产生的黄烟抽入水吸收塔用碱吸收。

6.1.7　汞生产过程中主要故障处理

(1)操作不当引起汞生产不正常

如阴极、阳极接头接反，阴阳极短路，阴极断路，应用万用表查出原因，及时纠正。当碘汞比控制过低，严格恶化电解条件，产出大量Hg_2I_2沉淀，电流效率大大下降，同时吸收率也下降，在吸收系统也产生大量的Hg_2I_2堵塞填料，碘耗成倍增加时，这时应补充碘，控制碘汞比为3.5~6。当H_2SO_4浓度过高时，电积产生大量硫磺，电流效率低，电解槽渣多，活汞率低，应及时降低电前液H_2SO_4含量。但H_2SO_4太低也引起电解槽产生大量碘分子，降低电效，损失碘。因此，应控制电解前液含H_2SO_4为50~150 g/L。

(2)溶液冒槽事故

1）操作不当引起的冒槽。如管路堵塞、溶液在大修后加入量太多、开循环泵数量不对，均会引起溶液冒槽事故，应及时找出原因，制止继续冒槽，并把冒出的溶液收集，再冲洗干净地面。

2）烟气控制水分冷凝引起的冒槽。这种事故发生多次，主要在春天，烟气中的水蒸气饱和或过饱和，因此，有水分缓缓在吸收塔中冷凝。一旦停钛泵，循环液就从循环槽冒出来。解决的办法是经常测定循环槽动态液位，如过高时及时放出一部分到储液槽。含饱和水蒸气的空气经过冷的吸收塔时也有水分冷凝。另外，循环液本身也有一种吸水作用。

6.2 铅锌密闭鼓风炉炉渣贫化处理

铅锌密闭鼓风炉炉渣贫化过程一般采用烟化炉吹炼工艺，下面介绍烟化炉吹炼工艺及相关设备。

6.2.1 烟化炉吹炼基本原理

烟化过程是一种还原挥发过程，即把空气和煤粉吹入烟化炉内的熔池中，使化合物和游离的 ZnO 及 PbO 还原成锌和铅的蒸气，上升到炉子上部空间，遇到 CO_2 或吸进来的空气再度氧化成氧化锌和氧化铅并以烟尘状态被收集。炉膛中一部分铅也以 PbS 及 PbO 状态挥发。若熔渣中含有锡，则在烟化过程中还原成锡（Sn）及氧化锡或硫化锡而挥发，锡及硫化锡在炉子上部再氧化成二氧化锡（SnO_2）。所收集的烟尘大部分为氧化锌和氧化铅，此外，还有少量的氧化锡及锡的硫化物，还有易挥发的稀有金属元素。烟化炉烟尘含铅 8% ~10%，锌 50% ~65%，此烟尘俗称“次氧化锌”。次氧化锌大部分送烧结配料回收铅锌，同时可回收其中的其他金属和稀有金属。

烟化过程中有如下两类反应：

燃料的燃烧反应：

$$C + 1/2O_2 = CO$$

$$C + O_2 = CO_2$$

$$H_2 + 1/2O_2 = H_2O$$

金属氧化物的还原反应：

$$MeO + CO = Me + CO_2$$

$$MeO + C = Me + CO$$

1. 燃料的燃烧

从理论上讲，烟化炉吹炼可以用固体、液体及气体作燃料。目前，大多数的工厂采用固体燃料。实践证明，燃料含氢愈多，则烟化过程的效果愈好。图6－6 为不同还原剂对熔渣中锌的还原的效果。由此可见，烟化炉所用的煤以挥发分高者为宜，一般为 21% ~25%。煤的消耗因质量而异，大致为渣重的 14% ~22%，煤的灰分及发热值对烟化过程的影响不大。因此，对煤的质量要求不甚高。粉煤在烟化过程中既是还原剂，又是发热剂。至于固体碳在烟化过程中的还原作用，见解还不一致。一种见解认为，煤粉在熔池内停留的时间较短为好。如对 1 m 深的熔池，风量为 17 ~32 m^3/min，温度为 1150 ~1250℃时停留还不到 1 s，所以主张粉煤的粒度愈细愈好。此时燃烧的速度快，还原反应主要是依靠 CO，而 C 的还原是次要

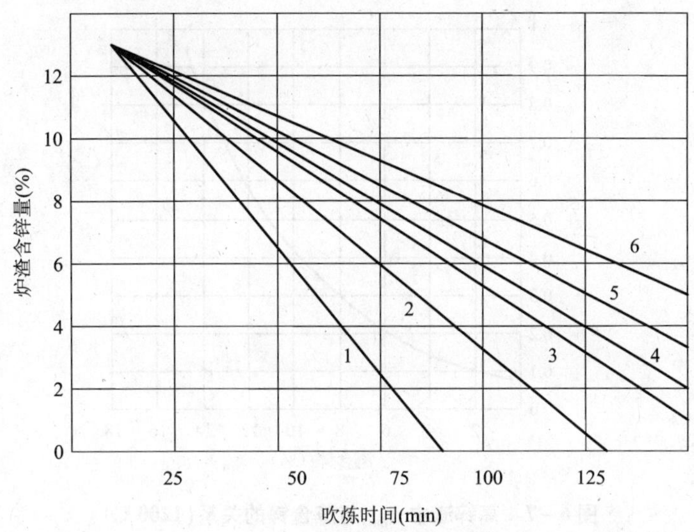

图 6-6 各种还原剂理论脱锌曲线

1—氢气；2—天然煤气（25% H_2）；3—燃料油（15.3% H_2）；
4—高级挥发性煤（10.1% H_2）；5—中级挥发性煤（5.6% H_2）；6—纯碳

的。另一种则认为较粗粒的粉煤易被熔渣润湿，从而降低了粉煤燃烧速度而增加了在熔池的停留时间，金属的挥发率也增加了，烟化的有效还原剂是 C 而不是 CO。

我国某厂的生产实践证明，粉煤的粒度愈细愈好。此时，炉子提温快，反应速度大，挥发率高。还原反应主要是依靠 CO 而非固体碳。

2. 金属氧化物的还原

在铅锌密闭鼓风炉炉渣烟化过程中，铅和锌的氧化物的还原是整个过程的主要反应。由于金属铅及其他化合物具有良好的挥发性，所以在满足锌的挥发条件时，铅是容易还原的，其挥发速度要比锌快很多。因熔渣中的铅不论以什么状态存在，在烟化过程中总是容易还原的。

对铅的挥发机理的研究很少。熔渣中的氧化铅（包括硅酸铅）易还原为金属。而硫化铅又容易被其他金属置换。

$$Zn + PbS_{(液)} =\!=\!= ZnS + Pb$$
$$Fe + PbS_{(液)} =\!=\!= FeS + Pb$$

所以，在烟化时，铅在渣中主要是以金属状态存在。烟化过程的动力学计算指出，硫化铅的完全挥发大约需要 20 h，氧化铅的挥发小于 150 min，而金属铅的挥发大约只需 15 min。因此可以认为烟化铅主要是以金属铅形态挥发。

锌的挥发率与熔渣中的氧化锌的活度、过程的温度及平衡相成分有关。渣含锌和过程温度愈高，气相中 CO 浓度愈大，则锌的挥发率也愈大。

渣含锌与其活度的关系见图 6-7，而锌的蒸气平衡分压与温度及气相成分的关系分别见图 6-8 及 6-9。

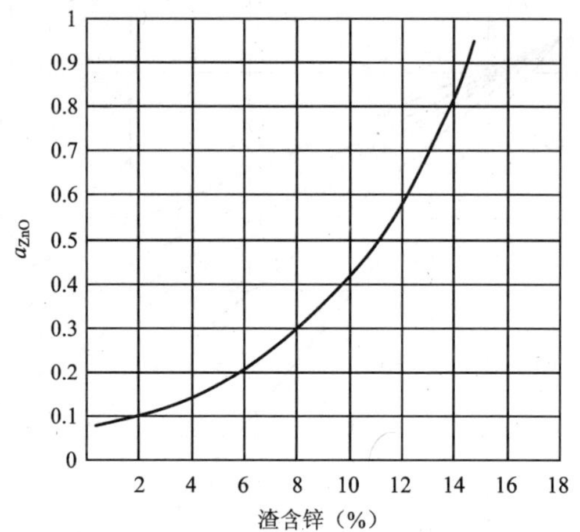

图 6－7 高锌渣中 a_{ZnO} 与渣含锌的关系（1200℃）

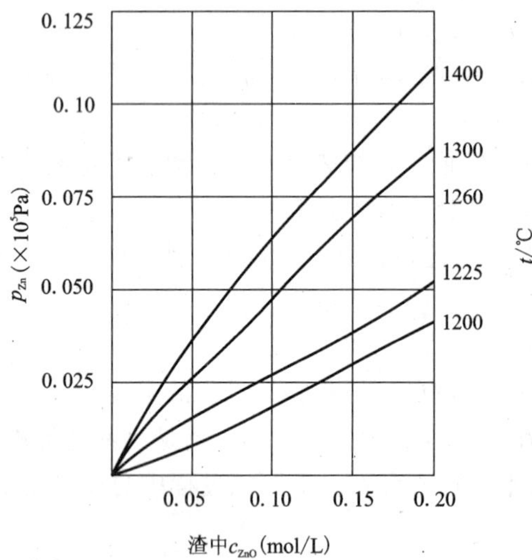

图 6－8 p_{Zn} 与温度及 c_{ZnO} 的关系

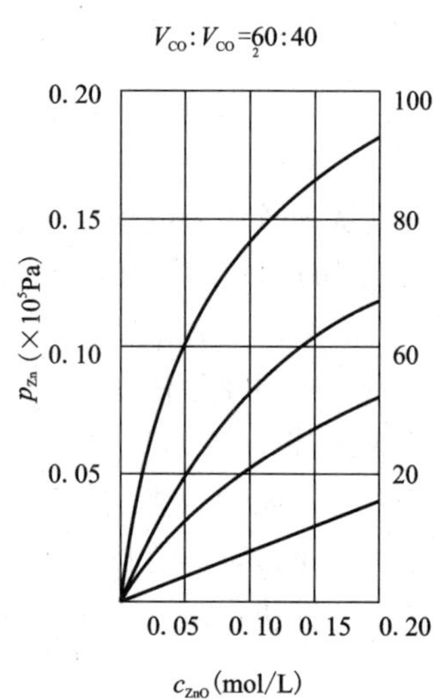

图 6－9 1310℃时 p_{Zn} 与气相成分的关系

炉气中 CO 气体对 ZnO 的还原挥发有利，但温度过高（如超过 1350℃）可能会引起 FeO 的还原。CO 浓度升高又会引起炉气温度的下降和燃料利用效率降低。所以一般认为烟化炉温度控制在 1250℃左右较好。锌在熔渣中以不同形态存在的还原温度见表 6－4。

表 6－4 锌在熔渣中以不同形态存在的还原温度（℃）

锌的化合物	$2ZnO \cdot SiO_2$	ZnO	$ZnO \cdot Fe_2O_3$
被 CO 还原温度	>1000	700	850
还原良好温度	1250	1000	1050

铁可能发生如下反应：

$$FeO + CO = Fe + CO_2$$

$$\lg K = 949/T - 1.140 \quad K = p_{CO_2}/(p_{CO} \cdot a_{FeO})$$

要确定炉渣中 FeO 还原的条件，必须知道熔渣中的 FeO 的活度。假设 $a_{FeO} = 0.5 \sim 0.6$，在 1225～1300℃时，计算的 p_{CO_2}/p_{CO} 为 0.157～0.178，即平衡气相应含 86%～87%的 CO，故 FeO 极难还原。

金属铁的还原还可以促使锌的挥发：

$$Fe + ZnO = Zn_{(气)} + FeO$$

热力学研究表明，当渣中含 Zn 3%时，完全可以避免积铁现象。只有在渣含锌过低，特别是在渣中的 SiO_2 含量太少，而炉气中的 CO 浓度太高时，可能会产生积铁。据研究，烟化炉处理高铁炉渣时，$w_{SiO_2}:w_{CaO}$ 不应小于 2。但是，此时的 SiO_2 含量也不应超过38%～40%。

稀有金属元素的挥发情况：锗 75%，铟 75%，铊 75%，硒 95.2%，碲 95.2%。

6.2.2　烟化炉吹炼的影响因素

烟化炉吹炼的影响因素主要是指其技术指标及经济效果的决定条件。如果技术指标好，但从经济核算上说不合算，这样的指标是不希望的。为此，从下面几个方面进行讨论：吹炼温度；粉煤的成分及粒度、湿度；吹炼时间及装料量；空气和粉煤的比例(即空气利用系数)。

1. 吹炼温度

金属的挥发强度取决于炉渣吹炼的温度。温度高，挥发多。但是，炉渣的吹炼温度与渣型和进料温度有关，同时与粉煤的成分有关。当吹炼高熔点的渣型时，易于提温，即吹炼温度高，低熔点的渣是难于提高温度的。进料温度高，提温快，延长了高温期吹炼，否则反之。

实践证明，吹炼期吹炼炉渣宜保持为 1150～1250℃，但不能高于 1300～1350℃，这属于危险区，因为会导致 $FeO + CO = Fe + CO_2$ 反应。不过在初期 Fe 的出现关系不大，因为初期渣中 Zn 含量高，会有 $Fe + ZnO = Zn\uparrow + FeO$ 的反应，所以仍不至于产生积铁，相应来说是有利的。高温主要是限制在中期和后期。而温度过低对金属挥发不利。一般来说，在温度低于 1060～1130℃时，即失去流动性，炉内压力很高。

进料的预热温度最好为 1150～1200℃。

为了提高吹炼时的温度而不降低粉煤与空气混合物的还原能力，最好采用热风。若采用富氧鼓风，也能大大提高温度，增加产量。

2. 粉煤的成分及粒度、湿度

煤有优质及劣质之分。优质煤含挥发物多，即 C_nH_m 多，含 O_2、N、A(SiO_2、Al_2O_3、CaO、Fe_2O_3)等矿物质、脉石少。烟化炉采用劣质煤时，灰分(A)在 18%左右，挥发物在 21%～25%或更多一些。

(1) 挥发物

烟化炉吹炼采用的煤以挥发物多为适宜。当粉煤吹入烟化炉后，则受热开始分解，放出挥发物 C_nH_m，它们较易于与空气混合，着火点低，首先在粉煤表面附近燃烧。挥发物燃烧热量较高，提高了粉煤的温度，促进并加速了反应的进行。粉煤中的固体残余部分随即开始燃烧。最后便是灰分，进入熔渣中开始造渣。

（2）灰分

灰分的含量大，燃料中可燃成分的含量就降低，燃烧后生成的渣将夹在熔渣里，并有可能包着大量的可燃物及粉煤，造成可燃物的机械损失。尤其是灰分的熔点低时，在燃烧时会形成一些渣壳，使炉渣流动不好，即得不到良好的热交换。不仅如此，实践证明：煤质差，有70% ~80%粉煤造渣。这样多的煤参与造渣，使熔渣量 SiO_2 增多。如果 SiO_2 为38% ~40%，则有放干渣的危险。

（3）水分

水分也是燃料中的有害成分，含水分多则使输送发生困难，甚至造成输送堵塞，送不出煤，也会使粉煤成团，造成着火总面积减少，同时水分送入炉内后将吸收大量的热，降低了燃烧温度，并增加了炉气体积，相应增加了废气带走的热损失。一般要求粉煤水分在1%以下。

（4）粒度

粉煤粒度应百分之百地通过0.147 mm（-100 目），80% ~85%通过0.075 mm（-200目）。如果总粒度大，则燃烧的总面积会减小，难以着火。同时由于粗的煤粒在熔池内所停留的短时期内未干和未完全燃烧，会被烟气带走。这样，一方面造成煤的损耗，另一个方面对烟尘的质量也有影响。

3. 吹炼时间和装料量

（1）吹炼时间

吹炼时间主要决定于粉煤的强度和熔炼的价值。即最初和最后炉渣中的 Zn 含量及添加剂的数量，同时还取决于炉渣的温度。一般烟化周期在90 ~180 min（其中放渣15 ~20 min，进料为15 ~40 min），我国某厂采用每天吹炼8炉，烟化吹炼周期160 min。

当然，一般来说，吹炼时间越长，金属挥发越完全。但从经济上不一定合算。一般炉渣（废渣）含 Zn 为2%左右时结束。我们认为，在达到理想指标的情况下，以尽可能缩短吹炼时间为好。

（2）装料

装料主要涉及到装料高度的问题。一般装至较风口高700 ~1000 mm。渣层愈深，粉煤的利用愈好，其单位消耗量也愈少，但挥发的速度相应降低，吹炼时间延长，这是因为减少了每分钟通过每吨炉渣所吹入的粉煤量。采用深渣层作业，炉子的生产率不一定下降。因为每个周期延长的时间，所影响的产量与炉处理渣量的增加大致相同。但是渣层过深时均匀地送入粉煤会显著地发生困难，并使熔渣沸腾状态变坏，使正常作业破坏。渣层太薄，燃料消耗将大大增加，会导致炉顶挂料等现象。

4. 空气和粉煤的比例（空气利用系数）

影响烟化过程中金属挥发速度最为重要的因素是送风量。因为炉内温度、p_{CO}/p_{CO_2}、气体量及金属的蒸气等都与送风量有关。送风量的大小决定于粉煤消耗、空气和粉煤之间的比例，即空气利用系数。

$$C + O_2 = CO_2 + 394.48(kJ)$$

$$2C + O_2 = 2CO + 222.49(kJ)$$

空气利用系数愈大则燃料的热效应愈高，p_{CO_2}/p_{CO} 也愈大，炉内温度高，但还原能力愈弱；空气利用系数小时，燃料的热效应降低，p_{CO_2}/p_{CO} 变小，还原能力增加。粉煤热效应高低取决于空气和粉煤之间的比例，即空气利用系数的大小。

工厂实际采用的空气利用系数是变动的。通常在烟化开始时，接近于 1.0 的空气利用系数，使 C 几乎全部燃烧成 CO_2 以提高渣温度，到转入还原期后，调整空气利用系数，使 C 尽可能变成 CO，以提高还原能力。p_{CO_2}/p_{CO} 与碳热效应的关系及与空气利用系数的关系分别见图 6－10 和图 6－11。

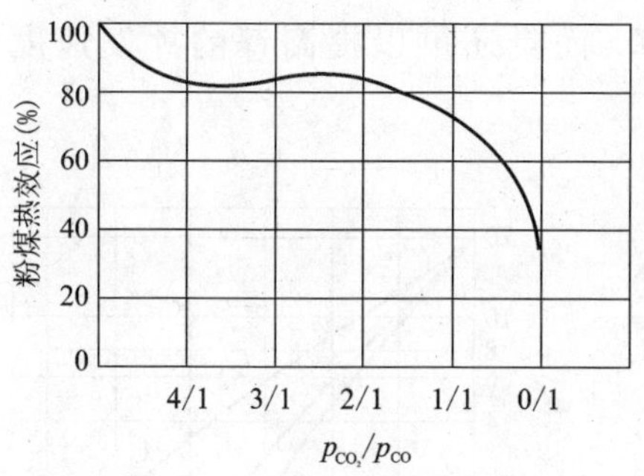

图 6－10　p_{CO_2}/p_{CO} 与碳热效应关系

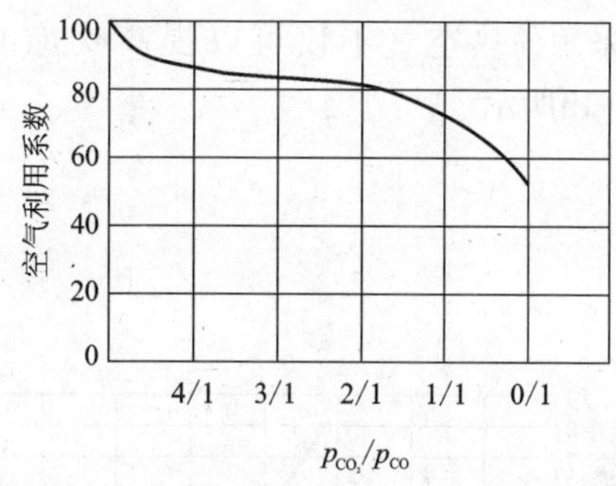

图 6－11　p_{CO_2}/p_{CO} 与空气利用系数关系

5. 炉料的成分

炉渣中含锌量愈高则回收率愈大，现含锌量以 >6% 为宜，锌低于 4% 的炉渣烟化处理是不经济的。废渣含锌也不应降低至 1% 以下。

物料分析化验结果表明(表 6－5)，ZnO 最容易挥发，按其挥发速度从易到难顺序排列为 ZnO、$2ZnO \cdot SiO_2$、$ZnO \cdot Fe_2O_3$。

表 6－5　各种形态的锌烟化程度(%)

项　　目	ZnO	$2ZnO \cdot SiO_2$	$ZnO \cdot Fe_2O_3$	Zn	总 Zn
装入前渣组成	0.52	3.21	2.48	0.56	6.77
吹炼 30 min 后	0.20	2.53	2.78	0.36	5.87
吹炼 60 min 后	痕量	0.73	1.09	0.29	2.11
60 min 后的挥发率	100	77	56	46	69

应该指出，上述数据只是最终产品的分析数据，并未表明过程的反应机理。所以，对锌的挥发速度只有相对的准确性。

关于炉渣组成对锌挥发速度的影响。可以归纳为：

(1) ZnO 的挥发速度随炉渣中 CaO 含量的增加而升高，即 CaO 含量的增大可提高锌的挥发速度；

(2) 渣中 FeO 含量的增加对 ZnO 活度的影响不大，故锌的挥发速度增加很小；

(3) SiO_2 含量的增加，锌的挥发速度减小。

图 6－12 为某厂对 13% Zn、25% Fe，22.5% ~31.47% SiO_2 及 9.9% ~15.85% CaO 的炉渣，在 1170 ~1200℃时渣中 w_{CaO}/w_{SiO_2} 与废渣含锌关系的测定结果。由图可见，当 w_{CaO}/w_{SiO_2}

从0.42增至0.71时，废渣含锌从4.37%降至1.02%，即w_{CaO}/w_{SiO_2}升高，锌的挥发速度变大。该厂在生产中确定，烟化过程采用如下渣型：Zn 10% ~13%、CaO≥14%、SiO_2≤30%、Fe 25% ~30%。吹炼过黏的高硅炉渣是比较困难的，特别是到了烟化后期，由于铅锌的不断挥发除去，SiO_2含量不断升高，其黏度比开始吹炼时增加很大，粉煤的送入和烟化操作都很困难。据某厂实践，炉渣的硅酸度最好控制在1.1 ~1.2。

6. 预热空气和富氧空气

采用预热空气不仅可以提高吹炼的生产效率，而且还可以提高锌的挥发速度，如图6－13所示。

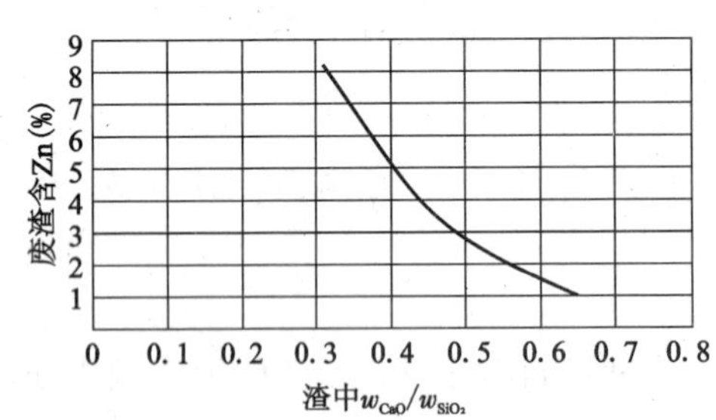

图6－12 w_{CaO}/w_{SiO_2}与废渣含锌量的关系

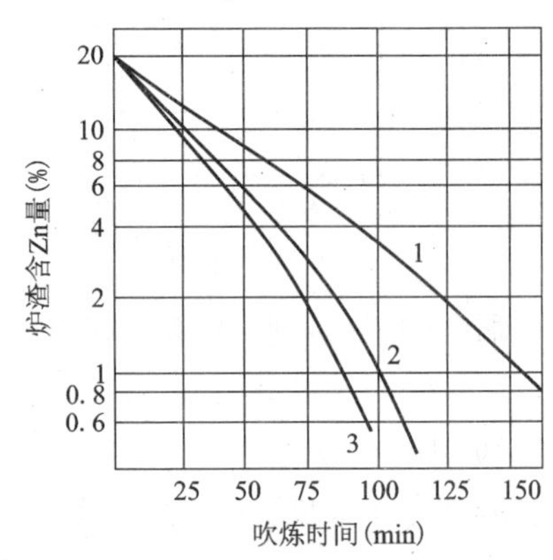

图6－13 锌的理论脱除曲线

1—普通空气；2—富氧空气；3—预热空气

有关实践表明，当热风温度太高时，空气的体积相应增大，造成送风速度太高，甚至破坏吹炼过程。所以热风的温度应该在生产实践中确定。

富氧也能强化烟化过程和提高锌的挥发，同时还可以降低送风量。根据某厂的生产实践，当处理16.6% Zn、10% CaO 和28% Fe 的铅渣时，用普通空气吹炼60 min，废渣残锌为2.9%，在同样的条件下分别采用23.4% O_2及24.8% O_2的富氧鼓风时，废渣残锌降至1.6%及0.9%(表6－6)。

表6－6 空气含氧量与废渣含锌量的关系(%)

空气含氧量	不同吹炼时间的渣含锌量									锌回收率
	0 min	20 min	40 min	60 min	80 min	100 min	120 min	140 min	160 min	
20.9	16.8	14.3	12.1	10.0	7.9	6.0	4.3	3.3	2.9	86.0
23.4	16.9	13.6	11.4	9.1	6.9	4.9	3.3	2.1	1.6	92.3
24.8	16.4	13.2	1.08	8.4	5.9	3.9	2.6	1.4	0.9	95.6

富氧在烟化过程中的作用：

(1)提高炉气中CO含量，降低空气消耗，加快还原过程；

(2) 提高烟化过程的温度，从而强化了烟化过程和金属挥发速度；

(3) 降低燃料消耗。

6.2.3　烟化炉吹炼工艺流程

1. 烟化炉吹炼工艺流程

炉渣主要成分为氧化钙、氧化亚铁和二氧化硅，还有少量的三氧化二铝，它们来自精矿中的脉石和焦炭成分，炉渣含锌量为 6% ~8%。因铅锌密闭鼓风炉的还原气氛较铅鼓风炉强，故渣含铅较低，小于 1.0%。此外，炉渣还含有锗等有价金属，将炉渣送烟化炉贫化处理，回收渣中的锌、铅、锗等有价金属。目前国内大多采用烟化炉处理炉渣，回收炉渣中的有价金属。该工艺包括粉煤的制备和输送、炉渣入炉吹炼、炉气冷却及有价金属烟尘收集。收集到的金属氧化物返回烧结配料或作其他用途。其生产工艺流程见图 6 - 14。

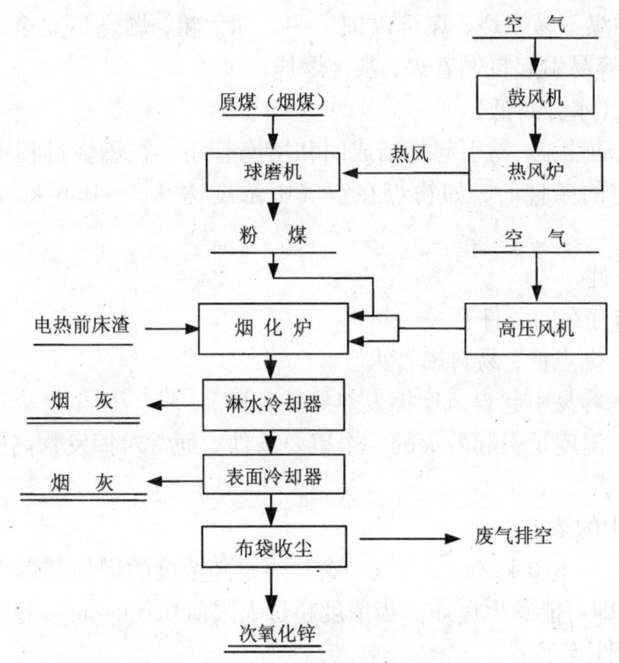

图 6 - 14　烟化炉吹炼工艺流程图

2. 烟化炉吹炼的工艺特点

烟化炉处理铅锌密闭鼓风炉炉渣同其他方法相比有如下特点：

(1) 由于熔体渣进料，熔渣热可以利用。在烟化炉内可处理部分冷料，也可以全部处理块状炉料，生产能力大。

(2) 炉内燃烧及冶金反应放出的热，可用于废热锅炉生产蒸汽，此项废热利用率几乎达到燃料燃烧的 80%。

(3) 除铅、锌外，其他有价金属(如 Sn、Cu、Ag 等)和稀有金属(如 Ge、In 等)可回收一部分，金属回收率高。

(4) 可采用廉价的低级煤作燃料。

(5) 除锌后的废渣含铁甚高，可作炼铁原料或铁熔剂。

(6) 操作比较简单，易于机械化和自动化。

然而，在生产过程中，该工艺也存在如下不足之处：

(1) 目前烟化炉还是一种间歇的作业；

(2) 燃料消耗大，煤耗一般为渣重的 12% ~23%；

(3) 需要建立庞大的粉煤制造系统，投资大，占用场地大，而且要消耗大量电能。

6.2.4 烟化炉吹炼对燃料的要求

烟化炉吹炼的燃料主要是粉煤，下面简单介绍粉煤的特性及其质量要求。

1. 粉煤的特性

(1) 粒度

通常根据含挥发物多少和磨煤设备负荷高低来定。含挥发物高的煤易燃烧，粉煤可以粗一些。含挥发物低的煤不易燃烧，煤可以细一些。如太粗，燃烧不完全，燃烧效率低；如太细，增加机械摩擦，容易引起自燃着火，甚至爆炸。

(2) 粉煤的湿度(水分高低)

粉煤湿度大，流动性小，易引起黏结成团和堵塞管路。在燃烧过程中，着火不稳定。但过分干燥，达到一定的条件时，如粉煤在空气中浓度达 0.3 ~0.6 kg/m^3 时，即可能发生爆炸。

(3) 粉煤的爆炸性

粉煤的爆炸性与存在的条件有关。

1) 含挥发物高，燃点低，易自燃着火。

2) 粉煤粒度小，容易引起自流摩擦发热导致自燃。

3) 粉煤的温度：温度是引起着火的一个重要条件。通常对挥发物高的煤，球磨机出口温度控制在 65 ~70℃。

4) 粉煤在空气中的浓度

当粉煤浓度在 0.3 ~0.6 kg/m^3，空气中含粉煤量随浓度的增加其爆炸性也随之增加，在其他条件的促成下，即可能发生爆炸。当浓度超过上限值 0.6 kg/m^3，爆炸性逐渐减小，全部为粉煤时，爆炸可能性等于零。

2. 粉煤的质量要求

粉煤在炉渣烟化过程中主要是起两种作用：提供热源和还原剂。虽然粉煤的灰分及发热值对烟化过程影响不大，但由于粉煤在炉内燃烧的机理及其固有的特性，烟化炉吹炼对粉煤的质量要求仍有比较严格的规定。粉煤的质量标准见表 6 -7。

表 6 -7 粉煤质量标准

粒度	C	挥发分	灰分	水分
0.075 mm (-200 目)80%	C >50%	20 ~25	<20	<1

6.2.5　烟化炉吹炼正常操作与控制

1. 烟化炉操作

烟化炉烟化过程是间歇作业，一般炉子的开炉无须烤炉。用耐火砖砌的新炉子，先用电阻丝烘烤3天，然后用木材或木炭烤炉1天即可。开炉前往水套供水，开动抽风机和烟化风机。具有足够温度的铅锌密闭鼓风炉渣从电热前床放到渣包内，由吊车运来，由进料口注入炉内。在烟化炉进料前把放渣口堵严。在注入一定炉渣后送入部分粉煤燃烧。随着熔渣的不断注入，熔池深度不断增加，送煤量和风压也不断增大，直至正常状态。每个周期的吹炼时间约为60～160 min，具体时间根据挥发物的性质及其含量而定。通常渣含锌降至2%左右即可放渣。当然继续吹炼可以使渣含锌降至更低的程度，但锌的还原速度随着渣中锌浓度的降低而减缓。除锌程度愈高，则作业时间愈长，煤的消耗也愈大，在经济上不一定合理。当炉渣放至风口以下时，立即把渣口堵上，开始下一次作业。下面介绍烟化炉各岗位工序操作技术条件控制。

(1) 中间仓(给煤室)岗位进煤

烟化炉开炉前半小时，选用的煤仓装有足够的粉煤。

1)进煤前，检查布袋室布袋有无脱落、损坏，收尘风机、振打器是否完好，关好平衡风。

2)打开煤仓废气阀和进风阀，将两路转换窗开向所要进煤仓方向。

3)打开收尘风机出口阀，启动风机，通知粉煤机房送煤。

4)进煤过程中，要注意煤仓压力变化，检查进煤情况，正确判断进煤量。

5)煤进至距仓顶0.5 m左右，通知粉煤机房停送粉煤，随后开振打器振打，并把收尘器灰斗中的煤放入煤仓。

6)测量进煤量并做好记录，供烟化炉使用。

(2) 供粉煤

烟化炉给煤系统如图6－15所示。

根据烟化炉进料情况，接三次风口通知为烟化炉吹炼供粉煤。先打开一次风阀，启动给煤机，开煤仓平衡风、搅拌机。粉煤供给量的调节通过给煤机的转速控制来完成。

(3) 开炉操作

1)开炉时，三次风口工配合班长与各岗位联系，并通知烟化风机、给煤系统、供水系统、排风机及收尘系统的开炉时间。各岗位检查正常后，就可开炉。

2)一切正常后，通知开收尘风机，然后开烟化风机，送6000 m^3/h左右风量。

3)配合20 t桥式吊车进电热前床渣，液体渣进至风口以上(约1包渣)。按技术要求开一次风阀，启动给煤机开始向烟化炉供粉煤，把风量加大至10000 m^3/h左右。进完第2包渣，总风量加大至13000 m^3/h左右，粉煤量随风量增大适当增加，这时可以进第3包渣，直至进渣完为止。

(4) 停炉操作

在烟化后期，提温后，用较大的给煤量还原。三次风口的火色暗红，没有明显的乳白色挥发物，火色较为透明。此时，我们可以认为吹炼已到终点。烟化炉可以放渣停炉。

1)通知风机岗位启动冲渣水泵，水压正常后炉前可以放渣。

2)渣液线降至风口水平线时，停止给煤，停给煤机，关平衡风，并减总风量至

10000 m^3/h左右。关闭一次风，再减总风量至 6000 m^3/h 左右，放渣完后，烟化风机放空阀全开，各岗位检查设备情况，准备下一炉开炉。

(5) 供水系统

在正常情况下供水系统水压应保持在 0.25～0.30 MPa。若水压低于此值或水压波动大时，应清理过滤器。在进料烟化过程中，应逐渐提高水套用水量。

2. 烟化炉主要技术条件及指标

(1) 烟化炉主要技术条件

1) 作业周期：140～160 min。其中：进料 20～40 min；吹炼 90～100 min；放渣 15～20 min。

2) 鼓风量：13000～16000 m^3/h。

3) 鼓风压力：657.39～735.45 Pa。

4) 一、二次风比例：4∶6 或 3∶7。

5) 粉煤率：20%～22%。

6) 空气利用系数：0.6～1.0。

(2) 烟化炉烟化指标

1) 铅回收率：80%。

2) 锌回收率：80%。

3) 废渣含锌：<1.0%。

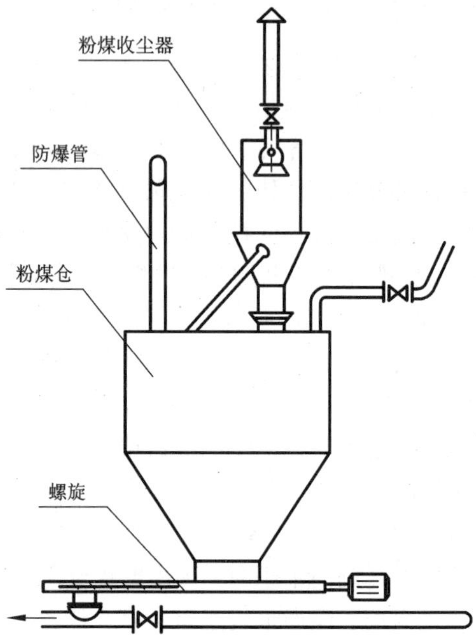

粉煤收尘器
防爆管
粉煤仓
螺旋

图 6－15　烟化炉给煤系统

6.2.6　故障的判断与处理

1. 停电、停煤、停风

(1) 操作过程中，如果突然停电、停风(或冷却水中断，不能迅速恢复)，立即放渣干净停炉。如突然停风，为了防止煤气倒流自燃爆炸，应迅速打开放空阀，关闭一、二次风阀门。

(2) 操作过程中，如粉煤供应中断，应立即与中间仓联系，如不能迅速恢复供煤，应立即放渣。

(3) 事故放渣时，如因冲渣泵不能启动或熔渣黏度大，应采取放干渣的措施。放干渣前预先盖好压水喷嘴，并扫除现场障碍物及危险品。

(4) 如突然煤量过大，降低螺旋转速仍不能给风正常时，应立即通知中间仓采取紧急措施。必要时停掉螺旋，并关闭该球阀，防止爆炸事故。

(5) 操作过程中如烟道发生放炮、爆炸或喷煤，应立即主动了解中间仓操作情况，并详细纪录本岗位当时的操作条件，以便了解原因，总结教训，提高操作水平。

2. 弃渣水淬冲炮

(1) 冲炮原因

1) 铜锍含量偏高。

2）冲渣水量少。

3）渣槽挂渣或堵塞。

(2) 处理措施

1）降低铜锍含量，通知电热前床排黄渣操作。

2）改善放渣溜槽。

3）增大冲渣水量。

4）溜槽挂渣或堵渣现象及时排除。

3. 炉体水套漏水

(1) 漏水现象

1）外壁漏水，有明显水流。

2）内壁漏水较少时，在水套缝隙间有冷凝水蒸气冒出的痕迹；漏水较大时，熔渣冷却黏结，一、二次风压增大，吹炼困难，出现炉缝漏煤，三次风口跳渣等，严重时还有死炉的危险。

(2) 漏水原因

1）焊缝炸裂漏水。

2）内壁因炉内渣冲刷而漏水。

(3) 处理措施

1)外壁漏水，水套出水管没有冒蒸汽现象，可继续吹炼，待吹炼放渣后进行焊补。

2)内壁漏水较大时，加强提温，立即放渣，尽量避免死炉。

3)如水套经鉴定不能再用，应立即更换。

4. 炉顶结渣

(1) 结渣原因

1)炉内跳渣剧烈(熔渣黏度大，渣温低，鼓风量过大)。

2)炉顶水套冷却水量过大。

(2) 处理措施

1)改善熔渣黏度。

2)提高渣温。

3)适当调整风量。

4)调节炉顶水套用水量。

5. 炉缝漏煤

(1) 炉缝漏煤原因

1)炉缝没有用石棉绳塞满。

2)炉底结渣。

3)给煤量过大。

4)停吹时间长。

(2) 处理措施

1)开炉前必须用石棉绳塞满炉缝。

2)加强提温吹炼。

3)调整给煤量。

4）适当调节水套冷却水量，保持出水温度不过冷过热。

5）尽量减少停炉间歇时间。

6. 炉底积铁

（1）积铁原因

1）渣中 FeO 含量过高。

2）吹炼温度过高（ >1350℃）。

3）FeO 含量高，SiO_2含量过低。

4）炉渣 Zn 品位过低。

（2）预防措施

1）渣中 FeO 含量：<35%。

2）吹炼温度：1150～1250℃。

3）w_{SiO_2}/w_{CaO}：=1.15～2。

4）废渣含锌品位不宜过低，一般在 2% 左右。

6.2.7 烟化炉吹炼主要生产设备

某厂烟化炉吹炼风煤联动线，如图 6－16 所示。

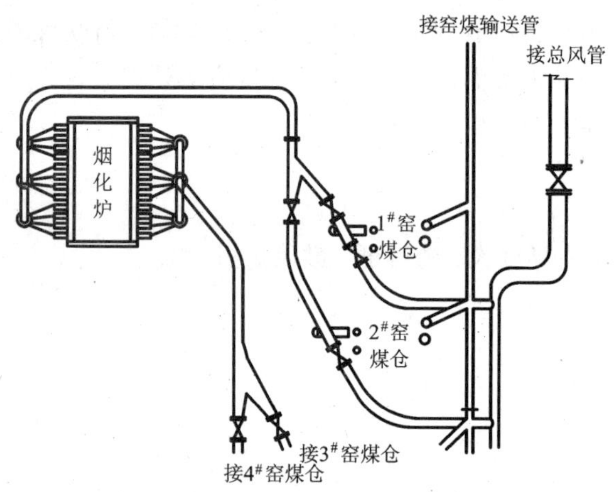

图 6－16 烟化炉吹炼风煤联动线图

1. 烟化炉本体构造

烟化炉是一种特殊形式的鼓风炉，其结构特点又与鼓风炉不同。从炉体上讲，上下一致，不像鼓风炉那样有炉腹，如图 6－17 所示。因为烟化炉是注入液体炉渣进行吹炼，在一般情况下不是气－固相的热交换，而是液－固相的热交换。所以，它不像鼓风炉那样，需要良好的热交换。

因此，烟化炉结构具有如下特点：

（1）具有半水套或全水套的长方形的鼓风炉，且以全水套为常见。烟道处烟气温度大约在 1000～1200℃。其所以有这样高的温度是因为炉气本身的温度高，同时在炉体上部有放热反应。即：

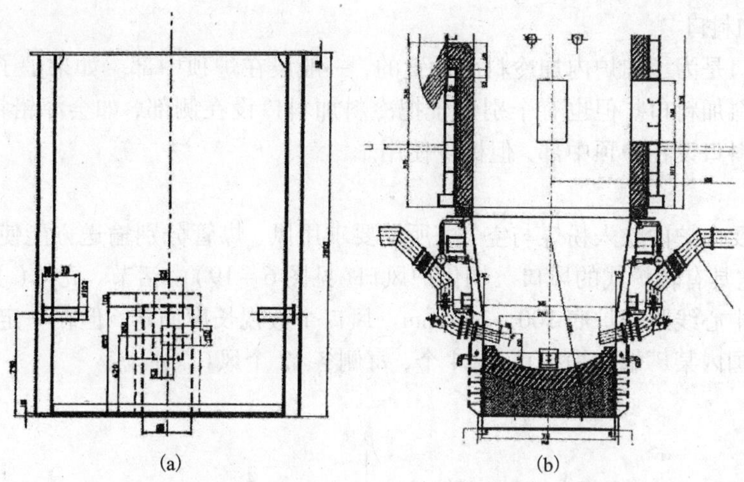

图6-17 烟化炉(a)、鼓风炉(b)简单示意图

$$Zn + CO_2 = ZnO + CO + Q_1$$
$$CO + 1/2O_2 = CO_2 + Q_2$$
$$Zn + 1/2O_2 = ZnO + Q_3$$

(2)风口位置比鼓风炉的要低，这是由炉料性能决定的。

(3)具有转炉的球形风口，这样密封性能好，防止漏气。

烟化炉通常为矩形，因圆形的炉子尺寸过小，其直径受风压的限制，生产能力不大。烟化炉风口区的宽度因受到鼓风压力的限制，通常宽为2~2.5 m，高为8~9 m，烟化炉长度在技术条件上不受限制，主要是根据生产能力而定。

烟化炉(本体如图6-18)置于混凝土基础上，炉身全部由水套拼装成一竖井状。炉顶也用水套覆盖。为了使水套的内壁能保持一层渣，以缓和渣在炉内的冲刷，每隔一定距离焊接一些圆钢钉。风口水套和风口水套上段均改为波形状(内侧)，增大其强度。

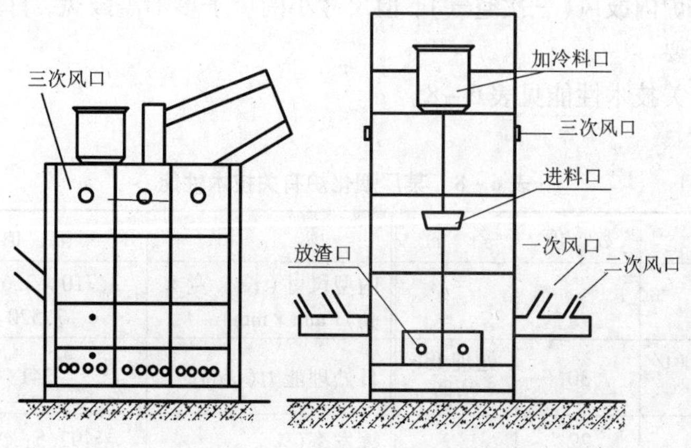

图6-18 烟化炉本体构造

烟化炉其他部件有：

(1)冷料加料口

冷料加料口是为了向炉内加冷料而设置的，一般设在炉顶中部。如果炉子长，可沿炉子长度设几个冷料加料口。但也有个别炉子把冷料加料口设在侧部，如会泽铅锌矿的试验炉。有些厂冷料加料口设在炉顶中部，但极少使用。

(2)风口

烟化炉因要向炉内吹入粉煤与空气，所以要求用风、煤管分别输送方能使粉煤均匀送进炉内，因而，它具有转炉式的风口。烟化炉风口(见图6－19)由活节、壳体(Ⅰ)、(Ⅱ)和烧嘴组成。风口中心线距离炉底100～250 mm。风口个数视长度而定，但在一定长度上尽量增加风口个数。国内某厂烟化炉风口有24个，每侧各12个风口。

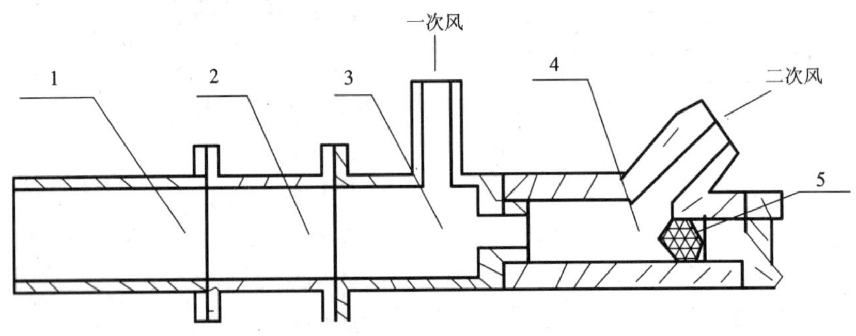

图6－19 烟化炉风口示意图

1—烧嘴；2—活节；3—壳体(Ⅰ)；4—壳体(Ⅱ)；5—钢球

(3)渣口

渣口中心线距离炉底80～210 mm，在同座炉子上渣口一定低于风口，以免停炉时放渣不完导致风口堵塞。渣口个数视炉子大小而定。如果炉子大，可设几个渣口。

(4)三次风口

三次风口是设在炉子上层水套上，圆形孔洞，以便补充炉子上部氧气的不足。对于大型炉子从三次风口向炉内鼓风(三次空气)，但尺寸小的炉子多不需鼓风，自然进风即可满足炉子上部对氧气的需要。

某厂煤化炉有关技术性能见表6－8。

表6－8 某厂烟化炉有关技术性能

项　　目	数　值	备　注	项　　目	数　值	备　注
炉床面积(m^2)	8		内型尺寸(长×宽×高)(mm×mm)	3.710×2.615×7.520	
床能力(液体炉渣)(t/m^2·d)	30	处理ISF炉渣	日处理能力(t/d)	241	
燃料率(%)	22		挥发率(%)	铅:92.5；锌:78	
操作时间(分/炉)	130～160		风口数(个)	24	每侧各12个

续表

项　　目	数　值	备　注	项　　目	数　值	备　注
风口直径(mm)	40		风口中心到炉缸底距离(mm)	225	
放出口直径(外/内)(mm)	ϕ120/ϕ90		空气消耗量(m/min)	400	
空气分配比(%)	一次40 二次60		空气系数	0.6~1.0	
空气温度(℃)	常温		空气压力(kg/cm^2)	1	
烟气量(m^3/min)	440		烟气温度(℃)	1150~1200	
冷却水用量(t/h)	350~360		冷却水压力(kg/cm^3)	2.5~3.0	
炉子质量(t)	39				

2. 烟化炉收尘设备及工艺流程

炉渣烟化主要目的就是回收烟尘，进一步回收铅、锌、镉、锗等有价金属，以下主要介绍某厂烟化炉收尘工艺流程(图6-20)及相关设备。

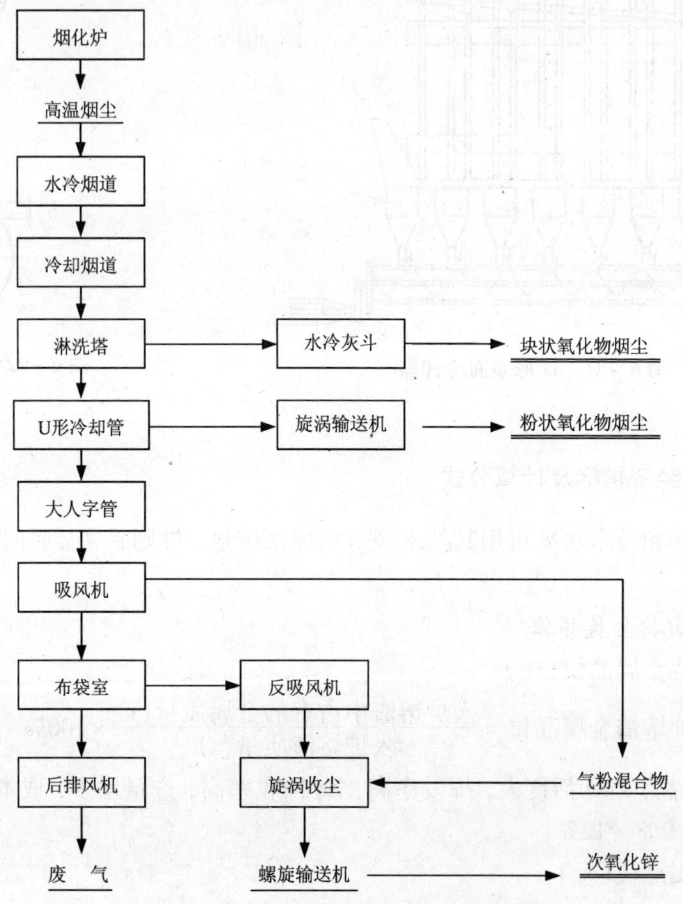

图6-20　某厂烟化炉收尘工艺流程图

烟化炉收尘主要设备的规格和作用如下。

(1) 淋洗塔。用钢板制成圆柱体，外壳用水淋冷却，使高温气体进入淋洗塔冷却降温，由于气体扩散降低了气流速度，使大颗粒烟尘沉降。

(2) U 形表面冷却器。如图 6－21 所示，同样是钢板制成的"U"形管道，外壁采用空气冷却。它的作用是降低烟气温度，并调节控制布袋室的进口温度。由于增加了阻力，降低了烟气流速，使部分烟尘沉降。

(3) 布袋收尘器。它是烟气收尘的主要设备，占总收尘量 85% 以上。

(4) 旋风收尘器。如图 6－22 所示，它的作用是反吸风机清理出的气粉混合物进行沉降，烟气与烟尘分离，烟尘落入灰斗。剩余的气粉混合物通过吸风机再进入布袋收尘器。

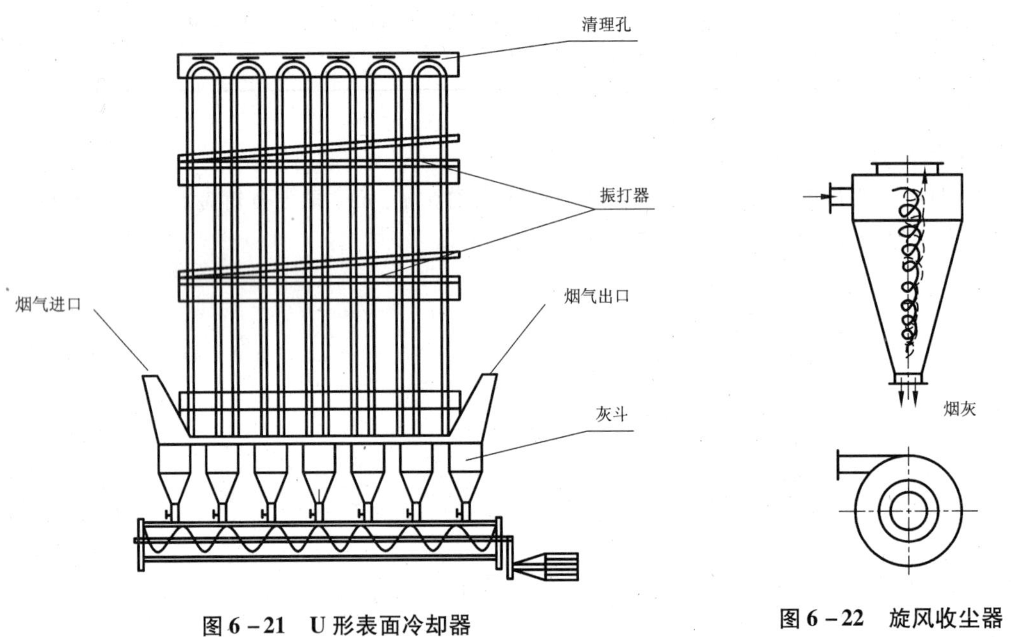

图 6－21　U 形表面冷却器

图 6－22　旋风收尘器

6.2.8　主要技术经济指标及计算公式

烟化炉的生产和技术水平可用其技术经济指标来衡量，准则是：金属回收率高，炉期长，能耗低。

1. 入炉、产出物金属品位

(1) 入炉熔渣金属品位(%)

$$\text{入炉熔渣金属品位} = \frac{\text{入炉熔渣中占有的金属质量(t)}}{\text{入炉熔渣质量(t)}} \times 100\%$$

熔渣 Zn 品位高，ZnO 活度大，挥发率高，Zn 回收率高，产量增多，成本降低。某厂入炉渣含 Zn 量一般为 9% ~12% 。

(2) 废渣金属品位(%)

$$\text{废渣金属品位} = \frac{\text{废渣中占有金属质量(t)}}{\text{废渣质量(t)}} \times 100\%$$

在技术条件控制一定的前提下，烟化炉废渣金属品位与三次风口操作水平、吹炼时间、给煤有关。考虑到经济上合算，废渣含锌不宜过低，一般保持1.0%～2%。

（3）烟灰金属品位（%）

$$\text{烟灰金属品位}=\frac{\text{烟灰金属质量(t)}}{\text{烟灰干质量(t)}}\times 100\%$$

次氧化锌烟灰中锌、铅品位与吹炼时间、三次风口操作水平有关。锌、铅品位高，吹炼时间短，给煤量合理，烟灰锌、铅品位也愈高。入炉渣带铅品位高是不允许的，这样会影响密闭鼓风炉铅的直收率。我国某厂次氧化锌烟灰中锌品位为58%～68%，铅品位为6%～12%。

2. 烟化炉操作技术指标

（1）金属回收率（%）

$$\text{金属回收率}=\frac{\text{产品烟灰中占有的金属量(t)}}{\text{入炉熔渣占有的金属量(t)}}\times 100\%$$

废渣中的锌、铅品位低，收尘中的无名损失少，锌、铅金属回收率就高，一般要求铅锌回收率均大于80%。

（2）金属挥发率（%）

$$\text{金属挥发率}=\frac{\text{吹炼过程中从熔渣中挥发出来的金属量(t)}}{\text{入炉熔渣中占有的金属量(t)}}\times 100\%$$

因为烟道漏风，清灰损失及布袋收尘尾气排空，所以金属挥发率要高于金属回收率。

（3）烟化炉床能力[t/(m²·d)]

$$\text{烟化炉床能力}=\frac{\text{处理入炉熔渣总量(t)}}{\text{炉床面积}(m^2)\times\text{生产天数(d)}}$$

吹炼炉数多，每炉处理的熔渣多，则床能力大。

（4）平均日生产炉数（炉/日）

$$\text{平均日生产炉数}=\frac{\text{总计吹炼炉数(炉)}}{\text{总生产日数}}$$

由于密闭鼓风炉炉渣渣型差，电热前床排黄渣，烟化炉平均日生产炉数实际只有7～9炉/日。

（5）炉平均吹炼时间（min）

$$\text{炉平均吹炼时间}=\frac{\text{总计吹炼时间(分钟)}}{\text{总吹炼炉数(炉)}}$$

吹炼时间与进渣成分、进渣量有关。入炉熔渣锌品位高，入炉渣量大，则炉平均吹炼时间应适当延长，否则废渣锌品位降不下来，影响金属回收率。

（6）烟化炉作业率（%）

$$\text{烟化炉作业率}=\frac{\text{每月(每年)实际生产天数(天)}}{\text{每月(每年)计划应生产天数(天)}}\times 100\%$$

（7）烟化炉利用系数[t/(m²·d)]

$$\text{烟化炉利用系数}=\frac{\text{烟化炉实际生产烟灰干尘量(t)}}{\text{炉床面积}(m^2)\times\text{生产天数(d)}}$$

生产天数一定，烟化炉利用系数愈大，单位产品成本愈低，经济效益愈合算。

（8）耗煤率（%）

$$耗煤率=\frac{生产过程中所消耗的干煤量(t)}{吹炼的入炉熔渣质量(t)}\times 100\%$$

吹炼时间愈长，中间仓布袋漏煤大，则耗煤率愈大；反之则耗煤率愈少。一般烟化炉生产耗煤 18% ~22%。

3. 烟化炉能耗指标

（1）次氧化锌煤单耗（t/t · ZnO）

$$次氧化锌煤单耗=\frac{生产过程中消耗煤的质量(t)}{产品次氧化锌产量(t)}$$

（2）次氧化锌电单耗（kW · h/t · ZnO）

$$次氧化锌电单耗=\frac{生产过程中消耗电力度数(kW\cdot h)}{产出次氧化锌产量(t)}$$

（3）次氧化锌水单耗（t/t · ZnO）

$$次氧化锌水单耗=\frac{生产过程中消耗水质量(t)}{产出次氧化锌(t)}$$

（4）次氧化锌煤气单耗（m^3/t · ZnO）

$$次氧化锌煤气单耗=\frac{生产过程中消耗煤气量(m^3)}{产出次氧化锌(t)}$$

烟化炉各种单耗指标如表 6 –9 所示。

表 6 –9　某厂烟化炉各种能耗指标

项目	次氧化锌电耗	次氧化锌水耗	次氧化锌煤气耗	次氧化锌煤耗
单位	kW · h/t · ZnO	t/t · ZnO	m^3/t · ZnO	t/t · ZnO
指标	900 ~1100	400 ~500	250 ~300	1.4 ~1.7

6.2.9　烟化炉吹炼物料衡算

1. 计算基础资料和假设条件

（1）以 100 kg 电热前床渣为计算基础。

（2）粉煤率取 20%，粉煤中碳 90% 燃烧生成 CO_2，其余生成 CO。

（3）三次风口吸入空气量占鼓入空气总量的 30%。

（4）锌回收率取 80%，铅回收率取 80%。

（5）前床渣中其他成分按所占质量分数只进入烟灰和 ZnO 粉，ZnO 粉、烟灰占挥发物的比例为 70%、30%，烟灰中 Zn 品位为 40%、Pb 品位 20%，ZnO 粉中 Zn 品位为 60%、Pb 品位 6%。

（6）金属损失：Pb 0.8%、Zn 3%。

（7）某厂使用的粉煤成分（%）：C 56，H_2O 0.2，灰分 20，$H_{燃}$ 5.9，$N_{燃}$ 0.75，$O_{燃}$ 10，S 0.52，其他 4.83。其中粉煤灰分成分（%）：Fe 5，SiO_2 55，CaO 3.3。

2. 炉料与燃料计算

（1）电热前床渣

电热前床渣组分见表6-10，100 kg渣中组分为：

Pb　$100 \times 0.017 = 1.7$ kg

Zn　$100 \times 0.0831 = 8.31$ kg

S　$100 \times 0.0215 = 2.15$ kg

Fe　$100 \times 0.2610 = 26.10$ kg

SiO_2　$100 \times 0.1786 = 17.86$ kg

CaO　$100 \times 0.1633 = 16.33$ kg

Cu　$100 \times 0.0038 = 0.38$ kg

As　$100 \times 0.0070 = 0.70$ kg

其他组分(包括氧)　$100 \times 0.2647 = 26.47$ kg

(2) 粉煤

粉煤量 $100 \times 0.20 = 20$ kg

其中：C　$20 \times 0.56 = 11.20$ kg

H_2　$20 \times 0.0590 = 1.18$ kg

S　$20 \times 0.0052 = 0.10$ kg

O_2　$20 \times 0.01 \approx 0.2$ kg

N_2　$20 \times 0.0075 = 0.15$ kg

H_2O　$20 \times 0.02 = 0.4$ kg

灰分　$20 \times 0.2 = 4$ kg

灰分中：Fe　$4 \times 0.05 = 0.2$ kg

SiO_2　$4 \times 0.55 = 2.2$ kg

CaO　$4 \times 0.033 = 0.13$ kg

其他　$4 \times 0.367 = 1.47$ kg(灰分中)

3. 吹炼产物计算

(1) ZnO粉

ZnO粉中Zn量　$8.31 \times 0.80 \times 0.70 = 4.65$ kg

产出ZnO粉量　$4.65 / 0.60 = 7.75$ kg

ZnO粉中Pb量　$7.75 \times 0.06 = 0.47$ kg

ZnO粉中Zn与Pb氧化所需氧量　$4.65 \times 16/65.39 + 0.47 \times 16/207.2 = 1.17$ kg

ZnO粉中：Fe　$7.75 \times 0.049 = 0.38$ kg

SiO_2　$7.75 \times 0.0335 = 0.26$ kg

CaO　$7.75 \times 0.031 = 0.24$ kg

S　$7.75 \times 0.0038 = 0.03$ kg

Cu　$7.75 \times 0.0077 = 0.06$ kg

As　$7.75 \times 0.0013 = 0.01$ kg

其他　0.48 kg

(2) 烟灰

烟灰中 Zn 量　$8.31\times0.80\times0.30\approx1.99$ kg

产出烟灰量　$1.99/0.4\approx4.98$ kg

烟灰中 Pb 量　$4.98\times0.2\approx1.00$ kg

Zn 与 Pb 氧化所需氧量　$1.99\times16/65.39+1.00\times16/207.2\approx0.56$ kg

烟灰中：Fe　$4.98\times0.074=0.37$ kg

SiO_2　$4.98\times0.0522=0.26$ kg

CaO　$4.98\times0.0461=0.23$ kg

S　$4.98\times0.006=0.03$ kg

Cu　$4.98\times0.01=0.05$ kg

As　$4.98\times0.002=0.01$ kg

其他　0.48 kg

4. 烟化炉吹炼弃渣计算

(1) 吹炼时金属损失

Pb　$1.7\times0.008\approx0.01$ kg

Zn　$8.31\times0.03\approx0.25$ kg

(2) 粉煤中灰分全部进入渣中，废渣中成分组成

Pb　$1.7-0.47-1.00-0.01=0.22$ kg

Zn　$8.31-4.65-1.99-0.25=1.42$ kg

S　$2.15-0.03-0.03=2.09$ kg

Fe　$26.10+0.2-0.38-0.37=25.55$ kg

SiO_2　$17.86+2.2-0.26-0.26=19.54$ kg

CaO　$16.33+0.13-0.24-0.23=15.99$ kg

Cu $0.38-0.06-0.05=0.27$ kg

As $0.70-0.01-0.01=0.68$ kg

其他组分(包括氧) $26.47+1.47-0.47-0.48=26.98$ kg

5. 鼓风量与烟气计算

(1) 粉煤中碳燃烧

CO_2

C　$11.20\times0.90=10.08$ kg

O_2　$10.08\times32/12=26.88$ kg

CO_2　$10.08+26.88=36.96$ kg 或 18.82 m^3

CO

C　$11.20\times0.10=1.12$ kg

O_2　$1.12\times16/12=1.49$ kg

CO　$1.12+1.49=2.61$ kg 或 2.09 m^3

表 6-10 烟化吹炼物料平衡表

物料名称	数量	Pb		Zn		Cu		Fe		S		SiO_2		CaO		As		其他(包括氧)	
	kg	kg	%	kg	%	kg	%	kg	%	kg	%	kg	%	kg	%	kg	%	kg	%
投入:																			
前床渣	100	1.7	1.7	8.31	8.31	0.38	0.38	26.1	26.1	2.15	2.15	17.86	17.86	16.33	16.33	0.7	0.7	26.47	26.47
粉煤	20							0.2	1	0.10	0.52	2.2	11	0.13	0.65			2.44	
鼓入空气(湿)	122.14 m^3																		
吸入空气(湿)	36.64 m^3																		
共计		1.7		8.31		0.38		26.3		2.25		20.06		16.46		0.7		28.91	
产出:																			
ZnO 粉	7.75	0.47	6	4.65	60	0.06	0.77	0.38	4.9	0.03	0.38	0.26	3.35	0.24	3.1	0.01	0.13	1.65	
烟灰	4.98	1	20	1.99	40	0.05	1	0.37	7.4	0.03	0.6	0.26	5.22	0.23	4.61	0.01	0.2	1.04	
弃渣	92.74	0.22	0.24	1.42	1.53	0.27	0.29	25.55	27.55	2.09	2.25	19.54	21.07	15.99	17.24	0.68	0.73	26.98	29.09
烟气	166.91 m^3									0.10									
损失		0.01		0.25														-0.76	
共计		1.7		8.31		0.38		26.3		2.25		20.06		16.46		0.7		28.91	

(2) 氢燃烧

H_2 1.18 kg

O_2 1.18 × 16/2 = 9.44 kg

H_2O 1.18 + 9.44 = 10.62 kg 或 13.22 m^3

(3) 硫氧化

S 0.10 kg

O_2 0.10 × 32/32 = 0.10 kg

SO_2 0.10 + 0.10 = 0.20 kg 或 0.07 m^3

(4) 粉煤中带入

O_2 2 kg

N_2 0.15 kg 或 0.12 m^3

H_2O 0.40 kg 或 0.50 m^3

(5) 需鼓入空气量

总需氧量：26.88 + 1.49 + 9.44 + 0.10 − 2 = 35.91 kg 或 35.91/0.3 = 119.7 m^3

其中 N_2：119.7 × 0.78 = 93.37 m^3

鼓入湿空气量：119.7/0.98 = 122.14 m^3

其中 H_2O：122.14 × 0.02 = 2.44 m^3

(6) 产出烟气量

三次风口吸入空气量：119.7 × 0.30 = 35.91 m^3

O_2：35.91 × 0.21 = 7.54 m^3

N_2：35.91 × 0.78 = 28.01 m^3

吸入湿空气量：35.91/0.98 = 36.64 m^3

其中 H_2O：36.64 × 0.02 = 0.73 m^3

烟气中 N_2：0.12 + 93.37 + 28.01 = 121.5 m^3

烟气中 H_2O：13.22 + 0.5 + 2.44 + 0.73 = 16.89 m^3 或 13.57 kg

产出烟气总量：18.82 + 2.09 + 121.5 + 7.54 + 16.89 + 0.07 = 166.91 m^3

6. 烟化吹炼物料平衡表

根据上述假设条件和计算结果，编制烟化炉吹炼物料平衡表 6 - 10。

6.3 镉的回收

ISP 工艺生产流程中，随精矿带入的镉，在烧结过程中，一部分进入烟尘，富集于电收尘烟灰中；一部分随烧结块加入铅锌密闭鼓风炉中。在鼓风炉熔炼时，一部分进入蓝粉，大部分进入粗锌；粗锌精馏时，镉富集到镉塔小冷凝器产出的高镉锌中。因此在火法炼锌过程中，可以从烧结电尘以及精馏高镉锌中回收镉。

6.3.1 电尘回收镉

从烧结焙烧过程产出的制酸烟气中富集的高温电尘回收镉，采用湿法 - 火法联合流程。

电尘经浸出，可溶性镉进入水中，采用压滤机进行液固分离，加锌粉置换得海绵镉，海绵镉经压团后加碱熔炼铸成粗镉锭，最后精馏精炼得精镉。这个方法的主要优点是流程简单、金属回收率高、产品质量好，产出的精镉纯度保持在 99.995% 以上。

1. 电尘回收镉生产基本原理

在 900℃以上的烧结焙烧条件下，精矿中的镉容易挥发进入烟气中，因此镉富集在电尘中，电尘中的镉主要以硫酸镉、氧化镉以及硫化镉的形态存在。

电尘加稀硫酸溶液浸出，其中的硫酸镉及部分氧化镉被浸出进入水溶液，主要化学反应如下：

$$CdSO_4 = Cd^{2+} + SO_4^{2-}$$

$$CdO + 2H^+ = Cd^{2+} + H_2O$$

从热力学的角度来说，任何金属均可按其在电位顺序中的位置被更负电性的金属从溶液中置换出来，锌的标准电位较负，当加入到含有较正电性的金属 Cd^{2+} 离子溶液中时，会发生置换反应：

$$Zn + Cd^{2+} = Cd + Zn^{2+}$$

因此在浸出液中加锌粉可得到海绵镉。

海绵镉压团加烧碱熔炼除去其中的部分杂质可得粗镉。

镉的沸点低(767℃)，在精馏精炼过程中提纯得到精镉。

2. 电尘回收镉生产工艺流程

镉的生产工艺流程如图 6-23 所示。

从电尘中回收镉生产工艺大致分为浸出、压滤、置换、压团、熔铸、精馏精炼等生产操作。

3. 电尘回收镉生产操作与控制

(1)浸出

镉回收浸出所用原料为烧结焙烧产出的电尘，一般要求电尘呈粉状不结块，氧化性要好，电尘化学成分为：Cd 6.52%，Pb 57.21%，Zn 0.78%，As 0.53%，Tl 0.28%，Fe 0.03%。浸出剂用置换后液或清水，为提高浸出率也可添加适量硫酸。浸出液固比控制在 3~3.5，浸出时间 30~60 min，浸出时控制液量不超过浸出槽容积的 75% 并确保浸没搅拌机浆叶，电尘加入浸出槽时应启动搅拌机进行搅拌。

(2)压滤

镉回收使用厢式压滤机过滤浸出泥浆。压滤操作前应装好滤布，开机前应检查各机件、管路是否完好，开动油泵顶紧活动压紧板，当压紧到位时，将锁紧螺母后退锁紧后停油泵，然后开启压滤泵，慢慢打开进料阀门将浸出泥浆压入厢式压滤机内过滤。开始压滤时的浑浊滤液应流回浸出槽，待滤液清亮再将滤液放入滤液贮槽。压滤过程中要注意检查各滤板排出的滤液情况，如有浑浊现象，将该滤板上的出液阀关闭。过滤工作压力 <1 MPa，液压压紧 <22 MPa。

(3)置换

置换操作在带有搅拌装置和蒸汽加热装置的置换槽内进行，启动搅拌机，同时打开蒸汽阀门加热，缓慢加入硫酸，使 pH 达到 3~5，当温度达到 50~55℃时慢慢加入锌粉，加完锌粉继续搅拌 30 min，放出置换液过滤，滤渣为粒状海绵镉。

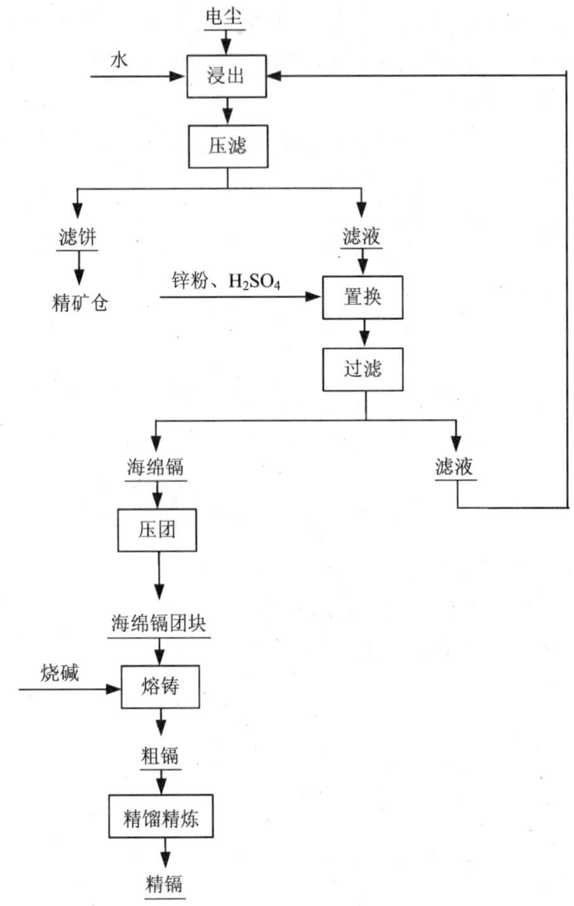

图 6－23　镉生产工艺流程图

(4)压团

粒状海绵镉易氧化，必须压团。粒状海绵镉在装模上机压团前要人工除去部分水分，海绵镉团块如需暂时保存，应将其泡入水中贮藏。海绵镉成团压力为 9.81 MPa。

(5)熔铸

按入炉海绵镉团块质量的 20% ~25% 称取烧碱，将烧碱覆盖在海绵镉上面，关上加料口，点火升温，待海绵镉团块全部熔化后，控制温度 380℃左右保温 1 ~2 h，降温至 330 ~350℃后捞渣，然后进行铸锭。铸锭时应尽量缩短时间避免氧化。

4. 电尘回收镉生产中故障判断与处理

(1)浸出率低以致浸出液中含镉浓度低。可能原因：电尘质量较差，电尘颜色发黑，氧化性不好，硫化镉的比例大；浸出剂中锌离子浓度过高影响浸出。处理措施：改善烧结焙烧状况，提高烧结焙烧温度；更换新水或者加碱除锌。

(2)压滤液浑浊，悬浮杂质多，影响置换。原因：滤布破损；处理：更换滤布，滤液置换前加絮凝剂澄清处理。

(3)溶液中含镉正常但置换困难。可能原因：溶液杂质离子浓度过高；处理：加高锰酸钾等除杂。

5. 电尘回收镉生产主要设备构造

(1)浸出槽

浸出槽的结构为圆筒形，设有机械搅拌装置，其结构如图6-24所示。

(2)置换槽

置换槽的结构为圆锥形，设有机械搅拌装置和蒸汽加热管，其结构如图6-25所示。

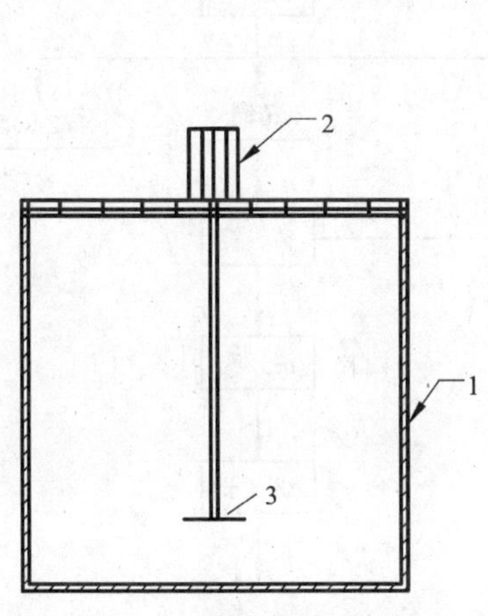

图6-24　浸出槽结构示意图

1—不锈钢槽体；2—电动机；3—搅拌器

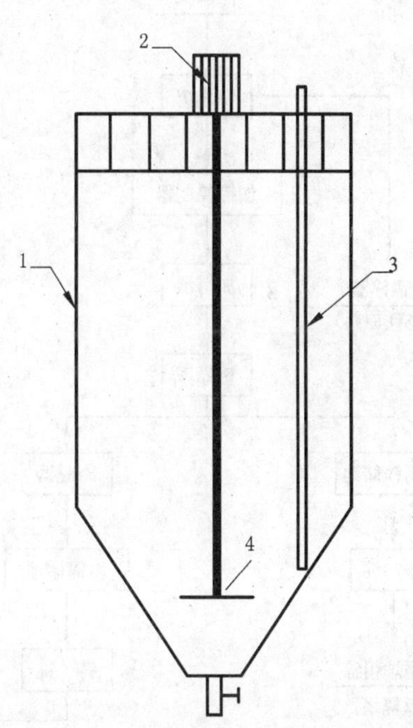

图6-25　置换槽结构示意图

1—不锈钢槽体；2—电动机；3—蒸汽加热管；4—搅拌器

6.3.2　高镉锌回收镉

高镉锌产自粗锌精馏过程，从镉塔小冷凝器收集的含镉15%～30%的锌，称为高镉锌。回收其中的镉是采用精馏塔分离锌制得粗镉，然后在粗镉中加 NaOH 和 $NaNO_3$，进行碱性精炼除去残余的锌获得精镉。

1. 高镉锌回收镉生产基本原理

高镉锌在精馏塔内经多次蒸发、冷凝回流，使镉与高沸点金属锌分离，得到纯度较高的粗镉和含镉锌。粗镉熔融后加入氢氧化钠、硝酸钠搅拌精炼，并插入还原木反应，除去其中的杂质锌获得镉锭，主要化学反应：

$$Zn + 2NaOH = Na_2ZnO_2 + H_2\uparrow$$

$$5Zn + 8NaOH + 2NaNO_3 = 5Na_2ZnO_2 + 4H_2O + N_2\uparrow$$

$$Na_2ZnO_2 + H_2O = 2NaOH + ZnO$$

$$2NaNO_3 \rightarrow Na_2O + N_2\uparrow + 5(O)$$

$$Cd + (O) \rightarrow CdO$$

$$CdO + C = Cd + CO \uparrow$$

$$CdO + CO = Cd + CO_2 \uparrow$$

2. 镉锭生产工艺流程

镉锭生产工艺流程如图6－26所示。

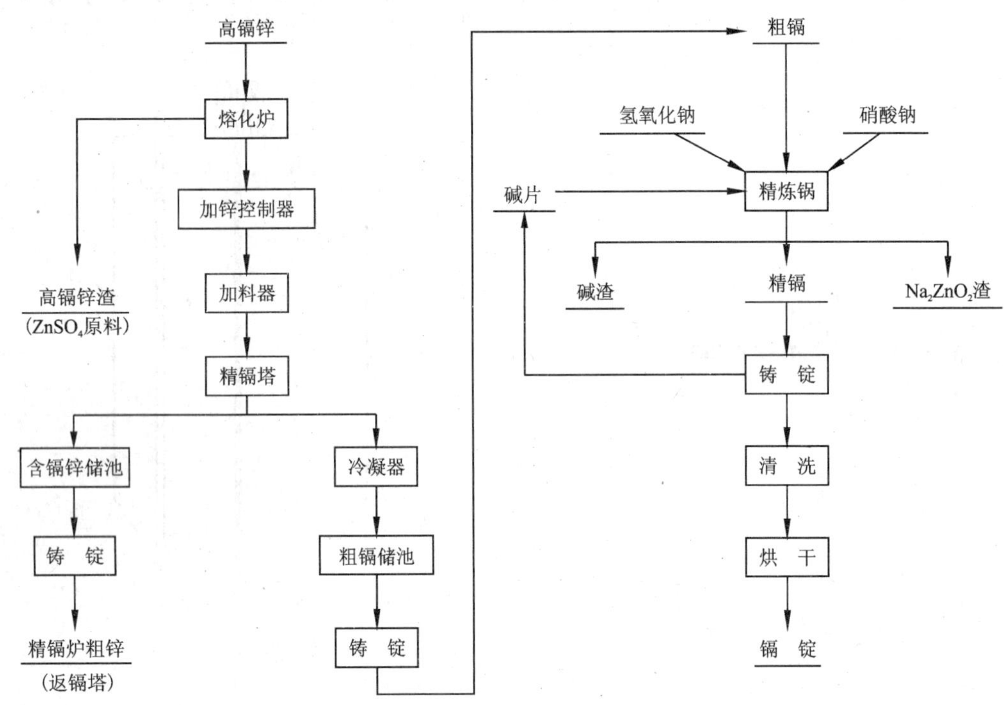

图6－26 镉锭生产工艺流程图

（铸锭时镉锭表面覆盖的碱片返回精炼锅）

3. 镉生产操作与控制

(1)熔化炉技术条件控制

由于镉容易氧化，熔化炉采用隔焰方式间接加热，避免局部温度过高引起镉氧化。碳化硅拱顶具有良好的导热性，并能将热辐射到熔池来加热。隔焰炉的烧嘴采用颜氏烧嘴，以风机鼓风燃烧。

1)加料量控制。

①熔化炉的加料量一般为4500～6500 kg/班，要求按当班加料指标加入熔化炉，并控制好加锌控制器，向塔内供料保证均匀、连续、稳定。

②勤检查加料流量，经常清理疏通溜槽、加料器、加料管，保证高镉锌流动畅通。

2)温度控制。勤检查，勤调整，确保熔化炉高镉锌液温度在450～520℃，含镉锌储槽温度550～700℃。

发现异常情况及时处理，具体见表6－11。

表6－11　异常情况产生原因及处理办法

序号	情　况	产生原因	处理办法
1	熔化炉温度高	(1) 煤气、空气量大 (2) 电耦未插入锌液内	(1) 关小煤气 (2) 重新装好套管、电耦
2	熔化炉温度低	(1) 煤气过剩 (2) 煤气不足 (3) 炉膛内渣多 (4) 抽力、煤气不平衡	(1) 减小煤气量 (2) 增大煤气量 (3) 扒净炉内浮渣 (4) 调整其平衡
3	炉膛内正压煤气送不进	(1) 熔化炉废气道堵塞 (2) 换热器堵塞 (3) 熔化炉烟囱堵塞	(1) 打开废气道扫除口，扒净堵渣 (2) 打开换热器扫除口，扒净堵渣 (3) 依次扫除烟囱、换热器、废气道，扒净堵渣
4	加锌控制器出口关不严	(1) 石墨锥损坏 (2) 石墨锥圆锥面上有渣 (3) 石墨锥控制螺杆不好使	(1) 更换石墨锥 (2) 取下石墨锥，清除结渣 (3) 报告班长，联系维修
5	加料器方井锌液面过高或涨潮	(1) 加料量小或不均匀 (2) 加料器锌封、流管堵塞 (3) 燃烧室或冷凝器温度高	(1) 增大加料量或均匀加料 (2) 清扫堵塞部位，保持畅通 (3) 联系调整工处理
6	加料器方井锌液面过低或抽风	(1) 加料量突然加大 (2) 燃烧室或冷凝器温度突然降低	(1) 调节加料量到正常 (2) 联系调整工处理

3）炉子维护。

①每班交班前要扒尽熔化炉的浮渣，扒渣前加入适量的氯化铵，并充分搅拌，待渣不黏锌时迅速扒出，堆放于炉门口外，待渣中锌流尽方可装车送往渣场。清扫时要求炉子现出原形，墙壁不结渣。

②维护好燃烧室上盖、探火孔，发现损坏，及时修补。

③及时扒尽压密砖积锌，防止含镉锌液漏入燃烧室。

④每周对熔化炉进行一次大清扫。

4）加强物料管理。对本工序的各种物料，如高镉锌、含镉锌、粗镉要分别堆放，避免加错料出现质量事故。另外从加控器、加料器、方井捞出的浮渣要及时返回熔化炉。

5）加强安全生产管理。

①及时刷补漏气点，避免镉蒸气溢出，危害人的健康。

②加料时，加料人必须站在侧面，避免烫伤。

③加入炉内的高镉锌块必须烘干。

④尽量少使用铁质工具，防止铁带入塔内。

(2）燃烧室温度调整

精镉塔是采用煤气燃烧间接加热塔盘内锌液，精馏过程燃烧室温度直接影响粗镉与精镉炉粗锌的产量和质量，因为塔内精馏过程纯属加热蒸发和冷凝回流的物理过程。因此，燃烧室温度高低、供热多少决定于处理高镉锌的量和对粗镉的质量要求及塔的导热性能。燃烧室温度控制要求稳定，在原有温度基础上提高10℃，塔内锌的蒸发就有明显反应。但随着塔体运转时间延长，塔盘内外壁挂渣，热阻逐渐增大，影响热的传导，因此，开炉初期和后期燃烧室温度等同的情况下，其蒸发能力相差较大，因此要根据产出物质量情况及时修改温度指标。

燃烧室温度主要通过调整入炉煤气、空气及排出烟气量来调整。下面先介绍三气的走向。

①煤气在燃烧室、换热室走向：煤气总管→入炉煤气支管→换热室四排煤气筒形砖→换热室煤气总道→一层空气道→一层煤气进口→燃烧室→二层煤气道→二层煤气进口→燃烧室

②空气在燃烧室，换热室走向：室内空气→换热室三个空气进口→换热室六排空气筒形砖→换热室空气总道→燃烧室空气总道→

→一层空气道→一层空气进口→
→二层空气道→二层空气进口→
→三层空气道→三层空气进口→

→燃烧室

③废气在燃烧室、换热室走向：燃烧室→废气出口→废气总道→直升墙→三阶换热室→二阶换热室→地面烟道→地下烟道→烟囱

由于精馏过程对温度要求严格，燃烧室内各点温度相差不得大于10℃，因此，必须加强操作，勤检查，勤联系，勤调整，确保燃烧室温度在指标范围内。

1）调温原则

①调整燃烧室温度，变动煤气、空气、废气中的一个条件，在温度尚未发生变化时，不得变化第二个条件。

②对炉内燃烧情况未确实掌握之前，不能盲目地进行调整。

③正常调温操作中，要坚持“三勤一稳”的原则。

a. 勤检查：检查炉塔工况、熔化炉加料情况、含镉粗锌和粗镉产出情况。

b. 勤观察：观察仪表，分析判断温度变化趋势，及时调整、观察炉内燃烧情况。

c. 勤调整：温度有变化，应小范围勤调整。

d. 一稳：稳定煤气压力，保证温度稳定。

2）正常情况下燃烧室温度调整方法见表6－12。

表6－12 燃烧室温度正常调整方法

上部	下部	直升墙	废气	调整方法
高	正常	正常	正常	关一层空气
低	正常	正常	正常	开一层空气
低	高	高	高	关煤气
高	低	低	低	开煤气
高	高	高	高	关抽力、减煤气
低	低	低	低	开抽力、增煤气
正常	低	高	高	开二层空气
正常	高	低	低	关二层空气

3)燃烧室异常情况产生原因及处理方法(见表6-13)。

表6-13 燃烧室异常情况产生原因及处理方法

序号	项目	产生原因	处理方法
1	燃烧室两边温度不等	(1)两边抽力不一致 (2)两边空气量不等 (3)两边煤气量不等 (4)测温套管漏气	(1)调整抽力,使平衡 (2)调整空气,使平衡 (3)调整煤气,使平衡 (4)更换测温套管
2	燃烧室下部温度低	(1)煤气过剩或空气不足 (2)煤气不足 (3)抽力小	(1)减煤气或增空气 (2)增大煤气 (3)开大抽力
3	煤气闸门全开而煤气不够	(1)焦油或水堵塞管道 (2)筒形砖堵塞 (3)煤气拉砖开得小 (4)煤气压下降 (5)蝶阀被焦油堵塞	(1)清理煤气管道 (2)扫除 (3)开大煤气拉砖 (4)与煤气炉联系,增大煤气压力 (5)清扫蝶阀
4	废气拉砖全开而抽力不够	(1)废气出口堵塞 (2)直升墙堵塞 (3)换热室堵塞 (4)废气挡板堵塞 (5)烟囱底积存物多	(1)扫除 (2)扫除 (3)扫除 (4)扫除 (5)清除积存物
5	一、二层空气拉砖全开而空气不够	(1)抽力不足 (2)煤气过大 (3)空气出口有堵 (4)空气进口开得小	(1)开大废气挡板,加强炉体及烟道密封,清扫堵塞部位 (2)适当减少煤气 (3)清扫空气进口 (4)将空气进口适当开大

4)特殊情况下燃烧室提温速度规定。在特殊情况下,如停电停煤气,更换加料管、加料器等,使燃烧室温度增加,要逐步提温,恢复原指标,具体规定如下:

①当温度降低100℃时,提温2 h,均匀恢复到原指标。

②当温度降低150℃时,提温2.5 h,均匀恢复到原指标。

③当温度降低200℃时,提温3 h,均匀恢复到原指标。

④当温度降低300℃时,提温4 h,均匀恢复到原指标。

提温过程中,要注意塔内压力和冷凝器温度上升情况,防止生产事故的发生。

(3)回流部与冷凝器温度控制

粗镉与精镉炉粗锌的质量与回流部温度直接有关,精镉塔处理高镉锌要同时保证粗镉与精镉炉粗锌的质量,一般要达到粗镉含 Zn<1.5%、精镉炉粗锌含 Cd<1.2%的水平。因此在料量与燃烧室温度恒定的前提条件下,要精确控制回流部温度。根据具体的条件回流部温度一般控制在670~690℃,冷凝器的温度一般控制在550~650℃。冷凝器温度保持在合适的范围内,有利于防止发生冷凝器结渣及冲塔顶等故障。冷凝器在生产过程中异常情况产生的原因及处理方法见表6-14。

表 6－14 冷凝器在生产过程中异常情况的原因及处理方法

序号	项　目	产 生 原 因	处　理　方　法
1	冷凝器温度高	(1) 冷凝器散热不够 (2) 燃烧室温度高 (3) 加料量小 (4) 回流部散热差	(1) 打开保温门 (2) 降温 (3) 调整料量 (4) 打开保温窗
2	冷凝器温度低	(1) 冷凝器保温不好 (2) 回流部散热大 (3) 燃烧室温度低 (4) 高镉锌含镉低，粗镉产量低	(1) 关闭保温门 (2) 关保温窗 (3) 升温 (4) 原料品位搭配均匀或增大处理量
3	粗镉含锌高	(1) 高镉锌含锌低 (2) 燃烧室温度高 (3) 回流部温度高	(1) 原料品位搭配均匀 (2) 降温 (3) 打开保温窗
4	含镉锌含镉高	(1) 燃烧室温度低 (2) 回流部温度低 (3) 加料量突然增大 (4) 含镉锌含镉高	(1) 升温 (2) 关保温窗 (3) 调整好加料量 (4) 稳定高镉锌品位
5	粗镉产量低	(1) 燃烧室温度低 (2) 回流部温度低 (3) 高镉锌含镉低	(1) 升温 (2) 关保温窗 (3) 原料品位搭配均匀

(4) 粗镉精炼技术条件控制

1) 粗镉精炼的主要技术条件。

①锅处理量：1000 ~ 1300 kg/锅；

②精炼搅拌速度：280 ~ 320 r/min；

③精炼温度：370 ~ 380℃；

④铸锭温度：400 ~ 420℃；

⑤镉铸锭覆盖碱层厚度：大于 10 mm；

⑥洗涤酸配比：水：酸（浓硫酸）= 100:(15 ~ 20)。

2) 技术条件控制。

①按精炼锅处理能力，将粗镉过磅后，加入精炼锅，同时加入适量氢氧化钠，点火升温，待粗镉熔化后，温度升到 370 ~ 380℃，启动排风机，开动搅拌器。

②粗镉在搅拌精炼过程中，少量多次加入氢氧化钠和硝酸钠，在精炼后期要经常取样，观看镉液颜色。

③精炼终点判断方法是：用小勺从精炼锅中取出少量镉液，除去表面烧碱，若镉液表面立即从灰白色变为金黄色，则逐步减小搅拌速度，同时停止加入硝酸钠，若镉液表面由灰白色变为黄褐色，说明已到终点。

④到达终点后，清理锅内壁及烟罩结渣，捞出碱渣，再加新碱覆盖镉液面，插木条还原，边插边搅拌，完后再捞净渣，重新加入新碱，调整温度到 400 ~ 420℃，开始铸锭，并取样送化验室分析成分。

⑤每次铸锭前必须清理干净模子才能铸锭。铸锭时镉锭上的碱层厚度须大于 10 mm。

⑥镉锭脱模后，打掉上面的碱片，放入清水池中浸泡，碱片及时返精炼锅。

⑦用洗涤酸清洗镉锭表面，再用清水冲洗干净。物理规格符合要求的镉锭，打上批号，清水清洗并擦干后放入烘烤箱，烘干后入库。

⑧铸出的镉锭质量为6～8 kg，两端厚度差不大于5 mm，表面花纹清晰，不带溶洞夹渣。

3)异常情况分析。

①精镉含锌超标。产生原因：一是精炼时粗镉中的锌未脱除到标准要求；二是搅拌结束后，混入含锌物料。处理方法：一是正确判断精炼终点；二是加强物料管理，严禁精炼锅内混入杂物；三是对不合格品重熔，再精炼。

②精镉含铅超标。原因：氢氧化钠含铅超标；含铅物料混入精炼锅内；入塔原料含铅高；由于技术条件不合理，导致粗镉含铅高。处理方法：选用含铅低的氢氧化钠；加强物料管理；处理高铅镉时，适当降低燃烧室和回流部温度。

4)异常情况产生的原因及其处理方法(见表6－15)。

5)精炼系统开停炉操作。精炼系统开停炉操作参照各岗位的操作。

表6－15　异常情况产生的原因及其处理方法

序号	项　目	产　生　原　因	处　理　方　法
1	精镉含锌超标	(1)终点判断不准确 (2)搅拌结束后，混入含锌物料	(1)正确判断精炼终点 (2)加强物料管理，严禁精炼锅混入外来杂质，不良品重熔精炼。
2	精镉含铅超标	(1)氢氧化钠含铅高 (2)由于机械夹带，含铅物料进入精炼锅 (3)入塔原料含铅高；技术条件控制不合理导致粗镉含铅高。	(1)选用含铅低的氢氧化钠 (2)加强物料管理 (3)处理高铅镉时，适当降低燃烧室及回流部温度。

(5)特殊操作

1)扫除换热室操作。

①扫除前与调整工联系，判断堵塞位置。

②减少温度波动(50℃以内)，要求扫一个眼，打一个眼，及时堵眼，严禁多打眼。

③工作完毕后及时告诉调整工进行调温。

2)刷压密砖操作。

①准备工作：准备好钎子、铲子、钩子、扒子、水桶、泥桶、长短柄毛刷等，配制好稀糊状碳化硅灰浆。

②操作顺序：先将压密砖内氧化渣和锌扒出来，铲干净，找到漏点，然后用刷子沾碳化硅灰浆补刷漏锌处，以及压密砖与塔盘之间缝隙，直到刷好为止。

③砌筑好压密砖上保温砖。

3)扫除下延部操作。

①准备好所有工具，穿戴好劳保用品。

②操作顺序：

a. 检查工具是否完好、干燥；

b. 掀起盖板，铲净溜槽两侧结渣；

c. 从方井开始扒渣，直到内锌封；

d. 用扁钢扎通内锌封。

③做完上述工作后，将下延部流槽盖好盖板并密封。

4)更换加料管、加料器操作。

①准备齐全工具，穿戴好劳保用品。

②把事先加工好的加料管、加料器预热。

③燃烧室温度最多只能降低 40 ~ 60℃，并保持塔内正压，以免空气进入塔内。

④塔内压力已不大时，停料立即将旧加料器或加料管取出，并铲干净接口处氧化渣，更换已预热的新加料器或加料管，用耐火灰浆刷好缝。

⑤装好后立即投料，同时通知调整工将燃烧室温度恢复到原指标。

5)烤炉前准备工作。

①燃烧室。

a. 烟气出口、烟气总道、直升烟道、各层空气支道的清扫和密封。

b. 安装一、二层空气拉砖，煤气总道拉砖，一、二层煤气拉砖，装上拉砖“铁门”，并清扫和密封好这些部位。

c. 安装好测温碳化硅套管，安装时要垫平并伸进燃烧室。

d. 密封人孔及各补炉清扫口。

e. 安装好大盖上探火孔。

②换热室。

a. 换热室烟气道、空气总道、煤气托板和蝶形方箱等部位的清扫和密封。

b. 安装烟气拉砖及拉砖调节铁门，清扫密封好。

c. 安装好空气、煤气、烟气碳化硅测温套管。

③烟道的清扫和密封。

④熔化炉的清扫和测温套管安装、炉子密封。

⑤回流部的密封和测温套管的安装。

⑥冷凝器保温套、清扫孔密封，安装好测温套管。

⑦加锌控制器及溜槽、加料器的安装。

⑧搭好下延部简易升温炉灶。

⑨安装好小煤气烘烤装置。

6)投料操作。

①精镉塔及其附属设备投料条件。

a. 燃烧室上部温度 900 ~ 920℃；

b. 换热室烟气出口温度 >320℃；

c. 直升烟道温度 >650℃；

d. 回流部温度 760 ~ 800℃；

e. 下延部温度 760 ~ 800℃；

f. 熔化炉锌液温度 430 ~ 500℃；

g. 熔化炉锌液填至熔化炉出口溜槽顶以下 30 mm 左右，锌液达到温度指标。熔化炉出口溜槽封严，不漏锌、不渗锌；

h. 冷凝器底座加粗镉，液面高于锌封砖；

i. 加锌控制器、加料器、加料管、塔顶溜槽安装好，并已烤至红热；

j. 确认塔内畅通。

②具备上述开炉条件后，进行精镉塔投料操作，顺序如下：

密封下延部→向塔体内加料→换大煤气→燃烧室提温→过锌蒸气→转入正常操作、控制。

③加料前封下延部操作。

a. 准备好工具、保温砖及油毡纸等。

b. 密封测温孔、升温口。

c. 先将油毡纸点燃，然后关小煤气，塔顶冒大量黑烟后，立即扒出杂物，关闭煤气，迅速封闭下延部与溜槽。

④加料操作。

a. 准备工作。

Ⅰ. 具备上述的“开塔条件”。

Ⅱ. 准备好加料器盖板、捞渣小勺，以及钎子、大锤、水桶、毛刷、灰浆等。

Ⅲ. 用耐火泥和碳化硅灰浆分别刷好溜管、塔顶溜槽接口。

Ⅳ. 疏通并安装好加锌控制器石墨锥，用煤气烘烤，同时预热加料器与加料管。

b. 操作顺序。

Ⅰ. 扎通熔化炉出锌口、锌流入加锌控制器后，控制锌液慢慢流入加料器，取下塞加料管的保温砖，以便锌液流入塔体内。

Ⅱ. 捞净加料器内锌液浮渣，盖上预热好的盖板，刷好缝。

Ⅲ. 用煤气加热加料器盖板及加料管，直到正常为止。

Ⅳ. 锌液流入塔盘后，适当关小回流部煤气。保温套内温度控制在760～800℃，镉蒸气进入回流部后，温度升到850℃时逐步关闭煤气，封闭保温套。

7）换大煤气操作。

①准备工作。

a. 准备好小劈柴、油布火把以及所需要的全部工具、材料。

b. 检查一阶煤气水封，若水少要加满水。

c. 烟气拉砖开40%。

d. 设专人联系一、二、三阶，统一操作。

e. 拆盲板前，堵住换热室煤气进口以防煤气漏入。

f. 用蒸气吹干净煤气阀门至换热室进口处管道的空气。

②拆完盲板后，在煤气方箱两侧扫除口燃烧木柴。

③待火势稳定后，打开换热室煤气进口并清理干净。

④调整抽力，使扫除口微负压，燃烧5～10 min。

⑤蝶阀开至30%，电动阀开20%，再逐步开动闸阀，直到煤气在扫除口稳定燃烧，调节抽力与煤气供给，扫除口微正压时密封扫除口。

⑥煤气进换热室后，逐步关闭小煤气，调节抽力与煤气供给，煤气预热到微正压时密封

小煤气烘烤口。

⑦完成上述工作后煤气闸阀再给两圈煤气。

8)过镉蒸气操作。

塔顶冒大量氧化锌镉蒸气时，进行过镉蒸气操作：

①掏出顶盘内氧化物，保证溢流孔及塔顶溜槽畅通。

②用预热好的盖板盖严塔顶与溜槽，并抹刷好。

③封好塔顶后，密封冷凝器顶部，扒出底座氧化镉渣后封闭底座扫除口。

④塔顶和塔顶溜槽砌上保温砖。

9)停炉操作。

①熔化炉要大修时将炉内高镉锌全部放出。

②收好测温套管、探火孔砖。

③对不大修炉体设备进行清扫。

④拆除要大修炉体设备。

4. 故障判断与处理

(1)停电、停煤气与恢复供电、供煤气操作

一旦发生停电、停煤气，便断绝了热源供应，操作中应注意如下问题：

①当煤气压力小于500 Pa(50 mm水柱)，应立即将所有煤气阀门关死，并关死烟道阀门，密封空气进口，进行闷炉保温。熔化炉、粗镉储槽及加料系统，采用不带铁钉的木柴燃烧保温，以防冻结。

②当煤气压力大于500 Pa(50 mm水柱)时，加料系统用煤气保温，燃烧室则关小煤气，关小抽力，并密切注意煤气压力变化情况，如果继续下降，视情况采取有效措施处理。

③恢复供电、供煤气后，先开抽力，后给煤气，按“特殊情况下燃烧室提温规定”进行提温。

④燃烧室温度低于800℃时，则重新过大煤气。其他各部位均重新点火升温，逐步转入正常生产。

(2)更换加料管、加料器

当加料管或加料器损坏时，必须组织人员立即更换。更换前，把加料管、加料器进行预热，准备齐全工具，降低燃烧室温度40～60℃，保持塔内正压，以免空气进入塔内，当塔内压力不大时，停止加料，取出旧加料器和加料管，并铲干净接口处氧化渣，用耐火灰浆刷好接口处，然后加料，燃烧室逐步恢复到原温度指标。

(3)下延部清扫

当下延部发现有堵料现象时，要立即组织清扫，先揭开盖板清理结渣，然后用扁钢扎通内锌封，清理浮渣，盖好盖板。

(4)清扫换热室

换热室发现有堵塞现象时要组织清扫换热室。清扫时，先与调整工取得联系，判断堵塞部位，然后逐个眼进行清扫，要求开一个眼，清扫一个眼，以减少温度波动。

(5)其他

①精炼时，发现镉氧化严重，则要降低搅拌温度，加大抽风机抽烟量，尽量把镉烟气排出室外，同时可采取插木还原，以减少镉的损失。

②镉锭物理规格不合格，应及时修整，如果仍不合格，则返锅重熔再铸锭。

③镉精炼终点判断不准。由于操作经验不足，对搅拌终点判断不准，可取炉前样，待化验合格后再进行铸锭。

④当高镉锌含镉量小于10%或大于30%时，应作高低量配料使用，使高镉锌含镉量在20%为宜，以确保粗镉和含镉锌的品位（粗镉含镉>96.5%，锌<3.5%，含镉锌含锌>97%，镉<3%）。

5. 镉生产主要设备

（1）熔化炉采用隔焰方式间接给高镉锌加热（见图6-27）。

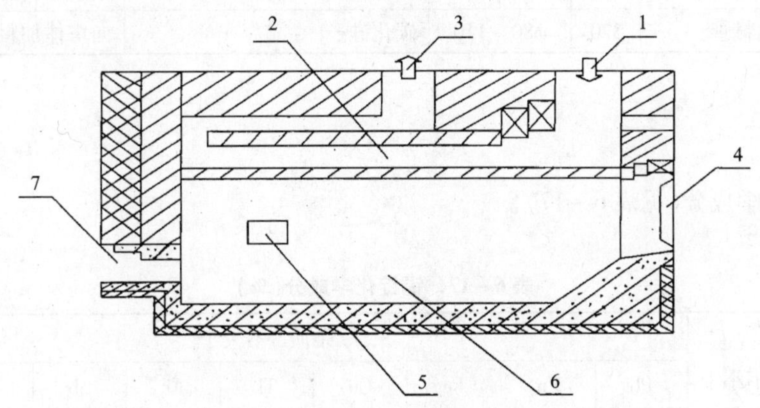

图6-27 精镉塔熔化炉示意图

1—颜氏烧嘴；2—燃烧室；3—烟囱；4—炉门；5—清扫口；6—熔池；7—加料控制器

（2）塔炉设备。塔炉结构类同铅塔，国内某厂技术规格见表6-16。

表6-16 主要塔炉设备

序号	名称		技术规格（mm）			主要材料	作用
			长	宽	高		
1	塔体	蒸发盘	990	457	165	碳化硅	蒸发镉及部分锌
		回流盘	990	457	190	碳化硅	冷凝回流锌
					130		
2	燃烧室		2840	3700	4284	高铝砖、黏土砖、保温砖	向塔体供热
3	换热室		3445	3700	6324	耐火筒形砖、黏土砖、保温砖	预热煤气、空气，导出烟气
4	精炼锅		ϕ1000		800	高铝砖、黏土砖、保温砖	精炼粗镉
			ϕ800		600		
5	冷凝器		内尺寸：580×580			碳化硅	冷凝粗镉蒸气
			810	810	1040		

续表

序号	名称		技术规格(mm)			主要材料	作用
			长	宽	高		
6	熔化炉	外形尺寸	3796	2400	2968	耐火砖、保温砖、高铝水泥	熔化、加热、保温、储存高镉锌
7	含镉锌储池		1670	580	340	保温砖高铝水泥	储存含镉锌,密封塔体
8	塔顶溜槽		700	310	140	碳化硅	导出粗镉蒸气
9	加锌控制器		300	290	385	碳化硅	控制高镉锌液流量
10	加料器		390	210	200	碳化硅	给塔加料、密封塔体
11	加料管		320	ϕ80~110		碳化硅	向塔体加料

6. 产品

(1)镉锭

①镉锭化学成分(见表6-17)。

表6-17 镉锭化学成分(%)

品号	Cd不小于	杂质,不大于								
		Pb	Zn	Fe	Cu	Tl	As	Sb	Sn	总和
0#镉	99.995	0.002	0.001	0.001	0.0005	0.002	0.002	0.002	0.002	0.0050
1#镉	99.99	0.004	0.002	0.002	0.001	0.003	0.002	0.002	0.002	0.010
2#镉	99.95	0.02	0.005	0.003	0.01	0.003	0.002	0.002	0.002	0.050
3#镉	99.90	0.05	0.02	0.004	0.02	0.004	0.002	0.002	0.002	0.100

②物理规格。

a. 表面洁净,不得有熔渣及外来夹杂物。

b. 镉锭单重6~8 kg,两端厚度差不大于5 mm,也可以供需双方协议。

(2)粗镉

①化学成分(见表6-18)。

表6-18 粗镉化学成分(%)

元素	Cd	Zn	Pb
含量	>97.0	<3.0	<0.002

②物理规格。粗镉为长方体状,表面洁净,无浮渣、杂物,无飞边、挂耳,单重25~30 kg。

(3)含镉粗锌

①化学成分(见表6-19)。

表6-19　含镉粗锌化学成分(%)

元素	Zn	Cd
含量	>97.5	<2

②物理规格。含镉粗锌为长方体状，表面洁净，无浮渣、杂物，单重20~25 kg。

(4)锌渣

①化学成分：Zn<70%，Cd<15%。

②物理规格：锌渣为固体粒状，无金属锌块，不结块，无黏土、砖头等杂物。

7. 主要技术经济指标及计算公式

(1)粗镉回收率

$$粗镉回收率 = \frac{产出粗镉与粗锌的镉量}{投入高镉锌的镉量} \times 100\%$$

(2)镉锭回收率

$$镉锭回收率 = \frac{产出镉锭的镉量}{投入高镉锌的镉量} \times 100\%$$

(3)一级品率

$$一级品率 = \frac{产出合格镉锭的一级品量}{产出合格镉锭产量} \times 100\%$$

6.4　锗的回收

6.4.1　概述

锗是常赋存于铅锌矿的众多伴生金属之一，是铅锌冶炼过程中有必要进行回收的副产品之一，在处理含锗铅锌矿时，物料中锗的走向随提取主金属工艺的不同而异。国内某厂采用的是密闭鼓风炉炼铅锌工艺，据全厂金属普查表明，入厂精矿含锗0.005%~0.0065%，精矿中的锗有98%进入烧结块，继而进入密闭鼓风炉被还原为锗金属，其中约有65%进入粗锌，粗锌中含锗约为0.0105%。锗在密闭鼓风炉熔炼产物中的分布如表6-20所示。

表6-20　锗在密闭鼓风炉熔炼产物中的分布(%)

进料	产物				
烧结块	粗锌	粗铅	炉渣	蓝粉或泵池浮渣	无名损失
100	65.14	微	24.58	8	2.28

粗锌经过精馏提锌，锗得到富集，其中的锗有75.68%进入硬锌，有22.26%的锗进入锌渣中，硬锌、锌渣的成分列于表6-21中。

表 6－21　硬锌成分(%)

名　称	Zn	Pb	As	Fe	Cu	Ge	Cd
铅塔硬锌	80～90	8～10	0.4～1.0	0.7～1.0	0.14	0.17～0.46	微
B#塔硬锌	74～80	10～15	1.0～2.5	2.0～3.0	1.5～3.0	0.5～1.0	微
锌渣	70～77	2～4	0.299	0.22	－	0.088	－

注：铅塔硬锌的堆积密度为 6.50～7.06 t/m^3。

硬锌经过真空炉蒸锌得到的真空炉渣是提锗的主要原料，锗在真空炉渣中得到进一步富集，富集比为 10.63～15.20，直收率为 97.26%～94.09%。真空炉渣的化学成分见表 6－22。

表 6－22　真空炉渣化学成分(%)

元素	Ge	In	Zn	Pb	As	SiO_2
含量	0.5～2.5	0.5～1.5	30～50	15～30	5～10	10～25

锌渣先送去生产硫酸锌，锗进入浸出渣中，渣含锗可达 0.3%～0.5%，然后进行氧化浸出，浸出液中的锗用丹宁沉锗法产出丹宁锗精矿，含锗 >5%，也可作为提锗原料。

6.4.2　从真空炉渣或锌渣中回收锗

1. 基本原理及工艺流程

锌渣亦可与真空炉渣一道处理，其工艺流程如图 6－28 所示。

真空炉渣(或锌渣)首先进行中性浸出，终点 pH 控制在 4～5，锌的浸出率达 80% 以上；得到的锌中性浸出液送去生产硫酸锌，将浸出渣进行氧化焙烧，使其中的金属态元素 Ge、In、Pb、As 等被氧化。氧化焙烧的温度控制在 500℃以下。

氧化焙砂经破碎后进行氯化浸出，使锗以 $GeCl_4$ 的形态溶于盐酸溶液中，并利用 $GeCl_4$ 的沸点(80℃)低的特点，先蒸馏挥发出来而与其他高沸点氯化物分离。浸出与蒸馏两过程在同一设备(一个夹套蒸汽加热的搪瓷釜)中进行。过程开始时温度从室温升到 60～70℃，主要是浸出反应，当温度逐步升高到 110～120℃时，蒸馏过程也就随之加速，在高温下蒸馏约半小时，溶液中的 $GeCl_4$ 便基本上蒸发完。蒸出的 $GeCl_4$ 经冷凝收集，再将粗四氯化锗进一步重蒸与精馏后，用去离子水水解、烘干，则可制得高纯的 GeO_2。主要化学反应为：

$$Ge + 2Cl_2 = GeCl_4$$

$$As + 5/2Cl_2 + 4H_2O = H_3AsO_4 + 5HCl$$

$$GeO_2 + 4HCl = GeCl_4 + 2H_2O$$

$$Pb + Cl_2 + 2Cl^- = PbCl_4^{2-}$$

$$AsCl_3 + 4H_2O + Cl_2 = H_3AsO_4 + 5HCl$$

$$GeCl_4 + (2 + n)H_2O = GeO_2 \cdot nH_2O + 4HCl$$

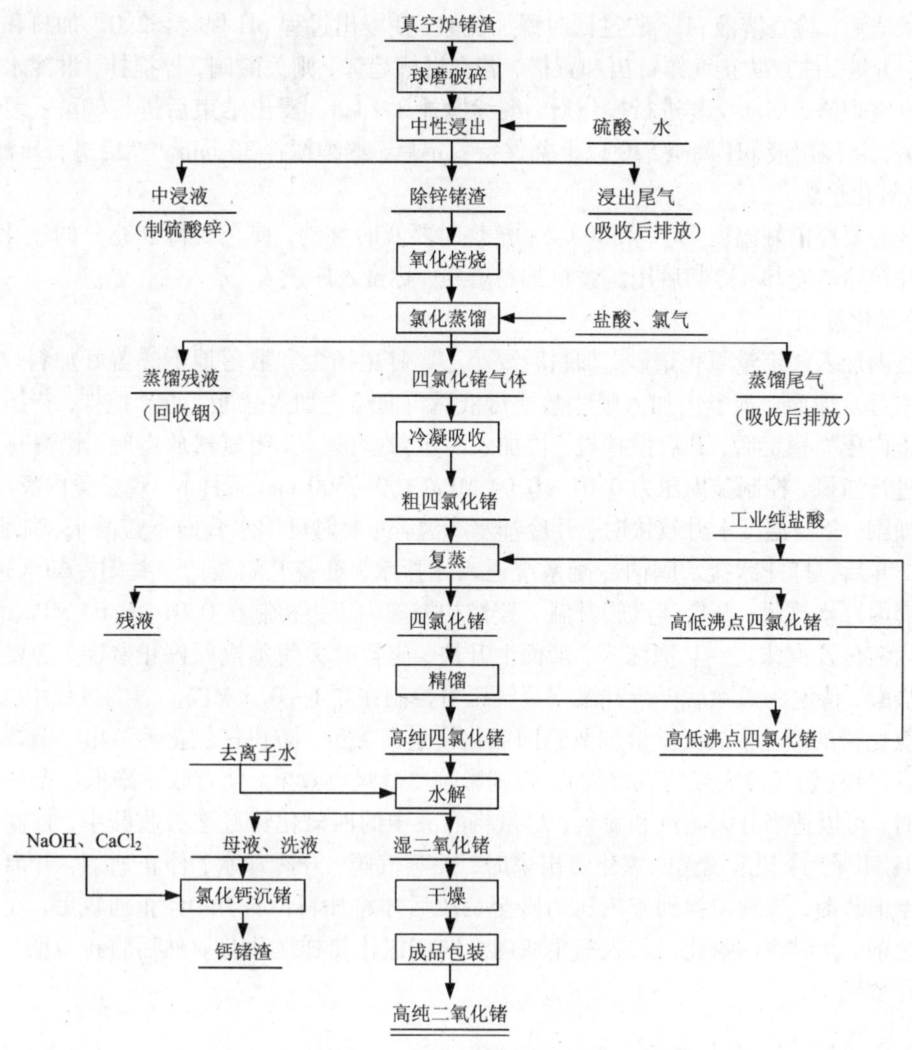

图6-28　二氧化锗生产工艺流程

2. 从真空炉渣或锌渣回收锗的生产实践

(1)球磨破碎

真空炉渣较粗大，必须破碎后才能应用。启动球磨机后，观察运转情况，出现振动、异响、轴承位过热等异常情况，应立即停机，处理完事故后再启动；加真空炉渣时不能加带金属的大块状物料，避免造成堵塞；渣料块度太大时，要先用颚式破碎机破碎成小块，才能进行球磨操作；加料过程中，要保持球磨水呈中性或微碱性，水要求循环利用；磨出筛下物料要及时铲入斗车，筛上粗料要返回重磨；球磨完后，要加水空转20 min才能停机，将机内物料尽量磨出，以免渣在机内停留时间过长，造成堵塞。

(2)真空炉渣浸出

真空炉渣或锌渣含有较高的锌，必须先进行除锌才能进行后面的工序。检查浸出槽、底阀、搅拌机是否正常，检查硫酸计量罐及管道是否正常。往浸出槽加入一定量浸前液(水洗液、工业用水等）和硫酸，开动搅拌机。在确保槽内负压前提下，缓慢加入真空炉渣，每次加入真空炉渣后，检查溶液 pH，酸过低时添加硫酸，使浸出过程 pH 保持≥2.0。加料和加酸时要缓慢、少量，注意防止气体冒出和冒槽，若有冒槽趋势，则关酸阀，停搅拌，淋冷水。再继续加入真空炉渣，如此反复进行操作后，继续搅拌 3 ~4 h。浸出结束后进行调酸：缓慢加入真空炉渣，将浸出液 pH 调至 5.0 以上并保持稳定后，继续搅拌 30 min。然后进行压滤。

（3）氧化焙烧

焙烧时要控制好温度（300 ~500℃）；焙烧时要及时翻动，使金属得到充分的氧化；将焙烧好的除锌锗渣冷却，冷却后用雷蒙机加料磨粉，称量入库。

（4）氯化蒸馏

向釜内加入一定量氧化焙砂，加料时要小心，避免扬尘和散落地下。盖好加料口，并用水冲洗釜身及地面。向釜内加入吸收酸或母液后再向釜内加入盐酸，点动搅拌，待搅拌运转正常及釜内压力稳定后，开启搅拌机，再加入一定量盐酸。关闭氯气放空阀，慢慢打开氯气瓶阀门进行通氯，控制釜内压力 0.01 ~0.04 MPa（100 ~300 mm 汞柱）。观察釜内反应情况，当反应加剧，釜身温度上升较快时，开冷却水降温，必要时可用水管向釜盖淋水，加强冷却。通氯约 2 h 后，打开冰盐水阀向冷凝系统通入冰盐水，准备升温蒸馏。关闭冷却水进口阀，并将夹套内存水排干，开启蒸汽阀升温。蒸馏初期釜内压力控制在 0.01 ~0.04 MPa，并密切注视釜内液位及泡沫。一旦泡沫多，液面上升快，应暂时关闭蒸汽阀停止蒸馏，必要时可加入少量盐酸，待泡沫消除后再行升温。蒸气压力控制在 0.1 ~0.3 MPa。蒸馏过程中，要注意观察四氯化锗的颜色。氯气流量调节到四氯化锗呈微黄色，防止三氯化砷蒸出。蒸馏的气流速度不宜过快（氯气过大或蒸汽过大），否则影响冷凝吸收效果，使直收率降低。釜内温度升至沸腾时，可以适当开大蒸汽和氯气，尽量将溶液中的四氯化锗赶至吸收酸中，控制釜内压力≤0.04 MPa。冷却系统无四氯化锗出来时，关蒸汽阀，开冷却水，停止通氯，开启蒸汽放空阀，停止蒸馏，继续搅拌到釜内压力降至负压后才将加料口打开。停止通氯后，在釜内出现负压之前，及时将四氯化锗放入三角瓶内。取四氯化锗样送化验。然后将接收酸、吸收酸放入储存酸胆中。

（5）复蒸

关闭反应釜底阀，分别加入工业纯盐酸、去离子水和四氯化锗。四氯化锗的加入量根据各工序产出的四氯化锗量而定，去离子水的加入量按 9 mol/L 的工业盐酸配制，四氯化锗∶（工业纯盐酸 + 去离子水）= 10∶(10 +1)，关闭各阀门。开启氯气钢瓶出口阀门，控制通入氯气量，接着开启蒸汽加热，保持反应锅压力在 0.02 MPa（150 mm 汞柱）以下。先馏出低沸点物料，约占总四氯化锗量的 2% ~3%，然后馏出中间料，中间料约占 92%，打开阀门注入储槽中储存。复蒸结束前适当开大蒸汽阀门，蒸气压力为 0.1 ~0.3 MPa，将高沸点物馏出，高沸点物占总四氯化锗量的 3% ~5%。

（6）精馏

首先检查与反应釜连接的管道及阀门是否处于正常状态，然后做准备一次精馏的工作。关闭反应釜底阀，加入四氯化锗。四氯化锗的加入量根据各工序产出的四氯化锗量而定，然后关闭各阀门。开启蒸汽加热升温除氯气，打开冰盐水。赶氯气过程塔釜内翻泡均匀，升温过程缓慢。温度从低温缓慢升至 50℃左右，在 50 ±0.5℃下保持 1 h，然后按 10 ℃/h 的升温速度继续升温除氯直至除完氯气，即精馏柱内四氯化锗清亮透明。除氯后继续升温，进行全回流1 h，观察塔板液面高度应保持0.7～1 cm。全回流正常后连通负压瓶，防止吸收瓶倒吸。全回流完成后先精馏出低沸点物料，约占总四氯化锗量的2%～3%，然后馏出中间料，中间料约占95%，打开阀门注入储槽中储存。低沸点及高沸点四氯化锗返回复蒸。

(7)四氯化锗水解

在有机玻璃水解槽中，加入去离子水。打开冰盐水阀让冰盐水进入水解槽夹套层内。往石英计量瓶中加入四氯化锗，将石英计量瓶出口与水解槽进料管连接。待水解槽内水温降至0℃以下后，开动搅拌机进行搅拌，打开计量瓶控制阀，让四氯化锗缓慢流入水解槽内，并控制流量≤60 mL/min，以1.5 h左右全部流完为宜。当四氯化锗全部放完后关闭料瓶阀门，继续搅拌1 h。开动真空泵，将水解槽内的二氧化锗及溶液抽入过滤槽内。待水解槽内的溶液全部抽到过滤槽后，放入适量去离子水，再搅拌3～5 min抽出，再加入去离子水，搅拌抽出，如此反复三次。把水解槽内二氧化锗全部抽到过滤槽内。待过滤抽干后，向过滤槽内加去离子水淋洗滤饼，如此反复3～5次，洗净二氧化锗，直至洗液pH为6～7。过滤过程中及时将母液和洗液排放。二氧化锗洗涤抽干后，关真空泵，打开过滤桶盖，用有机玻璃勺子将二氧化锗取出，置于洁净的蒸发皿内，然后用滤纸封盖皿口。将二氧化锗置于烘箱内烘干、包装，即可得到高纯二氧化锗产品。

6.5 铟的回收

6.5.1 铟在ISP工艺流程中的分布与富集

铟在烧结焙烧过程中几乎没有挥发，在熔炼过程中只有少部分随铁造渣，约有30%的铟保留在铅液中，约60%的铟进入粗锌。在粗锌精炼过程中，铟集中在硬锌、B#塔底铅及锌渣中，得到富集。

根据某厂金属普查，约35.71%的铟进入硬锌，11.91%的铟进入锌渣，52.38%的铟进入B#塔底铅。

6.5.2 粗铟的提取

1. 从B#塔底铅中提取粗铟

(1)基本原理及工艺流程

B#塔底铅含铟0.5%～1.0%，含锌3%～5%，含铅>90%，为工厂提取铟的主要原料。

由于铟对氧的亲和力远大于铅对氧的亲和力，同时为了降低渣的熔点以利于分离，采用碱熔氧化造渣的方法进行铟铅分离。

将B#塔底铅熔融，加入片碱、工业粗盐和硝酸钠，鼓入空气，使底铅中的铟充分氧化，得到含铟碱渣。含铟碱渣经水洗，除去游离碱和大部分的锡、锑、铅、锌、砷等杂质，得到含铟量>15%的铟渣。铟渣经混合酸浸，得到富铟液。富铟液经锌粉除杂后，进行铝板置换，所得海绵铟经碱煮熔铸，得到粗铟，工艺流程见图6－29。

(2)从B#塔底铅中提取铟的生产实践

1)碱熔。将B#塔底铅于420～450℃熔化，将表面的铅锌渣捞去，然后加入少量片状氢氧化钠及粗盐，并通入压缩空气，进行人工搅拌，使其中的锌充分氧化进入碱渣中，得到的含

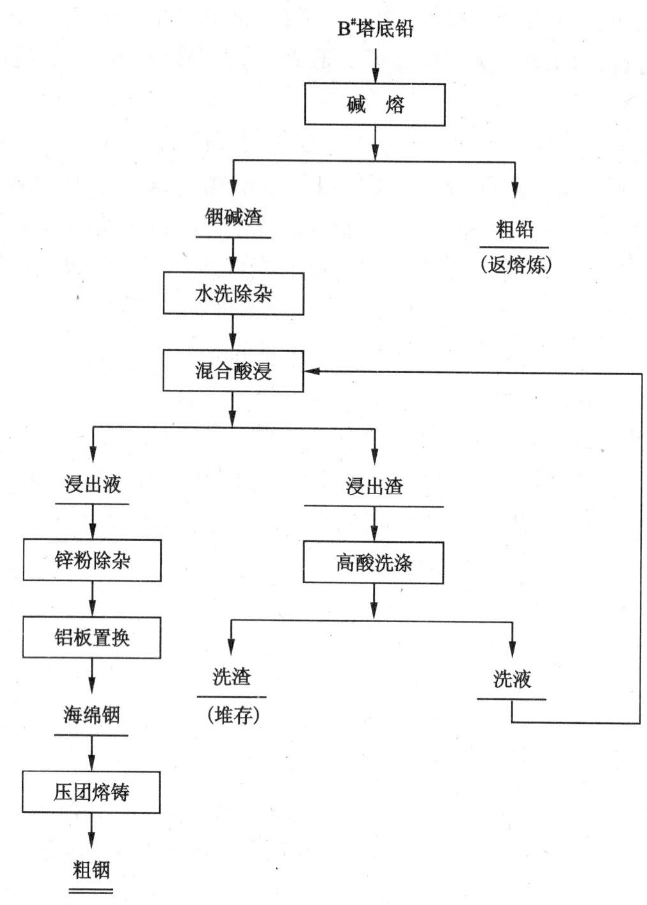

图 6-29 从 B#塔底铅中提取铟的工艺流程

锌碱渣从放渣口排放。然后，加入适量的片状氢氧化钠、粗盐和少量的硝酸钠，继续通入压缩空气，并进行人工搅拌，使其中的铟充分氧化进入碱渣中，得到的铟碱渣从放渣口排放，产出的粗铅含铟 <0.05%。碱熔过程的铟回收率 >90%。

2）水洗除杂。铟碱渣中含有大量杂质和游离的氢氧化钠，利用水洗的方法可使铟水解转化为氢氧化铟沉淀，砷、锡、铅、锑等杂质以相应的钠盐进入水洗液和游离氢氧化钠一道除去，水洗时液固比为(4～5)∶1，温度在 70℃以上，水洗 4 h，过滤得到的铟渣含铟在 15%以上。

3）混合酸浸。用硫酸与盐酸进行混合酸浸，并加入高锰酸钾作为氧化剂，液固比为(8～10)∶1，控制终酸含硫酸 60～100 g/L，高锰酸钾加入量为铟渣量的 2%，浸出温度为 100℃，浸出时间为2 h。酸洗的条件与浸出的条件基本一致。酸洗液返回浸出。混合酸浸过程的铟浸出率为92%～94%。

4）锌粉除杂。浸出液中仍含有少量的杂质，锌粉除杂是利用锌与溶液中的杂质的电位差来进行置换除杂。通过锌粉置换，可除去溶液中绝大部分的 Cu、As 及少量的 Cd。置换时需保持槽内负压，以免砷化氢气体逸出。

5)铝板置换。锌粉除杂后的铟液，用铝板置换产出海绵铟。

铝板置换时，先加少量盐酸调节 pH <1.5，使铝板的表层氧化膜反应，暴露出其新表面。置换反应进行较剧烈，前两个小时即能置换出总铟量的95%以上，海绵铟必须及时剥离捞出，若长时间浸在槽中，会与溶液中所含的Sn、Sb、Pb等杂质发生置换反应，降低粗铟质量。海绵铟须浸在水中，防止氧化。置换过程持续12 h以上，保持负压操作。

6)碱煮熔铸。海绵铟用油压机压制成铟团，含水量<5%。铟团在熔融的片碱覆盖下熔融，片碱用量为铟团的50%～70%，控制温度在300～350℃，时间1～2 h，可除去海绵铟中的Pb、Sn、Zn、As等杂质，产出含铟90%～99%的粗铟锭。

(3)该工艺存在的缺点

1)产出的粗铟含镉较高，达到0.3%～0.6%，影响电解精炼，必须采用真空蒸馏除镉的方法进行除镉。

2)生产成本较高，成本主要在碱熔氧化造渣部分，由于每吨底铅的片碱、粗盐、焦炭等物耗基本一样，因此降低成本的有效方法是尽可能提高底铅中铟的富集品位。

2. 从硬锌真空炉渣氯化蒸馏残液中提取粗铟

(1)基本原理及工艺流程

硬锌经真空炉蒸锌处理，铟、锗留在真空炉渣中，铟富集到0.5%～1.5%，锗富集到0.5%～2.5%，成为提取铟、锗的主要原料。

真空炉渣经球磨破碎、中性浸出、氧化焙烧、氯化蒸馏等工序回收锗后，得到含铟的氯化蒸馏残液，其成分见表6－23。

表6－23 氯化蒸馏残液的主要成分

元素	In	Ge	Ga	Ag	Sn	Sb	Fe	Zn	Pb	As	SiO_2	HCl (mol/L)
含量 (g/L)	2.0～3.5	0.02～0.05	0.07～0.15	0.5～0.6	3～6	3～8	6～12	25～30	6～10	5～10	0.10	7.5～8.0

氯化蒸馏残液与水(或水洗液)混合，调整酸度，经TBP萃取除铁、TBP萃铟、P204萃铟等工序，得到含铟30 g/L以上的反萃液，反萃液经中和除杂、铝板置换、碱煮熔铸等工序，得到粗铟，工艺流程见图6－30。

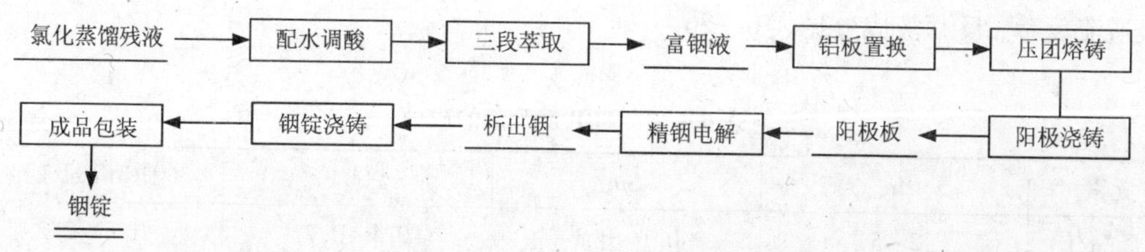

图6－30 从真空炉渣氯化蒸馏残液中提取粗铟的工艺流程

(2)从真空炉渣氯化蒸馏残液中提取粗铟的生产实践

1)配水调酸及液渣分离。氯化蒸馏残液的酸度达7～8 mol/L HCl，酸性高，酸雾挥发严重，加水(或水洗液)调整使残液酸度降低，压滤使液渣分离，残渣经水洗，水洗液返回用于残液配水。

2)分离铁。配水后残液含有较高的铁，铁的萃取率比铟高，必须先萃取分离铁，采用TBP萃取分离工艺，按工艺要求配好相应的有机相，工艺操作条件为：相比O∶A＝1∶2，混合接触时间2.5 min，澄清时间8 min，温度15～35℃，四级逆流萃取，萃取结果见表6－24。

表6－24 TBP除铁萃取结果

元　素	In	Fe	Sn	Sb	HCl(mol/L)
原液(g/L)	1.58	6.0	1.8	2.06	4.54
萃铁余液(g/L)	1.55	0.010	0.084	0.53	4.02
萃取率(%)	1.90	99.83	95.33	74.27	11.45

由表6－24可知，经四级逆流萃取，铟基本不被萃取，Fe、Sn、Sb大部分被萃入有机相，分步反萃分离。

3)TBP萃铟。萃取分离铁后，再用TBP从氯盐体系中萃取分离铟。萃取工艺条件为：相比O∶A＝1∶1.2，混合接触时间2.5 min，澄清时间8 min，温度15～35℃，四级逆流萃取，萃取结果见表6－25。

表6－25 TBP萃铟萃取结果

元素	In	Fe	Sn	Sb	HCl(mol/L)
萃铁余液(g/L)	1.55	0.010	0.084	0.53	4.02
萃铟余液(g/L)	0.016	微	0.010	0.18	3.57
萃取率(%)	98.97	100	88.10	66.04	11.19

经四级逆流萃取，铟、锡、锑的萃取率都很高，需要控制不同的酸度将有机相中的铟、锡、锑分步反萃分离。

反萃条件为：相比O∶A＝1.5∶1，混合接触时间3 min，澄清时间9 min，温度15～25℃，四级逆流反萃，反萃液成分见表6－26。

表6－26 TBP反萃液的成分

元素	In	Sn	Sb	HCl(mol/L)
含量(g/L)	2～5	0.1～0.3	0.4～0.7	1.5～2.2

从TBP反萃液的成分可知，铟与锡、锑基本分离，但锡、锑的绝对含量仍然较高，并且含有少量的铁、铅、砷、铜等杂质，若经锌粉置换除杂，直接用铝板置换，得不到合格的海绵铟。因此，TBP反萃液必须进一步萃取除杂。

4) P204萃铟。TBP反萃液调酸后再次采用P204萃取富集，盐酸反萃。

P204萃取条件为：有机相组成为30% P204 +70%磺化煤油，相比O∶A =1∶1.5，混合接触时间2 min，澄清时间7 min，温度15 ~50℃，四级逆流萃取，萃取结果见表6 -27。

表6 -27　P204萃铟萃取结果

成分	In	Sn	Sb	HCl
原液(g/L)	2.61	0.16	0.42	0.15 mol/L
萃铁余液(g/L)	0.028	0.12	0.35	0.21 mol/L
萃取率(%)	98.93	25.00	16.67	-40

反萃液采用6 mol/L HCl，相比O∶A =8∶1，混合接触时间5 min，澄清时间14 min，温度15 ~35℃，四级逆流反萃，P204反萃液含In 30 ~70 g/L。

洗涤液为3%草酸溶液，相比O∶A =3∶1，混合接触时间4 min，澄清时间12 min，温度15 ~35℃，两级逆流洗涤，铁洗脱率在95%以上。因此，有机相得到再生，返回利用。

5)铝板置换及碱煮熔铸等

P204反萃液的主要杂质为Fe、Sn、Sb，加H_2O_2氧化Fe、Sn、Sb，用NaOH调pH至2.5 ~2.7，使Fe、Sn、Sb水解沉淀被除去。澄清4 h后，过滤，滤液用铝板置换。

铝板置换及海绵铟的压团熔铸等工序操作同上所述。

(3)该工艺存在的缺点

1)溶液中氯化铅的结晶析出问题。氯化蒸馏残液可视为氯化铅的饱和溶液，而氯化铅在热水及冷水中的溶解度变化很大(冷水中0.673%，热水中3.34%)，氯化蒸馏残液经配水后，随着料液温度及酸度的降低，氯化铅逐渐结晶析出，堵塞储槽转液泵或萃取机各级流口，必须定期清理。

2) P204有机相的老化及解毒问题。在P204萃铟工序，生产一段时间(30 ~60 d)后，有机相中的杂质富集到一定程度，萃取过程出现分相不明显，界面浑浊，萃铟余液含铟升高，萃取效率降低，即有机相“老化中毒”。

出现这种情况时，将有机相转移到解毒槽，加入碱液洗涤，搅拌一定时间后，澄清，分离出的有机相再进行酸化，再生后的有机相可返回利用。

3. 粗铟的精炼提纯

为满足用户需求，需对粗铟进行精炼，以得到含铟大于99.99%的精铟产品。电解精炼是最常用的铟精炼方法。

铟的电解精炼是以粗铟作阳极，钛板作阴极，在$In_2(SO_4)_3$、NaCl体系中，在直流电的作用下，进行电化学反应，从阴极上获得纯铟。

(1)电解液的制备

将成品铟(99.99%以上)在甘油覆盖下熔化，水淬成铟花，置于容器中，加入蒸馏水，缓慢加入化学纯硫酸，加热至铟大部分溶解。过滤后稀释至要求浓度，再配入所需浓度的NaCl(分析纯)、明胶等，并调整到电解要求的pH。

(2)阳极制备

将粗铟及返回残极放入容器中，加热熔化后，注入到阳极铸模中，冷却后即为铟阳极板，待装槽用。

(3)装槽及电解

阴极用钛板制作，粗铟作阳极，槽间导电板用紫铜板。

装槽前必须将阴极钛板洗刷干净，导电板经稀盐酸浸泡后，用蒸馏水洗干净。

装槽时，先往每槽内加入电解液，依次放入阴、阳极片，调整电解液的液面。

电极连接为复联法，槽与槽互为串联，槽内阴、阳极为并联。

装好槽后，启动硅整流器，通直流电，然后用电压表检查阴、阳极各接触点的接触情况，调整槽电压。

在电解过程中，要定时检查电解液温度，电流，测量阴、阳极间电压，检查电路是否短路，每小时用玻璃棒搅拌电解液一次，并定期补充酸性水。

(4)出槽

关掉硅整流器，放掉电解液，一定要滤干阴、阳极板上的电解液，依次取出阴极、阳极，剥下析出铟，用蒸馏水(或离子交换水)洗2~3次，然后滤干水，放甘油熔化后铸锭。阳极取下布袋，洗下阳极泥，残极重铸成阳极。布袋要认真细致地洗干净，待用。阳极泥和洗水集中处理，过滤后渣用硫酸浸出、锌板置换，即可回收铟。

(5)熔融除杂及铸锭

析出铟采用碘化钾甘油法除镉。

洗净后的析出铟，用化学纯甘油覆盖，在容器中熔化(160~180℃)，先加KI，碘分次加入，加至不退色为止，反复1~2次，镉可以除至0.0001~0.0003。除镉后，扒掉渣，擦干净铟液表面甘油，用酒精烧去残余甘油，再铸成长条形锭。

6.6 硫酸锌的生产

6.6.1 概述

硫酸锌为无色晶体，针状或粒状晶形粉末，无臭，味涩，有金属味道，在空气中会风化。相对密度(水=1)1.957 g/cm^3(25℃)，熔点100℃，通常称皓矾、白矾、锌矾。硫酸锌极易水化，存在多种水化物，如七水、六水和一水盐，分子式即：$ZnSO_4 \cdot 7H_2O$、$ZnSO_4 \cdot 6H_2O$和$ZnSO_4 \cdot H_2O$，而最常见的是七水和一水盐，其$ZnSO_4 \cdot 7H_2O$分子量287.558，$ZnSO_4 \cdot H_2O$分子量179.45。七水、六水和一水硫酸锌盐之间在不同的温度下可以相互转换，其转变的温度为：$ZnSO_4 \cdot 7H_2O \leqslant 39℃ \leqslant ZnSO_4 \cdot 6H_2O \leqslant 60℃ \leqslant ZnSO_4 \cdot H_2O$，如果加热$ZnSO_4 \cdot 7H_2O$，那么它有六个吸热点存在，其相应的温度范围分别为：45~50℃、67~72℃、87℃、100℃、205~230℃、265~305℃。最后一个水分子的脱出较为困难，要加热到280℃以上才能脱去。硫酸锌分解温度一般为600~800℃，硫酸锌在加热时，最初生成$ZnSO_4 \cdot 0.5ZnO$，以后进一步分解成ZnO，硫酸锌的分解在650℃左右开始，720℃以上分解剧烈进行，分解后气相组成相当复杂，有SO_3，SO_2和O_2。硫酸锌能够形成好几种不同的水化物，而这些水化物的溶解效应又各不相同，因而它们的溶解度也不一样。温度在60℃以下的七水和六水硫酸锌，溶解时有热量放出，温度升高时，它们的溶解度也会增长。温度在60℃以上的一水硫酸锌则不同，在溶解时有热量放出，温度升高时，它的溶解度反而会下降，尽管下降的数值并不大，由此可见，60℃时硫酸锌的溶解度最大。硫酸锌用途广泛，主要用于人造纤维、电解工业、电镀、无机颜料、饲料、农药中的针强化剂、化肥、人造丝制造、食品添加剂、媒染剂、木材防腐剂、分析试药等。带七分子结晶水的硫酸锌($ZnSO_4 \cdot 7H_2O$)是无色的晶体，俗称皓矾。硫酸锌在医疗上用作收敛剂，它可使有机体组织收缩，减少腺体的分泌。硫酸锌还可作为木材的防腐剂，用硫酸锌溶液浸泡过的枕木，可延长使用时间。在印染工业上用硫酸锌作媒染剂，能使染料固着于纤维上。硫酸锌还可用于制造白色颜料(锌钡白等)。一水硫酸锌主要用于制造锌钡粉和作其他锌盐的原料，也是黏胶纤维和尼纶纤维的重要辅助材料，还用作印染剂、木材与皮革、骨胶澄清及保护剂、医药催吐剂和杀真菌剂；还应用于电镀、选矿、防止果树苗病害及循环冷却水处理等。农业上用作肥料、饲料添加剂等。.

6.6.2 硫酸锌生产的基本原理

1. 浸出过程

锌渣中的锌与硫酸反应，生成硫酸锌进入溶液，主要反应如下：

$$Zn + H_2SO_4 = ZnSO_4 + H_2\uparrow$$

$$ZnO + H_2SO_4 = ZnSO_4 + H_2O$$

$$ZnS + H_2SO_4 = ZnSO_4 + H_2S\uparrow$$

$$6Zn + As_2O_3 + 6H_2SO_4 = 2H_3As\uparrow + 6ZnSO_4 + 3H_2O$$

2. 净化过程

用过氧化氢作氧化剂将溶液中的Fe^{2+}氧化成Fe^{3+}使其以FeOOH形式共同沉淀下来。用锌粉置换除铜镉，硫酸铜作添加剂，主要反应如下：

$$2Fe^{2+} + H_2O_2 + 2H_2O = 2FeOOH\downarrow + 4H^+$$

$$Cu^{2+} + Zn = Zn^{2+} + Cu\downarrow$$

$$Cd^{2+} + Zn = Zn^{2+} + Cd\downarrow$$

3. 蒸发结晶

蒸发结晶过程实际上是一个物理过程。该过程是在负压条件下，降低硫酸锌溶液沸点，利用蒸汽间接加热，水分蒸发被抽走，溶液不断浓缩，然后强制冷却，随着温度的降低，硫酸锌溶解度减小，出现过饱和，硫酸锌便结晶析出。冷却至60℃以上时以一水硫酸锌析出，39℃以下时以七水硫酸锌析出。

6.6.3 硫酸锌生产工艺流程(见图6-31)

6.6.4 硫酸锌生产操作与实践

1. 工艺操作条件

(1) 锌渣浆化浸出工艺操作条件

1)温度：常温；

2)液固比：(4~6):1；

3)终酸pH：1.5~4；

4)搅拌时间：≥3 h；

5)浸出液含锌：150~180 g/L；

6)水洗酸度：pH 0.5~1.5；

7)水洗时间：40 min；

8)水洗液固比：10:1。

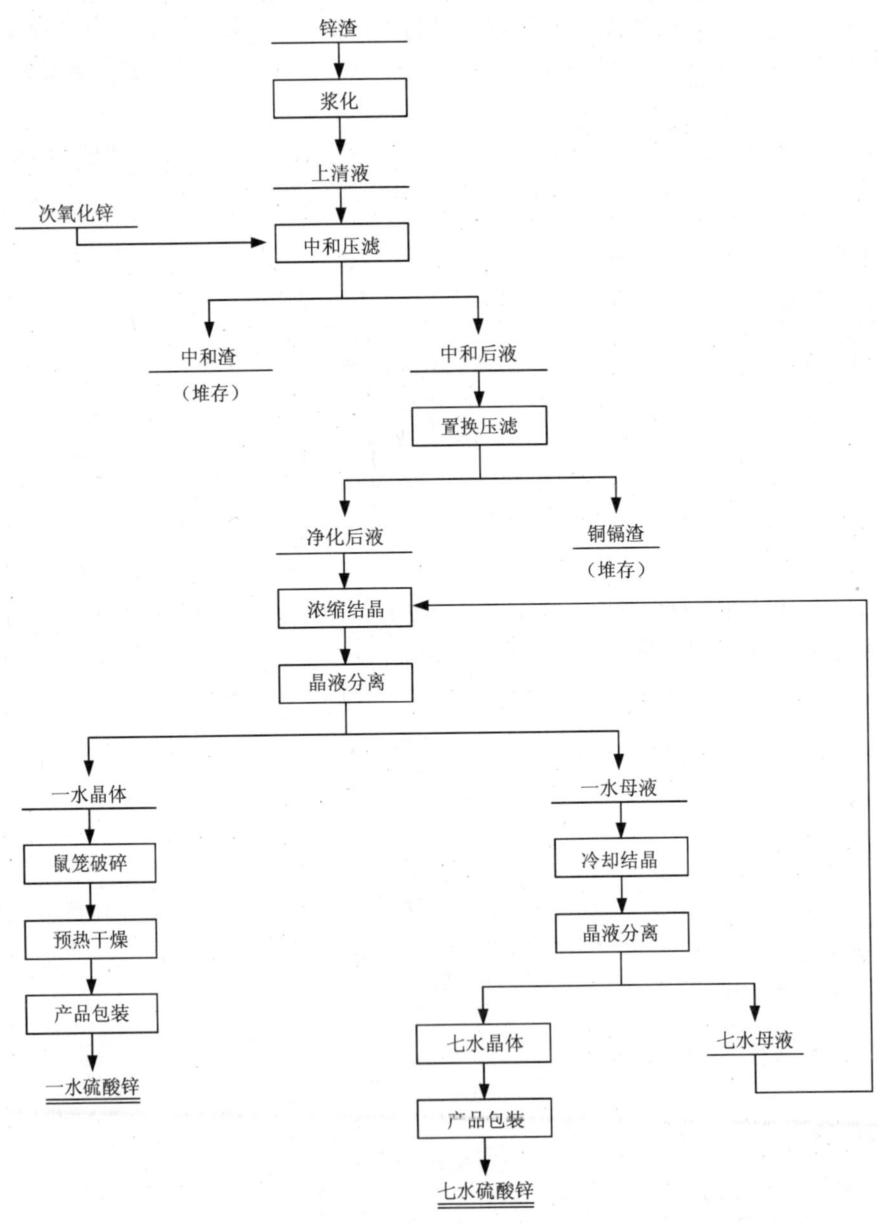

图 6-31　硫酸锌生产工艺流程图

(2) 净化工艺操作条件

1) 中和除铁砷的工艺操作条件

①始酸：pH 3.5～4.5；②终酸：pH 5.0～5.8；③温度：60～80℃；④过氧化氢用量：不大于铁量的3倍。

2) 置换除铜镉工艺操作条件

①始酸：pH 4.0～4.5；②终酸：pH 5.0～5.8；③温度：50℃左右；④锌粉投入量：理论量的两倍。

(3) 蒸发结晶工艺操作条件

1) 蒸发真空度：0.04～0.06 MPa；

2) 蒸发槽蒸气压力：0.1～0.2 MPa；

3) 蒸发时间：一水硫酸锌2.0～3.0 h/槽；七水硫酸锌1.5～2.5 h/槽；

4) 结晶温度：一水硫酸锌 >60℃，七水硫酸锌 <39℃。

(4) 过滤、干燥、包装的工艺操作条件

1) 预热炉出口温度：800～850℃；

2) 鼠笼机出口温度：120～180℃；

3) 布袋箱出口温度：>80℃。

2. 工艺操作实践

(1) 锌渣浆化浸出

先向浆化槽加入浸前液（水洗液），并检查转液泵、抽风机、搅拌系统是否正常。缓慢加入硫酸，约总量的1/2。要缓慢均匀加入锌渣、硫酸，防止冒槽，一边缓慢加入锌渣（15～20 kg/min），一边缓慢加入硫酸（15～20 kg/min）。加酸时不能过急，否则冒槽。注意防止冒槽。加完料后，继续搅拌2 h以上，用密度计和pH试纸测定密度和酸度。一般浸出液密度为1.35～1.42 g/cm^3，pH 1.5～4.0。然后转液压滤。

(2) 中和除铁砷

锌渣浸出液中尚含有一定的铁和砷，须先行除掉。先将浸出液加热升温至60～70℃。检查酸度，若pH <3.5，则缓慢加入氧化锌（或碱式碳酸锌）等，将pH调至3.5～4.5为止。从专门加过氧化氢装置分几次缓慢加入过氧化氢，双氧水量等于溶液中铁量的3倍，将溶液pH缓慢调至5.4，补加过氧化氢，搅拌10 min后，检查pH，取样分析Fe含量，若Fe <5 mg/L，则可达到要求，可压滤进入下一工序。

(3) 置换除铜镉

中和除铁砷后，溶液中尚含有一定的镉，必须进行除镉。取中和后液分析Cd。检查溶液酸度，加酸调整pH 4.0～4.5。检查溶液温度是否在48～52℃，若低于48℃则加热调节。缓慢加入锌粉，锌粉用量接近规定量时，停加锌粉，继续搅拌30～40 min。置换后液的pH < 5.4时，补加少量锌粉搅拌10 min，取样分析Cd，若Cd≤5 mg/L，则可开始压滤，进入下一工序。

(4) 硫酸锌蒸发结晶

浸出液经过净化除杂，达到生产产品的要求。先将合格的硫酸锌溶液注入蒸发器至两条液位控制线之间，关严阀门。打开真空泵，打开蒸汽阀加热，控制蒸气压力 <0.2 MPa。蒸发过程要仔细注视蒸发器内液位，及时补充溶液，控制液位在视孔的上下线之间。经常检查水

封池水温，保持温度在50℃以下，若温度过高，则补充冷水。蒸发器内溶液透明变为浑浊，表明接近终点，继续蒸发到乳白色可以停蒸汽，准备放液。晶液密度控制为1.78～1.80 g/cm³（生产一水产品）。关闭蒸汽阀，停止水泵，打开排气胶塞撤去真空。打开蒸发器放料阀，将蒸发后液放入中间槽，并启动搅拌，开启转液泵，将硫酸锌晶液转至高位槽，采用离心机过滤出产品。

（5）过滤、干燥

1）生产一水硫酸锌。做好预热炉加煤、点火升温，鼠笼机封加料口，干燥系统其他地方也要防止漏风。开启预热炉引风机，控制风机温度＞100℃。热交换器进口温度达500℃后，开启主抽风机（罗茨鼓风机），使鼠笼机出口温度达120～180℃，保温待投料烘干。将高位槽放料管放至离心机进料口，开启离心机，慢慢开启放料阀，让晶液均匀放入离心机内过滤。放入离心机内的晶液平衡后，方可使离心机加速。过滤出产品后，开启鼠笼机，将料均匀投入鼠笼机破碎。经常检查预热炉出口温度、鼠笼机出口温度、布袋出口温度和压力，保持干燥系统各处管道畅通，保持鼠笼机出口温度≥120℃，布袋出口温度＞80℃。定期振打集尘斗、旋风收集器及布袋。放出产品进行称量包装。

2）生产七水硫酸锌。当结晶槽内结晶液温度降至39℃以下并转清时，便可放入离心机脱干。开启离心机，慢慢开启放料阀，将晶液放入离心机内，待晶液平衡后，方可使离心机加速旋转。滤干，按停止按钮2 min后，离心机减慢转速，左右摆动制动手柄3～4次，待完全停止后，先铲出一部分七水硫酸锌倒入料仓，然后提起离心机布袋，将七水硫酸锌倒入料仓。称量包装七水硫酸锌。

6.6.5 产品

1. 一水硫酸锌（粉末质量标准见表6－28，颗粒标准见表6－29）

包装：内塑外编，净重25 kg/袋或50 kg/袋或吨袋包装。

表6－28 一水硫酸锌粉末质量标准

工业级（HG/T 2326—2005）	饲料级（HG 2934—2000）
含量（$ZnSO_4 \cdot H_2O$）≥98.0%	含量（$ZnSO_4 \cdot H_2O$）≥98.0%
锌（Zn）≥35.7%	锌（Zn）≥35.5%
pH（50 g/L溶液）≥4.0	砷（As）≤0.0005%
氯化物≤0.2%	铅（Pb）≤0.001%
铅（Pb）≤0.001%	镉（Cd）≤0.001%
铁（Fe）≤0.008%	细度（通过25 μm筛）≥95%
锰（Mn）≤0.001%	
镉（Cd）≤0.001%	
铜（Cu）≤0.001%	
水不溶物≤0.02%	

表 6-29 一水硫酸锌颗粒质量标准

锌(Zn)≥35%	铅(Pb)≤0.001%
砷(As)≤0.0005%	镉(Cd)≤0.001%
规格:2~4 mm, 1~2 mm, 0.5~1 mm	

2. 七水硫酸锌(质量标准见表 6-30)

包装：内塑外编，净重 25 kg/袋或 50 kg/袋。

表 6-30 七水硫酸锌质量标准

项 目	工业级	饲料级
锌(Zn)(%), ≥	21.0	21.0
pH(50 g/L 溶液), ≥	4.0	—
铅(Pb)(%), ≤	0.01	0.001
铁(Fe)(%), ≤	0.06	0.006
砷(As)(%), ≤	—	0.0005
镉(Cd)(%), ≤	—	0.0007
不溶物(%), ≤	0.05	—
锰(%), ≤	0.1	0.003

6.7 阳极泥的处理

提取金银的工艺方法多种多样，它随原料的成分不同而不同，本节所要讨论的是从铅阳极泥中提取金银及其他有价金属的过程。

6.7.1 铅阳极泥成分

阳极泥由阳极中不溶于电解液的成分所组成。阳极泥的成分取决于铅阳极的品位及其含金量和含银量。阳极泥通常含有铅、铜、锑、铋及少量的砷、硫、碳、氟、硅、金等元素。此外阳极泥通常还含有30% ~45%的水分，表 6-31 为我国某厂的阳极泥化学成分。

表 6-31 阳极泥化学成分(%)

序号 \ 组成	Ag	Au	Cu	Pb	Bi	Sb	F	SiO_2
1	13.6	—	6.48	6.68	6.14	44.72	2.88	2.42
2	22.00	37.75 g/t	4.5	9.96	4.76	41.75	—	—
3	17.01	—	2.54	11.02	4.16	40.18	—	—

在铅阳极泥中，各种成分的存在状态一般如下：金以单体状态存在，当有碲存在时，一部分和碲结合，有时也会与银形成合金。由于铅阳极泥中存在有大量的锑，很少发现碲、硒的存在，所以它与铜阳极泥的物相组成大不相同，银98%以锑银矿、锑银齐、二铜锑矿等形态存在阳极泥残余相中。锑以氧化锑、锑酸根的形式存在，呈氧化物(Sb_2O_3)存在的锑分布率为64.3%，在锑酸相中锑仅为9.37%。铜相分布数据显示，在二铜锑矿等阳极泥残余相和$CuF_2 \cdot 2H_2O$的铜分布率分别为55.11%和30.1%。在锑酸盐相中的铅、铋分布率分别为64.12%和63.54%，在呈现锑氧化物的物相中铅、铋的分布率分别为28.92%和31.95%。

经过洗涤、过滤的阳极泥，呈灰黑色。粒度通常小于0.147～0.075 mm(100～200目)。在常温下，阳极泥不会显著氧化。当在空气中加热时，Ag、Cu锑化物相中的锑被选择氧化，Ag、Cu呈金属银和金属铜产出，这在物相分析中也有所反映。各元素在阳极泥中的存在状态见表6－32，相分布主成分见表6－33。

表6－32 阳极泥主成分的存在状态

元素	存在状态
Cu	Cu_2Sb、$Cu_3(Sb \cdot As)$、Cu_2S、$CuF_2 \cdot 2H_2O$、Cu
Ag	Ag_3Sb、$\alpha-(Ag \cdot Sb)$、Ag
Pb	PbS、Pb
Bi	Bi_2O_3、$PbBiO_4$、锑酸盐和方铅矿中
Sb	Sb_2O_3及锑酸盐、Sb、Ag_3Sb
Au	Au
其他	SiO_2、C、$Al_2Si_2O_3(OH)_4$

表6－33 阳极泥相分布主成分（%）

相	Cu	Ag	Pb	Bi	Sb
阳极泥残余相	55.11	98.17	6.96	4.51	16.33
锑的氧化物	8.17	1.07	28.92	31.95	64.30
锑酸盐	6.62	0.34	64.12	63.54	19.37
其他	30.10	0.42			

6.7.2 从铅阳极泥中提取金银的工艺流程

最初，处理阳极泥只有一个目的，就是回收其中所含的金和银。现在，由于技术的发展和对原料综合利用程度要求的提高，处理阳极泥的方法发生了根本的变化。目前，在阳极泥中，除了提取金、银外，根据不同的情况，还回收Cu、Sb、Bi、Pb、Se、Te等。因此，处理阳极泥的整个过程，已经成为一个复杂而庞大的系统，在方法上也分为火法及湿法。

我国某厂处理阳极泥的火法流程见图6－32。

处理阳极泥的整个流程不是固定不变的，没有一个标准流程，选择流程的主要根据是阳极泥成分和生产规模，总的原则是用最经济的方法获得合格产品及最大限度地回收其中的有价金属。

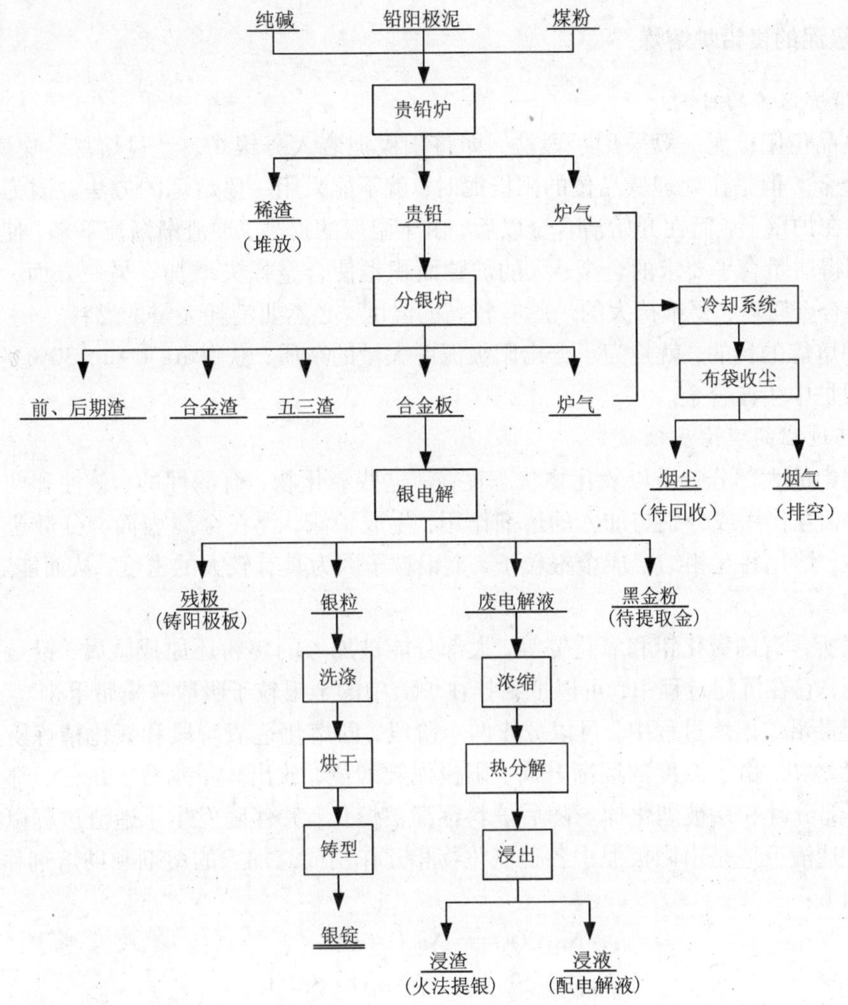

图 6－32　阳极泥火法流程图

在处理金银含量高的阳极泥时，可以在一个炉子里直接制得合金。而在含量不高的情况下，则从阳极泥中制得贵铅，贵铅移入另一小型炉中制得合金，如图 6－32 所示。

阳极泥的直接熔炼法现在已不通用，因为它会产生大量的含银炉渣，造成大量贵金属特别是银的循环流转，产出合金质量难以保证，作业时间长。

现代处理阳极泥的方法大部分采用二段法。贵铅炉中所得的贵铅转入分银炉中，继续吹风，进行氧化精炼，所得氧化铅渣，集有相当数量后，加入适量的二氧化硅，入小反射炉中熔炼，以沉淀出其中机械夹带的贵铅，熔渣送去提炼铋。

在分银炉中，当合金品位至 60%～70% 时，向炉中投入苏打及硝酸钠，所得的苏打渣，送去提炼碲，分银炉烟尘在布袋收尘器中收集。

分银炉产出的合金，铸成阳极板，进行银的电解精炼，产出银粉，经洗涤和干燥后，熔化铸锭，残极一般返回分银炉熔化再铸，废液进行除锑、铋，加硫酸除铅后，采用浓缩热分解的方法除铜，黑金粉经二次电解后，采用硝酸分解、王水浸出、草酸还原的方法提取金。

6.7.3 阳极泥的贵铅炉熔炼

1. 贵铅炉熔炼的目的

处理高品位阳极泥一般采用一段法，即将阳极泥装入分银炉，经过熔炼、吹炼等过程，直接制得合金。但是在处理低品位的阳极泥时，就不能采用一段熔炼的方法。因为在熔炼初期，炉渣黏在炉壁上，而在开始清合金以后，由于温度的提高，炉渣渐渐流下来，使清合金困难，不能制得质量合乎要求的合金；大的炉膛面积也使合金损失增加。另一方面，设备利用率低，在清合金阶段，要维持大的炉膛有较高的温度，必然要消耗大量的燃料。

贵铅炉熔炼的目的，就是为了分出阳极泥中大量的杂质，获得 $Ag + Au > 30\%$ 的贵铅，贵铅再在分银炉中生产合金。

2. 熔炼过程的理论基础

阳极泥中的大部分杂质以氧化物状态存在，这些氧化物，有酸性的、碱性和两性的。熔炼时，它们相互作用或分别与加入的熔剂作用，生成炉渣，浮在金属表面。分散于阳极泥中的金银微粒，熔化并互相结合成金银粒子，金银粒子因为具有较大的密度，从而能通过炉渣，沉积在底部。

阳极泥所含有的氧化铅和氧化铋等，大部分能被加入的焦粉还原成金属，铅是金和银的良好捕集剂，它在沉淀过程中，可以把黏挂在炉渣中的金银粒子吸收并携带下来。

在整个贵铅炉熔炼过程中，可以分作两个阶段，即熔化造渣阶段和氧化精炼阶段。在熔化造渣阶段之初，由于温度的逐渐升高，阳极泥被煅烧，放出大量水分，并有一部分杂质发生氧化，一部分砷和锑被烟化掉。随后炉料逐渐被熔化，并伴随发生了造渣过程以及还原和分离过程。造渣反应是由阳极泥中各种氧化物相互作用或与加入的熔剂和助熔剂作用，其化学反应式如下：

$$Na_2CO_3 = Na_2O + CO_2 \uparrow$$

$$Na_2O + Sb_2O_3 = Na_2O \cdot Sb_2O_3$$

$$Na_2O + As_2O_3 = Na_2O \cdot As_2O_3$$

$$Na_2O + SiO_2 = Na_2O \cdot SiO_2$$

$$CaO + SiO_2 = CaO \cdot SiO_2$$

$$FeO + SiO_2 = FeO \cdot SiO_2$$

还原反应是借助碳和铁屑等还原剂的作用：

$$2PbO + C = 2Pb + CO_2 \uparrow$$

$$PbO + Fe = Pb + FeO$$

氧化精炼阶段的主要反应是砷、锑的氧化，在温度为 700 ~ 900℃ 的条件下，砷以 As_2O_3 状态挥发，锑则一部分生成 Sb_2O_3 挥发，另一部分生成 Sb_2O_5 浮在熔体表面。在温度超过 900℃ 时，锑绝大部分生成 Sb_2O_5。

$$4As + 3O_2 = 2As_2O_3$$

$$4Sb + 3O_2 = 2Sb_2O_3$$

$$2Sb_2O_3 + 2O_2 = 2Sb_2O_5$$

此时，Cu、Pb、Bi 很难被氧化，而富集于贵铅中。

3. 炉料的调剂及配料比

(1)炉料的调剂

在整个熔炼过程中可以说是一个分离的过程，所以，选择良好的炉渣成分，就具有特别重要的意义。炉渣的成分及性质对熔炼效果有决定性的影响。易熔炉渣，不但消耗燃料少，而且可以在较短的时间内熔化并获得必要的过热，创造良好的分离条件。反之，如果炉渣熔点高，则消耗于熔化的燃料将按比例增大，并使作业时间延长，渣银分离不好。因此，严格控制好炉渣成分是获得良好熔炼效果的重要条件。

对炉渣成分及性质的控制，是通过配料来完成的，像生产金银这样的贵金属，要求配料应满足下列要求：

1)熔点在不低于贵铅的熔点和造渣反应所必要的温度的前提下，愈低愈好。

2)密度和黏度较小，在熔炼温度下，有良好的流动性。

3)渣量小，这不仅可以减少金银的绝对损失量，而且不至于加入过多的熔剂而使某些有价金属的含量被冲淡，使回收其中有价金属的难度增大。

4)不溶解金银。

(2)配料比

熔炼阳极泥通常加入的熔剂为苏打、焦粉、石灰和铁屑，有时根据具体情况也加入石英粉。

苏打可以降低炉渣的熔点，使炉渣稀薄并具有良好的流动性，还可以使酸性氧化物生成相应的盐。

焦粉为还原剂，使铅还原，并借其燃烧的热量增加渣的流动性。由焦粉使用量的试验结果表明：焦粉过多，反应会使渣含银升高，这是由于大量焦粉(或煤粉)生成大量的煤灰使炉渣发干、黏度增大所致。焦粉(或煤粉)过少效果也不好，因为铅还原不完全。

石灰、铁屑和石英，都是用来调整炉渣成分的，以便使阳极泥中相应的氧化物造渣。此外，铁屑和氧化钙可以把铅从炉渣中置换出来，改善炉渣的流动性，铁屑能使 Pb、Bi 从其化合物中取代出来，使其组分进入贵铅或炉渣中，氧化钙还可以降低炉渣的密度。因而，铁屑和氧化钙对于降低渣含金银量有一定的积极作用，但是氧化钙会提高炉渣的熔点，过多的铁屑会增加炉渣的密度。

各种熔剂的加入与否，应加入多少数量，应视具体情况而定。一般配料比如下：

阳极泥 100%，石灰 2%，铁屑 1%，苏打 3%，焦粉(或煤粉)1.5%。

我国某厂采用如下配料比：阳极泥 100%，苏打 3%，煤粉 3%，也获得了较好的效果。

4. 贵铅炉熔炼的生产实践

贵铅炉熔炼的整个过程，可以分成下面几个步骤。

(1)烘炉

烘炉前，清除炉内杂物，准备好木柴、重柴油等烘炉燃料，并检查主体设备及相关辅助设备是否处于良好的状态，确认无误后，方可点火烘炉。烘炉时，在炉子内沿长度方向均匀装入木柴，使炉子特别是炉顶能达到均匀加热，没有局部过热现象，当炉砖被烧红，温度约达 500℃时，才能开始烧重柴油。整个烘炉过程要严格按照烘炉升温曲线执行，严禁使炉温急冷急热，最终温度为 1300℃。烘炉升温曲线见图 6-33。

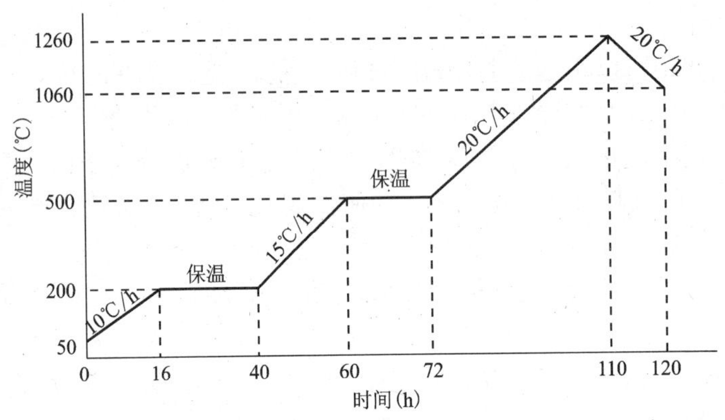

图 6－33　贵铅烘炉升温曲线

(2)配料及进料

各种物料应按规定数量进行配料，并做到混合均匀。阳极泥与熔剂和还原剂接触面积愈大，则造渣和还原过程愈快。进料时应当关闭油嘴，并放下烟道闸板，以免阳极泥过多地进入烟道，在处理很干的阳极泥时，可适量淋上少许水。当采用平炉熔炼时，应使炉中料层厚度自首至尾逐渐降低，料面呈圆拱形，拱形的表面可以使炉料与火焰有较大的接触面，熔化面积大，熔化后料能随时流下去，使下层料与火焰直接接触，加快熔化速度，进料可以分两至三次进行。当采用转炉进行熔炼时，每炉进三分之二的炉料后，应适当转动炉体，然后加完剩下的炉料。

(3)熔化

点火时应在油口两侧操作，防止喷火伤人，同时为防止炉内积聚重油蒸气引起爆炸，应坚持先送风，后送油的点火原则。

熔化阶段的主要工作，就是要维持良好的热状况，使炉料迅速熔化，因此操作人员要勤调整风、油量，以保证炉内温度。

随着时间的延长，料面逐渐降低，料面上的炉膛容积越来越大，因而应采取关小抽风风机进口阀门或下降烟道闸板的方法，以保持炉内有正常的抽力。

阳极泥的传热性能很差，热量很难经过厚厚的渣层传入熔体处，所以操作人员要经常注意炉熔化情况，进行撬炉或转动炉体等操作。

熔化是在1300℃左右的温度下进行。在此温度下，火焰呈黄白色。熔化一批料约需 8 h。

(4)放渣

当炉料全部熔化好并获得一定的过热之后，就可以开始放渣，浮于金属上面的炉渣，组成不均匀，上部较稀薄，流动性较好，它主要是由砷酸盐和锑酸盐组成(高锑硅铅玻璃、镁氟盐、五氧化锑等，并含有氧化钠)，我们称它为前期渣，下部炉渣发干、重而黏，它主要是由硅酸盐组成，我们可以把它叫做后期渣。

为了使下部炉渣获得必要的过热，放渣时，先把上部炉渣放出，然后，再加热熔池两小时，使热量传入熔池深处，升高它的温度，使夹杂在炉渣中的金属正常沉淀。

放稀渣(前期渣)温度保持在 1200～1300℃。此时不准停风停油，放渣操作应迅速进行，以免由于吸入大量冷风而使炉温降低，炉渣黏度增大。

放渣前必须准备好渣包，渣包不得潮湿有水，放渣时使用的工具必须经预热后方可与渣面接触，应根据渣层厚度和渣包的大小，确定炉子的倾斜角度，防止金属冲出损失。

最后阶段的黏渣，可以用耙扒出。但动作必须要轻，要把耙子拿平。

根据炉子的具体情况，炉渣可以分两次到四次放完。

每次放渣约需1 h，每炉炉渣产量，约占装入阳极泥重的18% ~37%。

(5)吹风氧化

炉渣放净后，把炉温降低，从炉口插入风管，风管应插入熔池一定深度，防止飘在表面或过深吹不动的现象。氧化阶段的温度在900 ~950℃，火焰呈黄红色。

在氧化精炼阶段，液池中的砷、锑被大量氧化，有一部分铅也被氧化，熔池中Au、Ag、Cu、Bi的含量逐渐提高。在精炼初期，每小时可以提高银含量1%左右，吹风一直至液面不再发生放白烟，且熔体溅起时呈亮灰色发红为止。根据炉子的不同装料量，吹风氧化约需4 ~8 h。每炉精炼渣(干渣)的产量约占装入阳极泥质量的5% ~11%。

(6)出炉

出炉前应清理好溜口，把贵铅模子烘干，戴好防护眼镜。倒贵铅时不宜过急以免贵铅流出模外。冷却后，倒出来，称好质量，送分银炉处理，出炉约需1 h。贵铅炉每操作一炉共需要约24 h。

5. 熔炼产物及其处理

贵铅炉熔炼，得到贵铅、熔炼渣、精炼渣和烟尘等产物。

(1)贵铅

随所处理原料和氧化操作的不同，贵铅含有30% ~40%的(Au + Ag)。在贵铅炉的吹风氧化过程中，仅除去贵铅中的大部分砷、锑和一部分铅，至于铜、铋等难氧化的杂质，则富集于贵铅中。贵铅送给分银炉处理，进行进一步精炼，以获得含(Au + Ag)在98%以上的金银合金，并从分银炉的中间产物中回收铅、铋、硒和碲等。

表6 -34所列是贵铅主要化学成分。表6 -35为贵铅炉渣主要元素化学成分。

表6 -34　贵铅主要化学成分(%)

序号 \ 元素	Ag	Au	Cu	Pb	Sb	As	Bi
1	24.42	—	13.71	12.68	32.30	0.032	13.70
2	27.52	—	6.97	16.02	37.78	0.022	10.32
3	40.32	—	17.52	13.21	21.04	0.280	15.22
4	30.12	—	13.51	11.33	29.30	0.021	12.51
5	22.30	—	12.95	13	38.91	0.033	11.75

表 6-35 贵铅炉渣主要化学成分(%)

序号＼元素	Cu	Pb	Sb	As	Bi	Ag	Na	SiO_2
1	0.30	12.94	43.00	0.025	0.20	0.18	3.60	13.65
2	0.27	13.10	47.00	0.017	0.32	0.09	4.30	—
3	0.31	15.31	39.11	0.032	0.41	0.08	2.40	—
4	0.41	16.4	40.11	0.011	0.27	0.21	3.35	—

(2)熔炼渣

前期渣俗称稀渣，由于它较稀薄，流动性较好，所以夹带的金银很少。渣中 Au 含量小于 0.5% 以下，即可送铅熔炼处理，回收其中的 Pb、Bi、Sb 等。后期渣俗称黏渣，含有大量的金银，必须返炉处理。

处理返炉炉渣时，温度通常要提高一些，以确保金属有较好的分离条件。

(3)精炼渣

精炼渣俗称干渣，它含有砷、锑和铅。由于精炼渣处理阶段渣层很薄，渣又是用耙子扒出，所以精炼渣含有较高的金银，在集有一定数量后，应返回与阳极泥一起处理。目前一些厂家采用在出贵铅时，用硅砖挡住溜口而把此渣挡在炉内，不用扒出，留下与下炉进料一起处理，该办法收到较好的效果。

(4)烟尘

熔炼阳极泥，有相当多的一部分硒化物、锑化物和砷化物挥发，并有阳极泥雾化。因此，熔炼时烟尘量达装入阳极泥重的 20% 左右，所以在收尘系统有必要将其回收下来，某厂烟尘含 Ag 0.05% ~0.19%，Sb 60% ~80%，它是炼锑的很好原料。

6.7.4 贵铅的再精炼

1. 再精炼的目的和理论基础

(1)再精炼的目的

铅电解阳极泥经还原熔炼产出贵铅，铅灰色，晶面显锗色金属光泽，粉末则呈铅灰色。

贵铅的化学成分(%)：Cu 10% ~15%、Sb 30% ~40%、Pb 10% ~14%、Bi 8% ~14%、Ag 30% ~40%、As 0.05% 左右，还含有微量的 Fe、Zn、Ni、Se 等杂质。矿物组成以金属化合物(锑银矿、锑铜矿)为主，金属固溶体(Pb、Sb、Bi)次之，铅铜锍含量 <2%，是一种特殊的多成分合金。

再精炼就是利用氧化法(灰吹法)，将金银以外的杂质，包括铅在内，尽量排除干净，以产出含(Au + Ag) 98% 以上的合金，供分金再炼。再精炼是在分银炉中进行的。

(2)贵铅再精炼的理论基础

再精炼的理论基础为：往熔池表面吹送压缩空气并在适当的时候加入氧化剂，使绝大多数杂质成为不熔于银的氧化物挥发或由于密度小，浮于表面形成炉渣而被除去。吹炼时，杂质的氧化次序取决于杂质对氧的亲和力大小，其氧化的顺序为 Sb、As、Pb、Bi、Cu、Te、Se。氧化反应的通式可以写成：

$$2Me + O_2 = 2MeO + Q$$

实践上，精炼时Zn、Sn、Cd、Fe、As、Sb、S等都是在氧化初期排除，Pb、Bi、Cu、Se等次之，Ni、Te及微量的铜要等到最后，在高温下才能氧化并除净。为将杂质清除干净，还必须要加入强氧化剂硝酸钠、硝酸钾或硫酸银。

再精炼的温度比氧化铅的熔点883℃略高，为900℃左右。利用吹风，使熔体表面气氛中氧的部分压力超过氧化铅的离解压力，将铅氧化成氧化铅，氧化铅作为氧化剂与液体充分接触氧化金银以外的杂质，使它们挥发。从理论上讲，可以把金银以外的杂质，几乎除净。

温度越高，气氛中氧的部分压力与氧化铅分解压力之间的差数越大，则液体铅氧化速度就越大，精炼的时间就越短，但实践也告诉我们，在较高的温度下，温度稍为上升，金的损失就会急剧增加，见表6-36。

表6-36　金的挥发损失与温度的关系

精炼温度(℃)	925	1000	1070
金损失(%)	0.46	1.43	3.00

当用空气氧化时，银的挥发损失与温度的关系见表6-37。

表6-37　银的挥发损失与温度的关系

温度(℃)	1100	1200	1300	1400
银损失(%)	1.5	4	14	41

银对金有保护作用，在一定温度下，含银量越大，则金的损失明显减小。

再精炼过程是在高温下进行的，金银的挥发损失难以避免，所以，要求精炼时间要短；同时，又要防止温度过高及氧化太剧烈，以减少金银的挥发损失。

2. 贵铅再精炼过程中各种杂质的行为

锌、锡、铁：它们都是极易氧化的杂质，生成的氧化物可以造渣或者挥发，它们对过程没有什么影响。

砷、锑：精炼时，有一部分氧化成三氧化物，以蒸汽状态排出。另一部分氧化生成的氧化物与氧化铅造渣，生成砷酸铅和锑酸铅。

铅：铅在精炼时在强氧化气氛下强烈氧化，氧化铅有一少部分会挥发，另外也可以与锌、锡、砷、锑等氧化物造渣，金属铅也能部分地挥发。精炼时，获得的氧化铅中经常含有一定量的银，这是由于在排除氧化铅时被机械带走，也是由于氧化铅对银起溶解作用。有人研究指出，氧化铅可溶解3%~6%的银，此时，氧化铅的熔点降为840℃。当然，氧化铅中也含有微量的金。

铋：铋在大部分的铅被排除之后才开始氧化，生成三氧化二铋，浓缩在后期氧化铅中，进入氧化铅中的三氧化二铋，使氧化铅呈绿色。

铜：铜在大部分铅被氧化之后，才同铅一道除去，铜主要是靠氧化铅来氧化，氧化铅与铜存在下列可逆反应：

$$PbO + 2Cu = Cu_2O + Pb$$

所以，在大部分铅没有被排除之前，只有部分的铜被氧化，而且，与氧化铅形成的合金中 Cu_2O 又能使铅氧化，因而，铜可以加速铅的排除，还可以加速过程的进行，减少铅、银损失。但是，应该指出的是铜的排除是困难的，必须在高温下加入强氧化剂才能比较完全地除净。

硒、碲不易被氧化，只是在过程终了的时候才能最大限度地被除去。

严格说起来，各种杂质的氧化实际上是同时进行的，并没有什么先后顺序，只不过是某些杂质在精炼的初期被除去多一些，这在渣相分析中可以得到确认。

3. 精炼过程中的化学反应

精炼初期，温度900℃左右，此时，贵铅中的砷、锑被鼓入的氧强烈氧化，生成三氧化物，留在炉中，形成亮黄色粉末状的浮渣。此时，部分铅发生氧化，但由于存在大量的砷、碲等易氧化杂质，氧化铅很不稳定，其主要反应如下：

$$4As + 3O_2 = 2As_2O_3$$

$$4Sb + 3O_2 = 2Sb_2O_3$$

$$2Pb + O_2 = 2PbO$$

$$2As + 3PbO = As_2O_3 + 3Pb$$

$$2Sb + 3PbO = Sb_2O_3 + 3Pb$$

$$PbO + Fe = FeO + Pb$$

$$Sn + 2PbO = SnO_2 + 2Pb$$

随着过程的进行，砷、锑等易氧化的杂质逐渐减少，渣铅的数量逐渐增多，氧化铅与砷、锑等氧化物发生下列反应：

$$2As + 6PbO = 3PbO \cdot As_2O_3 + 3Pb$$

$$2Sb + 6PbO = 3PbO \cdot Sb_2O_3 + 3Pb$$

亚砷酸铅与亚锑酸铅与过量空气接触时，形成砷酸铅与锑酸铅。

$$3PbO \cdot As_2O_3 + O_2 = 3PbO \cdot As_2O_5$$

$$3PbO \cdot Sb_2O_3 + O_2 = 3PbO \cdot Sb_2O_5$$

此时浮渣逐渐变为糊状，并局部出现暗色或绿色。在大部分砷、锑等杂质除去之后，改为表面吹风继续氧化精炼，主要是铅的氧化反应，并在铅被排除的后期开始了铋和铜的氧化。产出的浮渣呈亮黄色，很稀薄。氧化铅与铜之间存在下列可逆反应，随着过程的进行，反应逐渐向右进行。

$$PbO + 2Cu = Cu_2O + Pb$$

在铅被全部氧化除去后，炉内合金 Au + Ag 达到80%以上时，加入 $NaNO_3$ 以除去 Cu、Bi 等杂质，化学反应式如下：

$$2NaNO_3 = Na_2O + 2NO + 3[O]$$

$$2Cu + [O] = Cu_2O$$

$$2Bi + 3[O] = Bi_2O_3$$

$$Te + 2[O] = TeO_2$$

为了回收 TeO_2，必须在加入 $NaNO_3$ 的同时加入 Na_2CO_3，使 Te 一经氧化成 Te_2O 后，立即与 Na_2CO_3 反应，生成亚碲酸盐。

$$TeO_2 + Na_2CO_3 = Na_2TeO_3 + CO_2 \uparrow$$
$$SeO_2 + Na_2CO_3 = Na_2SeO_3 + CO_2 \uparrow$$

4. 分银炉生产实践

精炼的整个过程是进料，升温熔化，扒干渣，氧化跑烟、氧化放渣，造碲渣，清合金和出炉等。

分银炉的进料根据生产规模和设备能力分为进液体和固体料两种，进料后开始升温，若进固体料，要待贵铅熔化后，将熔体表面的一层浮渣用耙子扒掉。这种浮渣主要是含铜、砷、锑的氧化渣，即铜锍渣。扒渣不要带出贵铅，此渣返回贵铅炉。

分银炉跑烟时，温度控制在 800 ~900℃，注意将风管摆正，保持一定量的风量风压，炉内产出的渣要不断地扒出，以便加速氧化反应，放出的前期渣和后期渣要分开堆放。当合金品位提高到 80% ~85% 时，可从炉内液面下面取样，看冷断面若为灰白色的细粒时，可开始造第一次碲渣，造渣前要把炉内的氧化渣放干净，关油，停风，进苏打，用耙子搅匀后可开油送风，温度控制在 1000℃左右，要经常搅拌，使苏打和氧化碲充分作用。温度不宜过高，以防止挥发损失，两小时后即可放出，然后升温继续放出少量的后期渣。为了更好地除碲，再造第二次碲渣，此时温度控制在 1100℃左右，大约一小时后便可放出。造完第二次碲渣后，继续升温氧化，放少许的渣，当熔体发青而明亮，冷试样断面虽粗糙但具有银白色的结晶时，就可以开始清合金，此时(Au + Ag)的品位已提高到 97%，把温度提高到 1200℃，把 $NaNO_3$ 加到合金表面，强烈地进行搅拌，硝石隔半小时左右加一次，加 $NaNO_3$ 时应关油关风，加完后再把它们打开。清合金的终点可以通过熔体的颜色及试样断口颜色和结晶状态来判定。达到终点时，熔体呈银白色，冷试样具有细致的结晶，此时合金品位达到 98% 以上。与此同时，应作好出炉准备工作，出炉温度控制在 1250℃左右，合金板要求铸得均匀，块与块之间的质量差不超过 10%，无飞边、毛刺。

在整个操作过程中，应注意下列事项：所有使用的工具不得带水入炉，以防爆炸伤人。每当开油送风时，炉前不得站人，以防火焰伤人。

有时，炉内也会出现一些不正常的现象，应及时给予排除。如放后期渣时，炉内出现一层流动性非常不好的浮渣，与合金分离不好，不易扒出，这可能是 Se、Cu 的铜锍渣，此时，可采取适当升高炉温，让其充分氧化，然后降温扒除；也可以加入适量的石英粉，使其造硅酸盐渣，降低密度，增加流动性，并不断放出。在高温清合金前后，炉内有时出现的浮渣不易放出和扒出，则可适当升高温度，将渣赶出或带出除去。

6.7.5　银电解精炼

1. 银电解精炼的基本原理

(1)银电解的电析反应

电解精炼银是为了制取纯度较高的银。电解时用阳极泥熔炼所得的金银合金或银合金做阳极，以银板、不锈钢板或钛板做阴极，以硝酸、硝酸银的水溶液作电解液，在电解槽中通以直流电，进行电解。

银电解精炼的电解过程，可视为下列电化学系统中所发生的过程：Ag(阴极) | $AgNO_3$，HNO_3，H_2O，杂质 | Ag，杂质(阳极)

电解液中各组分部分或全部电离：

$$AgNO_3 = Ag^+ + NO_3^-$$

$$HNO_3 = H^+ + NO_3^-$$

$$H_2O = H^+ + OH^-$$

在直流电的作用下，阳极发生电化学溶解。阳极中的银氧化成一价银离子，但是当电流密度小时还可能氧化成半价银离子，半价银离子可自行分解生成一价银离子，并分解出一个金属银原子进入阳极泥中：

$$Ag - e \longrightarrow Ag^+$$

$$2Ag - e \longrightarrow Ag_2^+$$

$$Ag_2^+ \longrightarrow Ag\downarrow + Ag^+$$

此外，阳极合金板还有其他杂质，而比银负电位的锑、铅、铜等贱金属，大部分也被氧化进入溶液，也有少部分氧化后仍留在阳极表面，进入阳极泥中。而比银正电位的铂、金等不溶解而保留在阳极表面，形成海绵状阳极泥，该阳极泥附着力较差。为防止阳极泥落入槽底，混入阴极银，阳极要放入布袋内。布袋可以收集全部阳极泥，而不妨碍 Ag^+ 和 NO_3^- 的通过。除此之外，还有一系列的化学溶解：

$$NO_3^- - e = NO_2 + [O]$$

$$2Ag + [O] = Ag_2O$$

$$Ag_2O + 2HNO_3 = 2AgNO_3 + H_2O$$

$$2NO_2 + H_2O = HNO_3 + HNO_2$$

$$HNO_2 + [O] = HNO_3$$

$$MeO + 2HNO_3 = Me(NO_3)_2 + H_2O$$

在阴极上，主要是银离子放电析出金属银：

$$Ag^+ + e \longrightarrow Ag$$

但应指出，阴极上除发生析出银的反应外，也可能发生消耗电能和硝酸的下列有害反应：

$$H^+ + e \longrightarrow \frac{1}{2}H_2$$

$$NO_3^- + 9H^+ + 8e \longrightarrow NH_3\uparrow + 3H_2O$$

$$NO_3^- + 4H^+ + 3e \longrightarrow NO\uparrow + 2H_2O$$

$$NO_3^- + 2H^+ + e \longrightarrow NO_2\uparrow + H_2O$$

$$NO_3^- + 3H^+ + 2e \longrightarrow HNO_2 + H_2O$$

由于发生上述反应，因此须经常往溶液中补加硝酸。

(2)阴极结晶特点

电解银与电解铜不同，由于从硝酸银溶液中析出的银的各个晶体具有很大的生长速度，所以，析出产物是粗糙、疏松的晶粒，有时成为松软的结晶性粉末，有时为大的树枝状结晶体，易于剥离，也会自然脱落。为避免发生短路，阴极面之前装有玻璃棒，作缓慢的平行往复运动，随时将晶体刮落，集于槽底。同时为避免阳极泥污染银粉，阳极上都有收集阳极泥的双层布袋。

2. 电解液的组成、净化和制备

(1)银电解液的组成

银电解液由 $AgNO_3$、HNO_3的水溶液组成。电解液含 Ag 80 ~ 120 g/L，含 HNO_3 3 ~ 8 g/L，含 Cu < 40 g/L，Pb < 3 g/L。

游离硝酸可以提高电解液的导电性，但含量高时，它会引起一系列的不良影响：含硝酸过高时，会促使阴极析出银的化学溶解，会放出二氧化氮，恶化劳动条件，电解液中硝酸浓度愈高，使 H^+浓度增大，从而增加了 H^+的放电机会。

电解液中过分增加硝酸含量，将降低电流效率，引起电能消耗大。

为防止上述现象发生，又要使电解液导电性良好，因而有些工厂往电解液中加入适量的 KNO_3、$NaNO_3$。

实践证明，电解液中游离的硝酸的含量不应低于 2 g/L。

电解液中银离子浓度的高低，视电流密度及阳极品位而定。电流密度大，银离子浓度宜高，以保证阴极区应有的银离子浓度，阳极品位低，即杂质多，银离子浓度宜高些，以抑制杂质离子在阴极析出，反之亦然。

实践告诉我们，在冬季，当电解液保温不良时，应该提高电解液的含银量。

(2)银电解液的净化处理

在银电解的精炼过程中，贱金属溶入电解液使电解液逐渐被污染。实践证明，阳极品位和电解液纯度对获得的阴极析出银的质量意义重大，电解液不纯，阳极品位低，将得不到纯银，因此必须定期将电解液进行净化处理。

处理电解液废液和洗液的方法很多，现选其中有实际意义的一些介绍如下。

1)净化法。前苏联曾采用硫酸净化处理被铅、铋、锑污染的电解液。当往银电解液中加入按铅含量计算所需的硫酸(不要有过剩)和水，经搅拌后静置，铅便呈硫酸铅沉淀，铋水解生成碱式盐 $Bi(OH)_2NO_3$沉淀，锑水解生成氢氧化物浮于液面，将其过滤，溶液便可返回电解。

2)热分解法。此法是根据铜、银的硝酸盐分解温度的差异很大而制定的。如硝酸铜在170℃开始分解，200℃时剧烈分解，250℃时分解完全。而硝酸银在440℃时才会开始分解。利用这两种盐的热分解温度的差异，将废电解液和洗液置于不锈钢罐中，加热浓缩结晶至糊状并冒气泡后，220 ~ 250℃恒温，使硝酸铜分解为氧化铜(电解液含钯时也随之分解)。当渣完全变黑和不再放出 NO_2的浓烟时，分解过程即结束，产出的渣加适量的水于120℃浸出，使 $AgNO_3$结晶溶解。浸出进行两次，第一次得到含银 300 ~ 400 g/L 的浸出液，第二次得到含银150g/L 左右的浸出液，均返回作银电解液使用。浸出渣约含 60% 的铜、1% ~ 10% 的银和0.2% 的钯，需进一步处理分离钯和银。

3)铜置换法。将电解液和车间里的各种洗液置于槽中，挂入铜残极，用蒸汽直接加热至80℃左右进行置换，银即被还原成粒状沉淀，置换作业进行到用氯离子检验不生成 AgCl 为止。产出含银 80% 以上的粗银粉，再熔炼铸成阳极板。置换后液放入中和槽，在热态下加入 Na_2CO_3，搅拌中和至 pH 7 ~ 8，产出碱式碳酸铜送铜冶炼，残液弃之。

4)硝酸银电解液的制备。电解时，阳极上银和铜以及其他贱金属被溶解，在阴极上析出银，较负电性的杂质留于溶液中，因此，电解液中银逐渐减少，必须加新液。

电解时用的硝酸溶液的制备很简单，将净银粉、硝酸按一定比例加入溶解即得，取其质量比银粉：硝酸 = 1∶1。银在溶解过程中放出大量的氮氧化物气体，其反应式一般用下列表述：

$$Ag + 2HNO_3 = AgNO_3 + H_2O + NO_2 \uparrow$$

反应放出的 NO_2 气体为剧毒气体，对人体的侵害性极为强烈，故应加以处理或回收。一般处理方法有吸收法、还原法、催化转化法和吸附法等。

制造硝酸银的原理虽简单，但各厂的操作过程也有所区别。有些工厂在加硝酸前，在反应容器中先加入与银粉同质量的水，溶解过程完全靠自然进行；而有些工厂在加完硝酸和水后，待反应逐渐缓慢时，用不锈钢管插入缸内，直接通蒸汽加热并搅拌以加速溶解，银粉完全溶解后，继续通蒸汽赶除过量的硝酸。

国内外的一些工厂，也有用含银较低的银粉或用粗银合金板及各种不纯的原料造液。

3. 银电解精炼槽、阳极和阴极

银电解槽由于其极板的摆放方式不同而分为直立式电解槽和卧式电解槽。两种方式各有特点，下面逐一进行介绍。

(1)直立式电解槽

直立式电解槽中放有6片阴极，在阴极之间有一排阳极(共10片)，阳极用银钩挂在导电棒上。在阴阳极之间，有用曲轴连杆机械驱动的刮刀，作缓慢的平行往复运动，以击落阴极银，并搅动电解液，银粉则沉落于槽底或输送带上。

电解槽的结构一般用钢筋混凝土或木槽，内衬软塑料制成，也有用硬塑料槽的。槽的规格为：6820 mm×860 mm×1000 mm，集液槽和高位槽为钢板槽，内衬软塑料。电解液循环形式为下进上出，使用小型立式塑料泵或不锈钢泵输送液体。

电解槽中电极为并联，槽与槽则为串联电路。

阳极为分银炉产出的合金板，化学成分要求：(Au + Ag) > 98%，Pb < 0.1%，Cu 1% ~ 1.3%，物理规格要求大小均匀，平整光洁，无飞边毛刺；阴极用纯银轧制的银板、不锈钢板或钛板。

(2)卧式电解槽

卧式电解槽宽而浅。其平面部分长120 mm，宽669 mm，深250 mm。槽子是陶质或以水泥筑成，内衬耐酸胶泥或软塑料，槽底以辅助石墨板做阴极，其上方有栅板，栅上张帆布、洋纱或亚麻布隔膜。膜上放阳极板。如此阳极即使成碎片，电流亦不会断路，故可溶解尽。两极距离100 mm。沉积在阴极上的银，可用耙子随时扒取。

此法，溶液在槽中没有流动，靠贫液的自然上升和富液的自然沉降以保持阴极区的银离子浓度。由于没有搅动，电解液的银离子浓度要求高。

由于阳极泥电阻、大的极距以及阳极板接触等，会造成槽压高达3.2 ~ 3.8 V，自然电耗较高。

卧式电解槽与直立式电解槽相比，在生产规模相同时，占地面积大，电耗高，电解液要求有较高的银离子浓度，因而投资费用高，所有这些原因促使直立式电解槽被广泛应用。但也应该指出，直立式电解槽构造复杂，特别是刮刀的存在给清擦接触点等槽面操作带来不便。

4. 直立式银电解槽的生产实践及主要技术条件控制

银电解精炼的操作是周期性的，阳极寿命约为两天，阳极残极率应小于15%。

阳极板在装槽前要打平，打掉飞边毛刺，钻孔挂钩，套上双层布袋，然后装入槽内。阴极也要平整、表面光滑，阴极耳内部要擦亮。装完电极后，调整好电解液成分，接通电路进行电解，启动搅拌机械，待电解析出一定时间后，开动运输皮带将银运出槽外。

银粉用热水洗涤、烘干后，送熔化铸锭。阳极溶解至残极率小于 15% 后，取出更换新板，残缺的阳极经洗净后，有些工厂直接返回分银炉重铸阳极板，有些工厂则重新放回布袋，再进行电解，以便进一步电解后提高黑金粉的含金品位。总之，残阳极的去向应根据实际情况而定。阳极袋中积聚的阳极泥，定期取出，精心收集，洗涤、干燥后，再作处理。

在电解过程中，槽面操作最重要，操作好坏直接影响银粉的质量和电耗等技术经济指标。槽面操作的主要任务是控制好下列技术条件。

(1) 槽电压

槽电压是影响电力消耗、银粉产量和质量的重要因素。此外，槽电压过高，还会减少阳极布袋的寿命。在电解过程中，必须保持电极排列整齐和接触点的清洁，由于受酸雾影响导电棒和导电板时常会变黑，必须随时进行处理。另外，须经常检查阴极析出的情况，按规定每两小时铲一次银粉，以免造成短路，每小时应测槽压一次，以便发现问题及时处理。

用直立式进行电解时，槽电压一般为 1.4 ~ 2 V。

电解过程中，各个槽子的阳极溶解情况是不均衡的，当个别槽的槽压达到 2 V 时，应该并槽，用导电棒将槽要切除。摘下该槽刮刀，取出阳极，将其中的大残极放入别的槽中，替换出这一槽的小残极。

(2) 电流密度和电流大小

银电解精炼的电流密度应尽量高些，以减少贵金属的积压，但电流密度过高也会降低析出银的物理、化学性质。当阳极质量较高时，可采用较高的电流密度。我国银电解阴极的电流密度一般为 250 ~ 350 A/m^2，相当于电流 300 ~ 500 A。电流由于电解液温度低或导体接触不良而降低，此时，必须及时给予相应的处理。当发现电流急剧上升、槽压急剧下降时，可能发生了短路，应该马上检查阴极析出情况，并铲落大的晶粒。应特别指出的是，短路对于银的产量影响很大，在一电解槽中，有一对电极短路，则大部分电流将由此通过，因而使其他各对电极的电压全部降低，也即槽电压降低。

(3) 电解液温度

一般是 30 ~ 50℃，当电解液温度在 30℃ 以下时，电能消耗增加，因为电解槽内电压降绝大部分是用来克服电解液的电阻。如果温度高于 50℃ 以上，则不仅会使酸雾增大，劳动条件恶化，而且会使阴极银的逆溶解作用大大加强，并且影响阴极银的质量，严重时，会使析出银呈海绵状。

电解液在电解过程中通常依靠焦耳效应加热，当冬季温度过低时，可在地下槽用蒸汽将其加热或加暖气包提高室温；在夏天，当液温过高时，应加强厂房的通风，同时可以搅动电解液，有些工厂甚至加入冰块，并补充一定量的硝酸。

(4) 电解液的循环和搅拌

银离子较重，只有搅拌不足以使电解液的浓度均匀，还必须对电解液进行机械循环，循环的速度主要根据电解液温度和阴极析出情况来确定，温度高或析出情况不好，应加强循环。电解液流量为 800 ~ 1000 mL/(min · 槽)。搅拌速度 20 ~ 22 r/min。

(5) 电解液成分

这是一项主要的技术条件，电解时，经常检查电解液中的银和酸的含量，以便及时添加和补充。

电解银与电解铜、铅、锌等重金属不同，各项操作都应小心细致，保持工作场所的清洁，每粒金属和每滴电解液，所有要排放的溶液、洗涤水，都应该经过处理，一切用破的劳保用品和抹布，都应烧掉，以提高金属回收率。

实践证明，槽面操作的好坏，可用电流效率来衡量，具体计算公式如下：

$$\eta_k = \frac{B}{qIt} \times 100\%$$

式中 η_k——阴极电流效率(%)；

B——实际析出的金属量(g)；

q——电化当量，Ag 为 4.025 g/(A·h)；

I——电流(A)；

t——通电时间(h)。

我国银电解时的电流效率在正常情况下为95%～98%。

5. 银电解产物的处理

银电解过程得到银粉、残极和黑金粉三种产物，前两种产物的处理在前面章节有所提及，在此不再讨论。下面我们主要讨论银电解阳极泥，俗称黑金粉的处理。

银电解精炼产出的阳极泥，占阳极质量的8%左右，一般含金50%～70%，含银30%～40%，还有少量杂质。

此种阳极泥含银过高，不能直接熔铸成阳极进行电解提金，应该进一步除去过多的银，提高含金品位。方法有两种，一为硝酸分解法，另一种为进行二次银电解。

硝酸分解法是把阳极泥加入硝酸中，银则溶解而金不溶解。液固分离后，液体送去回收银，固体含金品位提高，可达90%以上，则送去熔铸成电解提金的阳极板进行精炼，或用王水分金法进行精炼。此法较为简便，但耗酸大，银的回收较麻烦，若有金电解装置的企业，一般已不使用。

二次银电解，是把一次电解的阳极泥熔铸成阳极板，再进行一次电解提银，电银仍是合格的，而阳极泥的含金量可提高至90%以上。二次电解提银不必另设一套设备，只在一次电解的电解槽中放进一部分由一次电解的阳极泥铸成的阳极板即可，为防止这种阳极板中含金量过高而影响阳极溶解，熔铸时可掺进一部分银粉以降低含金质量分数。工厂为区别起见，把第一次电解提银产出的阳极泥称为一次阳极泥，因其色黑，又称为一次黑金粉，第二次电解产生的阳极泥，称二次阳极泥，又称二次黑金粉。

二次黑金粉产出率一般为二次阳极重的35%，含 Au 约25%以上，含 Ag 较高，其余为铜等杂质，将二次黑金粉铸成阳极板，送去进行金的电解精炼，或将二次黑金粉洗涤、烘干后用王水法进行分金精炼。

一次或二次阳极泥的洗涤水，除可用前述的净化法进行处理外，有的工厂曾向含银溶液中加入盐酸或食盐，使银生成氯化银沉淀回收，但由于银的沉淀不完全，且所得到的氯化银在处理过程中损失较多，所以应尽量少用该法。

6.7.6 金银的浇铸

精炼所得的金、银应熔化并铸成一定要求的金、银锭。熔铸金银时，可采用坩埚，用煤气、重油加热并进行鼓风，目前，大部分工厂采用电炉熔铸，这样更有利于控制熔铸条件。

坩埚系采用石墨或耐火材料制成，用专门的铸模铸型。

由于金、银在高温时大量吸收氧气，而温度下降时又放出氧气，在应用中，除了要求金、银的化学成分合格外，对其物理规格方面的要求也比较严格，所以在浇铸过程中除必须严格控制技术条件外，还需要有熟练的浇铸技术。

1. 银锭的浇铸

(1)熔融银中氧气的排除

银在空气中熔化时，约吸收 21 倍于其体积的氧，这些氧在银凝固时会猛烈放出，产生金属飞溅现象，给银锭浇铸带来许多困难，常常造成银锭有气眼、缩坑、麻面和质量不符合要求等不良缺陷。

氧在银中的溶解度与温度有关。银在固体状态时，对氧的溶解度很小，但当温度接近于熔点时，银对氧的溶解度曲线发生了突然的改变，溶解度骤增，之后又随着温度的升高而逐渐降低。由此可见，当银由熔体变为固体时，溶解度突然降低，氧突然猛烈放出，使银产生不正常的内应力。根据内应力定理：气体在金属中的溶解度与该气体施加于金属的压力的平方根成正比，因此，当氧施于银的压力减少时，其溶解度就会降低。

根据上述论点，为避免浇铸时的困难，需要在铸型前适当提高银液温度，并在银粉加入前加入少许还原剂(如木炭粉、麦皮等)于坩埚里面以助除氧。如果再用树枝或铁钎搅动，则效果会更好。此外，使用真空技术熔化、浇铸，将能获得物理规格好的银锭。

(2)铸锭的浇铸方法

银锭模型为立式长方形夹槽，用铸铁或铸钢制成，内部有严格的尺寸和平整光滑的表面，浇铸前模子应经预热并用乙炔熏上一层烟。

银粉分批加入坩锅，熔化好后，会有大量火苗冒出，此时，银液便可浇铸了，一般熔化时间为半小时左右。将少许草木灰放到翻腾的银液中，挡住少许杂质，浇铸时须认真，一般倒银液是两头细，中间大，银锭出模后放入稀的硫酸水溶液中，然后，放入清水中浸洗，并即刻拿出，切掉银头，刷得发亮即成产品。

(3)银锭浇铸时各种缺陷的产生和防止

由于操作和技术条件控制不正确，银锭常常会产生下列缺陷而成废品，生产中必须加以防止。

1)缩孔：缩孔产生在银锭的内部，并多半是产生在上部。任何物体在凝固时，都会缩小其体积。因此，银锭当四面先行冷却之后，就在中间产生了空洞。消除缩孔的方法是铸模上加工有收缩帽。同时浇铸临近帽口壁的银冷却后，应及时补缩，若帽口尺寸太小，液温、模温低，浇铸速度太快时，易产生缩孔。

2)缩凹：缩凹即银锭表面凹陷，它大多是产生在银锭的上部。

银液注入模中后，温度急剧降低，在银锭四周优先冷却之后，氧猛烈地向中间集中，形成旋涡状气流，此时，如果浇铸速度较慢，则氧可以由上面逸出。但如果浇铸速度快，则氧就不能逸出，构成旋涡气流，迅速旋转，形成抽力，将似凝未凝的银锭表面抽陷。形成缩凹的原因，大多数是因炉温低，熔化时间长，浇铸速度太快所引起的，除调整炉温外，浇铸时应根据易产生的部位适当减小浇铸速度。

3)麻面：有时银锭表面会形成一些细小的孔眼，主要原因是模板温度高，或冷却速度慢，气体由锭的表面强烈逸出所形成的蜂窝孔造成。有时是由于模板涂料脱落或爆皮所引起。操作中，应加速熔化除气，适当增加木炭类或麦皮用量，覆盖好液面，缩短熔化时间，防止熔银液过热，检查模片积灰是否太厚或局部剥落，若有此种情况要降低模温，重新擦模子。

4）棱角残缺和银豆：棱角残缺就是银锭的侧棱或底角脱落，银豆就是在银锭上附有银珠或已脱落形成的空穴。

在浇铸初速度很大或银液入模高度很大时，银液入模后会引起强烈的飞溅和沿模壁上涌的现象，溅起的金属由于冷凝很快，而不能与继续注入的金属熔化，溅在角上的引起掉棱，溅在壁上的形成银豆。掉棱有时也可能是银液入模时，未对准模心，擦着端面的壁而造成。有时由于震动或某种原因使模壁涂料脱落了，则银豆也会因为银冷凝时喷出的银珠挂在壁上而造成。

5）皱纹：银锭表面有纹状疤痕，它主要是由于银液温度低，浇铸速度慢，操作不连续或银入模时擦着壁等原因而引起的熔合不良所造成。

6）裂纹：模板浓度不均，致使银锭冷却速度不一致，其先冷却部分收缩快，遂与冷却慢收缩迟缓的部分分开。或是由于某些杂质氧化物的存在，降低了银铸造性能，降低了银的塑性。

7）气孔：当模板温度低、银液温度低、银液冷凝过快、帽口尺寸小或浇铸速度过大，氧来不及逸出时，就使银锭内部形成许多小空洞。小的气孔对银锭没有影响，反会调节其质量，但大的气孔是有害的，有时气孔会出现在银锭的上部，与外界仅隔有一层薄膜，极易穿破，有时也会露出表面。

8）质量偏差：模板尺寸是个固定的因素，铸银的密度由于含氧的数量不同，因而有较大的波动。这在很大程度上取决于浇铸速度，如果浇铸速度过大，则银锭内含有较多的氧，密度下降，质量减小。反之，如果浇铸速度过慢，则质量又将过大。

为了得到符合要求的产品，铸型时应控制好如下技术条件：熔化温度1150℃，银液呈淡绿色，黏铁钎；浇铸时间45～50 s/块；模温120℃。

另外，当处理质量差的银粉时，可在熔化过程中，加入碳酸钠和硝酸钾，进一步除去杂质。模内涂料厚度宜适当而均匀，搬动模板时应避免震动，以防涂料脱落。各项操作必须严格进行，浇铸前应做好一切准备工作，保持坩埚浇嘴和模口附近的清洁，浇铸时要准而稳。为便于操作，可将模板倾斜放置与纵轴约15°角，这样有利于氧的逸出。浇铸必须连续，不能中断，坩埚不能左右摇摆，从模中取出银锭时，动作宜轻，以免机械损坏棱角。

2. 金锭的浇铸

金锭浇铸模为长方梯形，用铸铁制成，内壁有严格要求的尺寸和平滑光亮的表面，在浇铸前用油或乙炔均匀熏上一层烟灰，浇铸时，模板的放置应保证水平，事先用水平仪量好。

金铸型不放木炭粉和草木灰，只是在浇铸前约5 min左右，加少许火硝除掉少量杂质，然后浇铸即成产品。

为了保证得到符合要求的金锭，必须控制好以下技术条件：熔化温度1300～1400℃；模温120℃。

金锭冷凝后，轻轻取出，应防止金锭表面机械损伤。热的金锭放入稀盐酸溶液中洗涤，然后用水冲洗，最后用酒精将其表面擦拭光亮，经打号、称重后便可入库。

6.7.7　阳极泥的湿法处理工艺

阳极泥火法处理工艺经过长期的实践，设备和技术不断改进，日臻完善和成熟，金银的回收达到了较高的水平，综合回收的元素也比较多。但火法流程存在着固有的缺点：返渣多、金银直收率低，生产周期长，积压大量贵金属，影响企业资金周转。特别是一些中小企业，还存在设备利用率低，砷、铅烟尘危害等问题，因此，阳极泥湿法处理工艺应运而生。我国于 1978 年湿法处理铜阳极泥工艺投产，1986 年湿法处理铅阳极泥工艺投产，湿法工艺由于具有金银直收率高，生产周期短等优点而获得迅速的发展。

湿法流程多种多样，但投入生产的有下列几种：铜阳极泥硫酸化焙烧蒸硒—酸浸脱铜—NaOH 浸出碲铅法；铜阳极泥低温氧化焙烧—酸浸 Cu、Se、Te 法；铅阳极泥氧化焙烧—HCl—NaCl 浸出法；铅阳极泥控电位氯化浸出法。各种工艺方法主要工序为(略有增减)：一是首先脱除贱金属以富集贵金属，为后者回收创造条件；二是分银，即浸出银后从浸出液中还原金粉；三是从金还原后液中回收铂、钯；四是从副流程中回收 Cu、Sb、Bi 等贵金属。其中有些流程浸出后得富银渣，经转态后，接火法处理，铸成阳极板后，经银电解获得银粉并铸成银锭，称半湿法流程。另外上述流程中分银、分金二工艺的组合顺序由银的物质形态决定，如果银的氯化程度不足够高，则分金放在分银之前。

6.8　含锑物料的处理

6.8.1　基本原理

烟灰中的锑、砷、铅主要以氧化物形态存在。锑的氧化物是比较容易还原的。温度在 800℃以上时，烟灰中的锑、砷、铅等氧化物便能与碳和一氧化碳发生如下反应：

$$2Sb_2O_3 + 3C = 4Sb + 3CO_2$$

$$2PbO + C = 2Pb + CO_2$$

$$Sb_2O_3 + 3CO = 2Sb + 3CO_2$$

$$As_2O_3 + 3CO = 2As + 3CO_2$$

其他杂质的氧化物也被还原成金属。在还原过程中碱(碳酸钠)同时起助熔作用。碱与锑、砷氧化物及其他酸性氧化物如 SiO_2 等结合成复盐，因其密度小而浮于锑液面上形成锑渣。主要化学反应如下：

$$As_2O_3 + O_2 + 3Na_2CO_3 = 2Na_3AsO_4 + 3CO_2$$

$$Sb_2O_3 + O_2 + 3Na_2CO_3 = 2Na_3SbO_4 + 3CO_2$$

$$SiO_2 + Na_2CO_3 = Na_2SiO_3 + CO_2$$

6.8.2　工艺流程

工艺流程如图 6 - 34 所示。

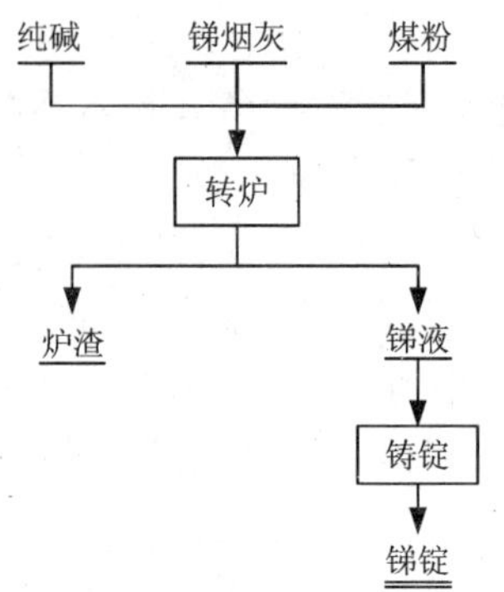

图 6-34 含锑物料处理工艺流程图

6.8.3 主要技术条件

(1)配料：烟灰∶粉煤∶纯碱=100∶18∶8。

(2)熔化温度：1100~1150℃。

(3)还原阶段温度：950~1000℃。

(4)加衣子温度：要适当提高炉温，保证炉温在1000℃以上。

(5)铸锭温度：750~800℃。

6.8.4 工艺操作

(1) 配料。按规定的配料比进行配料；炉料要混合均匀。

(2) 进料时要等炉温达到规定温度后方可进料，每次炉料不得进得太满，收尘系统操作按阳极泥进料操作。

(3) 当炉料完全熔化后以铁耙插入锑液中进行搅动，使锑氧化物完全熔化并还原，同时使杂质易于造渣浮起，每20 min搅动一次。操作时应注意：

1) 当炉渣黏结不易和锑液分离时，表示碱量不够，须适当添加纯碱，以加速熔化；

2) 若炉渣很稀，表示还原煤不足，须适当加入还原煤以加速液态锑的氧化物的还原；

3) 若炉渣稠密夹有锑水时，除加碱外，还须注意把炉温升高。

(4) 放渣。以铁耙推动炉渣，见炉渣很容易推开并不立刻合拢，有如拨开水中的浮萍一样，而且炉渣轻浮多孔，表面呈栗色或黄色，锑水表面呈银白发亮，放出的炉渣没有白烟冒出时，则表示可以放渣。放渣应做到：

1) 放渣要干净，时间要短，且角度要适中，以免放出锑水；如锑液表面杂质多，难扒出时，可加入适量纯碱。

2) 放出的泡渣禁止随即喷水，泡渣要运至指定地点，妥善堆存保管好，并要计量、取样分析。

(5) 放渣完毕后，将锑液温度控制在1050~1100℃以上，随后加衣子(烟粉配以2%的纯碱，按每吨锑液50 kg加入)，加衣子时要保证衣子不得混有水分和杂质，且必须要烧红锑水，炉内的杂质要尽量抓干净。

（6）出锑。当衣子氧熔融成流动性较好的均一熔体后，降低炉内熔体温度至750～800℃即可铸锭，铸锭时要做到：

1）先浇衣子，再注锑水（锑模不得潮湿）；

2）锑锭表面的衣子，不要浇铸过多；

3）待锑锭表面凝固后，才能脱模；

4）出锭过程要注意保持炉内温度。

（7）每炉锑锭要检斤、取样（锑锭化验元素：Pb、Sb）。锑锭产出化学成分要求：（Pb + Sb）> 90%。

（8）每个班次认真填写记录，包括烟灰质量、碱量、煤粉加入量、油耗等。

6.9　分银炉渣的处理

6.9.1　基本技术条件及原理

1. 硫酸浸出技术条件

（1）液：固 =（5～6）∶1。

（2）始酸：110～120 g/L，机械搅拌及通压缩空气时间：4 h。

（3）温度：80～85℃。

（4）分银炉渣：0.25 mm（-60 目）。

（5）渣洗涤用水：液：固 = 2∶1。

（6）主要化学反应：

$$Cu_2O + H_2SO_4 = CuSO_4 + Cu + H_2O$$

$$Cu + 1/2O_2 = CuO$$

$$CuO + H_2SO_4 = CuSO_4 + H_2O$$

2. 中和沉铜技术条件

酸浸液用纯碱中和，终点pH 7.5～8.0，温度45～60℃，中和后液变为无色透明溶液即过滤。

主要化学反应：

$$2CuSO_4 + Na_2CO_3 + 2H_2O = CuCO_3 \cdot Cu(OH)_2 \downarrow + Na_2SO_4 + H_2SO_4$$

6.9.2　工艺流程

分银炉渣回收铜工艺流程见图6-35。

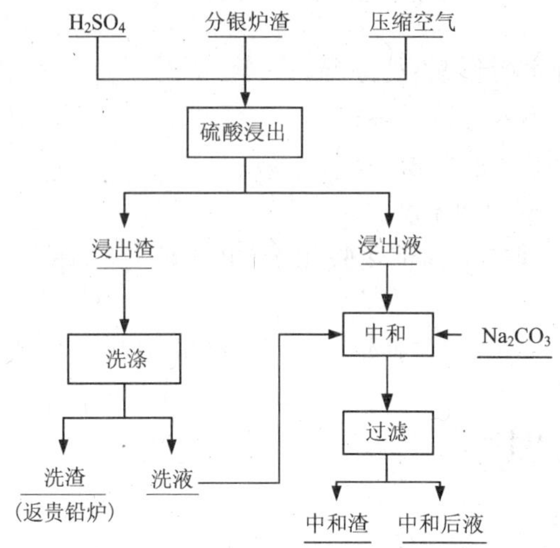

图 6-35 分银炉渣回收铜工艺流程图

6.9.3 生产实践

生产过程中每次用一定量硫酸，温度达到 80~85℃时吹压缩空气、开搅拌，然后加料，搅拌 4 h 后停机压滤，渣用水洗涤，生产结果见表 6-38、表 6-39。

表 6-38 硫酸浸出结果

物料名	批号	质量(kg) 体积(m^3)	Cu	Ag	H_2O
分银炉渣(固)(%)	1	600	24.50	6.17	—
	2	645	27.85	7.03	—
	3	600	31.09	10.15	—
	4	650	25.43	8.56	—
	5	600	26.34	5.00	—
	6	625	29.66	5.05	—
	7	618	25.65	6.80	—
浸出液(液)(g/L)	1	2.6	50.43	0.16	—
	2	2.5	53.28	0.26	—
	3	2.6	56.51	0.24	—
	4	2.9	49.26	0.13	—
	5	2.9	48.79	0.11	—
	6	2.5	58.29	0.13	—
	7	2.8	50.25	0.13	—

续表

物料名	批号	质量(kg) 体积(m^3)	Cu	Ag	H_2O
洗液（液）(g/L)	1	1.8	4.35	1.22×10^{-3}	—
	2	1.8	11.80	0.35×10^{-3}	—
	3	1.8	11.80	0.35×10^{-3}	—
	4	1.8	5.54	0.014×10^{-3}	—
	5	1.8	2.47	0.11×10^{-3}	—
	6	1.8	10.17	0.02×10^{-3}	—
	7	1.8	3.11	0.035×10^{-3}	—
浸出渣（固）(%)	1	596	0.78	8.81	30.00
	2	570	2.14	12.28	36.10
	3	580	4.50	14.90	30.00
	4	595	5.09	13.97	33.80
	5	600	4.96	6.78	27.00
	6	590	5.79	7.13	26.00
	7	580	5.13	10.39	31.00

表6-39　用硫酸浸出后各元素的浸出率(%)

批号	Cu浸出率		Ag浸出率	
	液计	渣计	液计	渣计
1	94.52	97.79	1.13	0.71
2	85.98	95.66	1.44	1.36
3	90.15	90.21	1.03	0.67
4	92.46	87.87	0.68	1.10
5	92.34	86.25	1.06	1.01
6	88.49	86.36	1.03	1.37
7	92.29	89.57	0.87	1.05
平均值	90.89	90.17	1.03	1.04

从表6-39可以看出，铜浸出率在90%左右，99%左右的银留在渣中。

酸浸后液加纯碱中和，一次酸浸液、洗液一槽可以中和完毕。每槽中和的条件是溶液温度40~60℃，加纯碱调pH至7.5~8.0，中和后液清亮无色透明后即可过滤。中和结果见表6-40、表6-41。

表 6－40　纯碱中和沉铜结果

生产批号	物料名称	体积(m^3)	铜含量(g/L)	沉铜率(%)
1	中和前液	4.6	39.10	99.98
	中和后液	4.6	0.006	
2	中和前液	4.5	37.80	99.98
	中和后液	4.5	0.072	
3	中和前液	4.6	36.12	99.98
	中和后液	4.6	0.0072	
4	中和前液	4.8	26.96	99.92
	中和后液	4.8	0.0208	
5	中和前液	4.4	29.41	99.85
	中和后液	4.4	0.0428	
6	中和前液	4.7	31.18	99.97
	中和后液	4.7	0.008	
平均值				99.95

表 6－41　中和渣成分

生产批号	中和渣重(kg)	中和渣成分(%)			
		Cu	Bi	Ag	H_2O
1	610	49.09	1.69	0.26	53.3
2	580	52.97	0.08	0.062	58.2
3	560	48.34	0.67	0.067	50.3
4	465	50.90	0.16	0.065	51.6
5	590	47.67	0.16	0.035	53.3
6	480	47.89	0.11	0.041	50.3
平 均 值		49.48	0.478	0.088	52.83

从表 6－40 可以看出，中和沉铜率在 99.9% 左右。

第 7 章　环境保护

7.1　概述

密闭鼓风炉炼铅锌(ISP)工艺主要包括硫精矿氧化和鼓风炉还原两个过程，以及后期的锌精馏和铅电解提纯过程。硫精矿的氧化过程是在烧结机中完成的，它充分利用硫精矿氧化时释放的热量，自行维持反应持续进行，而且这些热量还能带入鼓风炉中参与还原反应，由于该工艺能充分利用热能，是实现铅锌从硫化物转变为单质铅锌的低能耗冶炼技术路线。

然而，ISP 工艺存在流程长、污染源点多、污染物成分复杂等缺点，使得该工艺污染控制难度大，环保投入多，减排工作困难。特别是 ISP 工艺产生的废水、废气、固废中含有铅、锌、镉、汞、砷等有毒有害物质，国家排放标准《铅、锌工业污染物排放标准》(GB 25466—2010)对这些物质的排放量做了严格的规定。由于这些物质在环境中容易积累，难于分解，如果控制不当，就会超过环境承载能力，造成污染。因此妥善解决 ISP 工艺环保问题，开展污染物减排工作具有重要意义。

本章将重点介绍 ISP 工艺的产排污状况，环保治理工艺，设备原理、维护维修，岗位操作技术、环保管理，环境监测技术等内容，这对促进环保技术交流，提高我国 ISP 工艺环保技术水平，具有一定的实际意义。

7.2　废气治理技术

7.2.1　废气的产生

ISP 工艺废气主要来源有三个方面：物料转运、破碎、筛分过程产生的工业粉尘，烧结焙烧时产生的二氧化硫烟气；密闭鼓风炉熔炼、锌精馏、铅电解精炼时产生的烟尘。废气的主要特点如下：

(1)精矿干燥、松散、配料、转运工序产生的含工业粉尘的烟气；

(2)烧结过程烧结机头部、中部、尾部产生的含烟尘和低浓度 SO_2 的烟气；

(3)烧结块料在破碎、筛分、转运、冷却时产生的含工业粉尘的烟气；

(4)烧结制酸系统排放的含 SO_2 和硫酸雾的尾气；

(5)熔炼备料系统产生的含工业粉尘的烟气；

(6)熔炼系统炉前、前床出铅口、三槽、炉顶加料口产生的烟尘；

(7)锌精馏炉塔加料口、扒渣产生的烟尘；

(8)铅电解熔铅锅、电铅锅、反射炉产生的烟尘；

(9)余热电厂产生的含尘 SO_2 废气。

7.2.2 废气治理

密闭鼓风炉炼铅锌工艺(ISP)流程及产排污分布(见图7-1)。

7.2.3 主要的废气治理设备

1. 旋风除尘器

旋风除尘器在ISP粗炼系统使用较广(见图7-2),主要用作布袋除尘器的前级除尘,去除较大粒径颗粒,降低布袋除尘器的负荷。旋风除尘器是利用旋转气流所产生的离心力将尘粒从含尘气流中分离出来,具有结构简单,容易维护,操作维修方便,阻力不高等优点。旋风除尘器一般用于捕集5~15 μm以上的颗粒。除尘效率可达80%以上。近年来经改进后的特制旋风除尘器,其除尘效率可达85%以上。旋风除尘器的缺点是捕集微粒小于5 μm的效率不高。

旋风除尘器工作原理:旋转气流的绝大部分沿器壁自圆筒体呈螺旋状由上向下向圆锥体底部运动,形成下降的外旋含尘气流,在强烈旋转过程中所产生的离心力将密度远远大于气体的尘粒甩向器壁,尘粒一旦与器壁接触,便失去惯性力而靠入口速度的动量和自身的重力沿壁面下落进入集灰斗。旋转下降的气流在到达圆锥体底部后,沿除尘器的轴心部位转而向上,形成上升的内旋气流,并由除尘器的排气管排出。自进气口流入的另一小部分气流,则向旋风除尘器顶盖处流动,然后沿排气管外侧向下流动,当达到排气管下端时,即反转向上随上升的中心气流一同从排气管排出,分散在其中的尘粒也随同被带走。影响旋风收尘器效率的主要因素是进口风速(一般为15~25 m/s)、烟气性质和底部气密性。

2. 袋式除尘器

ISP工艺中使用较多的布袋除尘器,根据清灰方式分为反吸风袋式除尘器、脉冲喷吹式除尘器。

(1)反吸风袋式除尘器

大气反吸风袋式除尘器是一种高效干式除尘设备,一般有两个以上箱体并联使用,它具有构造简单、维护容易、滤袋寿命长、运行费用低、收尘效率高等优点。缺点是体积庞大,布袋更换复杂,过滤风速较低,清灰效果较差,阻力偏高,见图7-3。

含尘气体在风机负压作用下进入收尘器的下箱体,经导流板分配到各箱体,因箱体的截面积较大,使气流速度减慢,气流中的大颗粒粉尘在重力作用下沉降到箱体灰斗中。较小的颗粒被气体带入滤袋,并阻留在滤袋内表面,过滤后的干净气体则穿过滤袋经风机排入大气。当粉尘层不断增厚,系统阻力不断增加,达到一定限值后(一般设为1200~1900 Pa),在系统电脑控制下进入清灰状态,过滤工作阀关闭,反吸风阀打开,在系统风机负压的作用下,气流按过滤时相反方向流动,将附着在滤袋内表面的粉尘层清理下来。

反吸风袋式除尘器在ISP冶炼工艺中主要用在烧结、熔炼等物料转运量大、卸料点多、烟气成分单一的工序。在维护管理中要注意以下几个方面:

①安装时绑扎布袋要认真,布袋固定在上端盖和下花板接口处后,必须用力扯紧,确保不松脱。由于工作时附着粉尘的布袋质量增加较大,拉力增加,容易造成脱袋现象。

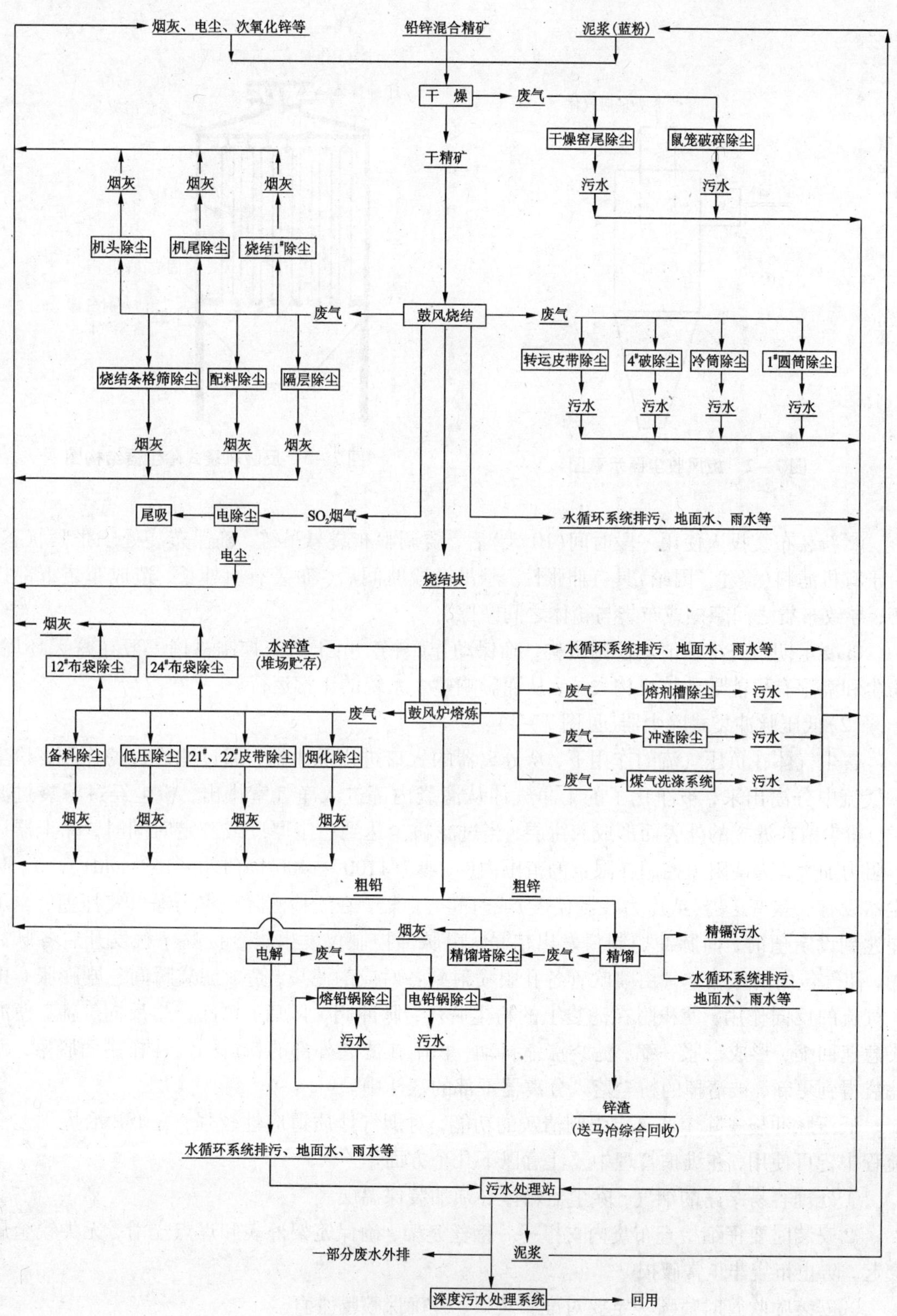

图7-1 密闭鼓风炉ISP工艺产污图

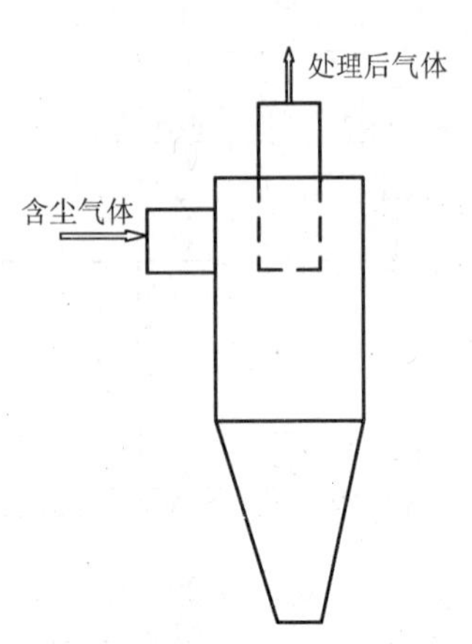

图 7-2　旋风收尘器示意图

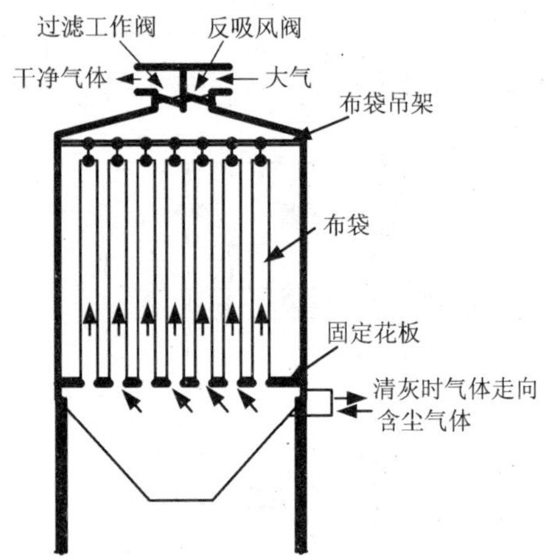

图 7-3　反吸风袋式除尘器结构图

②新装布袋投入使用一段时间(10 天)后，要调整布袋悬吊链，确保布袋处于张紧状态。由于有机滤料(涤纶、丙纶)具有伸张性，悬吊一段时间后，布袋有所伸长，造成布袋下部折弯，导致布袋之间摩擦或布袋与箱体之间摩擦。

③要定期检查维护清灰控制机构，确保动作顺畅。由于清灰控制机构一般在露天环境，粉尘和潮湿有可能导致该机构失灵，从而影响整个系统的正常运行。

(2)低压脉冲袋式除尘器(见图 7-4)

含尘气体在负压气流的作用下，从分离器的入口进入除尘器，通过滤袋过滤作用，粉尘从气流中分离出来，被净化了的干净气体从滤袋内部进入净气室排出；粉尘经过滤袋过滤时，粉尘留在滤袋的外表面形成灰饼层，当过滤粉尘达到一定厚度或一定时间时，除尘器运行阻力加大，为使阻力控制在限定的范围内(一般为 1100 ~ 1400 Pa(120 ~ 150 mmH_2O))，除尘器设有压差变送器(或压力控制仪表)或时间继电器，在线检测除尘室与净气室压差，当压差达到设定值时，向脉冲控制仪发出信号，由脉冲控制仪发出指令按顺序触发开启各脉冲阀，使气包内的压缩空气由喷吹管各孔眼喷射到各对应的滤袋，造成滤袋瞬间急剧膨胀。由于气流的反向作用，使积附在滤袋上的粉尘脱落，脉冲阀关闭后，再次产生反向气流，使滤袋急速回缩，形成一胀一缩，滤袋涨缩抖动，积附在滤袋外部的粉饼因惯性作用而脱落，使滤袋得到更新，被清掉的粉尘落入分离器下部的灰斗中。

低压脉冲袋式除尘器具有强制清灰的功能，对烟气性质适应性较强，在 ISP 冶炼工艺全流程中皆可使用，在维护管理中要注意以下几个方面。

①处理容易结露的烟气，除尘器箱体必须加装保温层。

②安装时要仔细检查布袋内支撑——钢丝笼架，确保笼架外表和焊点光滑，无尖锐金属突起，防止布袋非正常破损。

③安装喷吹管时喷嘴一定要对准布袋口，并确保喷嘴垂直。

④喷吹系统的压缩空气储罐必须定期排水，防止高压气体带水喷水，造成糊袋现象。

⑤布袋箱体顶部箱盖要密封，减少系统漏风率，做好防雨措施，防止吸入雨水。

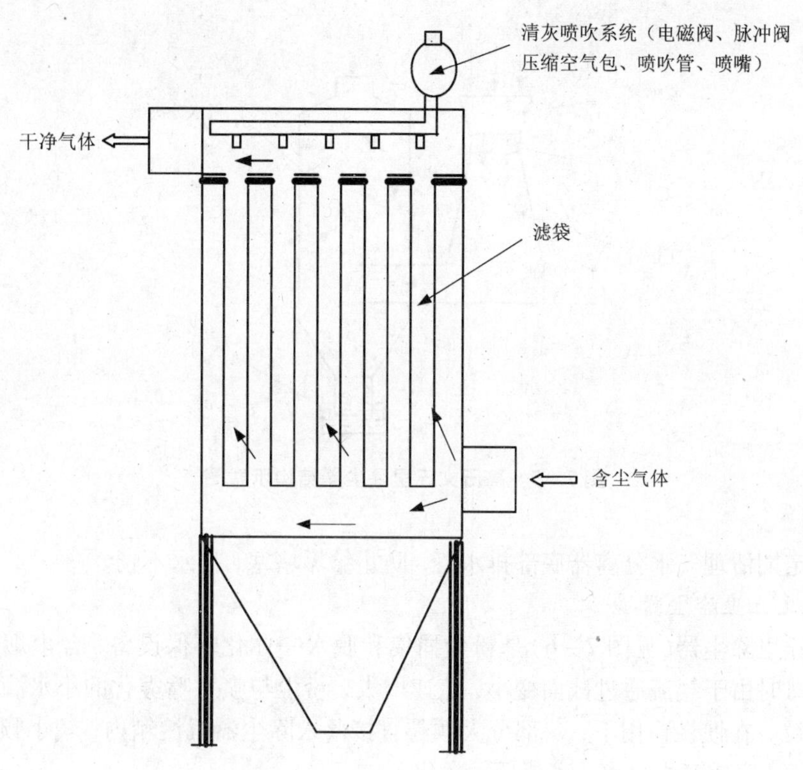

图7-4 低压脉冲袋式除尘器

⑥要及时卸灰，防止堵塞下部的进气口。

3. 高压文丘里除尘器

高压文丘里除尘器是湿法收尘器中收尘效率最高的一种（见图7-5），对于小于1 μm的颗粒有较高的捕集效率（收尘效率可达97%），还具有烟气降温的作用，因此被广泛用于各种高温炉窑烟气的治理。具有结构简单、运行稳定、易于维护等优点。缺点是阻力高、能耗大。

高压文丘里除尘系统由文丘里管（收缩管、喉管和扩散管三部分组成）、喷水装置以及气水分离器组成。含尘气体以60～120 m/s的高速通过喉管，这股高速气流冲击从喷水装置（喷嘴）喷出的液体使之雾化成无数细小的液滴，液滴冲破尘粒周围的气膜，与尘粒结合使之加湿、加重，在运动过程中，通过碰撞，尘粒还会凝结并增大，增大（或增重）后的尘粒随气流一起进入气水分离器。尘粒按切线方向进入气水分离器后，在离心力的作用下，尘粒被甩到器壁上，随水流入底部集液斗中，净化后的气体经风机排入大气。

影响高压文丘里除尘效率的主要因素：对于处理一定烟气的一定尺寸的收尘器来说，其收尘效率主要与供水量、供水压力以及液气比有关，在ISP工艺应用中，液气比一般控制在0.6～1.0 kg/m^3，给水压力约0.3 MPa，系统阻力3000～5000 Pa。

高压文丘里除尘器的运行管理必须做到以下几点：

①必须定期清理文丘里喉管，由于水质等原因会造成喉管结垢，导致管径变小，使得系统阻力大幅增加，风量减少，影响岗位通风量。

②必须定期检查供水系统，防止喷嘴堵塞，以免降低气液比，影响除尘效率。

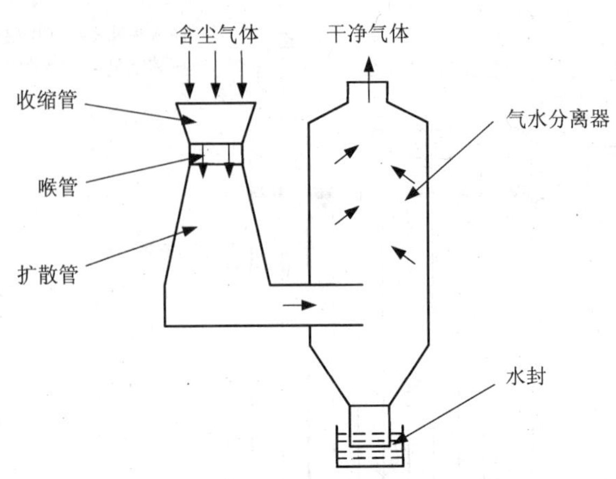

图 7-5　高压文丘里除尘器结构示意图

③必须定期清理气水分离器底部排水管，防止结垢堵塞，排水不畅。

4. 低压文丘里除尘器

低压文丘里除尘器(见图 7-6)是粉尘捕集和脱水一体化环保设备，含尘烟气通过狭缝式文丘里喉口时由于气流通过截面变小，流速增大，粉尘与喷水嘴雾化的小水滴碰撞结合形成较大的颗粒。在惯性作用下，一部分大颗粒直接落入除尘器沉淀箱内，较小颗粒随气流进入旋风脱水筒，完成气水分离，实现烟气净化。

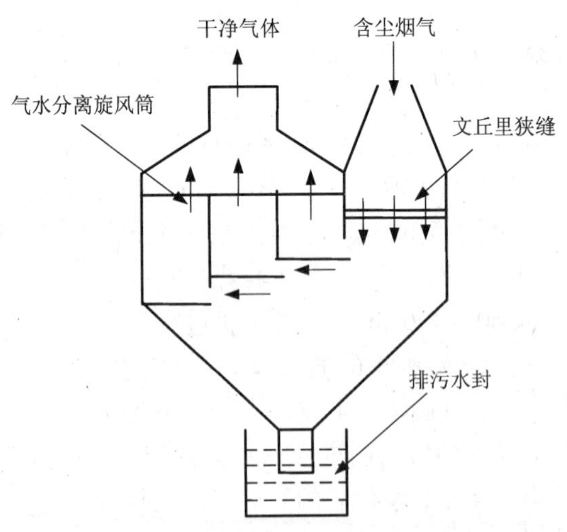

图 7-6　低压文丘里除尘器结构示意图

低压文丘里的运行管理主要做到以下几点：①定期清理喷水嘴，保证喷水高度 2 cm 左右。②定期清理气水分离旋风筒。③定期清理排污水封。

5. 粉尘输送系统

布袋除尘器捕集下来的粉尘暂存在除尘器灰斗内，输送系统将其运输到烧结配料仓，再次参与烧结过程，回收有价金属。输送方式采用吸送式气力输送。

该方式具有机械化程度高，设备简单，维修方便等优点。缺点有：动力消耗大，输送距离不能过长。吸送式气力输送系统(图7-7)主要包括：圆盘阀、给料器、旋风分离器、布袋分离器、水环式真空泵、气水分离器。

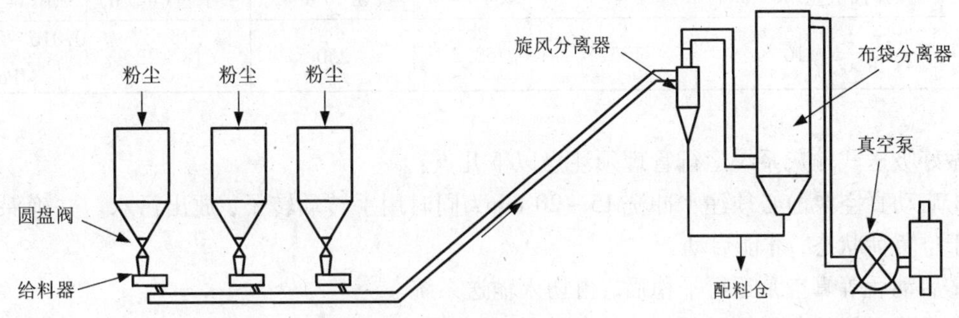

图7-7 吸送式气力输送系统

ISP工艺粉尘含有铅锌等重金属，密度较大，对输送气流速度要求相对较高，因此常选用水环式真空泵作为动力设备，其原理如图7-8所示。在有两个偏心的新月状空间的泵体中装有叶轮，当叶轮按逆时针方向转动时，注入泵体中的水因离心力的作用被抛到泵体内壁，并随同叶轮一起旋转，形成了水环，水环形状与泵体内壁相似，水环与分配器之间形成上下两个新月形空间，水在叶轮两叶片之间起着液体活塞作用，当叶轮由 A 点转到 B 点时，由于水被甩到泵内壁，两相邻叶片所包围的这个“空间”从小逐渐增大，造成“真空”，因而起到吸气作用；当叶轮再由 B 点转到 C 点时，情况正相反，那个“空间”逐渐减小，使原有吸到“空间”中的气体受到压缩，当压力达到略大于大气压力时，气体经气水分离器排到大气中；由 C 点再转到 A 点的下半转，重复上述过程。即在叶轮一转中发生两次吸气和两次排气，故称双吸作用。

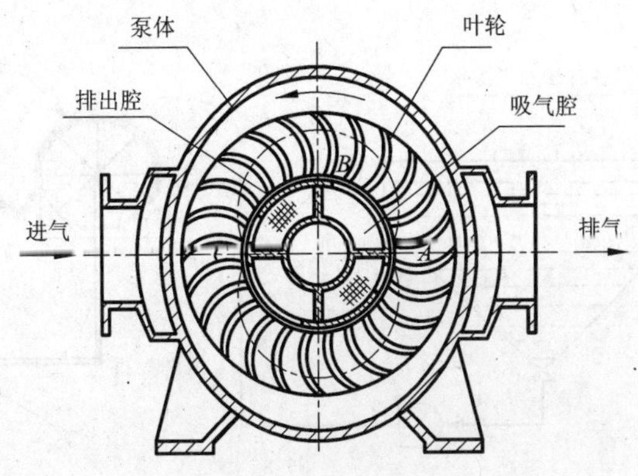

图7-8 水环式真空泵结构示意图

根据ISP冶炼粉尘特性和生产实践，一般选用2YK—110型单级双吸水环式真空泵，其性能参数如下(表7-1)。

表7-1 单级双吸水环式真空泵性能参数

真空度(MPa)	抽气量(m^3/min)	轴功率(kW)	效率(%)	转速(r/min)	供水量(m^3/h)	极限真空度
0.053	116.8	133.5	53.2	250	18~22	0.016~0.015 MPa

做好吸送式输灰系统运行管理须注意以下几点：

①启动真空泵前必须注水冲洗15~20 min，同时用手转动转子，放出污水。并确保真空泵处于空负荷状态，才能启动。

②启动后等真空泵运行平稳后，再切入输送系统。

布袋除尘器放灰作业时须保证均匀连续，同时注意剔除大块物料。

③紧急停机(停电等)时，必须及时关闭供水阀，打开大气连通阀降低系统真空度，防止泵体内的水倒吸至布袋箱内。

④必须在系统真空度为零时才能进行旋风分离器和布袋分离器卸灰作业。

6. 底泥过滤系统

湿法除尘排出的污水含有大量的固体颗粒(0.1~10 g/L)，经液固分离后，上清液循环使用，颗粒物料返回烧结矿仓配料，该工序由浓密池和转鼓真空过滤机组成(图7-9)。污水中的颗粒物在浓密池中在自身重力作用下沉淀浓缩成浆，其原理是：污水由进水槽进入中央布水器，在中央布水器的作用下污水从浓密池中心向四周均匀流动，由于过流面积突然增大，流速降低，污水中的固体颗粒在重力的作用下，缓慢下沉至浓密池底部，上部澄清液从浓密池圆周溢流堰流入集水沟，而底部的泥浆在刮泥机的推动下，向中心泥浆出口汇集，最后由泥浆泵送到过滤机。过滤机具有特殊的机构，沿圆周分为20等分的转鼓表面，分别与喇叭形锥斗、错气轴、旋转错气盘、分配头形成工作通道，分配头分为相互隔开的四个扇形区间：一是吸滤及一次干燥时的滤液引出空间，二是滤渣洗涤及二次干燥的滤液引出空间，三是吹风卸料时的压缩空气引入空间，四是吹风再生滤布时的压缩空气引入空间。当转鼓转动

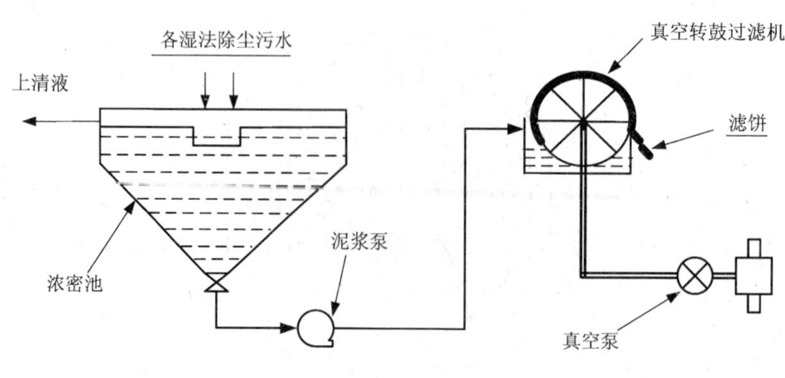

图7-9 底泥过滤系统

时20个等分的转鼓表面在分配头的作用下，泥浆槽中的泥浆在滤布表面分别经过吸滤、洗涤、吹风卸料、滤布再生4个过程，最后形成脱去大部分水的湿料，被刮刀从滤布表面分离下来，湿料返回矿仓待用。

7.2.4 ISP工艺流程废气治理设施配置方案

ISP工艺流程废气治理设施配置方案汇总见表7-2。

表7-2 ISP全流程废气治理方案汇总

废气治理系统名称	烟气性质及治理效果	主要设备	烟尘控制点	控制参数
烧结干燥窑除尘系统	烟气量:4.5~7.5万m^3/h;进口含尘浓度:2.8 g/m^3;温度:80~100℃;除尘效率:90%~95%;粉尘排放浓度:小于120 mg/m^3	窑尾收尘风机F9-26 12.5D左0°;并流式空塔:$\phi2500$,$H=10000$;高压文丘里:$\phi410$;气液分离器:$\phi1600$,$H=5500$;污水泵F80-38:$Q=54\ m^3/h$,$H=30$ m,15 kW	干燥窑尾部下料	液气比:0.8~1.2 L/m^3，系统阻力:5~6 kPa
鼠笼破碎除尘系统	烟气量:2~2.5万m^3/h;进口含尘浓度:2 g/m^3	低压文丘里除尘器WC-3.0;风机G4-68.9D右0°,24183~36665 m^3/h;电机Y200L-4:30 kW,1450 r/min;污水泵:3PNL	鼠笼破碎机进料皮带头部及鼠笼破碎机下料皮带	除尘器供水压力:0.098 MPa;液气比:0.6 L/m^3;阻力:1245 Pa
烧结配料室除尘系统	烟气量:1~1.2万m^3/h;进口:40~50 mg/m^3;除尘效率:96%~99%;粉尘排放浓度:50~70 mg/m^3	收尘风机9-19.9D左90°,风量8292~10171 m^3/h;电机Y180L-4:22 kW,1480 r/min;反吸风布袋除尘器MD-5:过滤风速1.5 m/min,滤袋材质丙纶针刺毡	配料室配料皮带头部、尾部(烟灰配料皮带共3条)	过滤时间:40 min;清灰时间:20 min;系统阻力:1470 Pa
烧结机头部烟气除尘脱硫系统	烟气量:6.82~8.25万m^3/h;进口:粉尘2.0 mg/m^3,SO_2 5000 mg/m^3;温度:80~120℃;除尘效率:97%~99%;脱硫效率:90%;排放浓度:粉尘70 mg/m^3,SO_2 600~800 mg/m^3	低压脉冲袋式收尘器CDDT-2.0:布袋材质为丙纶针刺毡,滤袋尺寸$\phi130\times6000$;高压离心风机F9-26No.14D右45°,$N=450$ kW;动力波洗涤器:$\phi3200$ FRP;罗茨氧化风机RE-190:$N=55$ kW	烧结机点火炉,烧结机头部星轮	布袋除尘器:清灰间隔8~20 s可调,喷吹压力0.15~0.25 MPa脱硫循环液pH=6
烧结隔层收尘系统	烟气量:6万m^3/h;进口粉尘浓度:1.5~2.0 g/m^3;出口浓度:50~70 mg/m^3	低压脉冲袋式收尘器LY-1:布袋材质为涤纶针刺毡,滤袋尺寸$\phi130\times6000$;隔层收尘风机G4-73-11No.11D左0°,65500 m^3/h,3646 Pa;电机Y280 M-4,90 kW,1450 r/min	烧结机隔层、振打器	清灰间隔:8~20 s可调;喷吹压力0.15~0.25 MPa

续表

废气治理系统名称	烟气性质及治理效果	主要设备	烟尘控制点	控制参数
烧结1#链板收尘系统	烟气量:10万 m^3/h;进口粉尘浓度:2.5~3.5 g/m^3,出口浓度:65~80 mg/m^3;除尘效率:96%~99%	反吸袋式收尘器CSF-Ⅱ2500:布袋材质为涤纶针刺毡,滤袋尺寸 $\phi250\times7900$;旋风除尘器:$\phi1000\times4$;收尘风机Y4-468.14D左90°,Y355-4,315 kW,1450 r/min	烧结块振动给料机,齿辊破碎机下料点,链板运输机转运点	清灰间隔60 min,清灰时间40 s,阻力1750 Pa
烧结条格筛除尘系统	烟气量:10万 m^3/h;进口粉尘浓度:2.5~3.5 g/m^3;出口浓度:65~80 mg/m^3;除尘效率:96%~99%	反吸袋式收尘器CSF-Ⅱ2500:布袋材质丙纶针刺毡,滤袋尺寸 $\phi250\times7900$;收尘风机Y4-68.14D左90°,108645 m^3/h,4459 Pa,Y355-4,315 kW,1450 r/min	条格筛进料链板头部,固定条格筛,筛下物振动给料机,波纹辊破碎机,熔炼返粉皮带头部	清灰间隔60 min,清灰时间40 s,阻力1750 Pa
烧结冷却圆筒除尘系统	烟气量:4.0~6.0万 m^3/h;进口粉尘浓度:2~3 g/m^3,出口浓度:65~70 mg/m^3;除尘效率:96%	溢流式高压文丘里除尘器 $\phi410$;气水分离器:$\phi1800$,$H=7540$;风机F9-26-11No.11.2D右180°,36190 m^3/h,7036 Pa;电机Y315M1-4,132 kW,1480 r/min	冷却圆筒出料口	液气比:0.8~1.2 L/m^3; 阻力:4410 Pa
烧结光面辊破碎机除尘系统	烟气量:4.0万 m^3/h;进口粉尘浓度:2~3 g/m^3;出口浓度:65~70 mg/m^3;除尘效率:96%	低压文丘里除尘器WC-4.0;风机G4-68-No.10D左45°,33173~50295 m^3/h;电机Y250M-4,55 kW,1480 r/min污水泵:3PNL	光面辊破碎机进料皮带,光面辊破碎机,破碎机下料点	除尘器供水压力:0.098 MPa;液气比:0.6 L/m^3;阻力:1245 Pa
烧结转运皮带	烟气量:2.0万 m^3/h;进口含尘浓度:2 g/m^3;出口含尘浓度:14.18 mg/m^3	低压文丘里除尘器WC-2.0;风机G4-68-No.8D右0°,20690~21770 m^3/h;电机Y180M-4,18.5 kW,1480 r/min;污水泵:2PNL,47 m^3/h,19 m,11 kW	返粉转运皮带头尾部	除尘器供水压力:0.098 MPa;液气比:0.6 L/m^3;阻力:1245 Pa
熔炼低压除尘系统	烟气量:10万 m^3/h;进口含尘浓度:1.5 g/m^3;出口含尘浓度:67 mg/m^3	低压脉冲袋式收尘器LMF-2.5:布袋材质为涤纶针刺毡,滤袋尺寸 $\phi130\times6000$;风机G4-73-11 200左,电机250 kW	链板下料斗、烧结块仓及振动筛、冷烧结块箕斗上料	清灰间隔:8~20 s可调;喷吹压力:0.15~0.25 MPa

续表

废气治理系统名称	烟气性质及治理效果	主要设备	烟尘控制点	控制参数
熔炼备料除尘系统	烟气量:16.6万 m^3/h;进口含尘浓度:2.8 g/m^3;出口含尘浓度:19.33 mg/m^3	低压脉冲袋式收尘器 LMF-2.5:布袋材质为涤纶针刺毡,滤袋尺寸:ϕ130×6000;风机 G4-73-11 200 左;电机 250 kW	烧结块筛分及称量料斗、焦炭振动筛排料、冷烧结块箕斗上料、杂料箕斗上料	清灰间隔:8~20 s 可调;喷吹压力:0.15~0.25 MPa
熔炼熔剂槽除尘系统	风量:5万 m^3/h;进口含尘浓度:1.6 g/m^3;出口含尘浓度:77 mg/m^3	高压文丘里 WQL-Ⅱ型;风机 F9-26-11No.11D,1450 r/min,Y280M-4,90 kW	分离槽扒渣口、熔剂槽化渣废气排口、储锌槽扒渣口	液气比:0.8~1.2 L/m^3;阻力:4410 Pa
熔炼9.3 m平台除尘系统	烟气量:12.4万 m^3/h;进口含尘浓度:2.4 g/m^3;出口含尘浓度:84.4 mg/m^3	低压脉冲袋式收尘器 LMF-2.0:布袋材质为涤纶针刺毡,滤袋尺寸 ϕ130×6000;脉冲阀 LMF-1-80;风机 G4-73-11 左,960 r/min	鼓风炉炉顶加料点、鼓风炉冷凝器清扫门、浮渣破碎及冷却圆筒、分离槽、贮锌槽扒渣门	清灰间隔:8~20 s 可调;喷吹压力 0.15~0.25 MPa
熔炼24万 m^3 除尘系统	烟气量:20.6万 m^3/h;进口含尘浓度:1.9 g/m^3;出口含尘浓度:41 mg/m^3	低压脉冲袋式除尘器 CDY-4.0:布袋材质为涤纶针刺毡,滤袋尺寸 ϕ130×6000;风机 G4-73-1118D 左 90°,960 r/min;脉冲阀 LMF-1-80	鼓风炉炉前,电热前床放铅口,电热前床虹吸口出锌、清扫圆筒,浮渣破碎房及清扫圆筒	清灰间隔:8~20 s 可调;喷吹压力:0.15~0.25 MPa
熔炼烟化炉除尘系统	烟气量 4.6~9.7万 m^3/h;进口含尘浓度:1 g/m^3;出口含尘浓度:51 mg/m^3	低压脉冲袋式除尘器 CDY-3.0:布袋材质为诺梅克斯针刺毡,滤袋尺寸 ϕ130×6000;风机Y938No.14F右 90°;脉冲阀 LMF-1-80;ABB 变频器成套装置	烟化炉、省煤器灰斗、除尘器防灰斗	清灰间隔:8~20 s 可调;喷吹压力:0.15~0.25 MPa
熔炼冲渣除尘系统	烟气量:46798 m^3/h;进口含尘浓度:1.9 g/m^3;出口含尘浓度:51 mg/m^3	电滤器 QS-FD196-11;溢流式高压文丘里;风机 F9-26No.ID;电机 Y280S-4,50000 m^3/h,75 kW	电热前床冲渣溜槽、烟化炉冲渣溜槽	文丘里水量:45~50 m^3/h;电滤器空载电压 50 kV,电流大于 650 A
熔炼21#、22#皮带收尘系统	烟气量:8万 m^3/h;进口含尘浓度:1.6 g/m^3;出口含尘浓度:19.3 mg/m^3	低压脉冲布袋除尘器 CDD-1.0:滤袋材质为涤纶针刺毡,滤袋尺寸 ϕ130×6000;收尘风机 G4-73No.11D 右 45°	烧结块筛下物料转运至烧结破碎的皮带的各产尘点	清灰间隔:8~20 s 可调;喷吹压力 0.15~0.25 MPa

续表

废气治理系统名称	烟气性质及治理效果	主要设备	烟尘控制点	控制参数
精馏塔烟气除尘系统	烟气进口温度150~200℃	LMF 型低压脉冲袋式收尘器：滤袋材质为诺梅克斯针刺毡，滤袋尺寸 ϕ130 × 6000；风机 Y4 - 68 - 12.5 左 45°；电机 132 kW	各精馏塔燃烧室废气	清灰间隔时间：10 s；喷吹压力：0.15~0.4 MPa
电解熔铅锅除尘系统	烟气量：8 万 m^3/h；进口含尘浓度：2 g/m^3；出口含尘浓度：20 mg/m^3	低压文丘里除尘器 WC - 5.0；风机 G4 - 68 No. 11.2D 右 0°，风量 76674~82688 m^3/h，2901~3263 Pa	熔铅锅	除尘器供水压力：0.098 MPa；液气比：0.6 L/m^3；阻力：1245 Pa
电解电铅锅除尘系统	烟气量：7 万 m^3/h；进口含尘浓度：1.7 g/h；出口含尘浓度：15 mg/m^3	低压文丘里除尘器 WC - 5.0；风机 G4 - 68 No. 11.2D 右 0°，风量 76674~82688 m^3/h，2901~3263 Pa	电铅锅	除尘器供水压力：0.098 MPa；液气比：0.6 L/m^3；阻力：1245 Pa

7.2.5 烧结机头部烟气脱硫

精矿烧结时，烧结机头部烟气既有粉尘又有一定浓度的 SO_2（约 0.17%），而且其浓度超过了国家的排放标准，因此必须采取除尘脱硫措施，降低粉尘和 SO_2 排放浓度，实现达标排放。烧结机头部烟气处理工艺（图 7 - 10）由两部分组成：布袋除尘器和动力波洗涤器。

吸收过程中的化学反应如下：

$$\left.\begin{aligned} &Ca(OH)_2 + SO_2 \longrightarrow CaSO_3 \cdot \frac{1}{2}H_2O + \frac{1}{2}H_2O \\ &CaSO_3 \cdot \frac{1}{2}H_2O + SO_2 + \frac{1}{2}H_2O \longrightarrow Ca(HSO_3)_2 \end{aligned}\right\}\text{吸收反应}$$

$$\left.\begin{aligned} &O_{2(\text{气})} \longrightarrow O_{2(\text{液})} \\ &O_{2(\text{液})} + 2HSO_3^- \longrightarrow 2SO_4^{2-} + 2H^+ \\ &Ca^{2+} + SO_4^{2-} + 2H_2O \longrightarrow CaSO_4 \cdot 2H_2O \end{aligned}\right\}\text{氧化反应}$$

烟气脱硫过程主要在动力波洗涤器中进行，动力波洗涤器是一种用于净化气体的装置，其结构见图 7 - 11。该装置的脱硫效率可达 90% 以上，且结构简单，运行成本低。

其工作原理是：动力波洗涤器由动力波洗涤筒、喷嘴和循环液贮槽三个基本部分组成。SO_2 吸收液通过一段逆喷管逆着气流喷入动力波洗涤管中，气流和液体相撞，从而迫使液体呈辐射状自里向外射向筒壁，在气 - 液界面区域形成强烈湍动区，流体动量达到平衡，气液紧密接触而产生稳定的泡沫层，泡沫层随气、液相对动量大小而动态升降。由于泡沫层气液接触表面积大、物质和能量传递速度大，SO_2 得以更高的效率与吸收液完成传递反应，与石灰乳液中 $Ca(OH)_2$ 反应生成 $CaSO_3$。被除去部分 SO_2 的气体经气液分离后再进入第二级吸收器，在器内与二段逆喷管喷下的石灰乳液接触，除去气相中剩余的 SO_2。吸收液落入循环槽

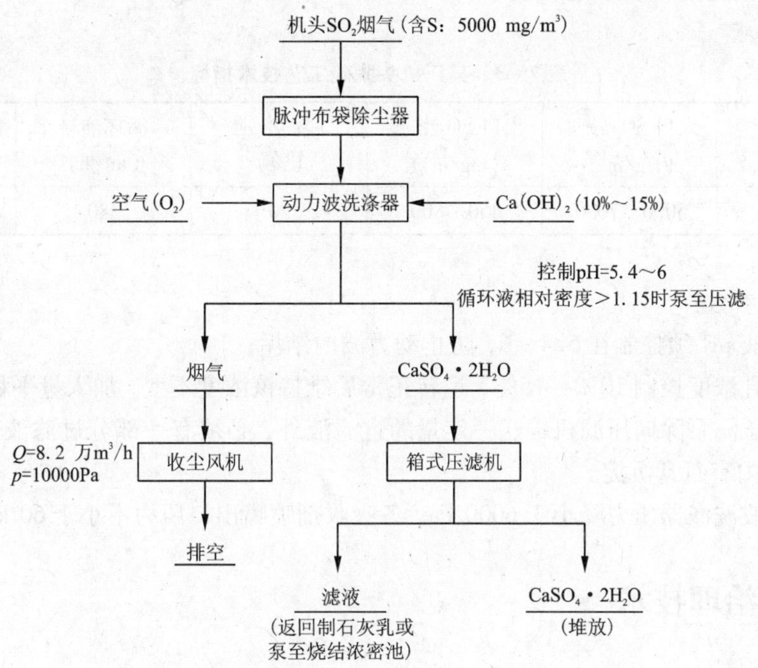

图 7－10　机头烟气脱硫工艺流程

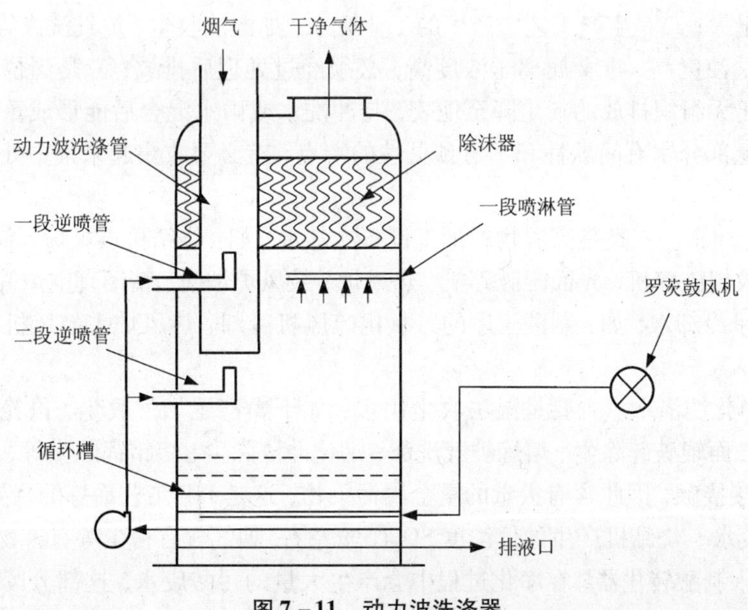

图 7－11　动力波洗涤器

后循环使用，含水雾的烟气在通过除沫器时，水滴得到去除。达标气体经风机排放至大气中。同时用罗茨鼓风机向循环槽中泵入空气，空气中的氧与吸收液中的$CaSO_3$在循环槽中发生氧化反应，生成石膏（$CaSO_4 \cdot 2H_2O$）。该石膏通过中间槽输送到压滤机进行固液分离，其滤液返回石灰消化槽，滤饼则外运。

表 7－3 某厂机头脱硫工艺技术指标

处理风量 (m^3/h)	入口 SO_2 浓度 (mg/m^3)	出口 SO_2 浓度 (mg/m^3)	脱硫效率 (%)	循环液量 (m^3/h)	循环液 (pH)
78000	5000～7000	450～800	90	380	5.4～6

工艺控制参数：

(1)循环液 pH 须控制在 5.4～6，防止动力波内结垢；

(2)石灰乳浓度控制 10%～15%，运转正常后维持该浓度不变，加入量平稳；

(3)石膏压滤泵除向压滤机输送一定量的过滤液外，必须有一部分过滤液返回气液分离槽中，以防槽内有石膏沉淀。

(4)动力波洗涤器压力降小于 6000 Pa，各吸收剂喷嘴出口压力不小于 60 kPa。

7.3 废水治理技术

7.3.1 废水的种类和来源

ISP 工艺废水主要来自如下几方面：一是设备冷却水，该废水不与物料直接接触，不含污染物质，但水量大；二是生产工艺中产生的工业废水，如湿法收尘、炉气洗涤等，这部分水与物料直接接触，浊度高，重金属离子浓度高，必须经过处理后排放；三是岗位地面冲洗水和初期雨水，由于无组织排放的粉尘降至地表，与冲洗水或雨水混合后能形成重金属离子含量较高的废水，这部分水有间歇性和不可预见性的特点，有必要收集起来集中处理。主要的废水来源如下：

(1)设备冷却水。一类是高温物料加工设备冷却水，如：烧结机点火炉、单轴破碎机、齿辊破碎机、波纹辊破碎机、光面辊破碎机、热风炉、鼓风炉炉壳、精馏真空炉等；一类是高速运转设备的轴承冷却水，如：制酸工序的二氧化硫风机冷却、热风炉主鼓风机冷却及其他风机轴承冷却。

(2)烟气净化洗涤水。主要是湿法收尘用水，如干燥窑尾烟气收尘、鼠笼破碎除尘、冷却圆筒除尘、光面辊破碎除尘、熔炼炉气洗涤、烟化冲渣除尘、熔铅锅除尘等，这部分水由于与冶炼物料直接接触，因此含有大量的重金属污染物，这是 ISP 工艺冶炼的主要废水来源。

(3)制酸废水。烧结机产生的低浓度 SO_2(5%左右)烟气含有粉尘等有害物质，须经洗涤净化后方能进入制酸转化器，在净化过程中会产生大量的污酸废水，这部分废水不仅重金属浓度高，而且 pH 为 2～3。

(4)其他废水。包括煤气管道水封水、地面冲洗水、初期雨水、生活污水等。

根据废水性质，对于设备冷却水采用循环冷却系统，循环利用，减少新水使用量和废水排放量。由于 ISP 工艺废水悬浮颗粒密度大、沉降性能好，所以将烟气净化洗涤水经过初级沉淀后循环利用。制酸废水酸性较强，先用石灰中和后与烟气净化洗涤水混合处理，多余的废水进入重金属去除工序（石灰+聚铁工艺）处理后，再进行深度处理（膜处理或除钙处理），净化后的水全部进入供水管网循环使用。

7.3.2 废水减排控制技术

1. 水循环系统分类

提高循环利用率，减少废水产污量是实现废水减排的重要途径，按照ISP工序特点和水质要求分别设置三类循环系统：净循环、浊循环、深度处理后循环，基本原理见图7-12，循环水系统配制情况见表7-4、7-5。

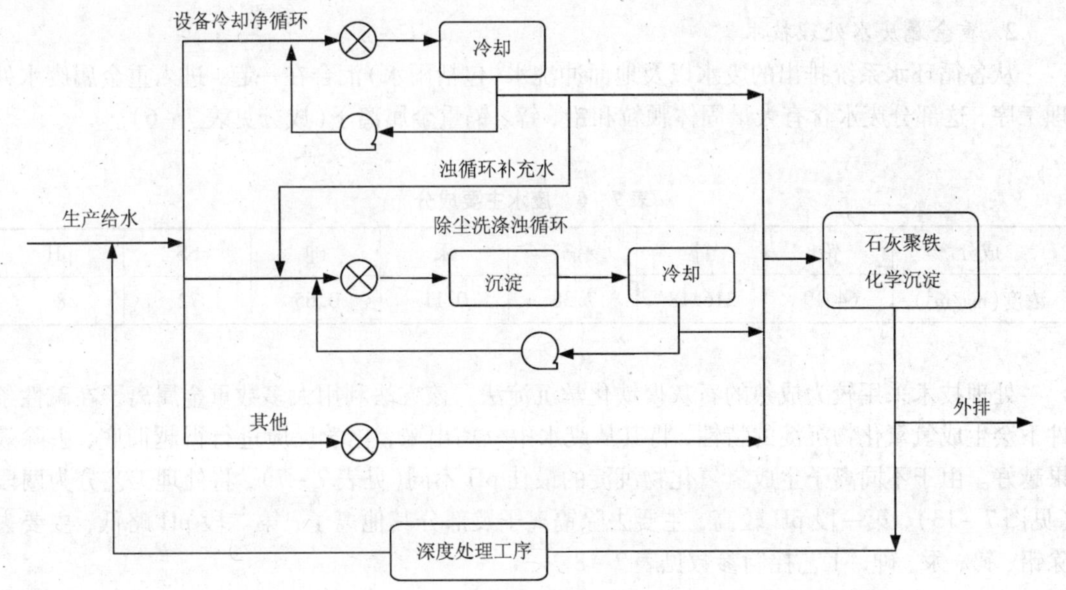

图7-12 ISP废水处理工艺基本原理

表7-4 ISP工艺中主要净循环设置方案

序号	名 称	循环量(m^3/h)	浓缩倍数	药剂方案
1	制酸净化冷却系统	1800	3	T3218阻垢缓蚀剂50×10^{-6} MS6222碳钢缓蚀剂12×10^{-6} NX110非氧化性杀菌剂50×10^{-6} 漂白水适量
2	制酸干吸冷却系统	1800	3	
3	烧结设备冷却系统	50	3	
4	热风炉冷却系统	150	3	
5	熔炼主鼓风机冷却系统	120	3	
6	熔炼鼓风炉炉体冷却系统	960	3	
7	电解硅整流冷却系统	12.5	3	

表 7-5　ISP 工艺中主要浊循环设置方案

序号	名　称	循环量(m^3/h)	浓缩倍数	药剂方案
1	烧结湿法除尘水循环系统	220	3	BL530 阻垢分散剂 $(3 \sim 5) \times 10^{-6}$ AE1125 絮凝剂 $(2 \sim 3) \times 10^{-6}$ NaOH 适量
2	熔炼炉气洗涤水循环系统	600	3	
3	鼓风炉、烟化炉冲渣浊循环系统	720	3	
4	电解熔铅锅除尘水循环系统	30	3	
5	电解电铅锅除尘水循环系统	30	3	

2. 重金属废水处理技术

从各循环水系统排出的废水以及地面冲洗水(包括雨水)汇合在一起，进入重金属废水处理工序，这部分废水含有大量固体颗粒和铅、锌、镉重金属离子(成分见表 7-6)。

表 7-6　废水主要成分

成分	铅	锌	镉	汞	砷	SS	pH
浓度(mg/m^3)	64.19	216.18	7.38	0.11	0.65	72	8

处理技术采用较为成熟的石灰聚铁化学沉淀法。该方法利用大多数重金属离子在碱性条件下会生成氢氧化物沉淀的特性，将其从废水中分离出来，化学反应进行得越彻底，去除效果越好。由于不同离子生成氢氧化物沉淀的最佳 pH 不同(见表 7-7)，将处理工艺分为两段(见图 7-13)，第一段 pH 较高，主要去除镉离子及部分其他离子；第二段 pH 略低，主要去除铅、锌、汞、砷，工艺控制参数见表 7-8。

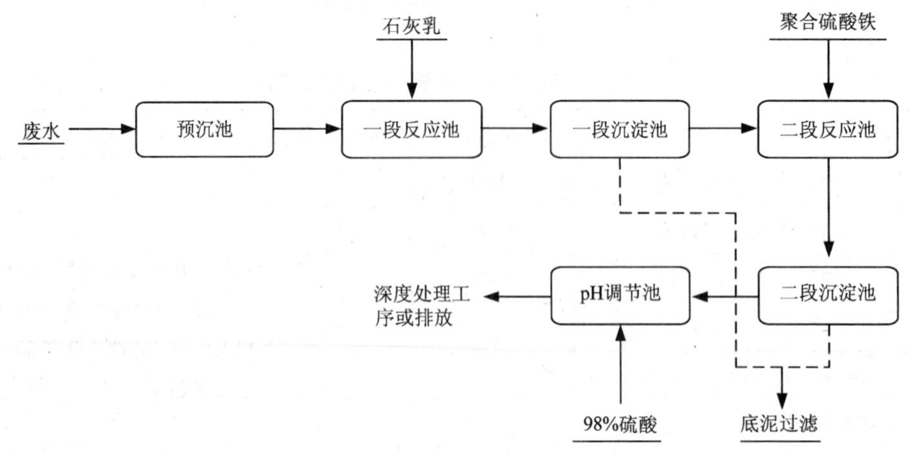

图 7-13　石灰聚铁法重金属处理工艺

表7-7 不同离子生成氢氧化物沉淀最佳 pH 情况

去除离子	铅	锌	镉	汞
反应最佳 pH	9.49	9.31	11.21	8.63

表7-8 石灰聚铁法工艺控制参数

工艺过程	工艺作用	停留时间	控制参数
预沉池	初步沉淀,去除固体颗粒,降低悬浮物浓度	2.5 h	每天3次排泥
一段反应池	使废水和石灰乳充分混合反应	11 min	投加5%的石灰乳,反应池出口 pH 控制在10.5~11,并据此控制投加量
一段沉淀池	镉离子和部分重金属离子与氢氧根充分反应,并沉淀去除	2 h	pH 控制在10.5~11,每天3次排泥
二段反应池	使废水中的小颗粒物与聚合硫酸铁充分混凝,利用聚铁的酸性降低 pH,有利于铅、锌等重金属离子生成氢氧化物	11 min	投加液态聚合硫酸铁,投加量5 mg/L,反应池出口 pH 控制在8.5~9.5
二段沉淀池	使重金属离子进一步反应生成氢氧化物,同时在聚铁的混凝作用下,进一步沉淀去除。	2 h	每天3次排泥
pH 调节池	将去除重金属离子的废水 pH 调为中性。	10 min	出口 pH 控制在6~9,据此调节硫酸投加量

3. 废水深度处理技术

冶炼工艺产生的废水经过去除重金属工序后，水质达到《铅、锌工业污染物综合排放标准》要求，由于在废水处理中添加了大量的石灰和硫酸，造成废水中 Ca^{2+} 和 SO_4^{2-} 浓度较高，硬度大，电导率高(表7-9)。

表7-9 废水去除重金属后的水质(mg/L)

元素	Pb	Zn	Cd	Hg	As	SS	Ca^{2+}	SO_4^{2-}	CO_3^{2-}	Cl^-	pH
含量	0.05	1.8	0.01	0.03	0.4	20	800~1500	1000	10	400	7~9

由表中可看出废水经过石灰聚铁工艺去除重金属后，主要污染物全部达到排放标准，但 Ca^{2+} 和 SO_4^{2-} 浓度分别增加了300%和66.7%，经计算这部分水的雷兹纳(Ryzner)指数和朗格利尔(Langlier)指数分别为5.7(5~6结垢)和1.4(>0结垢)。由于投加了石灰，水质硬度较大，使得处理后废水有结垢倾向。要提高水循环利用率，将部分水回用，必须去除盐分、降低硬度。

离子交换法和膜分离法是较为成熟的除盐脱钙方法，都可用于废水深度处理，行业普遍认为膜分离法能够连续作业，无二次污染，可选择去除离子，处理冶炼废水更有技术优势。

结合 ISP 工艺废水的特点，膜处理工艺配置：冷却塔、多介质过滤器、超滤膜、纳滤膜，流程图见图 7－14，工艺设备见表 7－10。

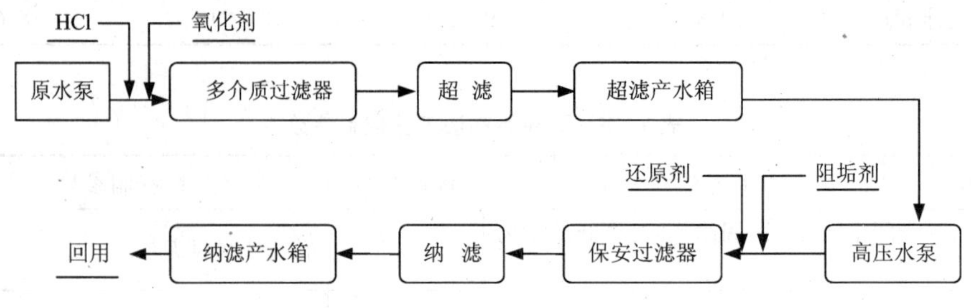

图 7－14 废水深度处理工艺流程

表 7－10 膜处理工艺主要设备一览表

名 称	型 号	数 量	规 格	备 注
冷却塔	ϕ4700	2 台	Δt = 60 － 30 = 30℃ 单台进水量 400 m^3/h，淋水密度 5～6 m^3/h，最大抽风量 60 万 m^3/h	机械通风逆流式
多介质过滤器	MMF－3200	4 台	ϕ3224×12，上层无烟煤，下层石英砂	设计压力 0.6 MPa
超滤	HF－B－H－54×1－01	1 套 54 个	单只膜直径 203.2 mm，高度 2032 mm 材料：UPVC	外压式
保安过滤器	HJ90－40A200F900M	1 套	外径 ϕ900，滤芯数量 90 支	设计压力 1.0 MPa
纳滤	HDS－14－8040	1 套 138 根	单只膜直径 203.2 mm(8 英寸) 长度 1016 mm(40 英寸) 聚酰胺复合材料	

表 7－11 膜处理工艺运行控制参数表

控制参数	多介质过滤器	超滤系统	纳滤系统
处理水量	200 m^3/h	产水率≥90% 进水量 200 m^3/h 产水量 180 m^3/h 浓水量 20 m^3/h	回收率≥ 75% 进水量 180 m^3/h 产水量 135 m^3/h 浓水量 45 m^3/h
压差	<0.05 MPa	跨膜膜压差（TMP）<0.15 MPa	跨膜膜压差（TMP）<0.45 MPa
产水水质要求	浊度小于 3	浊度小于 1 SDI 小于 2	系统脱盐率≥80%
药剂投加量	HCl：调节进水 pH 6.5 左右 氧化剂：3～6×10^{-6}	—	还原剂：(3～6)×10^{-6} 阻垢剂：(6～12)×10^{-6}
清洗周期	交替清洗，单台 8 h 反洗 1 次，1 次 40 min	维护性清洗 1 次/周，恢复性清洗 1 次/月	当系统压差上升 10% ～15% 或透盐率上升 30% ～40% 或产水流量下降 5% ～15%

膜处理工艺的维护清洗：

①多介质过滤器工作一段时间后，水中的颗粒物逐渐淤塞、填堵介质间隙导致阻力升高，效率降低，要定期反冲洗以达到疏松过滤层和去除淤塞微粒的功效。结合原水水质情况，清洗周期确定为：单台 8 h 反洗 1 次，一次 40 min，交替进行。

②超滤膜元件在正常运行一段时间后会受到给水中悬浮物质或难溶物质的污染。排除温度影响因数在膜通量相同情况下，如跨膜膜压差(TMP)比初始值上升 15% ~30% 时，系统需要及时进行化学清洗。超滤膜的清洗分为维护性清洗和恢复性清洗。

维护性清洗是常规性的维护措施，由于进水钙离子和硫酸根较高，维护性清洗主要去除可能存在的 $CaSO_4$ 垢，使用的清洗液由 NaClO、EDTA、NaOH 纳滤产水配制而成(先加入氢氧化钠至 pH = 11 ~ 11.5，再加入次氯酸钠至 200×10^{-6}，EDTA 至 0.5%)，先正冲 30 min，然后反冲 30 min，同时鼓入压缩空气强化清洗效果。

恢复性清洗是深度清洗，也可作应急性清洗，所使用的清洗剂和清洗过程基本同维护性清洗一样，只是在反冲洗阶段增加浸泡操作，浸泡时间 12 h 左右。

③为了保证纳滤膜元件的产水率和除盐效率，需按照表 7 - 11 中工艺要求进行清洗，先清洗一段后清洗二段，清洗剂循环时间 0.5 ~2 h。

7.4　固废的产生和处理

随着 ISP 冶炼技术的不断发展，金属回收率大幅提高，含有有价金属的中间产物(熔铅浮渣、锌渣等)全部进行综合回收。只有鼓风炉电热前床水淬渣、烟化炉水淬渣一类的贫化渣(属于一般固废)被广泛用于制砖、铺路等建筑领域；污水处理过程中外购石灰消化时产生的石灰渣运到专设场地堆放。

参考文献

[1] 铅锌冶金学编委会. 铅锌冶金学. 北京：科学出版社，2003.

[2] 傅崇说. 有色冶金原理. 北京：冶金工业出版社，1993.

[3] 陈国发. 重金属冶金学. 北京：冶金工业出版社，1992.

[4] 北京有色冶金设计研究总院等. 重有色金属冶炼设计手册：铅锌铋卷. 北京：冶金工业出版社，1995.

[5] 东北工学院有色重金属冶炼教研室. 铅冶金. 北京：冶金工业出版社，1976.

[6] 徐鑫坤，魏昶. 锌冶金学. 昆明：云南科技出版社，1996.

[7] 蓝为君，徐家振，王德全. 重有色冶金设计基础. 东北工学院有色系重冶教研室，1989.

[8] 陈国发，王德全. 铅冶炼学. 北京：冶金工业出版社，2000.

[9] 孙戬. 金银冶金. 北京：冶金工业出版社，1998.

[10] 黄礼煌. 金银提取技术. 北京：冶金工业出版社，2001.

[11] 傅菊英，姜涛，朱德庆. 烧结球团学. 长沙：中南工业大学出版社，1996.

[12] 张乐如. 铅锌冶炼新技术. 长沙：湖南科学技术出版社，2006.

[13] 中华人民共和国化工行业标准：工业硫酸锌(HG/T2326－2005).

[14] 中华人民共和国国家标准：铅锭(GB/T469－2005).

[15] 中华人民共和国国家标准：锌锭(GB/T470－2008).

[16] 戴自希. 世界铅锌资源的分布与潜力. 北京：地震出版社，2005.